IoT技術テキスト

—MCPC IoTシステム技術検定 対応—

モバイルコンピューティング推進コンソーシアム 監修

リックテレコム

●本書に関するお問合せは下記までお願いいたします。なお、質問の回答に万全を期すため、電話によるお問合せはご容赦下さい。
Fax　03-3834-8043　　E-mail　book-q@ric.co.jp

●本書に記載されている内容には万全を期していますが、記載ミスや情報に変更のある場合がございます。その場合、当社ホームページ(http://www.ric.co.jp/book/seigo_list.html)に掲示いたしますので、ご確認下さい。

リックテレコム 書籍出版部

巻 頭 言（発刊にあたって）

ドイツのインダストリー4.0、米国（GE主導）のインダストリアルインターネットがリードする形で5年前から本格的に始まったIoTは、第4次産業革命とも呼ばれ、1970年代以降の情報化社会（第3次産業革命）に続く大きな産業構造の変化と位置付けられています。

IoTのシステムは、コンピュータの処理能力向上、ハードディスク・メモリの大容量化、クラウド技術の進化、多様なセンサ/アクチュエータの出現と低価格化、無線通信技術の進化と端末・サービスの低価格化などが相まって、企業、官公庁などすべての分野に適応されるようになってきました。IoT時代には、情報化社会に求められた技術知識に加え、センサ/アクチュエータ（組込み技術を含む）、AI、クラウドなどの新たな技術についての理解と最新のIT/ICTへの理解が欠かせません。

このテキストは、IoTの広範な技術習得に必要な知識を体系的にまとめており、IoTシステムの概要はもとより、構成要素技術、セキュリティ、構築方法、活用方法などをバランスよく学ぶことができます。これらの学習、理解によって、IoTシステムを構想、設計、構築、運用するための基礎知識が習得でき、IoTシステムのユーザ（利用）部門や開発技術者とのコミュニケーションも図れるようになります。

また、本書学習後は、理解度確認のためにも「IoTシステム技術検定－中級」を受験されることをお勧めします。

MCPCでは過去10年間、モバイルシステム技術の3種類のテキストを発行、更新し、検定試験を行ってまいりました。この検定制度は多くの大手企業（一部の大学を含む）から取得推奨資格として認定いただき、多数の方々（累計約66,000人）が受験されました。

IoTシステムにおいても、無線通信（ネットワーク）、モバイル端末、モバイルシステム技術とその活用についての技術習得は必要となります。その意味では、「IoTシステム技術検定」と「モバイルシステム技術検定」は、姉妹資格として位置付けられます。今後、MCPCでは、IoTシステムへの入門編として「初級」、さらに「中級」取得者や他のIT/ICTの一定以上の資格を保有されている方々のための「上級」資格の開発も進めてまいります。

このテキストには、IoT中級技術者にとって基本となる内容が、偏りなく、技術レベルのバランスにも配慮されて記述されています。本テキストをベースとして学習され、検定試験により、習得レベルを確認いただきたいと思います。この検定資格を取得なさった方は、IoT技術者として評価され、IoTに関わる実務の場で、広く活躍できるものと考えています。

最後に、本テキストの発行にあたり、執筆、編集に協力いただきました関係各位に感謝を申し上げます。

2016年10月吉日

MCPC（モバイルコンピューティング推進コンソーシアム）会長
（東京大学名誉教授、早稲田大学名誉教授）　安田　靖彦

目 次

「MCPC IoTシステム技術検定」について

1 MCPC IoTシステム技術検定の背景

「MCPC IoTシステム技術検定」は、モバイルコンピューティング推進コンソーシアム(MCPC：会長・安田靖彦)が、IoT技術者の育成を目的に行うもので、2016年12月に第1回検定(中級)の実施が予定されています。

MCPCは、日本におけるモバイルコンピューティングの普及促進を目的に設立され、この分野における普及促進活動、技術標準化活動、人材育成活動を行ってきました。さらに2016年10月、モバイルソリューションを発展させるIoT (Internet of Things)が、産業と社会に新たなイノベーションをもたらすことが期待されているとして、これを担うIoTビジネスに携わる人材の育成を目的に、IoTシステムの企画、構築、活用、保守、運用に関する技術知識を認定するとして、この技術検定の実施を発表しています。

IoTは、様々な産業や公共分野において、多数のデータを収集・分析して機械を制御し、さらにAI(人口知能)により有益な情報を生み出しビジネスやサービスに新たな価値を創造し、産業と社会に革新をもたらすものとして注目されており、グローバル規模で政府、企業、自治体での取組みが始まっています。

一方、IoTは多方面・多層にわたる新しい技術の組合せによって実現されることから、これを推進する人材は圧倒的に不足しています。IoT分野の新たな人材育成は、企業はもとより政府、自治体、大学においても大きな課題となっています。

MCPCでは、2005年から10年間にわたってモバイルコンピューティングの技術者育成に向けて「モバイルシステム技術検定」を実施し、6万人の受検者、4万人の合格者を輩出しています。このモバイルシステム技術検定を発展させていくと同時に、新たなIoT技術者10万人の創出を目指し「IoTシステム技術検定」を開始し、IoT技術者の育成に貢献することを目指しています。

2 MCPC IoTシステム技術検定の必要性と狙い

MCPC IoTシステム技術検定は、新ビジネス推進やIoTで活躍が期待されている実務者、エンジニアに向けた資格制度です。対象は、IoTシステムを構築・活用するため基本的かつ実践的な技術知識の習得を目指す人たちであり、IT/ICT業界はもとより、製造業、医療、農業、建築・土木、流通業、交通などシステム構築に関係するすべての技術者となっています。

したがって、本検定では、IoTシステム構成と構築技術、センサ/アクチュエータと通信方式、データのAI分析と活用技術、IoTセキュリティ、IoTシステムのプロトタイピングなど、IoTシステムの概要と実務の基礎を学ぶ際に核となる技術を取り上げています。

また、本検定では、IoTシステム構築・活用に必要となる知識の範囲とそのレベル(初級、中級、上級)を明示することにより、技術者の学習意欲を喚起し、検定を通じてその学習成果を測定することを狙いとしています。

3 MCPC IoTシステム技術検定の概要

MCPC IoTシステム技術検定は、その資格のレベルにより初級、中級、上級の3種で構成され、表1に示すように、それぞれの必要とするレベルと適用可能な実務レベルが設定されています。しかし、技術、特にIoT関連技術の変化や進歩は著しいため、専門のセミナーや書籍などで最新技術情報を入手し、常に学習し続けることが推奨されています。MCPCでは、システム事例集、各種講習会・セミナーにより、継続的に情報を提供しています。

表1　資格とその概要

	資格の種類	必要とするレベル	適用可能な実務レベル
初級	IoTに関する基礎知識を保持していることを認定	IoTに関する基本用語の習得	IoT構成要素の基本的な用語を理解し、一般的なIoT関連の書籍を読解できます。また、セミナーに参加可能な専門用語と基本的な構成データの流れ、蓄積分析がわかります。
中級	IoTシステム構築に取り組むための基本技術を認定	IoTシステムを構成する基本技術習得 ①IoTシステム構成と構築手法 ②センサ/アクチュエータと通信方式 ③AI分析とデータ活用 ④セキュリティ対策とプライバシー保護 ⑤IoTシステムのプロトタイピング技術	IoTシステム全体を俯瞰することができ、顧客の要求または提案の要点を的確に把握でき、システム構成の概要が描けます。
上級	高度なIoTシステム、業界固有または業界をまたがるサービスを構築する実践的な専門技術を認定	IoTシステム構築・活用に関する、より実践的な専門技術	IoTシステムについて顧客の要求を理解し、課題の整理のうえ、システムの企画、計画し戦略的提案をおこないます。また、IoTシステム構築のリーダとして活動できます。

中級における検定項目と問題の設定は、概ね表2のとおりです。

表2　出題項目の例(中級検定の場合)

主要項目(カリキュラム)
●IoTシステム構築技術と応用技術の概要 ●通信方式(IoTエリアネットワーク無線、IoTゲートウェイ、広域通信網、プロトコル、IoTトラフィックの特性) ●IoTデバイス(各種センサ、アクチュエータ、信号処理、画像処理、MEMS) ●IoTデータ活用技術(IoTデータ分析手法、AI、ロボットとIoT) ●IoTシステムのプロトタイピング開発(組込み技術とIoTプロトタイピング、IoTプロトタイピングのためのハードウェア、IoTプロトタイピング・プログラミング事例、IoTシステム開発プログラミング環境、IoTシステム・プロトタイピング開発での課題・対策) ●情報セキュリティ(脅威と脆弱性、セキュリティ対策技術、情報セキュリティの標準と法制度) ●IoTシステムの運用(保守と運用、IoTの契約形態、匿名化、BCP、CCライセンス)

4 検定の試験情報等について

IoTシステム技術検定の詳細、及び最新情報については、MCPCの下記ホームページを参照してください。

URL http://www.mcpc-jp.org/iotkentei/

MCPCとは

ワイヤレスデータ通信とコンピュータシステムの連携を図るモバイルコンピューティングシステム（モバイルシステム）の普及を促進するために、1997年にわが国を代表する移動体通信会社、コンピュータハードウェア/ソフトウェアメーカ、携帯電話/PHSメーカ、システムインテグレータなどにより組織されました。現在、モバイル利活用のM2M/IoT市場の発展・拡大実現に向かって活動しており、そのための技術課題への対応、運用課題の調査・研究、開発の推進、標準化、接続互換性検証、普及啓発活動、人材育成などの活動を行っています。さらには、米国姉妹組織のWTA（Wireless Technologies Association）、USBフォーラム、Bluetooth SIG、IEEEなどと連携を図りながら、モバイル利活用のM2M/IoTソリューションの市場の形成拡大と、利用環境の高度化に努めています（2016年9月現在　会員会社数162社）。

第1章

IoT概要

モノとインターネットをつなぐInternet of Things（IoT）が注目されています。IoTでは、自動車、家電製品、医療機器、情報通信機器などをインターネットに接続し、それぞれの機器等からデータを収集、分析して「見える化」の情報にしたり、分析結果のデータを機器にフィードバックしたりして、データを軸に社会の仕組みや、さまざまなシステムを駆動します。

さらに、異分野のデータを組み合わせて分析することにより新たな分析結果を導き出して、新規のビジネスモデルを創出することも可能です。このような観点から、IoTは省力化や効率化を狙った生産性向上を目指すだけでなく、新たな価値の創出、ビジネスモデルの変革、さらには社会の構造変革に結び付く可能性があると捉えられています。

本章では、IoTが産業界にとって何故重要なのかを見ていきます。IoTの適用分野は全産業におよび、かつ関連する技術分野も幅広くなります。なお、センサなどのデバイスからAI分析に至る各分野の項目については、それぞれ以降の章で学習していきます。

1-1 IoT概論

1 IoT出現の背景

(1)インターネットの普及

インターネットは、学術研究用ネットワーク、商用ネットワークなどの広範囲な活用を通じて技術革新が進められ、1990年代後半からコンシューマ層にも本格的な普及が始まり、21世紀に入って急速に進展しました。このようなインターネット進展の加速要因として、インターネットを活用する情報システムや情報共有環境の効率化、顧客に直接コンタクトするB2Cの普及に加え、スマートフォンの活用環境の整備・高度化、SNSなどが急速に普及したことなどが挙げられます。さらに、個々人のデータを活用したサービス、ソリューションが広まったことも要因の一つと考えられます。

(2)技術的革新

あらゆるモノがインターネットにつながる“Internet of Things (IoT)”の考え方は古くからありましたが、世界規模でIoTが注目され、かつ急激に開発投資が行われている背景には、IoT活用により新たな価値創出が実現できる可能性が大きいとの認識の高まりと、技術的な環境条件が同期して起こったためと考えられます。

センサ、カメラを含む各種デバイスの高度化、小型・省電力化等の技術進歩により、これらの低コスト化も進み、生活、社会、産業に関連するあらゆるモノから多くの情報(データ)をより容易に取得できる条件が整ってきました。これと並んで、多様なコンピュータの処理能力の向上とクラウド技術の進展、ネットワーク技術の高度化、端末技術やサービス技術の向上により、取得した様々なデータを有効に活用できる環境も整いました。

さらに技術的革新として、高度でスケーラブルな分散処理を可能とする仮想化技術などにより大規模データの高速処理が可能になり、データ分析技術、特に深層学習などにみられる機械学習やAI分析技術などの進歩と相まって新たな価値を創出する環境が整ったといえます。

(3)ビジネス革新への期待

このような技術的な環境を活用して、今までできなかった大量のデータ分析や、分野をまたがった相関関係の抽出などが可能になり、ビジネスの革新に結び付けようと産業界がいっせいにIoTに注目したといえます。例えば、個人の行動パターン分析によるターゲットマーケティングやリコメンデーションサービスなどは、処理対象のデータが大きいほど良い分析結果が得られます。製造業においても、従来の工場単位の生産性向上やサプライチェーンの効率化に留まらず、顧客の好みを分析して製造するマスカスタマイズを可能とする生産工程管理が実現しようとしています。また、IoTの環境を活用して、今まで採算の取れなかった小規模なシステム開発や、地方のローカル色を活かした小規模システムの構築が可能になると予想されています。

IoTの捉え方を整理すると、図1-1-1のように表すことができます。

図1-1-1　IoTの捉え方

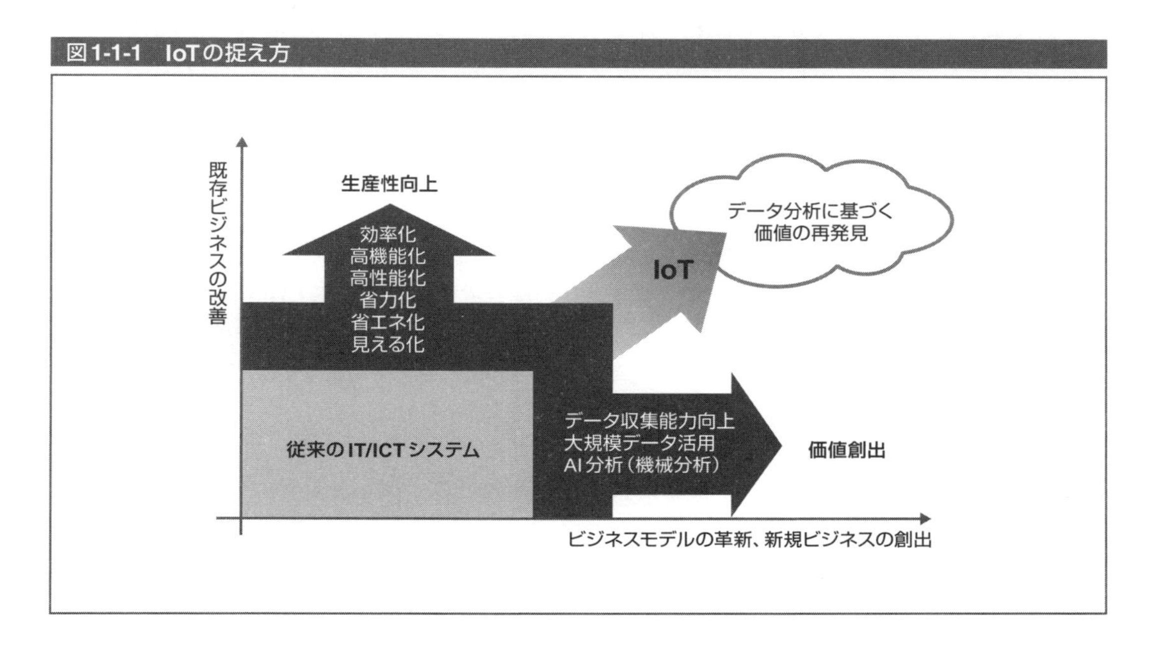

(4)生産性の向上と新たな価値の創出

IoT技術を活用することにより、従来のシステムの延長線上にある生産性向上（図の縦軸）を図ることが可能となります。これは、いやゆる「カイゼン」[*1]を目ざした方向と言えるでしょう。一方、IoTの別の側面として、データ活用による新たな価値創出（図の横軸）を目ざすことが可能となります。これは「イノベーション」を狙った方向であり、特にIoTでは、業界をまたがった価値創出が狙いのひとつであることから、他者と自分の技術やサービスを組み合わせて、革新的なビジネスモデル創出に結び付けるオープンイノベーションが重要と考えられます。

IoTの捉え方としては、この二つの側面が可能であることを認識し、IoTシステムを構築する際に、どこにシステム開発の目標を設定するかが重要となります。システムの目指す方向により、必要とするデータとその収集方法、分析手法などが異なってくるためです。

実際のIoTシステム構築を考える場合には、生産性向上と価値創出とは明確に区別せず、両者を融合した形で取り組むことがあります。いずれにしてもシステム基盤は既存の技術をベースにして、AI分析やセンサデータ活用等を効率よく行う必要があります。すなわち、効率の良い効果的なIoTシステム構築には、IoTの出現の背景、目指すところを理解した上で、システム構築技術の選択やデータの組合せが重要となります。

さらには、データだけでなく、業界をまたがってサービスやシステムを組み合わせ、ビジネスモデルの変革を実現することがIoTの意義の一つです。IoTにより新たな価値を創出し、オープンイノベーションに結び付けるのがIoTの役割であるとも考えられます。

---

*1：主として、製造業の生産現場で実践されている業務の見直し活動のことで、ボトムアップで推進して行く様々な業務の改善活動が該当します。トヨタ自動車の例が世界的に有名。

2 IoTを取り巻く世界の動き

IoTは従来のビジネスモデルを変え、産業構造の変革に結び付く可能性が大きく、産業界からは構造改善、新たな産業分野の創出に結び付くと期待されています。世界的にこれをビジネスチャンスと捉え、変革の先陣争い、仲間作り、デファクトスタンダード化が繰り広げられています。IoTはひとつの技術分野に閉じた技術でありません。そのため世界中でこの関連のコンソーシアムが設立され、グルーピングが進んでいます。

このような状況を背景として、IoTの標準化、デファクトスタンダード化やプラットフォーム構築の主導権を狙って、各種の業界団体が設立されています。

例えば、製造業の生産性向上、新たなビジネスモデルを目ざして、ドイツでは第4次産業革命としての推進を行っています。同様な取り組みは、米国GE社が推進する「Industry Internet」構想の普及を進めるIIC（Industry Internet Consortium）でも行われています。また、さまざまな家電製品やモバイル端末などの相互運用を目指すAllSeen Alianceは、各社のデバイスやサービスの相互運用のためのフレームワーク開発に取り組んでいます。

このようにあらゆる業界で、IoTを核にして業界をまたがったデータ融合、アプリケーション連携、サービスの組合せやシステムの相互接続などが推進され、標準的なインタフェース、データ形式の規格化の重要性が増しています。また、システム開発環境においても、業界横断的な開発プラットフォームも重要となっています。

3 標準化の動向

IoTの組合せによる新たな価値創出には、相互接続のための標準化が重要です。IoT関連の標準化活動として、2012年に欧州、米国、アジアの電気通信標準化組織7団体[*2]により設立されたoneM2Mがあります。oneM2Mは、共通サービスプラットフォームの普及に向け、2015年1月に技術仕様書群（リリース1）を発表し、さらに2016年8月には、第2期の仕様書群としてリリース2が策定され、同時にプロダクト認証をターゲットとして試験仕様書も発行されました。

また、第3世代以降の移動体通信システムの標準化プロジェクトである3GPPにおいても、NB-IoT（Narrow Band Internet of Things）の標準化作業が開始され、現在、広域に大量に分布する低通信速度の端末との通信をサポートするLPWA（Low Power Wide Area）技術の構築を目指しています。IEEE（米国電気電子学会）においても、M2M/IoTアーキテクチャの国際標準化を目指すIEEE-SA（IEEE Standards Association）が2014年6月にIEEE2413プロジェクトを発足させ、業界横断的な相互接続を実現する共通の構造的枠組みの策定を行っています。

ITU-Tにおいては、これまでIoT関連で複数のSG（Study Group）に分かれて検討されていましたが、2015年にSG20を設立し、議論を集約化するとともに、IoTとスマートシティ・スマートコミュニティを含むそのアプリケーションについて議論しています。ISO/IECでは、IoTを所掌とするJTC1 WG10を設立し、IoTの参照アーキテクチャを検討しています。

4 オープンイノベーション

企業間にまたがって技術やアイデアを組み合わせたり、自社の特許等を公開したりして、自社の課題を解決したり、いままでにない新たな価値を生み出して市場を共創しようというオープンイノベーションが広がっています。

オープンイノベーションの利点は、単独で進めていた研究開発や製品化をスピーディかつ効率的に行えることです。オープンイノベーションが加速している要因として、3Dプリンターやレーザカッター等による個人でのモノの製作が進み、さらに、ArduinoやRaspberry Piなどのオープンソースハードウェア[*3]が進展したことによるメイカームーブメント[*4]が挙げられます。また、SNSの普及によりオープンイノベーションの展開が迅速化しています。IoTを核にしたデータの有価値化のスピードがますます重要になってきます。

*2：**電気通信標準化組織7団体**：2015年にインドが加わり、2016年8月現在は、8団体。

*3：**オープンソースハードウェア**：製造、改造、配布、使用などの権利を一般に公開した機械や装置のこと。

*4：**メイカームーブメント**：無数の個人が、安価で高性能なデジタルツールや工作機具を利用し、他の仲間やコミュニティ等のネットワークと協力し合いながら、モノの製造や流通に取り組む潮流。

1-2 IoTシステム構成

1 データ中心のシステム構成

前節でみたように、IoTではデータを効率よく加工・分析し、大量のデータを有効活用することにより、価値を創出することが基本的な考え方であり、この考え方は実世界とサイバー世界から成るモデルで表すことができます。

このモデルは、実世界に存在する様々な情報をサイバー空間のコンピューティングパワーを活用した処理・分析等の能力と結び付けて、高度な社会を創出するサービス、ソリューションを生み出すという考え方です。イメージを図示すると図1-2-1のようになります。

図1-2-1　データ駆動によるIoTシステム

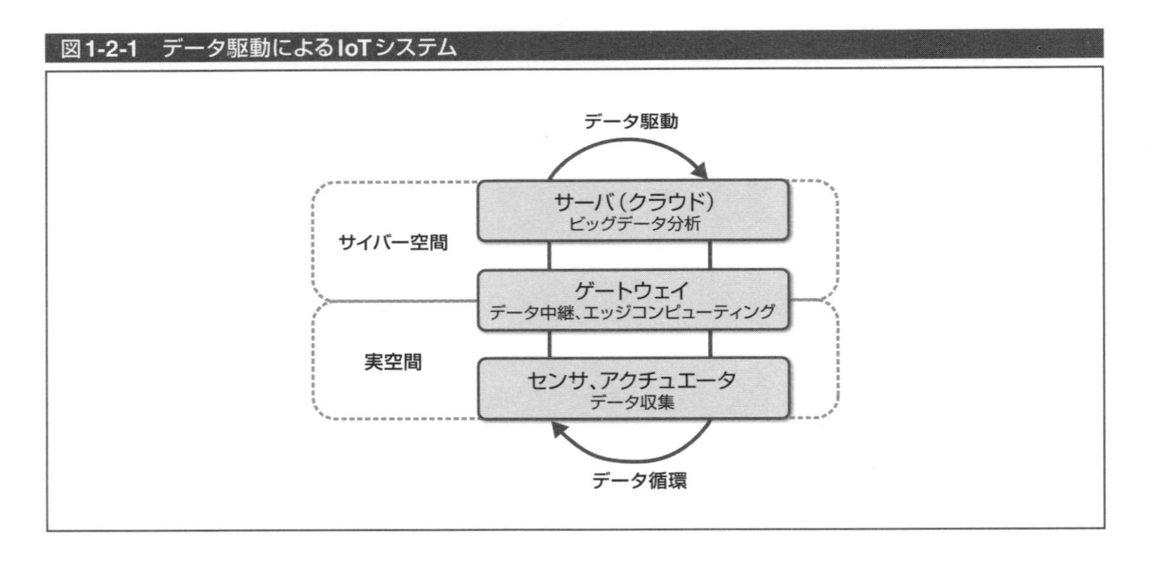

図において、IoTデバイスにより実世界で生成されたセンサデータは、IoTゲートウェイで収集または中継され、サイバー空間のIoTサーバで分析等を行い、収集したデータを元に付加価値を生み出します。付加価値として生成されたデータは実空間にフィードバックされ、実世界に変化を与えたり、人に対し作用したりします。さらにこの付加価値データにより新たに発生した事象による変化がセンサデータ等として再びサイバー空間で加工されるというデータ循環のサイクルが繰り返されます。データを軸に社会が動くデータ駆動型社会と呼ばれる所以です。

ここでは、IoTサーバは取集したデータの加工・分析などのソフトウェア処理等を含んだものとして扱っています。

IoTシステムのハードウェアは、図1-2-1に示すように三つの要素で構成されます。

① データを収集するIoTデバイス

処理効率のよいIoTシステム構築のカギの一つとなるのがセンサ技術です。センサ技術の適用分野は多岐に渡り、その分類には様々な方法がありますが、IoTデバイスで使用するセンサの種類と制御方法、IoTサーバで行うデータ分析の方法などと関連して、IoTデバイスの構成、仕様を決める必要があります。

② データを再活性化するIoTサーバ

収集したデータを活かすのが、IoTサーバ上での分析方式です。

③ IoTデバイスとIoTサーバを有機的に結び付けるIoTゲートウェイ

実空間とサイバー空間の間に存在するのが、IoTデートウェイです。IoTゲートウェイは単にデータを中継する役割だけでなく、受信したセンサデータを集約してIoTサーバに送信したり、フィルタリングしたり、あるいは通信トラフィックを削減するために受信データの前処理をしたりします。さらに、エッジコンピューティング[*1]としての位置付けも重要となります。

2 IoTシステムの基本構成

IoTのシステム構成は、従来のIT／ICTシステムの構成と基本的に同じ構成です。入力したデータを記憶、処理し、結果を出力するといった一連の処理の流れは変わりません。IoTシステムを実装面から見た基本構成例を図1-2-2に示します。この構成は、上記のデータを中心にしたデータ駆動型に対応した構成になっています。

図1-2-2　IoTシステムの機能面から見た構成例

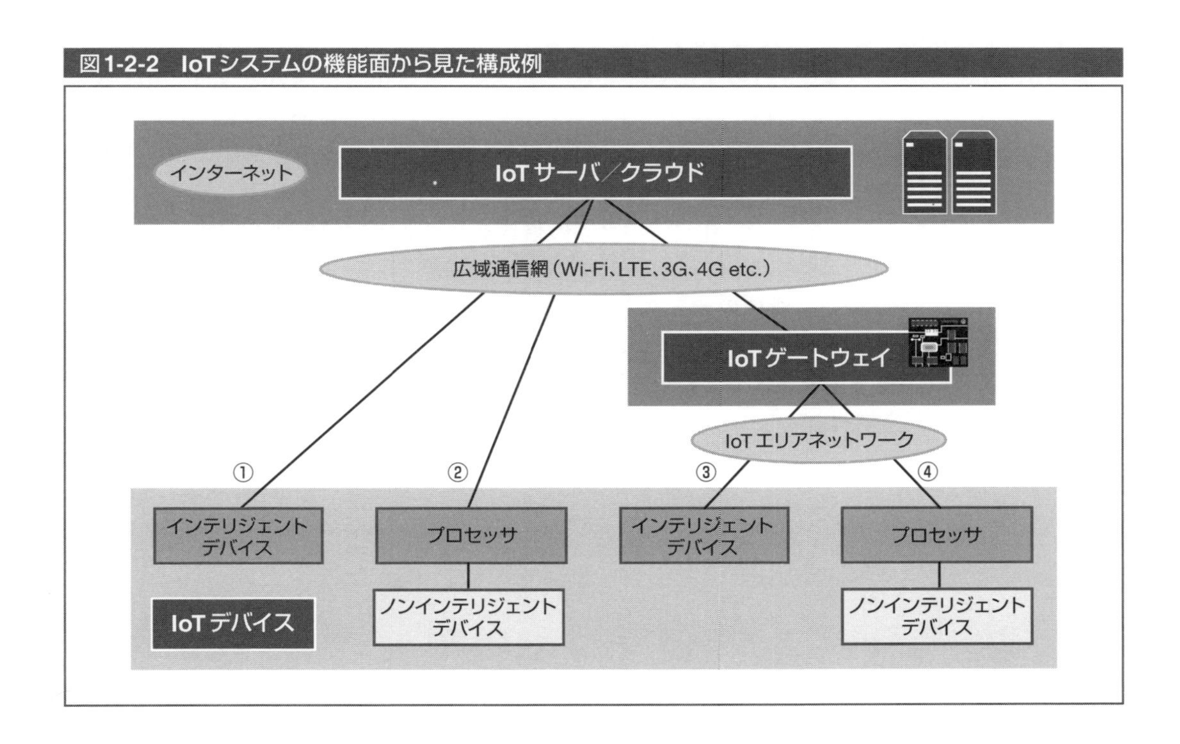

*1：エッジコンピューティング：クラウドのデータセンタとユーザ端末の間（ユーザの近く）に情報処理能力を備えたサーバを設置し、ネットワークの遅延、負荷の軽減と効率的なデータ処理を図るシステム技術。

図において、IoTデバイスは、処理能力やシステム設計の要件により、①〜④のタイプに大別できます。①、③のデバイスは、センサを制御するプロセッサや通信機能などを持ったインテリジェントなデバイスを示し、②、④は通信機能などを持たないノンインテリジェントなデバイスを示します。②、④のデバイスの場合には、デバイス制御等のためのプロセッサと組み合わせてIoTデバイスを構成することになります。

また、IoTデバイスの接続形態として、IoTエリアネットワークを介してIoTゲートウェイと接続する場合と、広域通信網を介してIoTサーバに直接接続する場合の2形態に大別できます。

どのタイプのIoTデバイスを選択し、どのような接続形態を採用するかは、データの特性に応じてデータ収集の方式やデータ分析手法を決定することになります。この場合、IoTの効果を引き出すために、IoTデバイス、IoTゲートウェイ、IoTサーバの役割分担の最適解を見つけることが重要となります。そのためには、IoTサーバ上でのデータ分析手法とセンサデータの収集方式が、密接かつ効果的に絡むことにより、新たな価値の創出に結び付くということを理解する必要があります。

また、IoTシステムでは、データを最大限活用するための仕組みや処理方式が重要となります。

例えば、スマートフォンをIoTゲートウェイとして活用した構成例を図1-2-3に示します。図では、縦方向下段が実空間であり、上半分がサイバー空間に相当します。また、横方向は1日24時間の人間の行動パターンを表しており、人間と共に行動するスマートフォンをモバイル型ゲートウェイとして使用することにより、きめ細かくデータを収集できます。健康管理やヘルスケアの場合なら、ウェアラブルデバイス[*2]と連携して24時間、健康情報等を集めることができ、統計分析等により異常値を検知するといったことが可能となります。

図の例では、データ収集ゲートウェイとしてスマートフォンを適用した場合ですが、IoT設計のポイントの一つにデータを集約するゲートをどこに持つかということがあります。ゲートウェイとしてはスマートフォンの他に、検索エンジン、購買履歴、映像データなど様々なゲートがあり、ゲートを介して大規模なデータを収集・分析することにより、より精度の高いサービス性に富んだCPS[*3]を構築できると考えられ、IoTシステムの構成を決める上での重要な要素の一つになります。

さらに、IoTシステムでは、異種のデータを組み合わせた分析のために、複数のサービスやシステム間の連携の仕組みも重要となります。これにより、IoTシステムが保持する固有のデータを融合し、新しい価値を生み出すことも可能となります。この場合は、標準インタフェース仕様に基づくシステム間の連携機能や、マッシュアップによるオープンデータなどの活用技術が必要となります。

---

*2：**ウェアラブルデバイス**：体に装着して、主にスマートフォンやコンピュータ等と情報のやり取りを行うことを前提とした端末（デバイス）。眼鏡型、腕時計型など様々な機器が開発されています。

*3：**CPS（Cyber-Physical System）**：実世界とサイバー空間との相互連関が、社会のあらゆる領域に実装され、大きな社会的価値を生み出していく社会のこと。

図1-2-3　スマートフォンを活用したシステム構成例

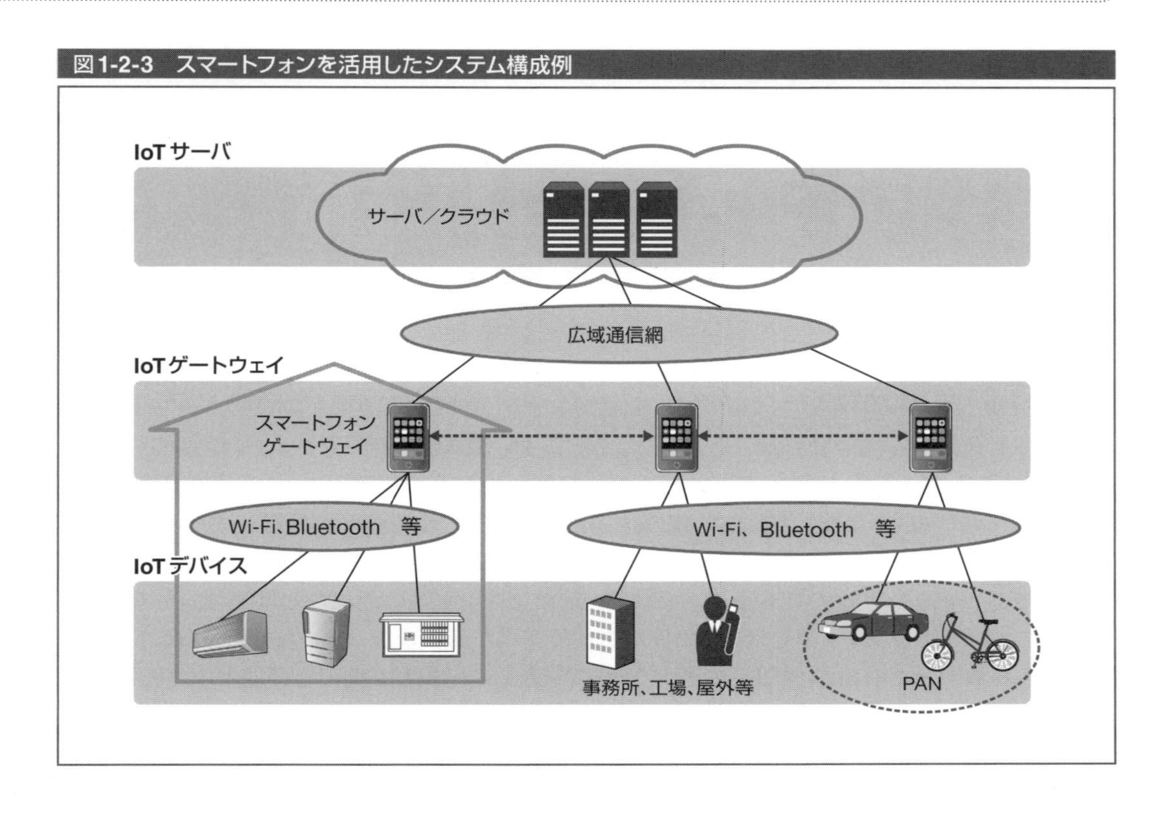

1-3 IoTシステム構築技術

1 IoTの適用分野

IoTが対象とする技術分野は、センサによるデータ収集から、ゲートウェイの中継等の処理、ネットワーク接続、さらにクラウド上に集められ蓄積された大規模データのビッグデータ分析まで広範囲に及びます。また、これら単独の技術だけでなく、異業界や異分野をまたがった技術の融合、そして情報(データ)の組合せが不可欠です。必要とする技術の範囲は広く、さらに、業界をまたがって他の業界の技術も知らないと、新たなサービスの創出などは難しいと考えられています。また、ビッグデータとして集められた多種多様な膨大なデータを整理、分析し、今まで見つけられなかった有益な情報を抽出する等の高度なデータ活用技術を必要とすることから、データを有益な情報に変えるデータサイエンティストの技術にも注目が集まっています。

IoTを核として、業界ごとに展開されるシステムは多方面に及びます。IoTをベースに展開されるシステム例を、図1-3-1に示します。センサデータの収集技術や、データ分析手法、システム構築技術などの共通の技術が核になり、その周辺に業界、分野ごとのシステムがあります。IoTでは、これらのシステムの連携を行うことにより、業務改善や新しい事業展開に結び付けていくことになります。この両者の境界線がIoTコア技術を活用しながら、他のサービスやシステムと連携動作を行い、融合処理を行うIoTプラットフォームということができます。

IoTのシステム事例としては、電力使用量を可視化、節電するエネルギー管理システムとしてのHEMS(Home Energy Management System)やBEMS(Building Energy Management System)、スマート工場や産業機械の運転状況の監視、あるいはウェアラブルデバイスを活用した作業員の作業効率化などの製造業分野のシステム、ウェアラブルデバイスを使った健康状態等のモニタリングや、薬の飲み忘れをチェックする機器などの医療・ヘルスケア分野のシステム、センサを活用した設備老朽化対策、防災などの社会インフラ監視システム、農業生産性と気象条件と使用する肥料の種類の関係などを分析する農業分野のシステムなど、応用範囲は非常に広いといえます。

このように、IoTシステム構築では、センサ技術からクラウド上でのAI分析技術まで幅広い技術が必要なだけでなく、業界をまたがってデータを活用するための業務知識やデータを有効化するデータサイエンティスト技術も重要となってきます。

図1-3-1　IoTをベースに展開されるシステム例

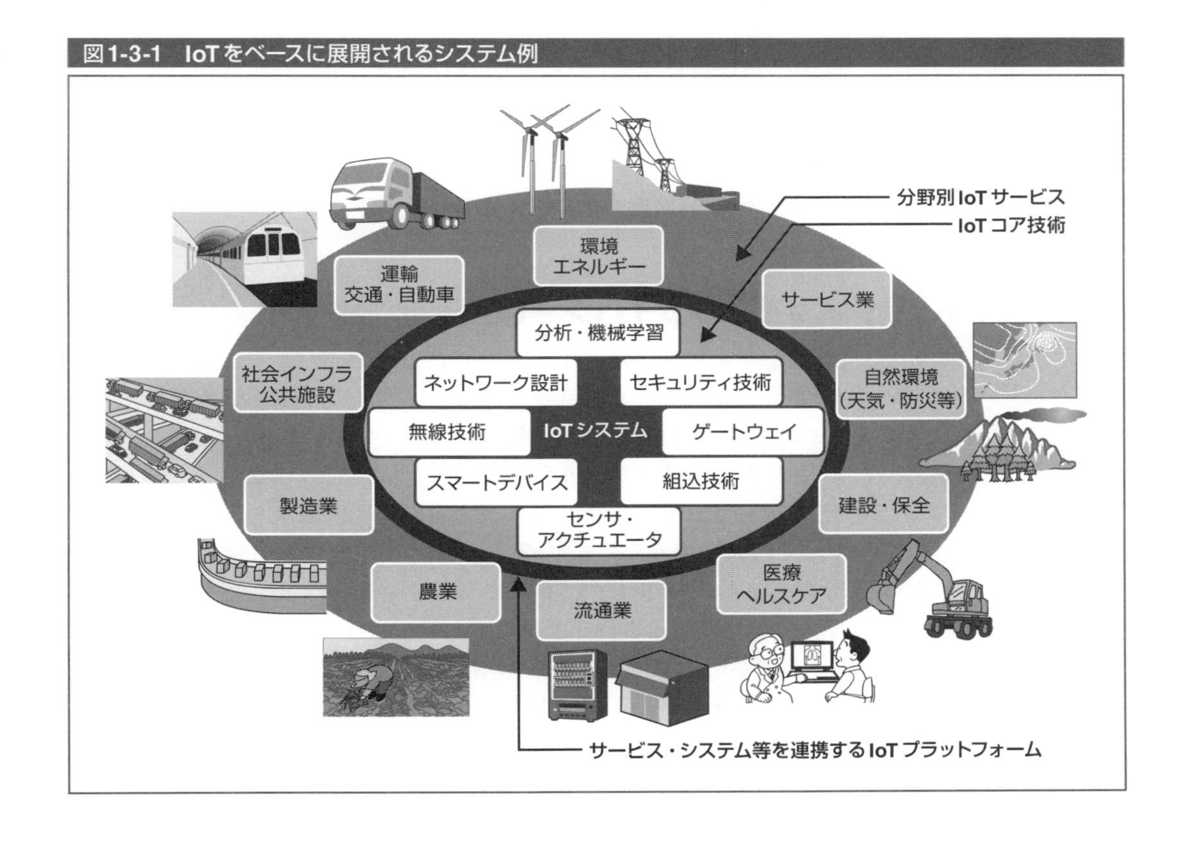

2 IoTシステム構築技術

IoTは、センサ、アクチュエータからクラウド上のビッグデータ分析までの幅広い技術の融合であり、組合せによる最適解を導ける総合技術が求められています。また、業界横断的なソリューション創出のために、業界、技術分野の横断的な融合が必要となります。

システム構築において留意すべきIoT特有の技術項目を、以下に挙げます。

① 大規模センサデータの処理
- 頻繁に発生する小容量のセンサデータの通信方式
- 上位層に送信するデータのフィルタリング処理
- クラウド上での分析に効果的なセンサデータの種類とサンプリング周期

② データ収集の方式
- スマートデバイス等のモバイル型ゲートウェイによるデータ収集
- ウェアラブルデバイスによるフィットネス、医療ヘルスケアなどの人体に関連するセンシング技術
- 車や自転車などの移動体とのセンサ連携技術

③ センサデータの分析
- クラウド上でのデータ分析手法
- 使用するクラウド環境

④ 無線技術の効率的な設計
- 省電力通信方式によるセンサネットワーク設計

・エナジーハーベスティング[*1]の活用
・土木、農業、災害対策などで使用される各種センサからのデータ受信方式

⑤ セキュリティ対策／プライバシー保護
・IoT固有のセキュリティ対策
・データ活用におけるプライバシー保護、匿名化技術

3 情報セキュリティ対策とプライバシー保護

IoTのネットワークには様々なセンサが接続され、2020年にはIoTデバイスが数百億台の規模になると言われています。膨大なIoTデバイスが接続されることにより、データの有効活用など便利になった面があるものの、外部から攻撃される危険性も増大しています。

改正個人情報保護法は、個人情報の保護と利活用の両立を図ることとなっており、ビックデータ分析により新事業、新サービスの創出促進を狙っています。IoTでは、膨大なデータの分析結果をもとに、新しい情報を得て価値を生み出します。特に、個人の行動履歴や購買履歴などのデータは、マーケティング分析やアドバタイジングに非常に有益な情報を得ることができ、プライバシー保護を遵守した上で大いに活用することが重要です。

一方で、IoTに内在する危険要因としては、セキュリティ対策を施していないIoTデバイスを個人で容易に作成してシステムに接続できることや、取得したデータが個人の特定に結び付いたり、プライバシー侵害に抵触していなくても、データの組合せにより個人を特定できたり、プライバシー侵害を犯してしまう危険性があります。

いずれにしても、情報セキュリティ対策やプライバシー保護は、IoTが発展していく上での不可欠な事項と言えます。

4 IoTプロトタイピング

オープンソースやメイカームーブメントの広がりに伴い、プロトタイピングができる環境が急速に整ってきています。

標準化やデファクトスタンダード化が重要であるのは、仕様の統一によってビジネスの展開が一段と早くなることです。機器やシステムの相互接続性が高いことによる事業領域拡大のしやすさ、海外展開時の現地での部品調達のしやすさ、開発期間の短縮など、メリットは非常に大きいと考えられます。

さらに、ビジネス展開を効率よく加速する点では、プロトタイピングも有効な手段です。特に、IoTシステム構築においては、使用するセンサの選択、センサデータの採取（採取するデータやサンプリング周期の設定など）、データ分析に適した分析手法など、試作を通してこれらの方法を検討・確認し、ビジネスリスクを大いに軽減することができます。

IoTプロトタイピングの環境も整っています。センサを制御するためのマイコンボードのArduinoやコンピュータボードのRaspberry Piをはじめとして、安価で多様な製品が揃っています。また、開発環境もクラウド上にオープンソフトとして提供されています。一例を図1-3-2に

*1：エナジーハーベスティング：太陽光や振動などの周囲の環境から微小なエネルギーを収集し、活用すること。周辺の微細なエネルギーを電力に変換する技術。

示します。このようなプロトタイピング環境を使い、図1-3-3に示すような機能の確認を行うことにより、IoTのビジネスモデルを実ビジネスに早期に結び付けることが可能になります。

図1-3-2　IoTプロトタイピング環境の構成例

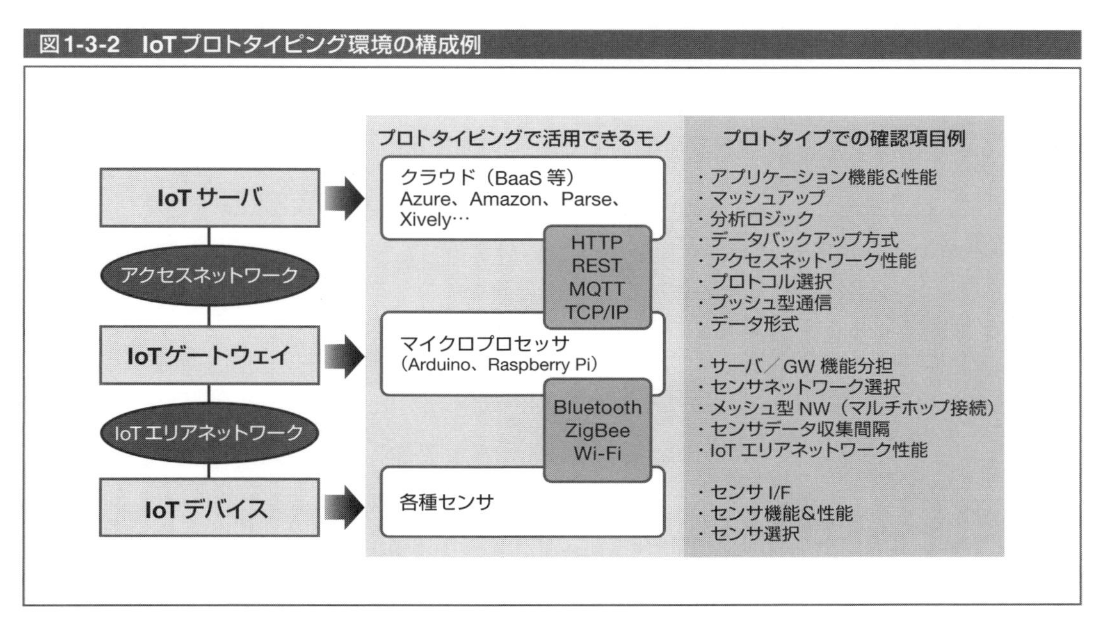

図1-3-3　プロトタイピングでの検証項目例

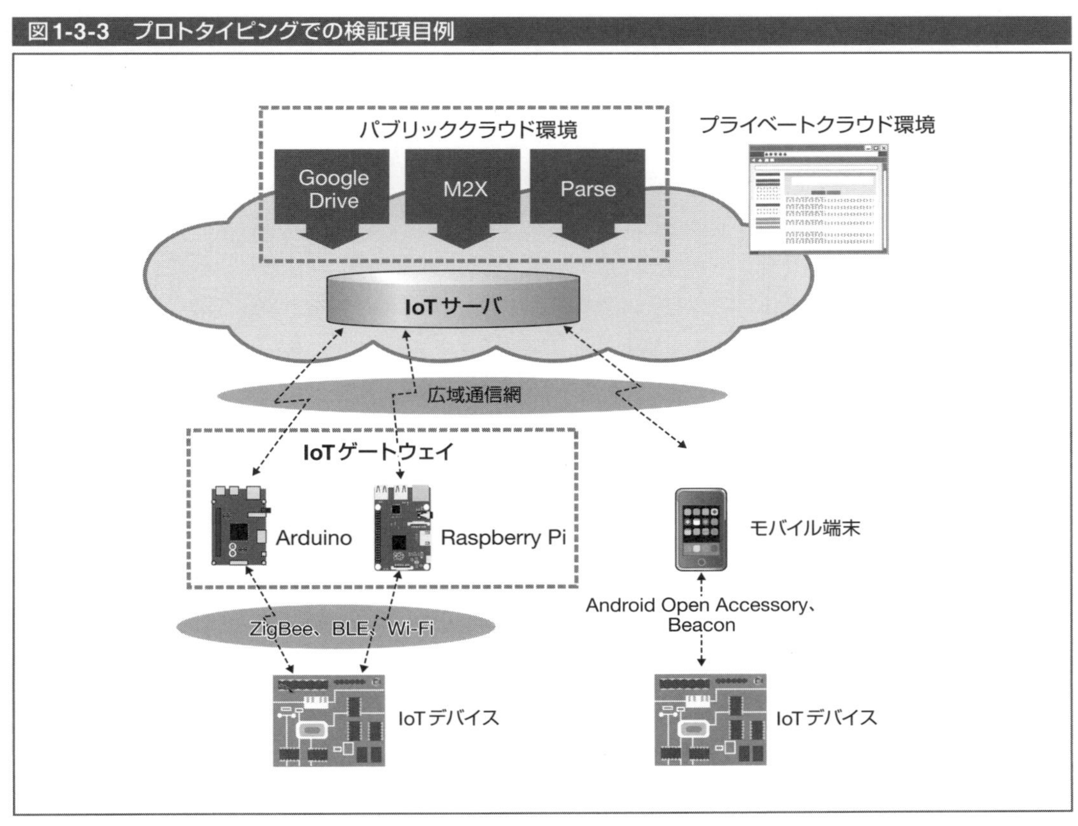

IoTシステム構築技術

一般的なIoTシステムの構成は、センサ等でデータを収集するIoTデバイス、データの送受信を中継するIoTゲートウェイ、集めたデータを蓄積、分析しサービスを提供するIoTサーバ(IoTサービス層)から成ります。
また、IoTデバイスとIoTゲートウェイを接続するためのネットワークをIoTエリアネットワークといい、限られた地域内での通信を媒介します。一方、IoTサーバとIoTゲートウェイ間は、広域通信網により接続されます。広域通信網は、主に通信事業者がサービス提供するネットワークで、より広い範囲に分布するIoTデバイスを直接IoTサーバに接続する場合も、このネットワークを利用します。
IoTシステムでは、大量に発生する小容量のデータを効率よく処理するためのシステム構築技術が必要であり、本章では、この要件を踏まえて、基本的なIoTシステムの構築技術を中心に学習します。

2-1 IoTシステム構成

本節では、一般的なIoTシステム構成の概要について学びます。
IoTシステムの構成を示す手法としては、次の二つの方法があります。
① 機能的構成
② 物理的構成
①は、機能面から見たシステム構成で、②は、実装を考慮した物理的なシステム構成です。IoTシステムの構成を、機能面から見た場合と物理的な面から見た場合に分けて説明します。

1 機能的構成

IoTシステムは、機能的には、二つの領域と広域通信網（WAN：Wide Area Network）から構成されます（図2-1-1）。

① フィールド領域
② インフラストラクチャ領域
③ 広域通信網（WAN）

①のフィールド領域には、センサ、アクチュエータ等を含むIoTデバイスや複数のIoTデバイスを集約するIoTゲートウェイが含まれます。一方、②のインフラストラクチャ領域は、IoTデバイスからのデータを収集したり、分析したり、あるいはIoTデバイスを制御したりするためのサーバやクラウドを含む部分を指します。これら二つの領域は、両者間に介在する③の広域通信網（以下、WAN）により連携されます。

図2-1-1　IoTシステムの機能的構成の例

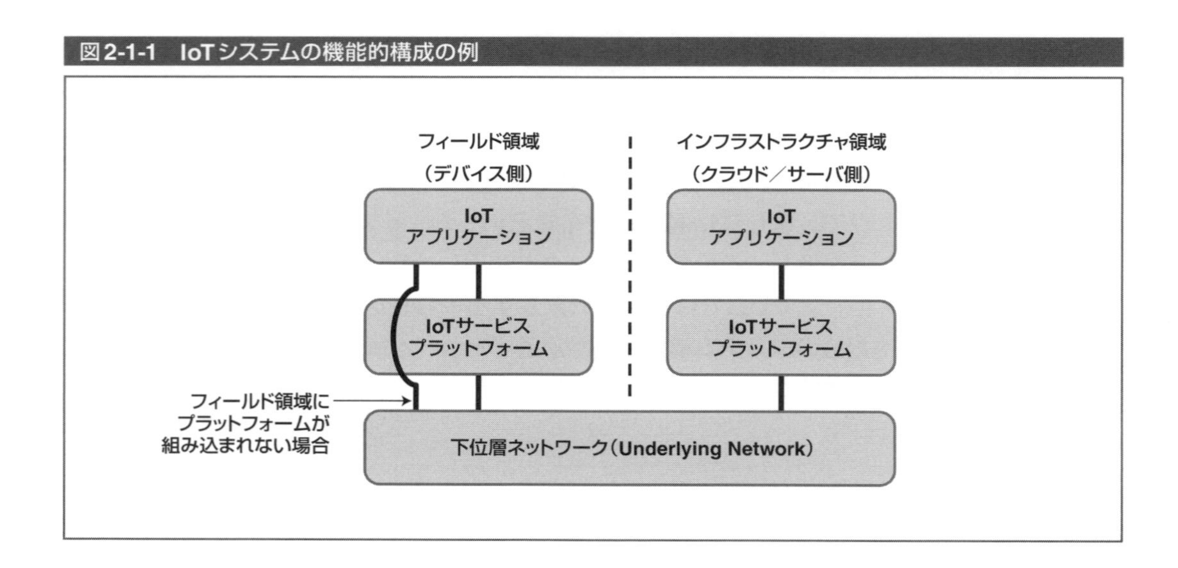

フィールド領域にあるIoTデバイスやIoTゲートウェイ及びインフラストラクチャ領域にあるIoTサーバやクラウドには、各々に、エネルギー管理、健康管理、スマートホーム、スマートシティ等を目的としたIoTサービスを実現するためのIoTアプリケーションが組み込まれ、これらのアプリケーションがWANを挟んでお互いに連携し合うことにより、IoTサービスが提供されます。IoTサービスプラットフォームでは、IoT共通のサービスが提供されます。

これらのフィールド領域とインフラストラクチャ領域のIoTアプリケーションを効率よく連携するために、IoTサービスプラットフォームが構築されるようになりつつあります。このサービスプラットフォームでは、前述のアプリケーションに特化されない、例えば、デバイス管理、データ管理、ネットワーク管理、セキュリティ等のIoT共通のサービスが提供されます。

これらの共通サービス機能は、インフラストラクチャ領域にあるサーバやクラウドのみならず、フィールド領域にあるIoTゲートウェイやIoTデバイスによって提供されることもあることから、サービスプラットフォームは、近年ではサーバ等のハードウェアとしてではなく、ミドルウェアとして捉える概念が定着しつつあります。

2 物理的構成

図2-1-2に、IoTシステムの典型的な実装例を考慮した物理的な構成を示します。WANには、3G、LTE、WiMAX等の移動体通信ネットワークや固定系ネットワークが使われます。

図2-1-2　IoTシステムの物理的構成（実装イメージ）

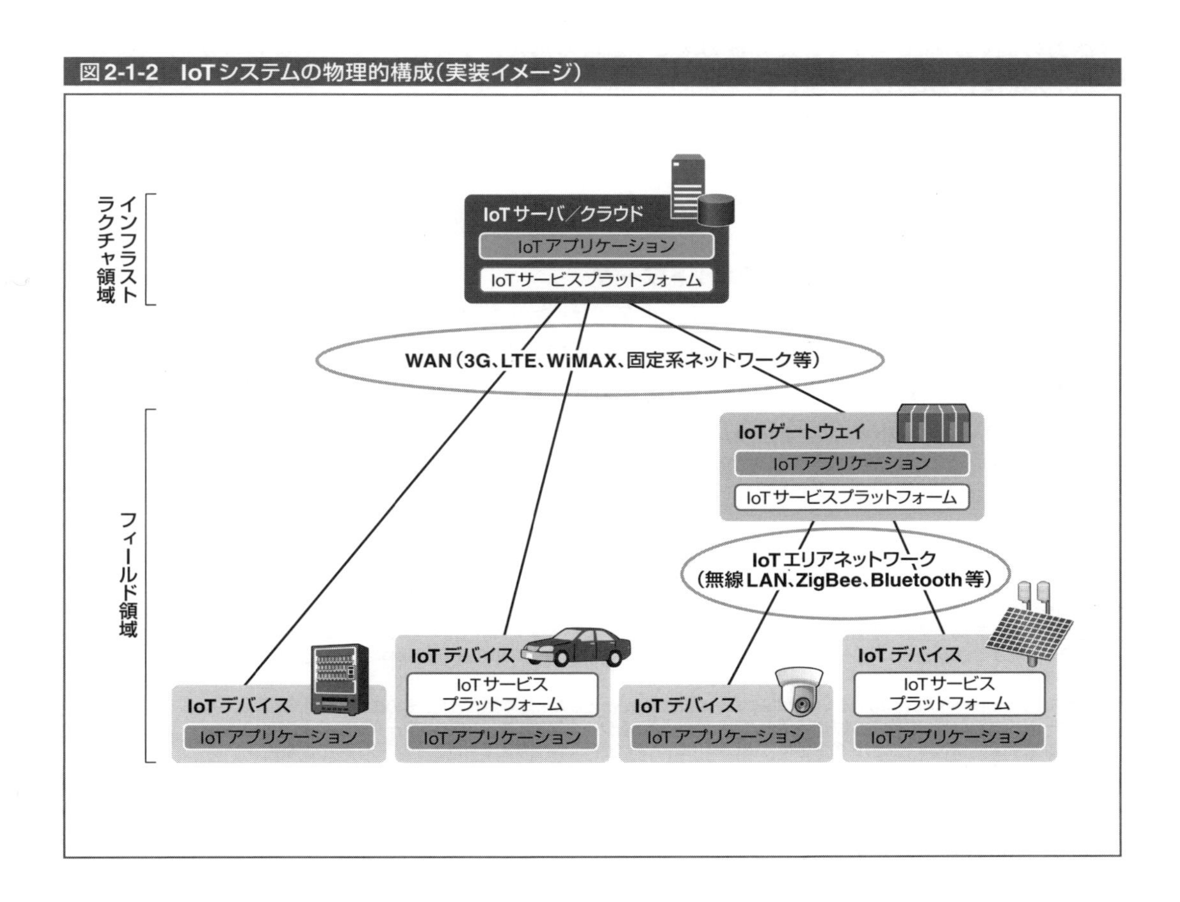

フィールド領域には、IoTデバイス及びIoTゲートウェイという要素が含まれ、インフラストラクチャ領域は、サーバやクラウド等から構成されます。インフラストラクチャ領域のサーバやクラウドには、IoTアプリケーションがインストールされ、これとフィールド領域のIoTデバイスやIoTゲートウェイに組み込まれたIoTアプリケーションが、WANを利用して連携されます。

WANの利用形態には、IoTデバイスとWANが直接接続される場合と、IoTゲートウェイを介してIoTデバイスがWANに接続される場合の2通りがあります。

また、IoTデバイスとIoTゲートウェイ間の接続には、IoTエリアネットワークが利用され、無線LAN、ZigBee、Bluetooth等の無線PAN（Personal Area Network）の近距離無線技術、有線LAN、PLC（電力線通信）等の有線系技術が使われます。

(1) IoTデバイス

IoTデバイスには、搭載されるプロセッサ能力、メモリ容量、消費電力等の制限のため、アプリケーションしか組み込むことができない制約のあるデバイス（これをConstrained Deviceといいます）と、そのような制約がなく、IoTアプリケーション、IoTサービスプラットフォームなどを組み込むことができ、比較的インテリジェントな処理を可能とするデバイスの2種類に分けることができます。

前者の例としては、山間部、僻(へき)地のような人による頻繁なアクセスが困難な場所や、安定的な電力供給が難しい場所に設置されるインフラセンサ等のIoTデバイスを挙げることができます。後者の例としては、家庭、オフィス、工場のように、電力供給に制約がない場所に設置される処理能力の高いプロセッサや、大容量のメモリを組み込んだインテリジェントな処理が可能なIoTデバイスを挙げることができます。

IoTサービス層の標準化を推進するグローバルな標準化団体であるoneM2M[*1]では、前者をADN（Application Dedicated Node）、後者をASN（Application Service Node）として、明確に区別して定義しています。

(2) IoTゲートウェイとIoTエリアネットワーク

将来のIoTデバイス数の増加は、回線接続や切断を制御する制御用回線へ大きな影響を及ぼすことが懸念されるだけでなく、携帯電話基地局の収容能力への負担等のインパクトが予測されます。また、IoTデバイスは、通常のモバイルトラフィックに比べると、送受するデータの量が小さく、少ない通信頻度であるにもかかわらず、LTE等のネットワークにアクセスするためには、通信機能や消費電力において必要以上の能力を要するため、IoTデバイスのために通常のモバ

---

*1：**oneM2M**：欧州のETSI、日本のARIB、TTC、北米のATIS、TIA、中国のCCSA、韓国のTTAによる世界の七つの標準化団体が協調して2012年に設立したM2M（Machine to Machine）のサービス層に関する標準化を目的とする標準化団体。2015年からインドのTSDSIも参加し、現在世界の8標準化団体により運営されています。

*2：**BBF（Broadband Forum）**：元々は、1994年にADSL Forumとして米国で設立され、その後、検討対象をブロードバンドに関わるアクセス方式全般に広げ、さらにネットワーク管理とホームネットワークを含むようスコープを拡張し、2008年に現在の名称に改称しています。グローバル展開を図る世界大手企業約200社を中心に構成。

*3：**OMA（Open Mobile Alliance）**：世界の移動体通信関係の企業が集まって通信プロトコルとアプリケーションの標準化を行うために2002年に設立され、携帯電話でのインターネットサービスの標準化を行っています。

*4：**ISP（Internet Services Provider）**：インターネット接続事業者

イルトラフィック用のネットワークを用いることは、IoTデバイスのコスト削減の点から好ましいとは言えません。

このような状況を改善するために、IoTゲートウェイは、複数のIoTデバイスとインフラストラクチャ領域のサーバやクラウドとの間に介在し、データの集約やメッセージを中継する機能をもちます。IoTゲートウェイの役割は、ますます重要になると考えられます。

IoTゲートウェイの役割には、一般に、以下のものが挙げられます。

- ・WAN側とフィールド領域間の通信接続制御及びプロトコル変換
- ・IoTデータや制御用メッセージの中継
- ・IoTデバイス管理のサポート

IoTゲートウェイには、IoTアプリケーションが組み込まれ、IoTデバイスとしての役割をもつものもあります。

IoTデバイスの管理技術としては、BBF（Broadband Forum）[*2]で規定されたM2M/IoTデバイスの管理技術であるTR-069技術、及びOMA（Open Mobile Alliance）[*3]で規定されたモバイルデバイス用のDM(Device Management：デバイス管理)技術があります。

IoTデバイスとIoTゲートウェイ間での通信は、次のIoTエリアネットワーク技術を利用して連携されます。

- ・無線LANや無線PAN(Personal Area Network)などの近距離無線技術
- ・PLC（Power Line Communication：電力線通信）技術や有線LANなどの有線系エリア通信技術

ここで、無線PANとは、個人の周辺にある電話機やIT機器間のために利用されるIEEE802.15.x(ZigBee、Bluetooth、Wi-SUN)、Z-Wave、ANT+等の技術を指します。一般に、これらはセンサ等のIoT機器での利用を目的とした、低消費電力の通信規格となっています。

IoTゲートウェイの代表的なものには、ホームゲートウェイというネットワーク機器があります。これは、家庭内にある家電、ITデバイス、IP電話、CATV用セットトップボックス等と無線LAN/有線LANやBluetoothなどで接続し、さらに3G等の移動体通信回線や有線系回線経由でISP[*4]やCATV事業者に接続する機能を持っています。通常、ホームゲートウェイには、通信管理や機器管理のためのミドルウェアに相当するプラットフォームや各機器に対応するアプリケーションが組み込まれています。

2-2 IoTデバイス

本節では、IoTデバイスの役割と基本構成について学びます。

1 IoTデバイスの役割

IoTデバイスの役割は、機器やセンサをネットワークに接続し、機器やセンサからのデータ収集や機器の遠隔制御を可能にすることです。IoTデバイスは、機器やセンサから収集したデータをネットワーク経由でIoTサーバに送信します。また、IoTサーバからネットワーク経由で受信した制御データに基づいて機器を制御します。IoTデバイスは、組込み型と独立型の2種類に分類されます(図2-2-1)。

(a)組込み型

組込み型は、図2-1-2におけるIoTアプリケーションのみを装備するIoTデバイスに相当します。監視や制御対象の機器やコントローラにネットワーク接続機能を実装し、IoTサーバにデータを送信したり、制御データを受信したりします。このような機器やコントローラが機器組込み型のIoTデバイスです。デバイスの仕様、信頼性がベンダ(製造者)で保障されているものです。

組込み型の事例として、スマートフォン、Webカメラ、ネットワーク機能を内蔵した複写機、自販機、ATM、スマートメータ、情報家電機器などが挙げられます。

(b)独立型

独立型は、センサやアクチュエータなどのデバイスをアプリケーションに合わせて選択・接続し、またはIoTエリアネットワークを介してセンサ、アクチュエータとデータを授受します。システムにあったIoTアプリケーションが構築でき、かつネットワーク接続機能を実装し、IoTサーバにデータを送信したり、制御データを受信します。

ラック構造の産業用パソコン、工場等で使用されるプログラマブルコントローラやプロセスコントロールシステムも、図2-1-2におけるIoTアプリケーション、IoTサービスプラットフォームを装備した場合は、独立型に相当します。

図2-2-1　IoTデバイスの分類

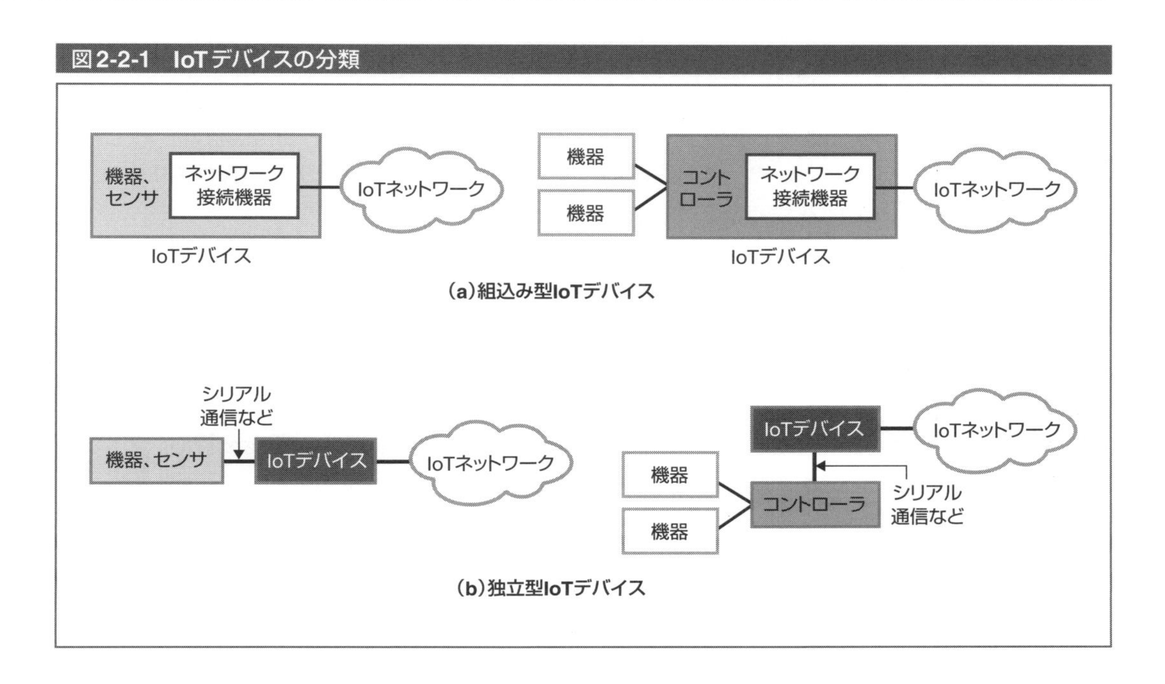

2 IoTデバイスの基本構成

IoTデバイスの基本構成を図2-2-2に示します。IoTデバイスは、一般的な組込み機器と同様のマイクロプロセッサ（MPU）、メモリ、入出力インタフェースの他に、IoTネットワーク通信部、センサ・アクチュエータ通信部および電力・電源管理部を備えます。また、IoTデバイスの位置同定などのための専用回路や画像用インタフェース、デバッグのためのPC通信部を備えるIoTデバイスもあります。

図2-2-2　IoTデバイスの基本構成

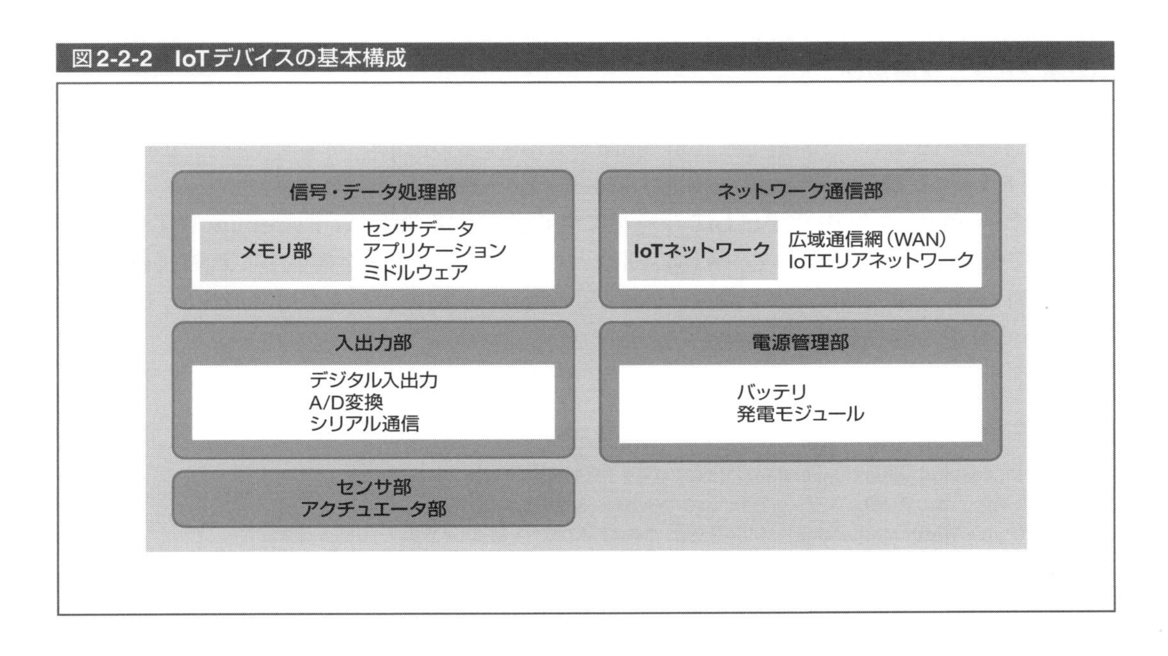

(1) 信号・データ処理部

信号データ処理部は、IoTデータに関する各機能を制御し、サーバからのデバイスに対する命令を授受する中枢的な役割を担います。

メモリ部は、RAMにセンサデータを一時的に記憶し、フラッシュメモリにIoTアプリケーションとミドルウェアとしてのIoTプラットフォーム機能を組み込みます。

アプリケーション開発には、センサからの入力と信号処理、アクチュエータへの制御信号発信機能、通信制御機能、エナジーセービング機能など、いわゆる組込みシステムでのソフトウェア構築力が重要となります。

(2) 入出力部

入出力部は、センサやアクチュエータを信号・データ処理部に接続する機能を持ち、デジタル入出力、A/D変換[*1]、シリアル通信[*2]が可能です。

入出力部のうち、スイッチやLED点灯、開閉器のオン/オフに用いるデジタル入力(DI)、デジタル出力(DO)は、MPUのDI、DO端子より取り込みます。GPIO(General Purpose Input/Output)という複数のDI入力、DI出力のインタフェースもあります。

センサからのアナログ信号は、ここでデジタルデータに変換(A/D変換)します。MPUにはA/D変換回路を内蔵したものもあります。制御用アナログ信号は、シリアル通信によりデジタルデータをPWM(Pulse Width Modulation)[*3]信号に変換してアクチュエータへ出力する場合も増えてきています。

シリアル通信部では、信号・データ処理部が扱う信号をシリアル信号に変換して他のデバイスと通信するインタフェースです。UART(Universal Asynchronous Receiver Transmitter)やUSB(Universal Serial Bus)という規格はよく知られています。UARTでは1対N通信が可能です。

センサ部、アクチュエータ部は入出力部を介して接続されますが、ほとんどの機器は入出力部より分離して設置されます。

(3) ネットワーク通信部

IoTネットワーク通信部は、IoTネットワークとの通信を行います。IoTゲートウェイ経由でIoTサーバと接続する場合は、ZigBee、BluetoothやWi-FiなどのIoTエリアネットワークを経由して、IoTゲートウェイと通信するためのプロトコル処理を行います。

IoTゲートウェイを経由せずにIoTサーバに直接接続する場合は、Ethernetによりルータと有線で接続したり、3G、LTE、WiMAXなどの通信モジュールを搭載して無線接続し、広域通信網(WAN)に接続します。最近は、IoT用の低コストSIMカード(Subscriber Identity Module Card)も登場しています。

---

*1：**A/D変換(Analog/Digital Conversion)**：アナログ信号をデジタル信号へ変換すること。

*2：**シリアル通信**：1本の信号線上で、データを1ビットずつ連続的に送受する通信方式。

*3：**PWM(Pulse Width Modulation)**：パルス幅変調：半導体により電力を制御する方式の一つで、一定電圧の入力にオンとオフの一定周期のパルス列を作り、オンの時間幅を変えることで、これに比例して電力も変化させ電力制御を実現します。

*4：**小型のマイコンボード、コンピュータ**：これらの詳細は、第6章で説明します。

(4)電源管理部

IoTデバイスでは、山間部や屋外など商用電源の供給が困難な場所に設置する場合や、ウェアラブルセンサなど外部電源の受電が困難なデバイスの場合は、自立電源を装備する必要があります。

リチウム電池や太陽電池、(将来的には)振動発電などの組合せによって無停電化を図らねばなりません。ウェアラブルデバイスでは、ワイヤレス給電方式を取り入れることも検討の対象となります。

電源部の設計においてエナジーハーベスティングの設計が必要となりますが、IoTデバイスの使用期間、デバイスの消費電力低減も設計要件です。消費電力低減に対しては、通信時やセンサの稼働時に間欠動作(スリープ機能)の導入を考慮すると効果的です。

(5)IoTデバイス・ハードウェア

IoTデバイスに適用可能なコンピュータとして、最近はパソコン並みの性能を持つ小型のマイコンボード、コンピュータ[*4]が市販され、プロトタイピング開発には便利になりました。これらには、mbed、Arduino、Raspberry Piなどがあります。

2-3 IoTエリアネットワーク

IoTエリアネットワークは、IoTゲートウェイとその配下のIoTデバイスとの間の接続を行うための近距離無線技術や電力線通信(PLC)技術等を用いた通信システムです。本節では、これらIoTエリアネットワークの概要について説明します。

1 有線によるIoTエリアネットワーク

IoTエリアネットワークを有線で構成する場合の代表的な例として、有線LANで構成する場合とPLCで構成する場合があります。

(1)有線LAN

有線LANは、スター型(ハブ型)、バス型及びリング型等の構成(ネットワークトポロジ)が可能です(図2-3-1)。スター型では、一つのハブから各IoTデバイスに直接有線LAN接続をするため、障害点の切り分けが容易となりますが、ハブが故障した場合には全ての回線が切れてしまうという特徴があります。バス型の場合、比較的広いエリアに分散したIoTデバイスを収納することができますが、バスが故障した場合、障害点より先のIoTデバイスとの通信が困難となります。工業用等で信頼性が重視される場合にはリング型の構成とする場合があります。

図2-3-1　有線LANによるIoTエリアネットワークトポロジ

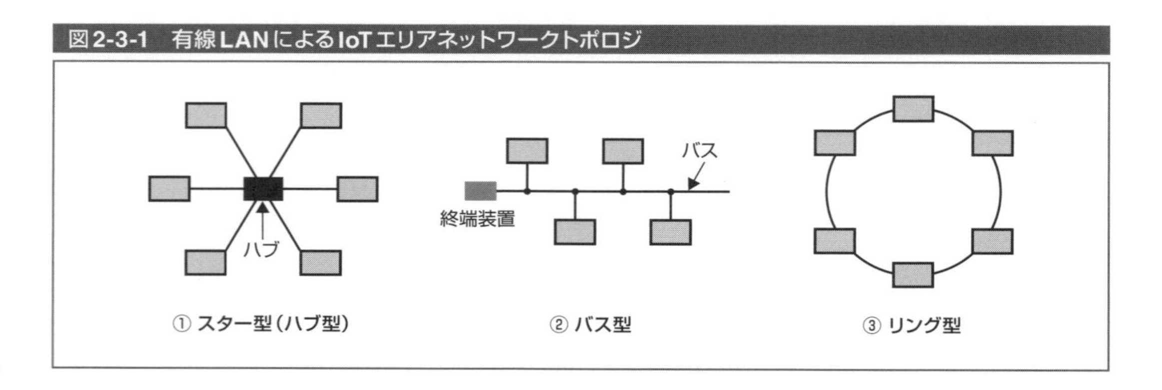

(2)PLC

PLC (Power Line Communication)は、家庭の電灯線などを通信路として利用する通信方式です。PLCでは、電源の周波数(関東：50Hz、関西：60Hz)と、周波数の離れた10kHz～450kHzあるいは2MHz～30MHzの搬送波を利用して情報を伝送します。搬送波はフィルタによって分離され、搬送波に重畳(ちょうじょう)された情報[*1]を取り出すことで情報の伝送を行います。

PLCでは電力線を通信路とするため新たな配線が不要で、電源コンセントが情報の出入り口になるというメリットがあります。また、PLCはスマートメータ[*2]とHEMS[*3]とを接続（Bルート[*4]）する通信方式の一つとして採用されています。

日本では、PLCは電波法により規制されており、技術的に適合している機器を利用する必要があります。また、分電盤の負荷側（家庭側）の利用のみが許されており、家庭間の通信には適用できません。

PLC利用時の留意事項を、以下に示します。

① 二世帯住宅などで分電盤が二つある場合は、分電盤をまたいでの通信はできない。
② 同一の分電盤で、ブレーカが異なる場合は、信号の減衰により雑音耐性が劣る場合がある。
③ 次の機器等は雑音源として、PLCの通信性能を劣化させる場合があり、ノイズフィルタの利用等を考慮する必要がある。
　充電器（携帯電話の充電器を含む）、ACアダプタ、調光機能付き照明器具、タッチランプ、インバータ機器、掃除機、ヘアードライヤー、ジューサーミキサー、電気ドリル等
④ 電源テーブルタップ等は、PLCの信号を減衰させる場合がある。

図2-3-2　PLCによるホームオートメーションの概念図

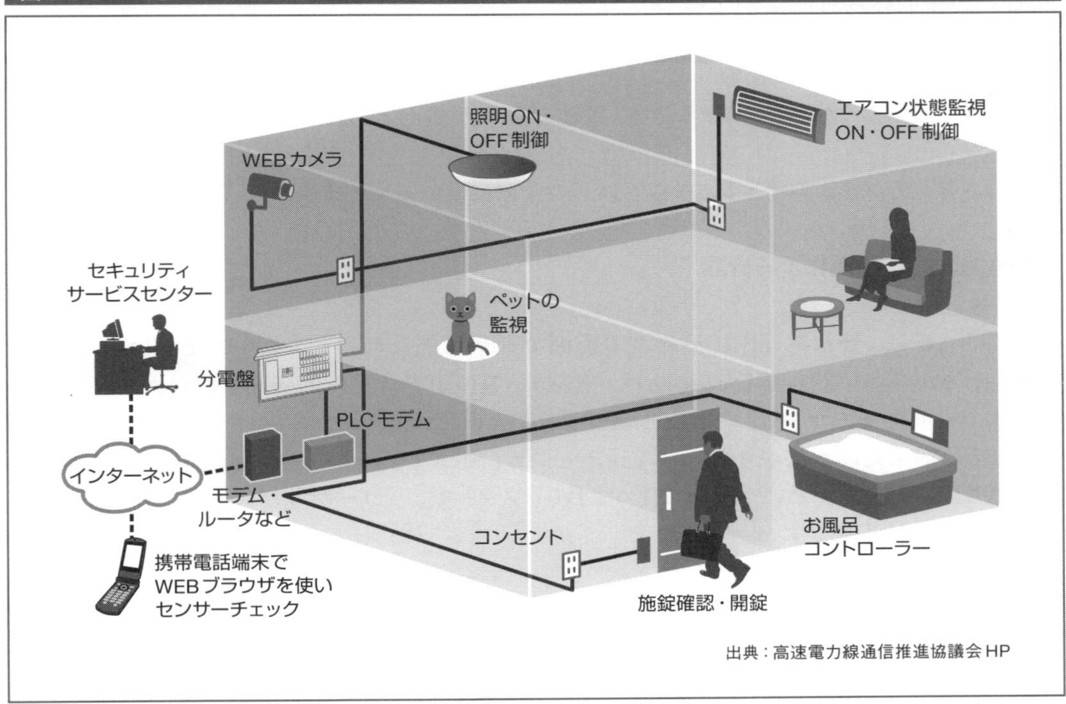

出典：高速電力線通信推進協議会HP

*1：搬送波への情報の重畳を変調、情報の取り出しを復調と呼びます。

*2：**スマートメータ**：電力量をデジタルで計測・管理するマイコン、使用量を記録する記憶装置（メモリ）、電力会社、電力需要者の宅内設備と情報のやり取り可能な通信機能などを備えた高機能な電力量計。

*3：**HEMS（Home Energy Management System）**：家庭におけるエネルギー使用（需給）状態の見える化と、これらの一元管理を目指したエネルギー管理システム。家電をネットワーク化し、これらを遠隔制御、自動制御することによる、快適で節電効果の高い家電利用方法などが提案されています。

*4：**Bルート**：スマートメータから電力需要者の宅内へ接続するルートをBルートと呼びます。また、スマートメータから電力会社へ接続するルートをAルート、電力会社が収集したデータを他の事業者に接続するルートをCルートと呼びます。

2 無線によるIoTエリアネットワーク

IoTエリアネットワークを無線で構成する場合、無線PAN(Personal Area Network)、無線LAN並びに近距離無線等が利用されます。これらの無線システムは、通信可能な距離の他に、伝送可能なデータ量や伝送速度、利用可能な周波数に違いがあり、目的に応じて適切に選択する必要があります。

また、無線システムは、電波法など国内の法的制約を受けます。このため、IoTエリアネットワークの無線利用では、IoTシステムを導入する企業などに無線機の操作ができる有資格者(無線従事者)がいない場合は制約が多くなります。また、IoTデバイスの数が多くなると、無線局の免許申請などの手間が増えるため、無線従事者がいる場合でも負担は大きくなります。これらの課題に対して、免許が不要な無線システムの利用が有効です。

免許が不要な無線局としては、ISMバンド[*5]と呼ばれる周波数帯の利用や、微弱な電波の利用や総務省が指定する無線システムの利用などがあります。IoTエリアネットワークを無線で構成する場合には、免許が不要な無線局を活用することが重要になります。

IoTエリアネットワークに適するように設計された多くの無線システムには、省電力駆動により電池で10年間稼働可能なものや、エナジーハーベスティングと呼ばれる微小な電力の発電システムを利用できるよう設計されているものもあります。一般的に、これらは送信間隔を長くし、その間の待機電力を大幅に節減することで省電力駆動を実現しているため、データ収集が高頻度で要求されるようなIoTシステムでは、電池の寿命が短くなる場合があり、注意が必要です(3章参照)。

これら無線システムの概要について、以下の分類に従い説明します。

(1)通信可能な距離による分類

(a)無線PAN

無線PANは、概ね数m～10m程度の範囲で通信可能な無線システムで、Bluetooth[*6]やZigBee等が該当します。Bluetoothは、無線PANの中では比較的高速な伝送が可能であり、その中でも消費電力が少ないBLE (Bluetooth Low Energy)という規格を使ったビーコン端末などその応用範囲が広がりました。ZigBeeやWi-SUN (Wireless Smart Utility Network)は、IEEE802.15.4[*7]という標準に従っており、スター型、ツリー型並びにメッシュ型[*8]のネットワーク構成が可能です。

(b)無線LAN

無線LAN[*9]は、概ね100m程度の範囲で通信可能な無線システムで、IEEE802.11a/b/g/n/ac等の通称Wi-Fiが該当します。無線LANは、主にコンピュータのネットワーク化のために発展してきたため、高速性を追求してきました。このトレードオフとして、比較的消費電力が大きくなります。このことから、外部電源の取得が容易で高速伝送が要求されるシステムへの適用に適しています。スマートフォンに標準で搭載されるようになり、スマートフォンを利用したIoTシステムを構築する場合にも利用可能です。

(c)近距離無線

近距離無線システム[*10]は、概ね数cm～数m程度で通信可能な無線システムで、RFIDやトランスファージェットが該当します。RFIDは、無線タグに書き込まれた比較的短い情報を読取り機によって読み出すシステムです。二次元コード的な利用です。書き換え可能なものや、複数同時読取りが可能などの特徴を活かし、より幅広い応用が考えられます。

トランスファージェットは、RFIDと対照的に、大量のデータを近距離で高速伝送するものです。この特徴を活かし、画像データの収集などに利用できます。

(2)免許不要な無線局

国内で利用可能な、主な免許不要の無線局[*11]としては、下記が国内の制度として規定されています。

(a)微弱無線局

用途の規定や周波数の制約はなく、送信電力のみによって規定される無線局です。他の無線システムに妨害を与えない程度の極めて弱い電波を利用する必要があります。

(b)特定小電力無線局

工業用のテレメータ[*12]やスマートメータなどの用途に向けて、複数の周波数が割り当てられています。用途、周波数、送信電力等が規定されており、その条件を満たすことを証明された機器のみが利用可能です。

(c)小電力データ通信システム

無線LANやBluetooth、ZigBeeなどがこの規定に含まれます。用途、周波数、送信電力等が規定されており、その条件を満たすことを証明された機器のみが利用可能です。

(d)簡易無線局

近距離無線通信、無線タグなどがこの規定に含まれます。周波数として伝搬特性の良好な920MHz帯が利用されます。送信電力等が規定されており、その条件を満たすことを証明された機器のみが利用可能です。

---

*5：**ISMバンド(Industrial, Scientific and Medical Band)**：産業・科学・医療などの広い分野で比較的容易に利用可能な周波数帯。詳細は、3-1節 1 (2)を参照してください。

*6：**Bluetooth**：詳細は、3-1節 2 を参照してください。

*7：**IEEE802.15.4**：詳細は、3-1節 3 を参照してください。

*8：**スター型、ツリー型、メッシュ型**：詳細は、3-1節 1 (4)を参照してください。

*9：**無線LAN**：詳細は、3-1節 4 を参照してください。

*10：**近距離無線システム**：詳細は、3-1節 5 を参照してください。

*11：**免許不要の無線局**：詳細は、3-1節 1 (2)を参照してください。

*12：**テレメータ**：遠隔計測装置。遠隔地へ測定結果を伝送する計測装置、または遠隔地から伝送されてきた測定結果を計測、記録する装置。

2-4 IoTゲートウェイ

1 IoTゲートウェイの役割

IoTゲートウェイは、主として家庭や工場などのドメイン（領域）内のIoTデバイスを集約し、IoTサーバに接続する役割を担います。

IoTシステムでは様々なIoTデバイスが接続され、IoTアプリケーションごとにそれぞれ対応したIoTサーバやクラウドからアクセスされます。図2-4-1(a)に示すように、これらのIoTデバイスをIoTサーバ等に直接接続する場合、IoTサーバは対象領域内のすべてのIoTデバイスを管理しなければなりません。一方、IoTデバイスは、プロセッサの機能、メモリ容量、消費電力等のリソースに制約があるため、複数のIoTサーバと通信する機能を実装するのが難しくなります。さらに、リソースの制約から、IoTデバイスには十分なセキュリティ対策が施されず、外部からの不正アクセスや不正な操作を受ける危険があります。

このような問題を解決するために、図2-4-1(b)に示すように、IoTゲートウェイを設置します。IoTゲートウェイは、自グループ内のIoTデバイスのIoTエリアネットワークによる接続を管理したり、IoTエリアネットワークの通信プロトコルとWANの通信プロトコルの変換を行います。また、IoTサーバによるデータ収集、遠隔制御の仲介のためのメッセージ交換、IoTサーバ等のインフラ（クラウド側）との通信を終端して不正アクセスを防止する等のアクセス制御を行います。

図2-4-1　IoTデバイスとIoTサーバ／クラウドの接続形態

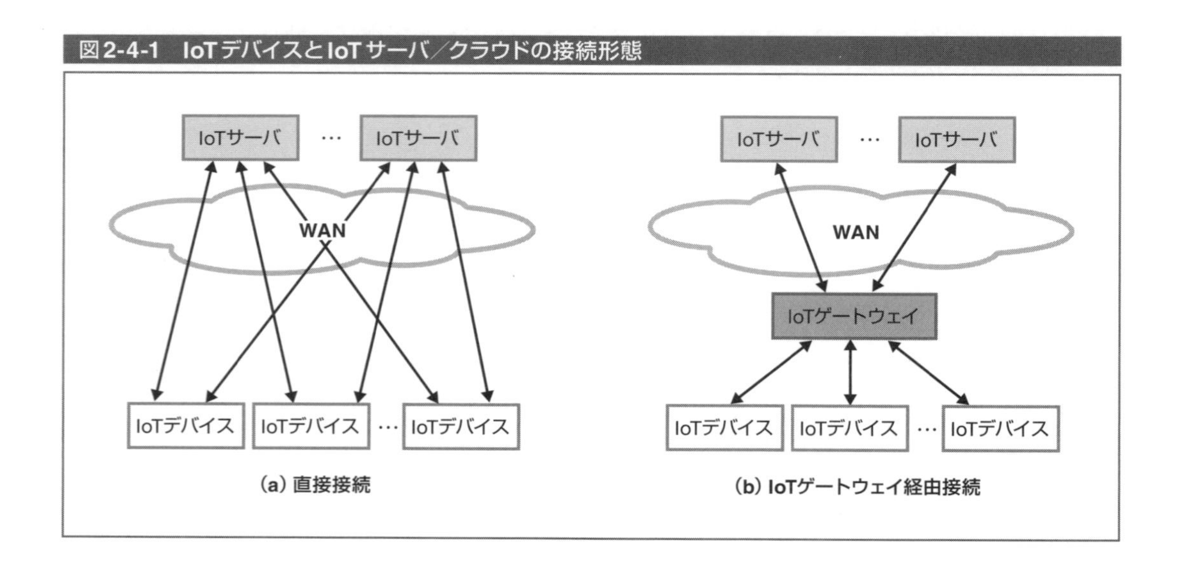

2 IoTゲートウェイの基本構成

IoTゲートウェイの基本構成を、図2-4-2に示します。IoTゲートウェイの基本機能はプロトコル変換とメッセージ交換ですが、その共通基盤としてサービス・ゲートウェイが利用されます。また、IoTデバイスの管理機能やローカル・アプリケーションが搭載される場合があります。本節では、IoTサービス・ゲートウェイとプロトコル変換について詳細に説明します。なお、IoTサーバ/クラウドによるデータ収集と遠隔制御の仲介については、2-6節で説明します。

図2-4-2 IoTゲートウェイの基本構成

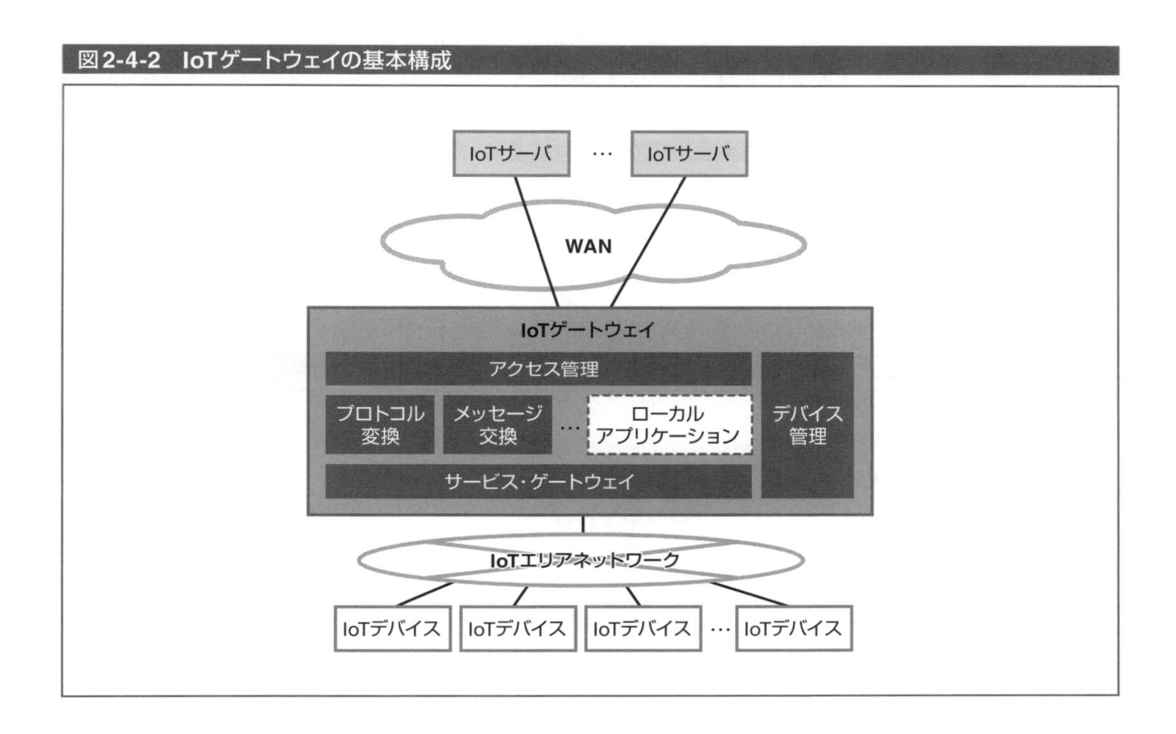

3 サービス・ゲートウェイ

IoTゲートウェイの共通基盤であるサービス・ゲートウェイの代表的な技術として、OSGiがあります。OSGiは、OSGi Alliance[*1]によって標準化されたJavaベースのソフトウェア・コンポーネント技術です。

IoTゲートウェイのプロトコル変換は、IoTデバイスが対応するプロトコルの種類に応じて、様々なプログラムを用意する必要があります。また、メッセージ交換についても、IoTアプリケーションやIoTデバイスの機能によって多種多様なプログラムが必要となります。これらのプログラムをあらかじめIoTゲートウェイに実装しておくことは非現実的であり、新しいIoTデバイスが登場した場合に対応ができなくなります。そこで、プロトコル変換やメッセージ変換を追加削除し

*1: **OSGi Alliance**：ゲートウェイ用の仕様策定のため、1999年に設立された国際的団体。ソフトウェア統合開発環境であるEclipseのコア技術の仕様を策定している団体として有名で、100社を超える企業が加入。

たり、プログラム間の連携を可能としたりする共通基盤として、OSGiを利用することが多くなっています。

OSGiの構成を図2-4-3に示します。OSGiは、Java VM上で動作するOSGiフレームワークとバンドル（プログラム）から構成されます。バンドルは、JAR[*2]フォーマットによって構成されるコンポーネントです。バンドルには、HTTPサービス実装バンドルやロギングサービス実装バンドル等、OSGiによって仕様が規定されている標準バンドルと、アプリケーションごとに開発・組込みが可能なアプリケーションバンドルがあります。バンドル間の連携は、OSGiフレームワークがサポートします。つまり、バンドルのサービス（Javaオブジェクト）をOSGiフレームワークに登録することにより、他のバンドルからサービスを検索することができます。なお、バンドル間の通信はOSGiフレームワークを経由しないため、OSGiフレームワークの処理が負荷となることはありません。

また、OSGiでは、外部のサーバからIoTゲートウェイにバンドルを配布して利用可能とするためのバンドル配布機能があります。このバンドル配布機能を使って、アプリケーションごとに必要となるプロトコル変換やメッセージ交換のためのバンドルを、IoTゲートウェイに一斉配布することが可能となります。

図2-4-3　OSGiの構成

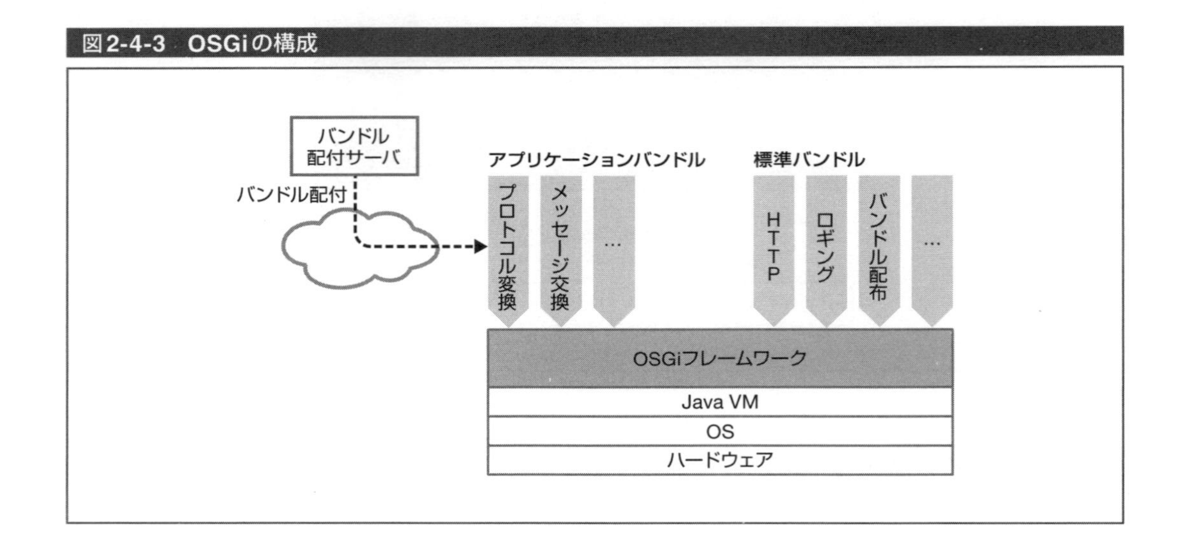

4 プロトコル変換

IoTエリアネットワークと、IoTサーバと通信するためのネットワーク（WAN）は、その要求条件が異なります。IoTエリアネットワークでは、接続するIoTデバイスのリソース、ネットワーク帯域および電源供給が制限される場合が多く、低コスト、低消費電力のプロトコルが求められます。インターネットで一般的に利用されているTCP/IPは、メッセージの到達確実性や認証のための通信ヘッダ処理やハンドシェイク処理が負担になるため、IoTエリアネットワーク用としては適しません。

IoTエリアネットワーク用として提案されている6LowPAN（IPv6 over Low Power Wireless Personal Area Networks）[*3]や、CoAP（Constrained Application Protocol）[*4]

などは、通信ヘッダ[*5]を短縮化したり通信シーケンス[*6]を簡略化したりすることで、通信処理に要する手続き、時間を低減し、低コスト、低消費電力を実現しています。IoTシステムでは、適用分野ごとにそれぞれの要求条件にあったプロトコルが提案、標準化されています。

一方、WANでは、一般的なインターネットと同様にTCP/IPが多く利用されています。

このように、IoTエリアネットワークとWANは、使用されるプロトコルが異なるため、IoTゲートウェイがその変換を行います。6LowPANとCoAPはTCP/IPとの互換性が高いため、単純な処理でプロトコル変換を実現することが可能です。IoTゲートウェイでは、OSGiのバンドルによりプロトコル変換が実装されます。つまり、IoTエリアネットワークに接続するためのバンドル、WANに接続するためのバンドル、プロトコル変換を行うためのバンドルを用意し、これらの三つのバンドルを連携させることにより、IoTエリアネットワークとWAN間のプロトコル変換を実現することができます。

5 エッジコンピューティング

従来から、IoTシステムはサーバ集中型のシステムとして構築されてきました。IoTデバイスは、様々なセンサや機器をネットワークに接続し、IoTゲートウェイは、それらのIoTデバイスを集約してIoTサーバに接続します。IoTサーバは、IoTデバイスから収集したデータの分析結果に基づいてIoTデバイスを遠隔制御します。

このようなサーバ集中型のIoTシステムでは、IoTサーバがIoTデバイスのデータをすべて収集するため、大規模になれば、ネットワーク負荷やデータ蓄積コストの増大が問題となります。また、IoTデバイスに対する制御をIoTサーバが行うため、その制御遅延が問題となる場合があります。一方で、IoTデバイスやIoTゲートウェイで利用されるハードウェアの性能が向上してきており、単純なネットワーク接続機能やプロトコル変換機能だけではなく、様々な機能が実装できるようになってきました。

そこで、IoTデバイスに近いところで可能な処理を行い、IoTサーバとのやり取りを必要最小限にして、IoTサーバ側のネットワーク負荷やストレージコストの増大や制御遅延を回避するエッジコンピューティングという考え方が登場してきました。エッジコンピューティングのために、IoTゲートウェイが重要な役割を果たします。

IoTゲートウェイにおけるエッジコンピューティングの導入やその利用例については、3-2節 2 で後述します。

---

*2：**JAR（ジャー）**：Java言語で開発されたプログラムのファイル群をまとめて格納するファイル形式の一つ。各ファイルはZIP形式で圧縮され、拡張子には「.jar」が付けられます。

*3：**6LowPAN（IPv6 over Low Power Wireless Personal Area Networks）**：TCP/IP技術全般の標準化を行っているIETFにより策定されているIPv6ベースの低消費電力でオープンなメッシュ構造をもつワイヤレスネットワーク規格。物理層にはZigBeeと同じIEEE802.15.4規格を用いています。

*4：CoAP（Constrained Application Protocol）：M2M（Machine to Machine）向けに標準化されたWeb転送プロトコルの一種。詳細は、3-4節 2 (2)を参照してください。

*5：**通信ヘッダ**：伝送データの先頭に付加される通信に必要な制御情報

*6：**通信シーケンス**：通信の開始から終了までに行われる送信側と受信側の間の信号授受の手順

2-5 広域通信網(WAN)

IoTデバイスやIoTゲートウェイは、電気通信事業者が提供する広域通信網(WAN)経由でセンタのIoTサーバと通信を行います。WANに用いられる媒体は、光ブロードバンドやISDNを用いる固定回線と、3GやLTEを用いる無線通信回線に大別されます。また、接続形態には公衆網を経由する方法と、閉域網を経由する方法の2種類があります。本節ではこれらの概要について学びます。

1 固定回線

IoTシステムのうち、IoTサーバと電気通信事業者間を接続する回線については、固定回線が利用されるケースが大多数を占めます。IoTサーバはIoTデバイスから送信されるデータが集約され、IoTデバイスやIoTゲートウェイを制御する重要な装置ですので、安定して利用可能な回線が求められるためです。

また、IoTデバイス側においても、固定設置が可能で無線通信回線ではカバーできない領域については、固定回線が使われています。以下に、IoTシステムで使用される代表的な固定回線を記載します。

(1)光ブロードバンド

FTTH(Fiber to the Home)とも言い、電気通信事業者設備から設置箇所までを光ファイバでつなぐアクセス方式です。サービス開始当初は、通信速度が10Mbpsでしたが、今や10Gbpsのものもあり、さらに高速化が進められています。固定回線では現在主流の方式です。固定設置され、かつ高速大容量の通信が必要なデバイスに適した方式といえます。

IoTシステムにおいては、IoTサーバと電気通信事業者間を接続する回線として主に利用されます。また、デバイス側についても、固定設置して利用するIoTゲートウェイ(電力会社が構築しているスマートメータシステムで利用されるコンセントレータ[*1]や、公衆無線LAN用のアクセスポイント等)で主に利用されています。

一般的にブロードバンド回線とは区別されますが、固定閉域網サービスのアクセス回線のうち、広帯域、高信頼性のメニューにも光ファイバが利用されます。

*1：コンセントレータ：多数のスマートメータを、IoTエリアネットワークを通じて収容する集約装置。

図2-5-1　光ブロードバンドの利用例

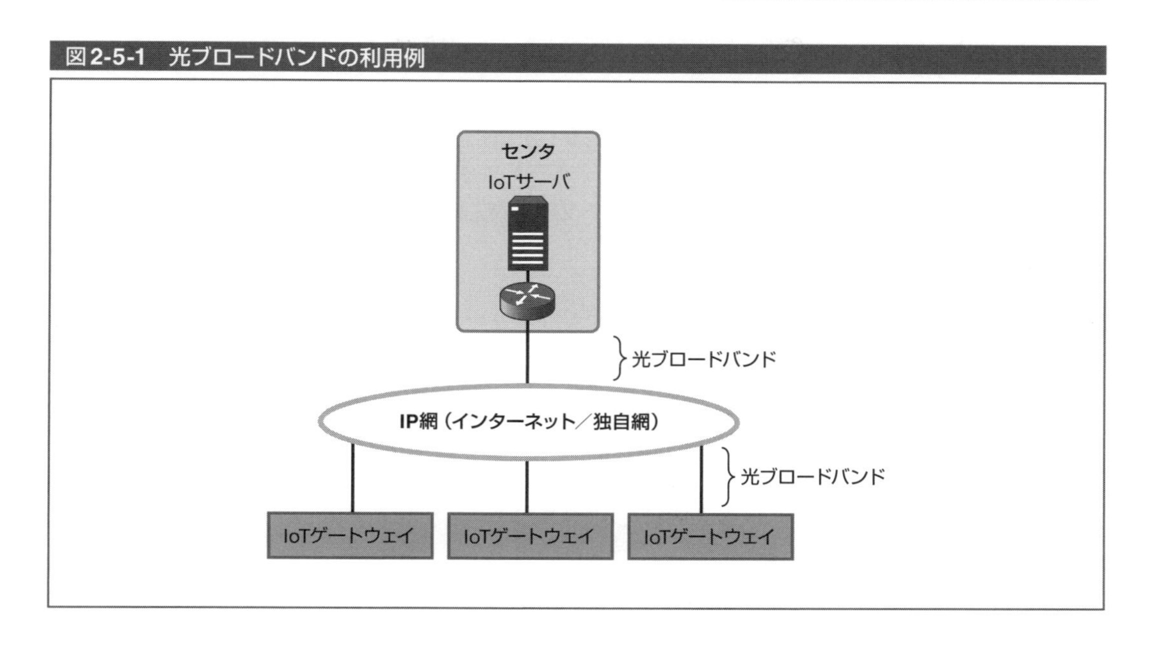

(2) ISDN

ISDNはIntegrated Services Digital Networkの略で、サービス総合デジタル網と訳されます。媒体にメタル回線を利用するものと光ファイバを利用するものとがありますが、ここでは主にIoTシステムに用いられる前者について説明します。

回線交換方式(Bチャネルを使用)と、パケット通信方式(Dチャネルを使用)の双方が可能で、データ通信にBチャネルを用いる場合は、64kbpsを2チャネル分利用可能です。回線交換方式のため拠点間(IoTデバイスとセンタ間)をポイント・ツー・ポイントで接続します。信頼性も高いため銀行のATM端末や店舗のPOS端末、クレジット決裁端末、警備用端末等とセンタを接続する用途で利用されています。

図2-5-2　ISDN(Bチャネル)の利用例

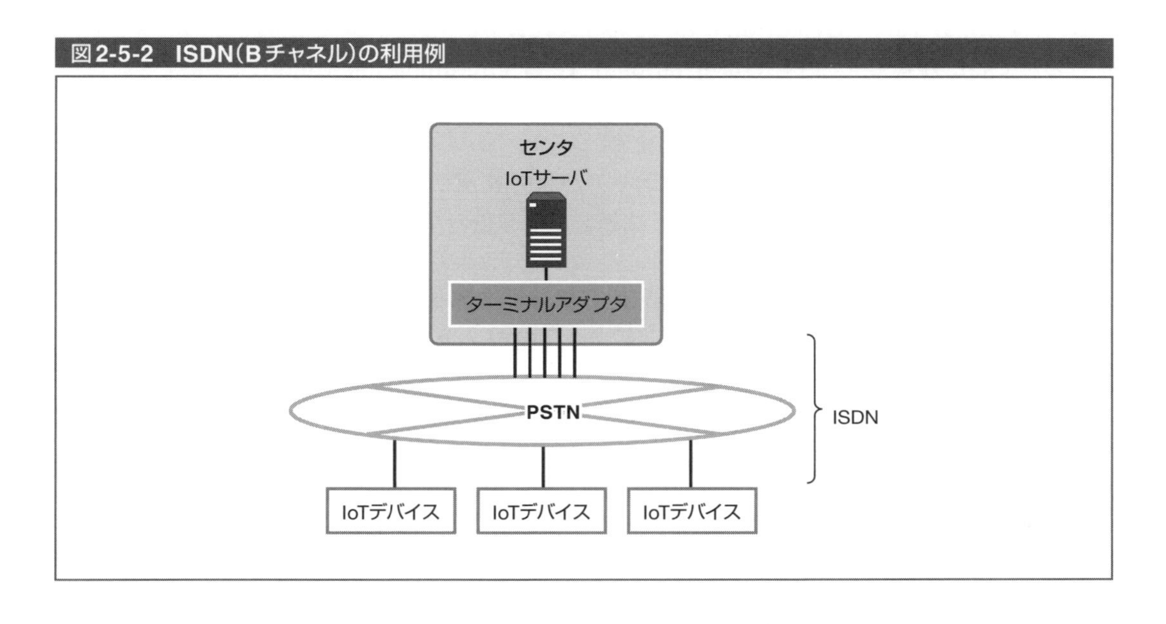

また、音声回線としての利用も可能であり、エレベータ内の監視装置等、音声回線接続が必要なシステムでも利用されています。

今後、概ね2020～2025年にかけて行われるPSTN[*2]のマイグレーション（移行）によりISDNのデジタル通信モードはサービス終了をアナウンスされているため、現行システムでISDNを利用している場合には動向の注視と他方式への移行検討が必要です。

2 無線通信回線

固定回線と比較して、設置の容易性や経済性からIoTシステムの中でもIoTデバイスやIoTゲートウェイのWANには無線通信回線が主に利用されています。また、移動するデバイスにおいてはそもそも無線通信回線の利用が前提となります。以下に、IoTシステムで利用される代表的な無線通信回線を記載します。

なお、この中でも特にIoTシステム向けに利用されている3G、LTEについては、今後の動向含め第3章で詳細を解説します。

(1)3G

第3世代移動通信システムを用いてパケット通信を行う方式です。国内ではW-CDMAとCDMA2000が利用されています。携帯電話用のネットワークであるため、他方式と比較してもサービスエリアが広いことが大きなメリットです。

当初はW-CDMAで下り最大384kbps、CDMA2000 1Xで下り最大144kbpsでスタートしました。W-CDMA方式を高速化したDC-HSDPA方式では下り最大42Mbps、CDMA2000方式を高速化したCDMA2000 1x EV-DO方式では下り最大3.1～9.2Mbpsを実現しています。

人が持つ携帯電話、スマートフォンはもとより、現時点でも様々なIoTデバイス、IoTゲートウェイで活用されています。

(2)LTE

LTEはLong Term Evolutionの略で、第3世代移動通信システムを発展させ、3.9Gと位置付けられていた方式です。ITU（International Telecommunication Union：国際電気通信連合）が2010年12月にLTEなどを一般的に4Gと呼称することを認めたため、各国の通信事業者は4Gの用語を用いてサービス展開しています。

サービス開始当初は3Gよりもサービスエリアが狭い状況でしたが、各通信事業者ともエリア拡大を進め、通信事業者によっては3Gと比較しても遜色のないエリア水準となっています。今後さらなるエリア拡充が期待されます。

通信速度は、当初下り最大37.5Mbpsからサービス開始されましたが、現在ではLTE-Advancedのキャリアアグリゲーション技術[*3]の導入により、一部エリアでは下り最大300Mbpsの通信が可能となっています。

3Gと比較して、高速、大容量、低遅延であるため、3Gでは実現できなかったようなサービス、アプリケーションでの活用が期待されます。例えば監視カメラ等の大容量データの転送用途や、即応性を求められるシンクライアント型端末等が挙げられます。無線方式の中では今後最も主流となる見込みです。

(3) WiMAX

無線MAN(Metropolitan Area Network)用に、IEEEで策定された802.16シリーズに基づいた方式です。現在、国内でサービスされているのは、IEEE802.16e-2005準拠のモバイルWiMAXと、発展版のWiMAX2+です。

モバイルWiMAXの通信速度は、下り最大40Mbpsでサービス提供されていましたが、WiMAX2+の周波数帯域拡張に伴い、2015年2月から順次下り最大13.3Mbpsへ変更となっています。一方、WiMAX2+では、下り最大220Mbpsの通信速度が提供されています。モバイルWiMAXサービスでは通信量による帯域制限がかかっていないことから、監視カメラやデジタルサイネージなどに活用されています。

図2-5-3 3G/LTE/WiMAX/衛星移動通信の利用例

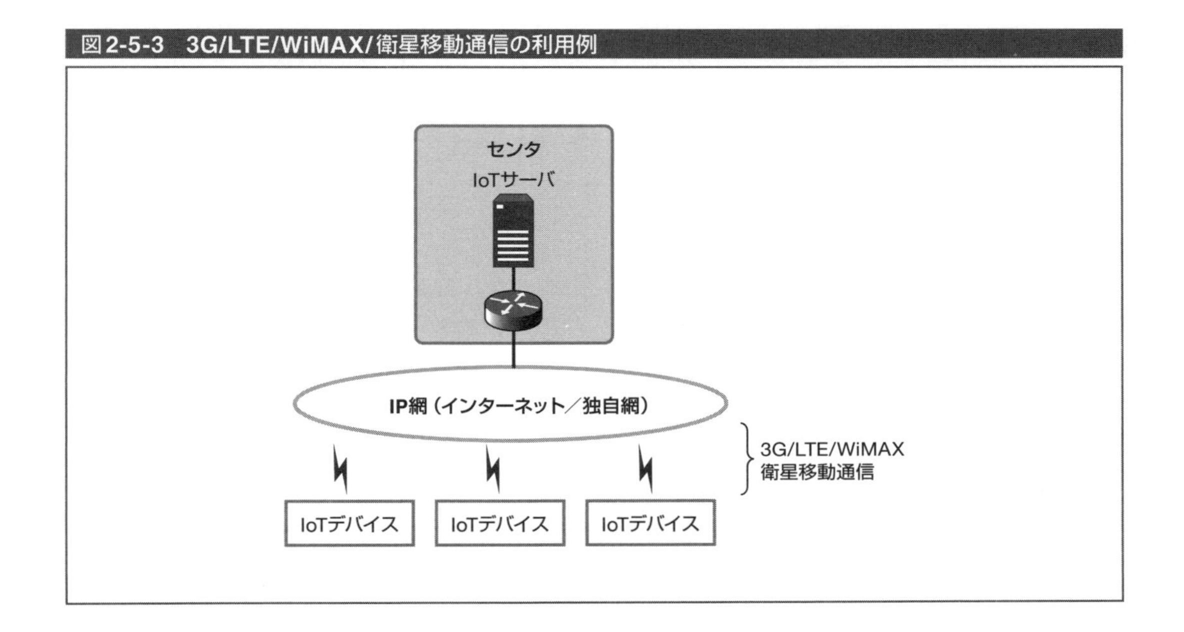

(4) PHS

PHSはPersonal Handyphone Systemの略で、コードレス電話を進化させ屋外でも利用できるようにしたシステムです。通信速度はPIAFS(回線交換方式)では64kbps、パケット通信方式では最大800kbpsとなっています。

3GやLTEと比較すると消費電力が小さく、バッテリで長期間の運用が必要なサービス(ガス事業者の検針システムや、児童向けの見守り端末等)で利用されています。

なお、PHSには、自営モード、トランシーバモードといった、公衆の基地局を介さずに自営の基地局や端末間で直接通信を行うモードが備わっており、これらはIoTエリアネットワークとして用いることが可能ですが、ここでは公衆網に接続するWANの一つとして記載しています。

---

*2: **PSTN**:公衆電話交換網

*3: **キャリアアグリゲーション技術**:無線通信技術の一種で、複数の周波数の電波を同時に束ねて用いることで高速化、安定化を実現。LTEで導入され、その改良版LTE-Advancedでは標準仕様となります。

図2-5-4　PHS(PIAFS接続)の利用例

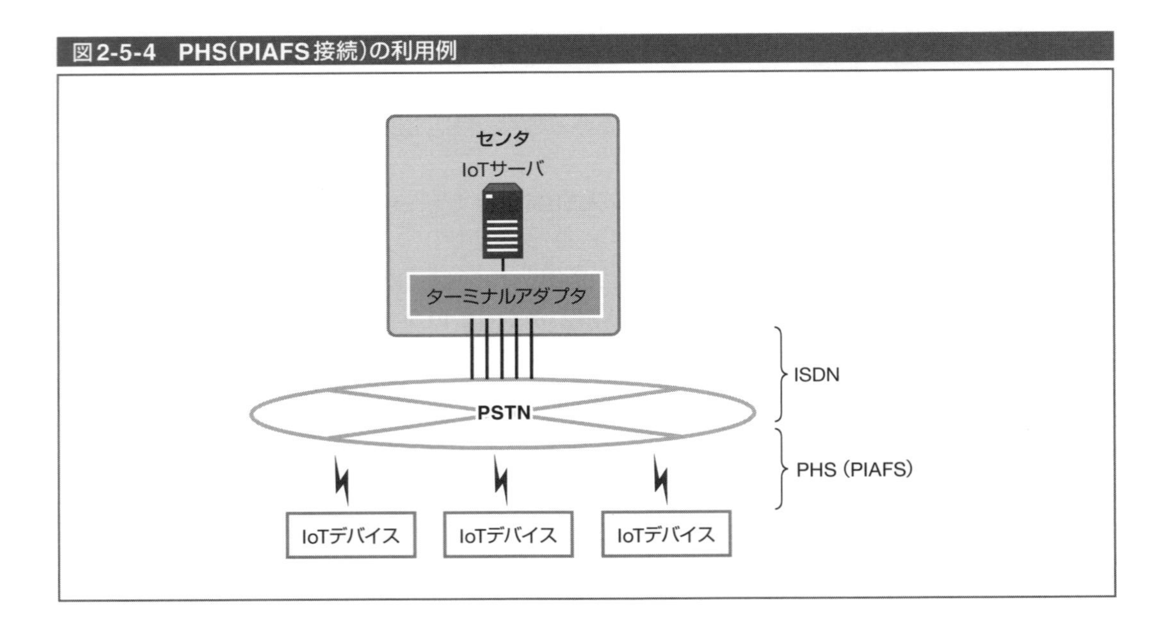

(5)公衆無線LAN

主に公共スペースや店舗内に設置された無線LANアクセスポイントにて、インターネットへの接続を提供するサービスです。技術的には、IoTエリアネットワークに用いられる無線LANと同一のものですが、公衆無線LANサービス事業者等により提供されインターネットに接続可能なものであるため[*4]ここではWANの一つとして記載しています。10Mbpsから50Mbps程度で提供されているものが主で、一部では1.3Gbpsのアクセスポイントも登場しています。

図2-5-5　公衆無線LANの利用例

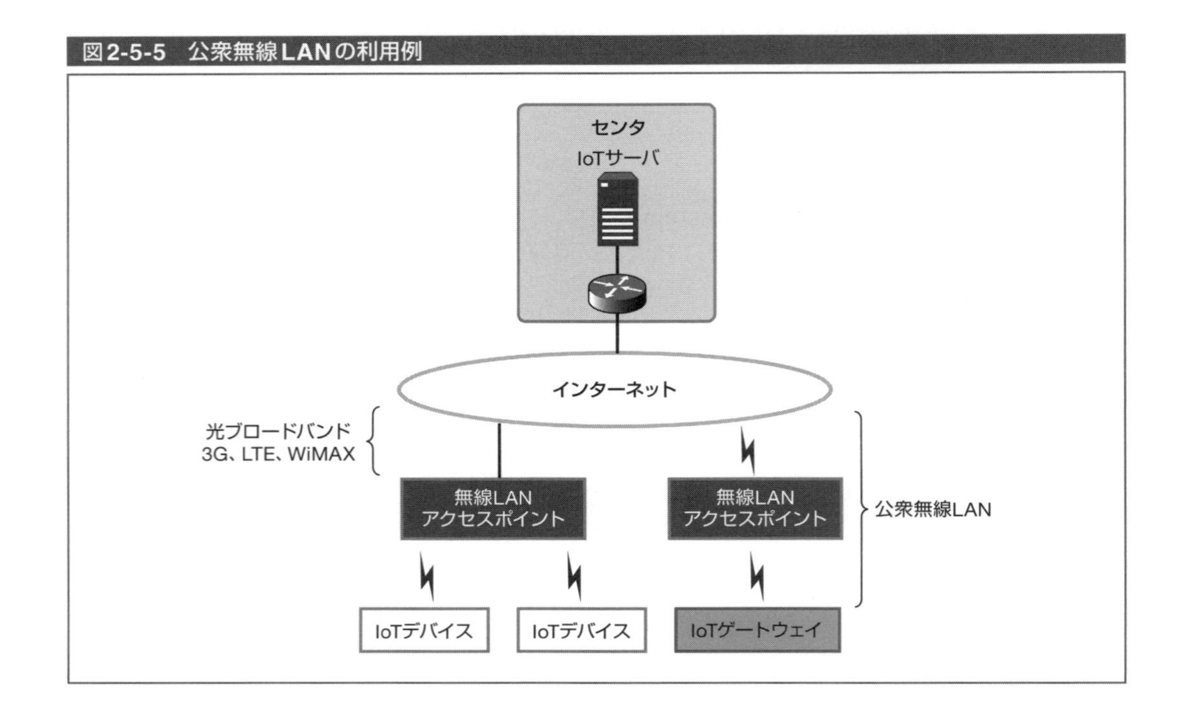

主な用途はスマートフォンのデータオフロードや、PC、携帯ゲーム機等からのインターネット接続など、人が利用するケースが多いですが、エリア内であればIoTデバイスやIoTゲートウェイでも活用可能です。現在では、外国人旅行者への提供のために、無料公衆無線LANの整備が進められています。

(6)衛星移動通信

通信衛星を介して、通信を行うサービスです。音声通信を行うための携帯電話型サービスの他にデータ通信も可能となっています。通信速度は最大約500kbpsです。

3GやLTEの電波が届かないエリアでも利用可能ですので、建設機械の遠隔監視や船舶上のIoTゲートウェイ(ルータ)等で利用されています。

固定回線も含め、ここまで述べた各方式一覧を、表2-5-1に記します。IoTデバイス、IoTゲートウェイの役割、用途によって、各方式の向き不向きがありますので、最適な方式の選択が必要です。

表2-5-1　IoTシステムで利用されるWAN回線の種類

	回線種別	通信速度	主な適応領域
固定回線	光ブロードバンド	~10Gbps	センタ用回線 IoTゲートウェイ
	ISDN	64kbps x 2 (Bチャネル)	IoTデバイス (POS端末、警備用端末等)
無線通信回線	3G	下り：~42Mbps 上り：~5.7Mbps	IoTデバイス(多種多様) IoTゲートウェイ
	LTE	下り：~300Mbps 上り：~50Mbps	IoTデバイス(多種多様) IoTゲートウェイ
	モバイルWiMAX	下り：~13.3Mbps(WiMAX2+の場合、~220Mbps) 上り：~10.2Mbps	IoTデバイス (監視カメラ、サイネージ等)
	公衆無線LAN	~1.3Gbps	IoTデバイス
	PHS	パケット方式：~800kbps PIAFS方式：64kbps	IoTデバイス (ガス検針、見守り端末等)
	衛星移動通信	~492kbps	IoTデバイス(建設機械等) IoTゲートウェイ(船舶向け等)

その他に近年、LPWA(Low Power Wide Area)[*5]と呼ばれる低消費電力で広域をカバーできる無線通信方式が登場してきています。

3 公衆網と閉域網

WANを用いたIoTデバイス、IoTゲートウェイとセンタ間との接続形態には、公衆網(インターネット)を経由する方法と、閉域網を使用する方法の二つがあります。閉域網の場合は、通信事業者が提供する独自IP網を経由して接続します。それぞれの主な特徴を表2-5-2に、概要図を図2-5-6、2-5-7に記します。

*4：公衆無線LANのアクセスポイントからインターネットに接続するためのWAN回線には、主に固定回線が使用されますが、3G、LTE、WiMAX等が利用される場合もあります。

*5：**LPWA(Low Power Wide Area)**：詳細は、3-3節 2 (4)を参照してください。

IoTデバイス、IoTゲートウェイの数量や、どのようなIoTサーバを利用するかでどちらが適しているかが変わってくるため、それぞれの特徴を踏まえて、システム全体に適した方式を選択する必要があります。

表2-5-2　公衆網と閉域網の主な特徴

	公衆網（インターネット）	閉域網（独自IP網）
セキュリティ	インターネットに接続されるため、インターネット経由でDOS攻撃等のサイバー攻撃を受ける可能性がある 経路上での盗聴を防ぐためには、IPsec、SSL等のソフトウェア型のインターネットVPN技術を用いる必要がある	通信経路上はインターネットから隔離されているため、インターネット経由で不正なアクセスを受けることはなく、公衆網よりセキュア （※ただし、SIMカードの盗難等、IoTシステムならではの脅威もあり）
安定性	インターネット経由のため、通信速度が不安定となる可能性がある	通信事業者の独自IP網を用いているため、公衆網と比較すると安定した通信が可能 有線区間においては帯域保証型のサービスもあり
IPアドレスの種類	グローバルIPアドレス、またはプライベートIPアドレス	主にプライベートIPアドレス
IPアドレスの割当て方式	接続のつど、動的にIPアドレスが割り当てられるものが一般的 ⇒IoTサーバ側からIoTデバイス、IoTゲートウェイ宛の通信を行うためには、IoTデバイス側からIoTサーバへ定期的に問合せを行う、またはインターネットVPNを利用する等の工夫が必要	接続時に、同一のIPアドレスが割り当てられるものが一般的 ⇒IoTデバイス、IoTゲートウェイの識別をIPアドレスで行うことも可能
その他メリット	IoTサーバがインターネット上に構築されている場合は接続が容易	閉域網を構築、維持する費用は発生するが、インターネット接続料金が不要となるため、多数のIoTデバイス、IoTゲートウェイを接続する場合にはコストメリットがある 閉域網からインターネットへ接続するゲートウェイを設けることも可能

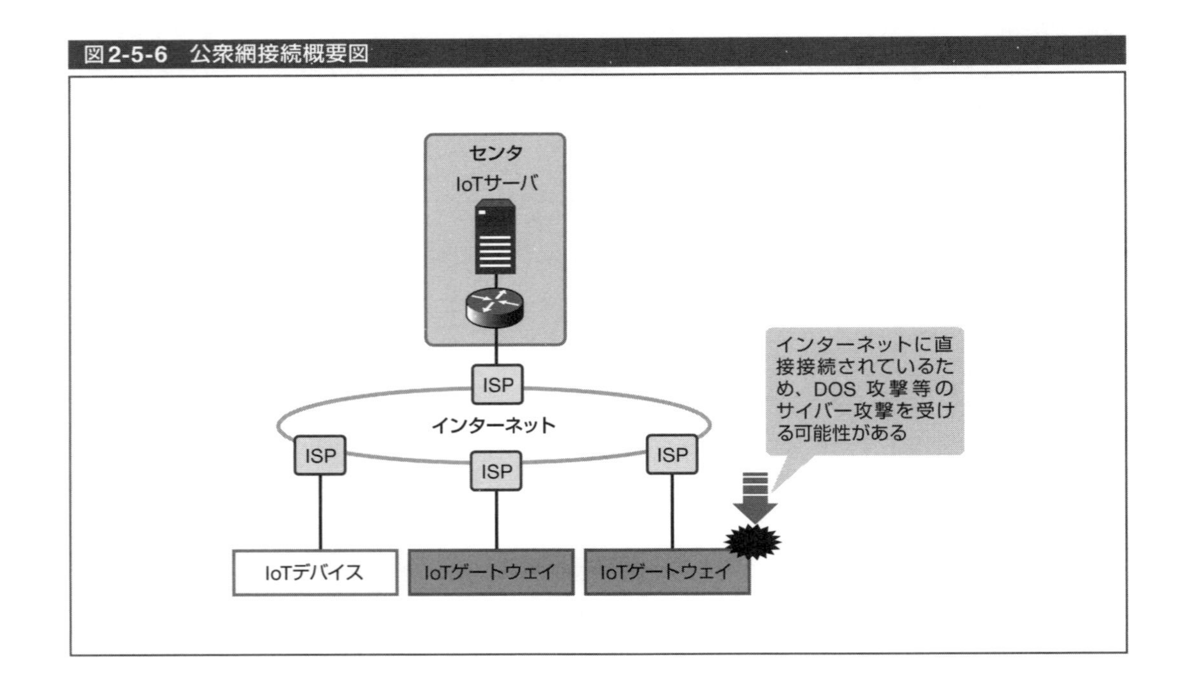

図2-5-7　閉域網接続概要図

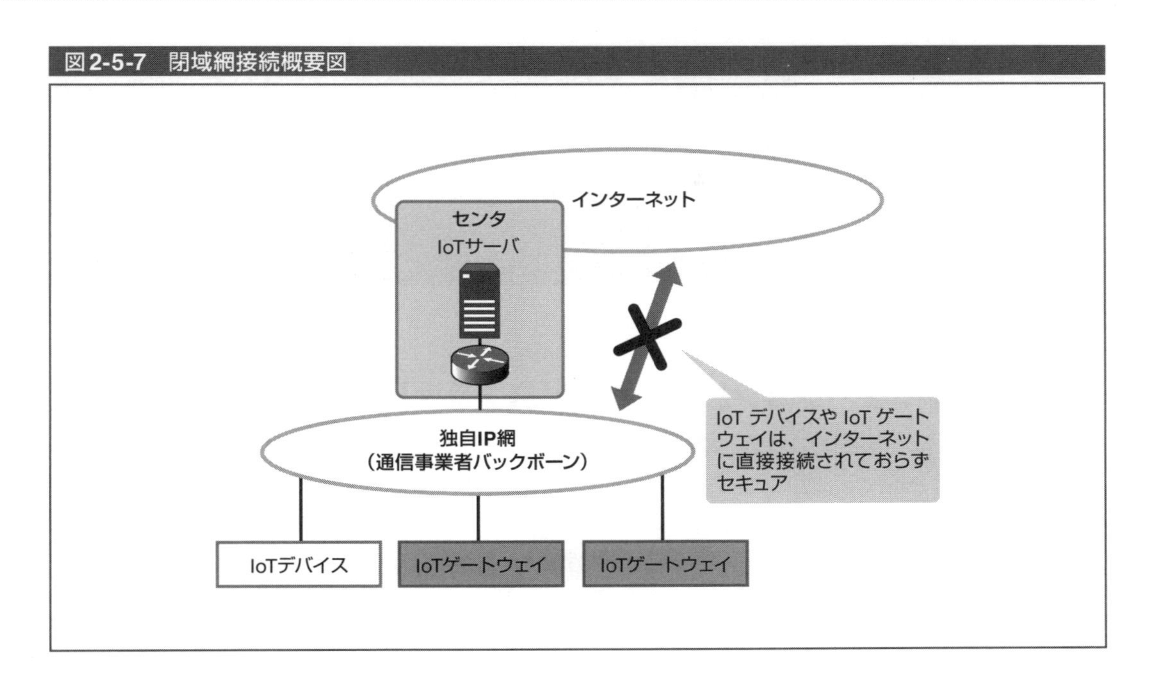

2-6 IoTサーバ

1 IoTアプリケーションとIoTサービスプラットフォーム

IoTサービスは、基本的に、多種多様なサービス分野ごとに特殊な固有サービス機能（これらをIoTアプリケーションと呼びます）と、サービス分野に関係しないIoTシステムの共通な機能により提供されます。前者のサービス分野の例には、エネルギー、eHealth、スマートホーム、スマートシティ、車両・輸送管理、工業などが挙げられます。また、後者のサービス分野に特化しない共通の機能には、データ収集、データ蓄積、遠隔制御、デバイス管理などが該当します。

これまでは、分野ごとに単一のIoTアプリケーションとそれに係わるIoTゲートウェイやIoTデバイスが接続され、エンド・ツー・エンドでのサービス提供が行われてきました。このようなシステムを垂直統合型システムと呼びます。垂直統合型システムでは、データ収集やデバイス管理などのIoTシステムの共通的な機能を、それぞれのIoTアプリケーションごとに開発する必要があり、システム構築コストが高くなるという課題がありました。これを解決するために、異なるIoTシステムにおいて共通に利用されるサービス層機能を共通サービスプラットフォームとして提供し、IoTアプリケーションはこのプラットフォーム上で個別に構築される、いわゆる水平連携型システムが重要と考えられるようになり、このようなシステムが徐々に増えています。

垂直統合型システムと水平連携型システムの相違を、図2-6-1に示します。水平連携型システムでは、異なるアプリケーションが共通サービスプラットフォームを共有して使用するため、IoTアプリケーションごとの構築コストが低減できるだけでなく、異なるIoTアプリケーションが収集したデータを共有できるなどのメリットがあります。このように、IoT共通サービス機能（共通プラットフォーム）は、個別のアプリケーションを支えるミドルウェア的な機能を有し、この機能をITU-Tでは「M2M/IoTサービス層[*1]」と定義しています。

図2-6-1では、この共通サービスプラットフォームが、インフラストラクチャ領域のサーバに格納されている例を示しています。共通サービスプラットフォームがクラウドとして複数のエンティティで提供されたり、IoTゲートウェイやIoTデバイスにプロセッサの高性能化、メモリ容量の拡張、消費電力の増大等が許され、デバイスのインテリジェント化が行われると、これらにミドルウェアとして格納されたりすることがあります。つまり、近年、サービスプラットフォームは、ハードウェアではなく、ミドルウェアとして捉える考え方が一般的になりつつあります。

*1：**M2M/IoTサービス層**：M2M/IoT技術によって提供可能となるアプリケーションをサポートするための一般的あるいは特殊なサービス機能のセットのことをいいます。

図2-6-1 垂直型IoTシステムと水平型IoTシステム

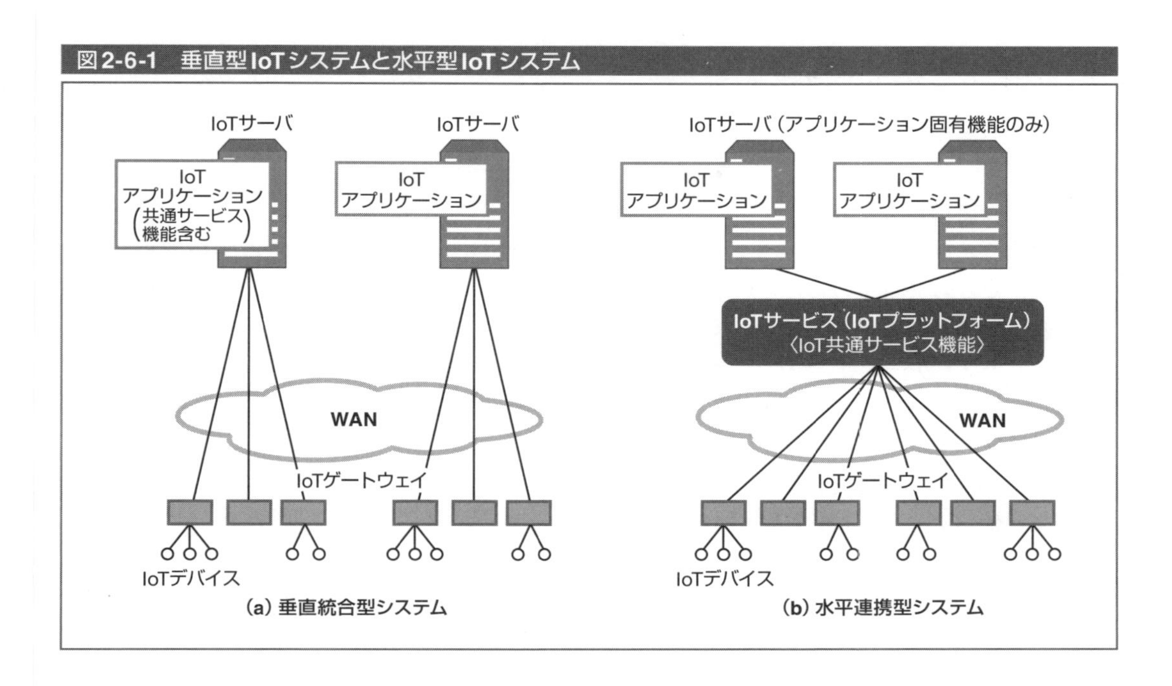

2 IoT共通サービス機能の基本構成

IoT共通サービス機能(共通プラットフォーム)の基本構成を、図2-6-2に示します。IoT共通サービス機能としては、データ収集機能、データ蓄積機能、データ可視化・分析機能、遠隔制御機能、イベント通知機能およびデバイス管理機能等が含まれます。下記に、代表的なサービス機能を記述します。

図2-6-2 IoT共通サービス機能の基本構成

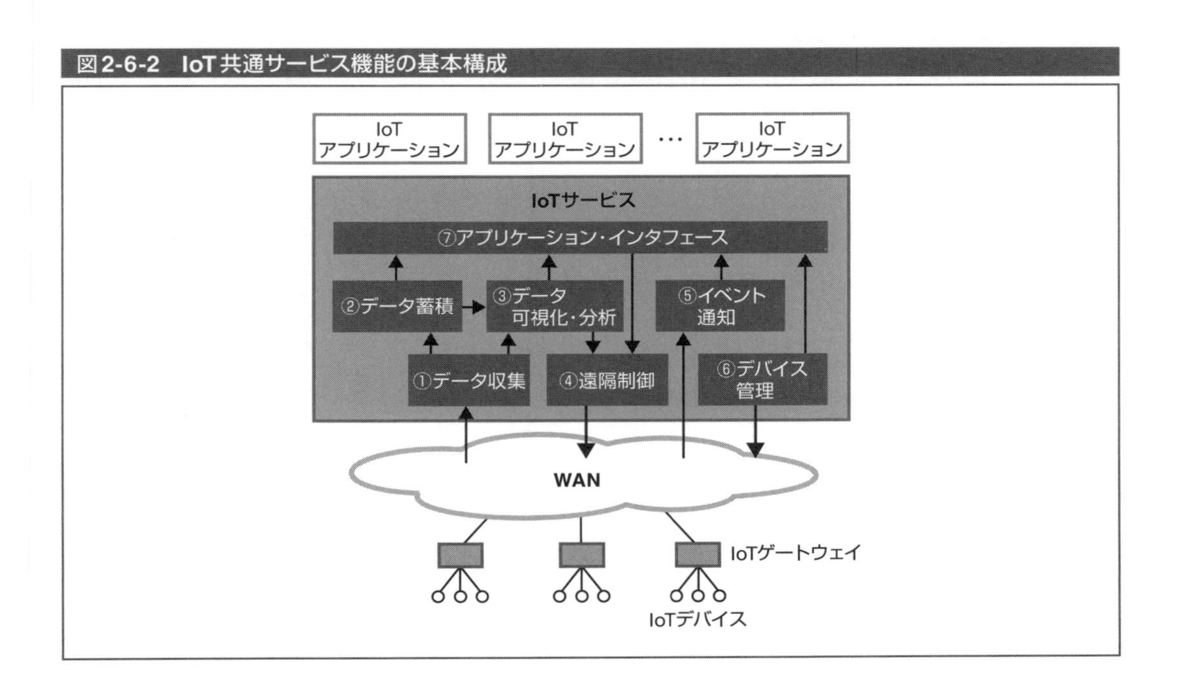

① データ収集
IoTデバイス(センサ等)またはIoTゲートウェイからデータを収集する機能です。

② データ蓄積
データ収集機能が収集したデータを蓄積する機能です。

③ データ可視化・分析
収集または蓄積したデータをグラフなどの形で可視化したり、データの相関分析や特異点検出などの分析を行ったりする機能です。

④ 遠隔制御
IoTアプリケーションからの指示やデータ分析の結果に基づいて、IoTデバイスに接続されたアクチュエータを駆動させるための制御コマンドを送信する機能です。

⑤ イベント通知
IoTデバイスが検知した状態の変化(ON/OFFや異常等)や取得したIoTデータをIoTアプリケーションに通知する機能です。

⑥ デバイス管理
IoTデバイスの位置、接続方法、状態を管理したり、IoTデバイスのファームウェアをアップデートしたりする機能です。

⑦ アプリケーション・インタフェース
様々なIoTアプリケーションからIoTサービスの機能を利用できるように、異なるアプリケーションを管理し、接続インタフェースを提供する機能です。

次項以降では、IoT共通サービス機能の中心的な要素であるデータ収集機能と遠隔制御機能を実現する各方式について、その詳細について説明します。

3 データ収集の方式

IoTサービスにおいては、IoTデバイス等で取得されたセンサ値等のIoTデータを、それらが取得された時刻とともにIoTデバイスやIoTゲートウェイ側で保管するか、あるいはサーバ/クラウドにアップロードすることが重要です。

IoTサービスにおけるセンサや機器からデータを収集する方式としては、①アップロード方式、②ポーリング方式、③パブリッシュ・サブスクライブ方式の3種類の方式があります(図2-6-3)。

(1)アップロード方式

アップロード方式のデータ収集は、IoTデバイスまたはIoTゲートウェイが主導して、IoTサービスにデータをアップロードします。アップロード方式は、逐次収集方式、一時蓄積方式及び区間集約方式にさらに分類できます。

(a)逐次収集方式

逐次収集方式は、IoTデバイスでデータが発生するつど、または定期的にIoTサービスにデータをアップロードします。例えば、IoTデバイスが1分間隔で計測したデータを、そのまま1分間隔でIoT共通サービスにアップロードします。

この方式は、リアルタイムにデータを収集することが可能ですが、一般にデータサイズに比べ

図2-6-3　データ収集方式

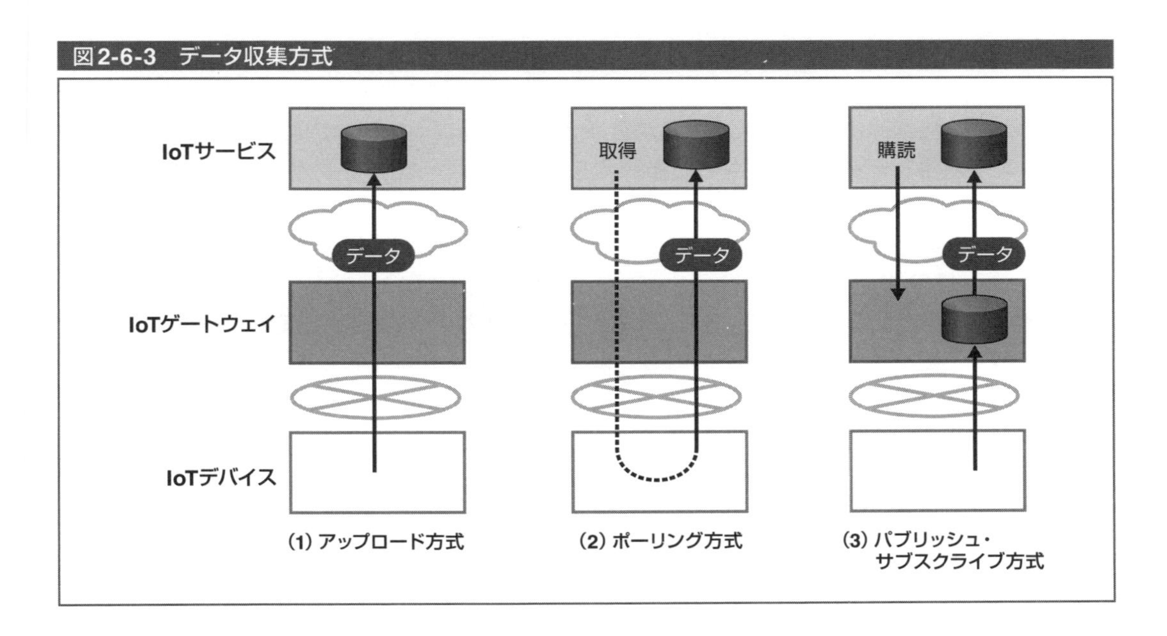

て通信ヘッダのサイズが大きくなり、また通信に要する信号授受等のやり取りが複雑になるため、ネットワーク負荷が増大するという問題が発生しやすくなります。また、計測したデータをすべてIoTサーバに蓄積する必要があるため、そのストレージコストが増大します。

(b) 一時蓄積方式

一時蓄積方式は、IoTゲートウェイでデータを一時的に蓄積し、まとめてIoTサービスにアップロードします。例えば、IoTデバイスが1分間隔で計測したデータをIoTゲートウェイに蓄積しておき、1時間ごとに、60個のデータをまとめてIoTサービスにアップロードします。

この方式は、ネットワークの伝送効率がよくなり、ネットワーク負荷を軽減することができます。しかし、IoTデバイスによるデータ計測のタイミングと、IoTサービスによるデータ収集のタイミングがずれるため、リアルタイムなデータ収集には適しません。また、逐次収集方式と同様に、計測したデータをすべてIoTサーバに蓄積する必要があるため、そのストレージコストが増大します。

(c) 区間集約方式

区間集約方式は、IoTゲートウェイで一時的に蓄積したデータの集約（サマリ）のみをIoTサービスにアップロードします。例えば、IoTデバイスが1分間隔で計測したデータをIoTゲートウェイに蓄積し、その平均値のみを1時間ごとにIoTサービスにアップロードします。

この方式は、ネットワーク負荷とIoTサービスのストレージ負荷の両方を軽減することができます。しかし、一時蓄積方式と同様に、IoTデバイスによるデータ計測のタイミングと、IoTサービスによるデータ収集のタイミングがずれるため、リアルタイムなデータ収集には適しません。また、IoTサービスが収集した集約データからは、データの急激な変化や特異点を検出することができません。

(2) ポーリング方式

ポーリング方式のデータ収集は、IoTサービスプラットフォームが主導して、IoTデバイスまたはIoTゲートウェイからデータを取得します。

この方式は、IoTアプリケーションが必要とするタイミングでデータ収集を行うことができます。また、接続されるIoTデバイスが非常に多い大規模なIoTシステムでは、IoTサービスプラットフォームが順番にデータを収集することができるため、ネットワーク負荷やサーバ負荷を軽減させることができます。

さらに、アップロード方式の一時蓄積方式と組み合わせて、IoTゲートウェイが一時的に蓄積したデータを、IoTサービスプラットフォームがポーリング方式により収集することもできます。しかし、ポーリング方式は、IoTデバイスによるデータ計測のタイミングとIoTサービスによるデータ収集のタイミングがずれるため、リアルタイムなデータ収集には適しません。

(3)パブリッシュ・サブスクライブ方式

パブリッシュ・サブスクライブ方式のデータ収集は、あらかじめIoTアプリケーションが必要とするデータの種類(トピック)を「購読(サブスクライブ)」することを、IoTゲートウェイに伝えておきます。IoTゲートウェイは、IoTデバイスから「配信(パブリッシュ)」されたデータを、そのデータを購読したIoTアプリケーションのみに送信します。

この方式により、IoTゲートウェイが収集したデータを複数のIoTアプリケーションが利用する場合に、効率的なデータ収集が可能となります。

パブリッシュ・サブスクライブ方式の代表的なプロトコルとして、MQTTがあります。MQTTの詳細は3-4節で説明します。

4 遠隔制御の方式

IoTサービスプラットフォームが収集したデータの分析結果に基づき、IoTデバイスを遠隔操作したり、動作パラメータを変更したりする遠隔制御の方式としては、①直接制御方式、②ポーリング方式、③ロングポーリング方式、④双方向通信方式、⑤ウェイクアップ方式の5種類の方式があります(図2-6-4)。

(1)直接制御方式

直接制御方式は、IoTサービスプラットフォームが必要とするタイミングで、遠隔制御のための要求をIoTゲートウェイに送信し、その応答を受け取ります。

この方式は、IoTデバイスを即時に制御することができますが、外部からのIoTデバイスへの悪意がある不正操作を防止するためのアクセス制御が必要となります。

(2)ポーリング方式

ポーリング方式は、定期的に、IoTゲートウェイがIoTサービスプラットフォームに対して遠隔制御要求の有無を照会します。IoTサービスプラットフォームに要求がなかった場合は、一定間隔(ポーリング間隔)後に再度照会します。IoTサービスプラットフォームに要求があった場合は、その要求を取得し応答を返します。

この方式は、IoTゲートウェイからIoTサービスプラットフォームへのアウトバウンド通信のみで実現できるため安全性は高くなりますが、要求の応答性はポーリング間隔に依存します。

図2-6-4 遠隔制御方式

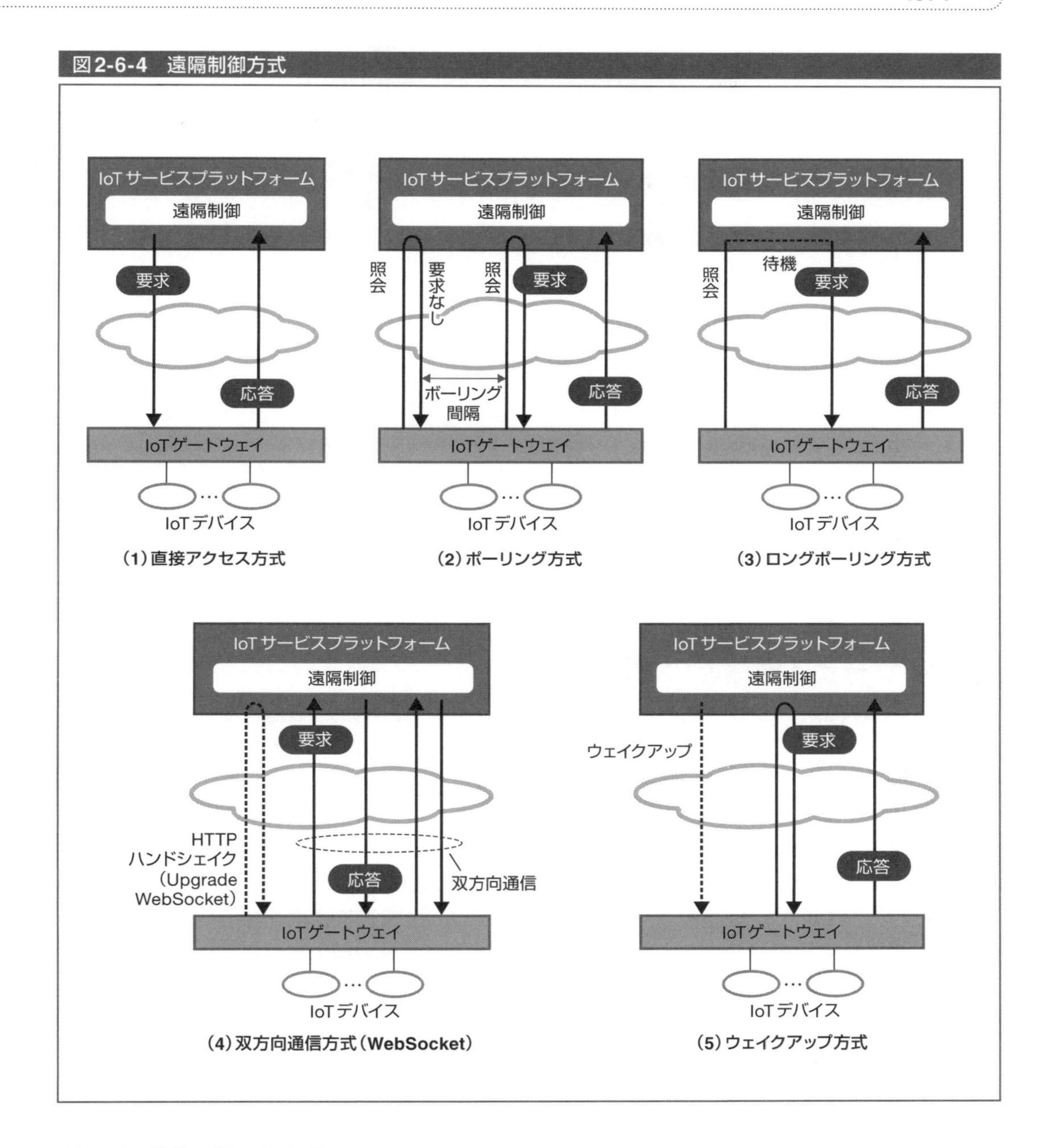

(3)ロングポーリング方式

ロングポーリング方式は、ポーリング方式と同様に、IoTゲートウェイがIoTサービスプラットフォームに対して遠隔制御要求の有無を照会しますが、要求がなかった場合は、IoTサービスプラットフォームで要求が発生するまで待機します。

この方式は、安全性と即時性を同時に満足させることができます。ただし、IoTサービスプラットフォームで要求照会を待機させるため、多くのIoTゲートウェイが接続される大規模なIoTシステムでは、サーバ負荷が問題となる場合があります。

(4) 双方向通信方式

双方向通信方式は、WebSocket[*2]に代表される双方向のプロトコルを使って、IoTサービスプラットフォームから要求を送信したり、IoTゲートウェイがその応答を返したりする方式です。WebSocketでは、最初にIoTゲートウェイがHTTPハンドシェイク[*3]でIoTサーバに接続する際にWebSocketにアップグレードすることにより、双方向通信が可能となります。その他に、XMPP(Extensible Messaging and Presence Protocol)[*4]と呼ばれる技術を使って遠隔制御を実現することも可能です。

(5) ウェイクアップ方式

ウェイクアップ方式は、通常はスリープ状態にして機器の動作を停止しておき、機器を起動させるための信号のやり取りにより機器を起動し、動作状態に移行させる方式です。この方式では、遠隔制御を行う際に、SMS(Short Message Service)などを用いてIoTサービスプラットフォームがIoTゲートウェイに対してウェイクアップ信号を送信します。ウェイクアップ信号を受信したIoTゲートウェイは、IoTサービスプラットフォームから要求を取得しその応答を返します。

この方式は、通常はIoTサービスプラットフォームとIoTゲートウェイ間で通信が発生しないため、ネットワーク負荷を軽減することができます。

5 IoTサービス層機能の標準化

IoTシステムでは、インフラ側のアプリケーションサーバやクラウドと様々なIoTデバイスやIoTゲートウェイを接続したり、様々なIoTアプリケーションにIoTシステムの共通サービス機能(共通サービスプラットフォーム)を提供したりするため、そのインタフェースとIoTサービス層に係わる標準化が重要となります。

欧州の標準化団体であるETSI(欧州電気通信標準化機構)のTC M2M(M2M技術委員会)は、2009年頃よりM2M/IoTサービス層に係る標準化作業に着手しました。続いて、2010年頃より北米TIA(電気通信工業会)のTR-50、中国CCSA(中国通信標準化協会)のTC-10や韓国TTA(電気通信技術協会)のPG708/PG311等が、それぞれの国内におけるM2M/IoTサービス層に係る標準化作業に着手しました。

これらの標準化は、異なるM2M/IoTアプリケーションの提供に対して共通に必要となる共通サービス機能(共通プラットフォーム)を対象にしたものでした。しかし、国や地域毎にIoTサービス層の標準化により、市場のフラグメンテーション(細分化)を招くことが好ましくないと

---

*2: **WebSocket**：WebサーバとWebブラウザの間で、双方向通信を効率的に行うことを可能とする技術。一度接続状態(コネクション)が確立されると、サーバ側から任意のタイミングで通信を開始することができるのが特徴。使用には、WebブラウザとWebサーバの双方がこの方式に対応していることが必要。

*3: **ハンドシェイク**：コネクション(送受信間で信号をやり取りし、データを送受できる接続状態)を確立するまでに行う手順

*4: **XMPP**：インスタントメッセージングサービス(チャットに代表されるリアルタイムのメッセージ交換)を実現するためのオープンソースのプロトコル。

*5: **AllJoyn**：AllSeen Allianceという米Qualcomm等が主導するIoT業界団体が推進するオープンソース規格で、スマートホームで利用される家電やIT機器などの複数のデバイスやアプリケーションが相互に連携するためのフレームワークのこと。

*6: **IoTivity**：OIC(Open Interconnect Consortium)というインテル、サムソン電子等が主導するIoT業界団体が策定するIoT用オープンソースソフトウェアフレームワーク。

の認識や、同様な標準化作業の重複防止の目的から、2012年7月にM2M/IoT標準化のグローバルイニシアティブであるoneM2Mが設立されました。

oneM2Mには、上述のETSI、TIA、CCSA、TTAの他、北米ATIS(電気通信産業ソリューションアライアンス)や、日本からもTTC(情報通信技術委員会)やARIB(電波産業会)が設立に参加し、それぞれの加盟企業がメンバーとして標準化にあたっています。oneM2Mは、ETSIでの標準化実績をベースに、TIA、CCSA、TTA等における標準化作業も引き継ぎ、2015年2月にM2M/IoT実装のための基盤となる共通サービスプラットフォーム標準規格(リリース1)を発表しました。

図2-6-5にoneM2Mの機能アーキテクチャを示します。

Field Domainは、IoTデバイスとIoTゲートウェイから構成されるドメインです。一方、Infrastructure Domainは、アプリケーションやサービスプラットフォームを収容するIoTサーバやクラウドに相当するドメインです。それぞれのドメインには、AE(アプリケーション・エンティティ)、CSE(共通サービス・エンティティ)およびNSE(ネットワーク・サービス・エンティティ)とそれぞれの間のインタフェース(参照点)が定義され、CSEの機能とAPIの規定を中心に標準化を行っています。ここで、AEは個別のアプリケーションに、CSEは共通サービス機能(共通サービスプラットフォーム)、NSEはネットワークサービスに相当します。

参照点Mca、Mcc、Mcnは、それぞれAE-CSE間、CSE-CSE間、CES-NSE間のインタフェースを規定、また、参照点Mcc'は、異なるサービス事業者間のインタフェースに相当します。これらの共通サービス機能や参照点の規定を利用することにより水平連携型のサービス提供が実現します。

共通プラットフォームであるCSEには、2015年2月に発行されたリリース1仕様書において、以下の12個の機能が規定されています。

- IoTアプリケーション/サービス層管理(Application and Service Layer Management)
- 通信監理/配布管理(Communication Management and Delivery Handling)
- データ管理/リポジトリ(Data Management and Repository)
- デバイス管理(Device Management)
- 探索(Discovery)
- グループ管理(Group Management)
- 位置情報管理(Location)
- ネットワークサービス連携(Network Service Exposure, Service Execution and Triggering)
- 登録(Registration)
- セキュリティ(Security)
- サービス課金とアカウンティング(Service Charging and Accounting)
- 購読と通知(Subscription and Notification)

oneM2Mは、このCSEの標準化に加え、サービス層コアプロトコル、HTTP、MQTT、CoAPの既存通信プロトコルとのバインディング、セキュリティ、デバイス管理の手法等合計10件の技術仕様書をリリース1として公開しました。2016年8月には、第2期の仕様書パッケージとしてリリース2が策定されました。リリース2の主な特徴としては、AllJoyn[*5]やIoTivity[*6]、

OMA LWM2M[*7]等の他のM2M/IoTプラットフォーム技術や3GPP MTC（Machine Type Communication）技術とのインターワーク、セマンティックス・インターオペラビリティ[*8]、セキュリティ機能の強化、WebSocketプロトコルの利用、プロダクト認証のための試験仕様、ホームドメインや製造業ドメインにおける技術報告書等の作成を推進しています。

oneM2Mにおいては、oneM2M仕様準拠のプロダクトの規格適合性（コンフォーマンス）や相互接続性（インターオペラビリティ）を確認するための試験仕様を利用したプロダクト認証（Certification）の仕組みの構築を2017年末を目途に推進しています。

また、oneM2M仕様書のITU-Tでの勧告化に向けて現在ITU-Tと調整を行っており、この実現により3GPPの仕様のように、ITUによりグローバルに承認された技術として広く普及することが期待されています。

図2-6-5　oneM2M機能アーキテクチャ

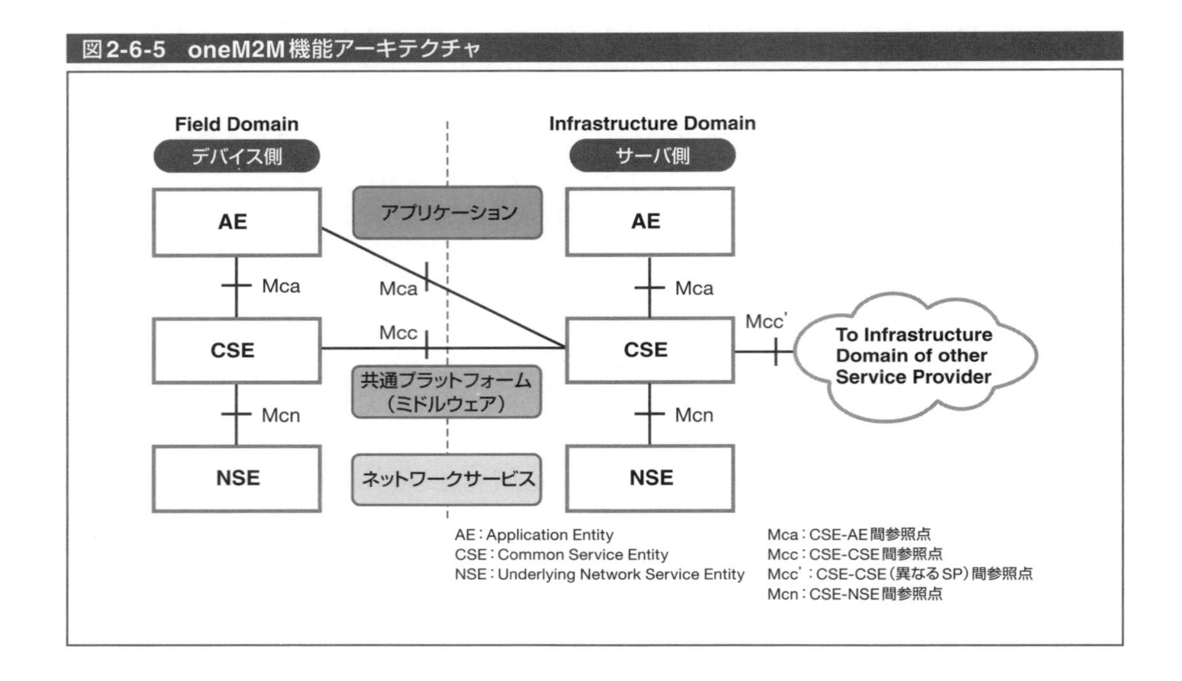

*7：**OMA LWM2M**：Light Weight M2MというOMA（Open Mobile Alliance）が策定したセンサ等の機能や能力に制約のあるConstrained Device向けの軽量なデバイス管理プロトコル

*8：**セマンティックス（Semantics）・インターオペラビリティ**：セマンティックスは価値や意味のあること（Meaningfulness）の意味。IoTにおけるモノ、データ、情報間の関係やそれぞれの表現を規定することにより、異なるアプリケーションや規格のデバイス間でのデータ共有を目的とした相互接続性を確立して、M2M/IoTアプリケーションにとって最適なデータやデバイスを見つけるためのソリューションを提供する技術のこと。

第3章

IoT通信方式

第２章では、IoTシステム構成として、IoTデバイスがネットワークを介してクラウドなどにデータを伝送したり、制御されたりすることを学びました。
IoTシステムを構成するネットワークには、狭い範囲に存在するIoTデバイスやゲートウェイを接続するIoTエリアネットワークと、より広い範囲のIoTデバイスを接続する広域通信網(WAN)が存在します。また、IoTエリアネットワーク内の複数のIoTデバイスを束ねて情報伝達の効率化などを図る機能としてゲートウェイがIoTエリアネットワークとWANの間に使われます。さらに、IoTシステムでは伝送データ量が小さいといった特性から、IoT用の通信プロトコルが利用されることがあります。
本章では、IoTエリアネットワークを構成する無線システム、ゲートウェイの機能、WAN並びにIoTのためのプロトコルについて学び、また、IoTシステムを構築する上で重要となるネットワークで伝送されるデータ量の計算方法などを学びます。

3-1 IoTエリアネットワーク無線

IoTエリアネットワーク[*1]は、狭い範囲に存在するIoTデバイスとIoTゲートウェイとの間の接続を行うための近距離無線技術や電力線通信(PLC[*2])技術等を用いた通信システムです。本節では、これらIoTエリアネットワークを構成する技術のうち、IoTエリアネットワーク無線について学びます。

1 IoTエリアネットワーク無線の概要

現在、IoTエリアネットワーク無線には、様々な特徴をもった無線システムが開発されています。ここでは、IoTエリアネットワークに用いられる電波の特性並びに、代表的なIoTエリアネットワーク無線の特徴や利用上の留意点などを学びます。

(1) 電波の特性と無線システム利用上の留意点

(a) 電波の特性

無線システムでは、情報を電波を用いて空間を伝搬させます。電波は、狭義には電磁波[*3]のうち通信に利用可能な周波数のものを指し、我が国の電波法では300万MHz(=3T(テラ)Hz)以下の電磁波と定義されています。電波はその周波数によって、電波の伝わり方などに特性があるので、これらの特性を知っておくことは適切なIoTエリアネットワークを構築する上で重要です。図3-1-1に周波数帯ごとの主な用途と電波の特徴を示します。

電波はその周波数により、距離による伝搬損失、直進性(回り込み易さ)、透過損失、情報伝送容量並びに、アンテナの大きさなどの特性が変わります。何も無い空間(自由空間)では伝搬損失は周波数及び距離の2乗に比例して増大します。このため、周波数が高いほど、また距離が遠いほど伝搬損失は大きくなります。また、周波数が高いほど直進性が強くなり、電波が障害物の裏側に回りこみ難くなります。更に、ガラスや木材などの電波の透過損失も周波数が高い程大きくなる傾向にあります。しかしながら、情報伝送容量の面からは周波数が高い程、情報伝送容量が増加する傾向[*4]にあります。さらに、アンテナの大きさは周波数が高くなるほど小さくなる傾向があり、IoTデバイスの小型化に寄与します。

---

*1：**IoTエリアネットワーク**：oneM2M標準においてはM2Mエリアネットワークと定義されています。本書では、読み易さの観点からIoTエリアネットワークに統一しています。

*2：**PLC**：Power Line Communication

*3：電磁波は、電界と磁界の二つの成分が空間中で相互に作用しながら伝搬して行く波であり、電波と、それより周波数の高い赤外線、可視光、紫外線並びに電磁放射線(X線やγ線)を含んでいます。

*4：厳密には、単位周波数(1Hz)当たりの情報伝送容量は周波数には依存しませんが、高い周波数を利用することで、より広い帯域幅を利用することが容易となるため情報伝送容量を増加できます。

図3-1-1 周波数帯ごとの主な用途と電波の特徴

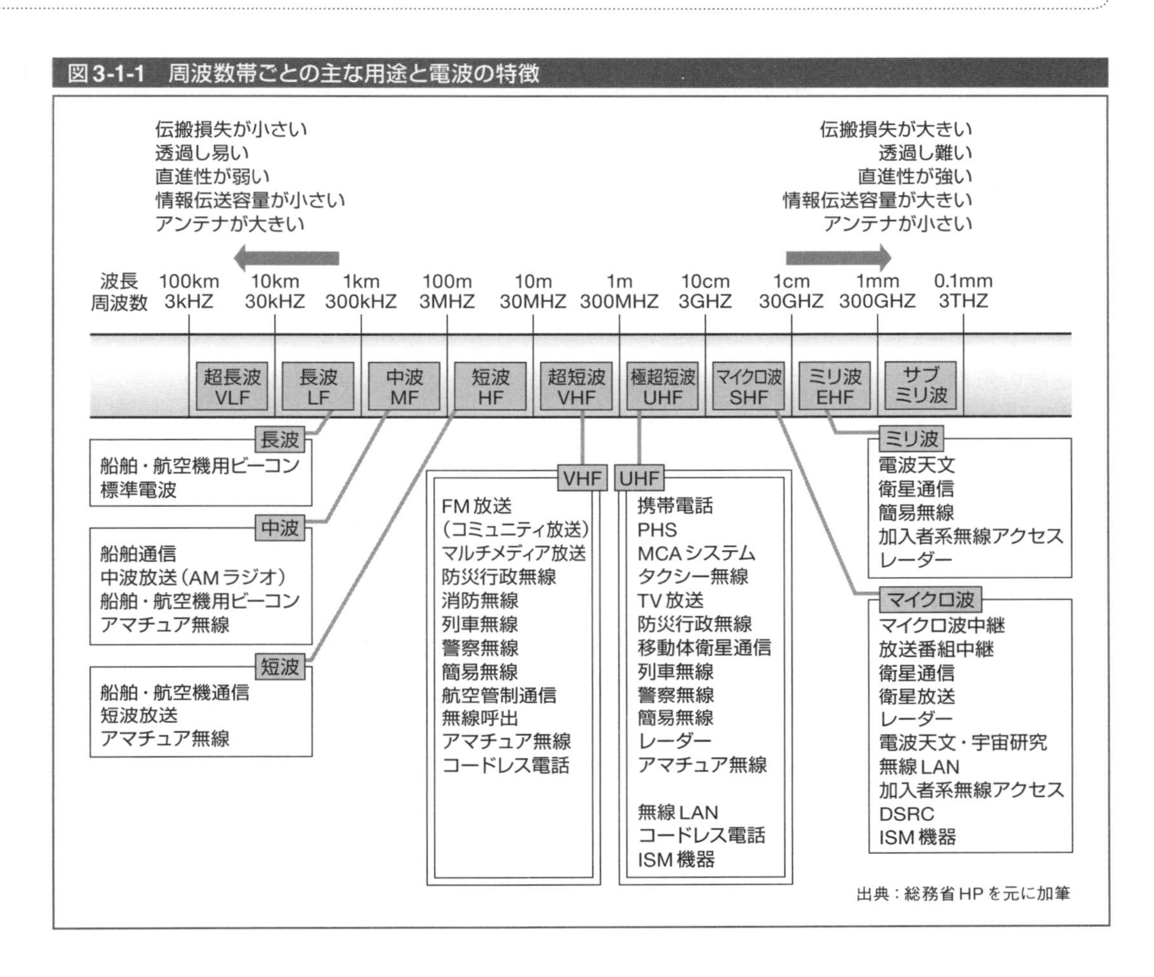

周波数の特性と後述の免許不要の無線局の利用により、多数のIoTデバイスを簡易に配置できるなどの理由から、IoTエリアネットワークでは、図3-1-1のUHF帯が主に利用されています。また、近年では遠距離伝搬が可能といった特徴から1GHz以下の周波数（SubGHz）帯が注目されており、これらを利用したシステムも複数提案されています。

(b) 無線システム利用上の留意点

無線システムを利用する場合、前項に述べた周波数による伝搬損失や直進性などの変化の他に、周囲環境による影響や、移動による特性の変化にも留意する必要があります。

① 周囲環境による反射の影響

無線システムでは、何もない空間（自由空間）での電波伝搬が最も良好な特性を示します。しかし、周囲に地面や床が存在する実際の環境では、地面などの影響を考慮する必要があります。この状態を単純化し平らな地面での反射を考慮した場合、受信アンテナにおける電波の強さは、送信アンテナからの電波は直接受信アンテナに届く電波と、地面で反射して届く電波を位相を考慮して加算したものとなります。このため、送受信アンテナ間の距離やアンテナの設置高によって前述の二つの電波の経路長が異なるため受信される電波の強さは変動します。

更に周囲に建物や壁などが存在する環境では、これらの周囲環境により電波が反射して受信点に到達するため、地面での反射と同様に受信される電波の強さは場所によって変動します。しかしながら、地面のみの場合と異なり、送信アンテナから放射された電波は周囲の様々なもので反射され受信アンテナに到達するため、受信位置による電波の強さは複雑に変動します。この様な環境をマルチパス環境と呼びます。

この様に実際の環境における、電波の反射による受信信号の強度の変動は、周囲物体の増加や減少、アンテナ位置の変更や、周囲の人の移動によっても発生します。実際の利用にあたっては、この様な変動を考慮した上で十分な電波の強さが得られる様にする必要があります。

② 遮蔽の影響

送受信点間を結ぶ直線上に物体が存在するような場合には、その遮蔽物の材質により電波が大きく減衰する場合があります。この減衰は送受信点間を完全に遮る場合に限らず、一部を遮った場合[*5]にも発生することがあります。

実際の利用にあたっては、送受信アンテナ間に支障物が無い様に設置をすることが重要です。

③ 移動の影響

前述の①で説明したマルチパス環境において、送受信点の何れかが移動する様な場合、受信される電波の強度は移動とともに変動することになります。この現象はマルチパスフェージングと呼ばれ、移動通信に特有の現象です。電波の強さの変動の幅は複数の反射波の位相を考慮した加算となるため同じ強さの逆位相の電波が加算されるような場所では電波の強さはゼロになります。この電波の強さの変動は距離的には約1／4波長毎に繰り返すため周波数が低い方（波長が長い方）が変動の間隔が長くなります。また、同じ周波数であれば、移動速度が速い方が変動の周期が短くなり、移動速度が遅い場合には周期が長くなります。移動する受信点がたまたま電波の強さがゼロとなる場所で停止してしまったような場合、通信ができなくなる可能性があります。

実際の利用にあたっては、複数のアンテナを距離を離して配置し、この受信波を合成するダイバーシチの適用や、電波の受信電力が減衰した場合でも十分な強度が得られるような送信電力の設計が必要となりますが、後述する免許不要の無線局の場合、送信電力に制限がある場合が多いため送信電力増による対策は現実的ではありません。

(2) IoTエリアネットワーク無線に関連する制度

IoTエリアネットワーク無線を使う場合には、電波法など国内の法的制約を受けます。ここでは、IoTエリアネットワーク無線が利用し易い周波数帯のISMバンドや、免許不要な無線局を利用する場合の注意点を示します。

(a) ISMバンドなど

国際的に電波の利用は周波数帯毎に利用目的が規定されています。その中に産業・科学・医療などの広い分野で比較的容易に利用可能な周波数帯としてISMバンド（Industry Science Medical Band）が複数割当てられています。無線LAN、BluetoothなどのIoTエリアネットワークに利用される無線機器の多くは、ISMバンドのうち国際的に同一周波数帯が割当てられている2.45GHz帯の周波数帯を利用しています。しかし、ISMバンドの周波数帯は、他の無線通信システムや高周波利用設備（電子レンジ等）等からの混信を受ける場合があることに注意して利用する必要があります。代表的なISMバンドの周波数帯としては、13.56MHz帯、2.45GHz帯、5.8GHz帯等があります。また、915MHz帯は南北アメリカに限りISMバンドとして割当てられています。我が国でもこれに近い920MHz帯が特定の目的の無線局（簡易無線局）のために割当てられており、無線タグシステム（3-1 5（1）参照）等の国際的互換性を確保しています。

(b)免許不要の無線局

電波を使う通信システムは、無線局として総務大臣の免許あるいは登録が必要となります。ただし、下記の無線局については無線局の免許や無線従事者[*6]を置くことなく利用が可能です。IoTエリアネットワーク無線では数多くのIoTデバイスを利用することや、比較的狭い範囲での通信に利用するとことから、免許不要な無線設備を利用することが多くなります。IoTエリアネットワークでは下記①～④に該当する免許不要な無線局が主に利用されています。これらの、免許不要な無線局は、一定の技術基準に適合している旨の表示がある場合は免許不要で利用できます。また、前述のISMバンドを利用するものが多いですが、他のユーザ含め多数利用されていますので、他のシステムからの妨害（干渉）について注意して利用する必要があります。

① **微弱無線局：**
　発射する電波が著しく微弱な無線局。利用する周波数帯に係らず無線局免許不要。主に322MHz以下[*7]の周波数が利用されている

② **特定小電力無線局：**
　総務省が指定する周波数、方式、特定の用途及び目的の無線局で、技術基準適合証明を受けている無線局

③ **小電力データ通信システム：**
　総務省が指定する周波数を使用し、送信電力が0.01W以下で、主にデータ伝送のために無線通信を行うもので、技術基準適合証明を受けている無線局

④ **簡易無線局：**
　無線従事者による操作を必要としない簡易な無線業務を行う無線局で、技術基準適合証明を受けている無線局。920MHz帯では登録が必要で、登録の有効期間は5年

なお、電波法令で定める技術基準に適合している無線機には図3-1-2のマークが表示[*8]されています。技術基準適合証明は、我が国の技術基準に適合していることのみを示していますので、国外での利用には、その国毎の法令に従う必要があります。表3-1-1に、国内で利用可能な主な免許不要の無線局の概要を示します。このうち、920MHz帯は2011年の周波数再編により、米・

図3-1-2　技術基準適合証明のマーク

*5：フレネルゾーンと呼ばれる空間のある程度以上が支障された場合、電波が減衰する場合があります。

*6：**無線従事者**：電波法では、無線設備の操作は無線従事者資格（第一級陸上無線技術士等）を有する者以外が行うことを禁じています。

*7：無線設備から3mの距離での電界強度（電波の強さ）が、322MHz以下では500μV/m、322MHz～10GHzでは35μV/mと規定されているため、比較的強い電波が出せる322MHz以下が主に利用されます。

8：スマートフォン等で本体に表示の無い機器では、#07#とダイヤルすることで画面に表示することができます。

欧・中・韓・豪と周波数帯が重なるようになり、国際的な無線タグシステム等への利用が可能となりました。

表3-1-1　主な免許不要の無線局の概要(国内での利用)

システム	用途	周波数	送信電力	伝送速度	通信距離	ARIB*標準
微弱無線局	規定なし	主に322MHz以下	周波数帯による	規定なし	数cm〜数十m	なし
特定小電力無線局	工業用テレメータなど	315MHz帯	25μW、250μW	75〜192kbps	〜1km	STD-T93
		400MHz帯	1mW、10mW	4800bps	〜3km	STD-T67
		1200MHz帯	10mW	143kbps	〜1.5km	
	スマートメータ、HEMSなど	920MHz	1mW、20mW	20〜400kbps		STD-T108 第二編
小電力データ通信システム	無線LAN、Bluetooth、ZigBeeなど	2400〜2497MHz	3mW/1MHz 10mW/1MHz		〜250m	STD-T66
		2471〜2497MHz	10mW/1MHz	600Mbps	〜250m	RCR STD-33
簡易無線局	近距離無線通信、アクティブタグ	920MHz帯	250mW	20〜400kbps	〜2km	STD-T108 第一編

＊：ARIB：一般社団法人電波産業会(Association of Radio Industries and Businesses)

(3) IoTエリアネットワークに用いられる主な無線方式

現在国内の制度整備が完了しており、免許不要で国内利用可能である主なIoTエリアネットワーク無線の概要を表3-1-2に示します。詳細については、3-1 **2**〜3-1 **5**を参照してください。

また、この他に近距離での高速なデータ転送を行うトランスファージェットも利用可能です。

表3-1-2　主なIoTエリアネットワーク無線の概要(国内での利用)

	Bluetooth	802.15.4	無線LAN	920MHz 特定小電力無線局	RFID/NFC
特徴	常時接続向き	センサネットワーク向き	高速伝送	長距離伝送	近距離伝送
規格	IEEE802.15.1	IEEE802.15.4	IEEE802.11	ARIB-STD-T108	ARIB-STD-T108
免許	不要	不要	不要	不要／登録	不要
周波数帯	2.4GHz帯	2.4GHz帯	2.4GHz帯 5GH帯　等	920MHz帯等	13.56MHz、920MHz、2.4GHz等
伝送速度	最大24Mbps	250kbps (ZigBee)	11(b) 〜54Mbps(g) 600Mbps(n)	〜270kbps	−
通信距離	〜10m	〜3km	〜100m	〜1km	〜数m
接続可能ノード数	20	65,536 (ZigBee)	13	システムによる	−
ネットワークトポロジ(型)	PtoP、メッシュ	PtoP、ツリー、メッシュ、スター	PtoP、ツリー、メッシュ、スター	PtoP、ツリー、メッシュ	PtoP、スター
電源	BLEではボタン電池で数年間	乾電池で数年間	乾電池では数時間	10年以上(アクティブRFIDの場合)	−

(4) IoTエリアネットワーク無線のネットワーク設計時の留意点

ネットワーク内の各要素間の接続形態を概念的に示したものを、ネットワークトポロジ[*9]と呼びます。一般にIoTエリアネットワーク無線のネットワークトポロジは、下記の4つの形態に分類されます。図3-1-3に、IoTエリアネットワーク無線のネットワークトポロジの例を示します。

① ポイント・ツー・ポイント型：二つのIoTデバイスが1対1で接続された形態
② スター型：一つのゲートウェイ[*10]に、各IoTデバイスが接続された形態
③ ツリー型：ノードが階層化して配置され、末端のノードにIoTデバイスが接続された形態
④ メッシュ型：複数のノードが全て相互に接続され、各IoTデバイスは何れかのノードに接続された形態

また、表3-1-2に示した様に、IoTエリアネットワーク無線の種類によって、構成できるネットワークトポロジが異なりますので、次に示す各ネットワーク構成の特質を考慮した上で、IoTエリアネットワーク無線のネットワーク設計を行う必要があります。

図3-1-3　IoTエリアネットワーク無線のネットワークトポロジの例

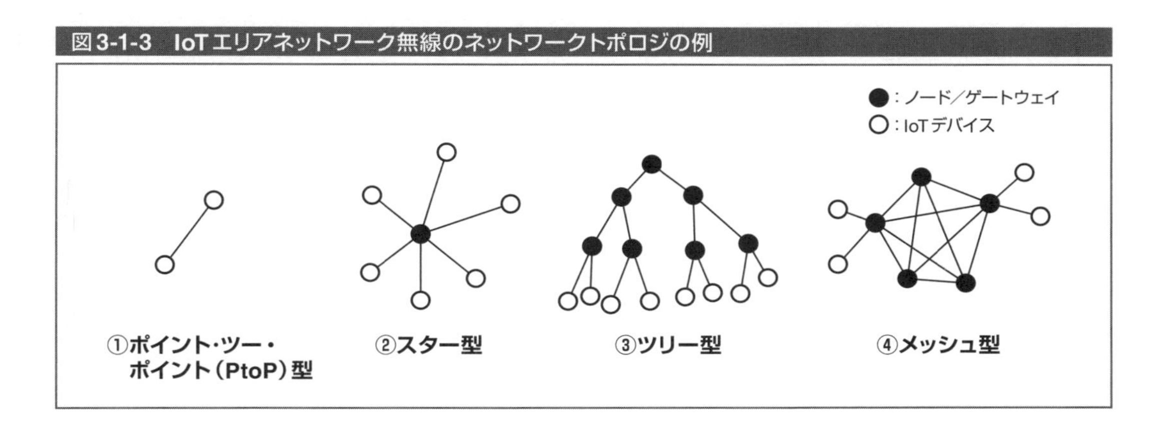

(a) ポイント・ツー・ポイント型

ポイント・ツー・ポイント（PtoP）型のネットワーク構成は、スマートフォンにBluetooth機器を接続する場合などに利用されています。PtoP型は、Bluetoothイヤホンの様に、スマートフォンと接続することで目的が達成できるものです。基本的にPtoP型は接続された二つのデバイス夫々にはルーティング機能を有さないのが一般的です。ただし、PtoP型接続によってスマートフォンなどがIoTデバイスからの情報を一旦蓄積し、その情報をサーバなどに転送する形態もみられます。この形態はスター型ネットワークに類似していますが、スマートフォンなどが一旦情報を蓄積するため、スター型とは区別しています。

この形態は、最初に示した様にスマートフォンとIoTデバイスを1対1で接続する場合に多用されています。なお、ここでいう1対1とは無線回線からの見方であり、実際には一つのスマート

---

*9：**ネットワークトポロジ**：有線、無線などの通信手段に関わらない概念ですが、ここではIoTエリアネットワーク無線に限っています。有線の場合には、バス型、リング型など他の形態も存在します。

*10：**ゲートウェイ**：IoTエリアネットワークを広域ネットワークに接続する際に利用します。詳細は3-2を参照してください。

フォンに複数（一般的には目的の異なった）のBluetooth機器が接続される形態が存在しますが、後述のスター型とはネットワークとしての意味合いが異なります。

(b) スター型

スター型のネットワーク構成は、無線LANなどで利用されています。スター型ネットワークを無線で構成する場合、全てIoTデバイスからの無線信号がそれぞれ混信することなく、ゲートウェイに伝達される必要があります。その為には、他のIoTデバイスが送信していない時間を選んで電波を送信する仕組みなどが必要になります。（詳細は無線LANを参照）また、ゲートウェイは常に受信状態としている必要があるため、電池で駆動するような小電力のシステムには不向きといえます。

また、各IoTデバイスへの到達ルートが一つに限定されるため、信頼性の高いネットワーク構成とは言い切れない面があります。

(c) ツリー型

ツリー型ネットワークでは、ノードの階層化構造をとることによって、より多くのIoTデバイスを接続することが一般的に可能になります。ツリー型の場合も無線でシステムを構成するためには、それぞれの通信が混信しないことが必要となります。IoTデバイス数が多いため、他のIoTデバイスが送信していない時間を選んでランダムに電波を送信する様な方式では、混信の確率が高くなり効率的ではありません。このためコーディネータと呼ばれる機器から、各IoTデバイスが混信なしに送信できる時間を割り当てる方式を採用しています（詳細はIEEE 802.15.4で規定）。

なお、ツリー型では上位のノードになるほど末端の情報が集約されるため、伝送しなければならない情報量が増加します。一般的には、全ての構成要素を同一仕様の無線機で構成するため、末端のIoTデバイスから収集できるデータの総量は、最上位のノードの無線通信容量によって制限されることになります。

(d) メッシュ型

メッシュ型のネットワークでは、スター型、ツリー型と異なり各IoTデバイスへの到達ルートを複数確保でき、信頼性のより高いネットワークと言えます。しかしながら、メッシュ型のネットワークを全て無線システムで構成するには、全てのノード間の相互の接続及びIoTデバイスとの接続が混信しないことが必要となります。このためには、より多くの周波数を利用しなければならないなど不利な点があります。また、全てのノードは常に受信状態で稼働している必要があり、バッテリー駆動などの電力供給に制限のある小電力のシステムには不向きと言えます。

2 Bluetooth

Bluetoothは、近距離無線通信規格の一つで、パソコンとマウスなどの周辺機器間の無線通信や音楽プレーヤーとヘッドホン間の無線通信などに活用されてきました。最近ではBluetooth

*11: **Bluetooth SIG**：Bluetooth Special Interest Group
*12: **FHSS**：Frequency Hopping Spread Spectrum
*13: **EDR**：Enhanced data Rate

の低消費電力規格であるBLE(Bluetooth Low Energy)の規格化により、ビーコンなどの新しい分野に活用されています。

(1)Bluetoothの概要

Bluetoothは、エリクソン、IBM、インテル、ノキア、東芝の5社が中心となって、1998年にBluetooth SIG[*11]を発足させ、規格の策定が行われました。

Bluetoothの無線周波数は、2.4GHz帯で、周波数ホッピング方式(FHSS[*12])が採用され、伝送速度は1Mbpsです。無線伝送距離は、クラスにより、1m(クラス3: 1mW)、10m(クラス2: 2.5mW)、100m(クラス1: 100mW(ただし、日本国内では50mW))です。ネットワークは、PtoP型、スター型を構成できます。

Bluetoothは、さまざまな目的に利用できるように複数のプロファイルが規格化されています。プロファイルは、アクセス方法、データ同期等の基本的機能のプロファイルと、マウス、ヘッドセット等の機器に対応した機能のプロファイルがあります。これにより、同じプロファイルの機器同士の相互認証が容易になります。

Bluetooth は、2.0 (2004年)、3.0 (2009年) とバージョンが更新され、高速データ伝送(EDR[*13])では最大2Mbps、HS(High Speed)ではIEEE802.11の物理層/MAC層を使用し最大24Mbpsが可能になりました。2009年に規格化されたBluetooth 4.0がBLEと呼ばれ、アップル社が2013年にiBeaconにBLEを採用したことで、BLEが注目されるようになりました。ただし、BLEは、それまでのBluetoothとは互換性がありません。そこで、従来のBluetoothとBLEのどちらで動作するかを区別するために、下記のように3種類の機器に分類され、表記されています。

・従来のBluetoothのみ対応する機器：Bluetooth
・BLEのみ対応する機器：Bluetooth Smart
・両方に対応する機器：Bluetooth Smart Ready

(2)BLEの特徴

BLEはBluetooth 4.0で追加された仕様の一つで、通信可能距離は短く、通信速度は低速ですが、ボタン電池一つで数年連続動作させることも可能な低消費電力で動作する無線通信技術です。表3-1-3にBLEの仕様を示します。

表3-1-3 BLEの無線仕様

周波数帯域	2.4GHz帯
通信方式	FHSS(周波数ホッピング)
変調方式	GFSK
送信電力	0.01mW〜10mW
チャネル数	37(データチャネル)
チャネル幅	2MHz
通信速度	1Mbps
ネットワークトポロジ	PtoP型、スター型

BLEでは、省電力化を実現するために、接続する相手を探すための時間の短縮化、チャネル幅を1MHzから2MHzに広げることによる単位時間当たりの伝送速度の向上、スタンバイ時

間の長時間化などの技術を採用しています。これらの技術を組み合わせることにより、従来のBluetoothに比べて、消費電力を1/3程度に削減しています。

BLEで採用されたプロファイルであるPXP(Proximity：プロキシミティ)を用いることにより、ペアリングしたデバイスとの距離を判別することができます。これを利用すると、盗難防止などへの応用が可能です。

Bluetoothは、ブロードキャスト通信（同報通信）が可能です。ブロードキャストによって、一つの機器（ビーコン端末）からの情報を一方向で不特定多数の機器に発信することができます。BLEでは、ビーコン（「アドバタイズメント・パケット」というID情報を含んだパケット）を利用することで、ビーコン端末と、BLE機能を搭載した機器(スマートフォン等)の距離を調べ、機器(その機器を携帯した人)がビーコンに接近したか、離れたかが分かります。例えば、iBeaconでは、スマートフォンとビーコン端末間の距離を測定するモードとして、遠い(10メートル程度)／近い(数メートル程度）／すごく近い（1m以下）の3段階があり、応用により使い分けが可能です。また、ビーコン端末の送信電力を制御することにより、ビーコンが届く電波の範囲を制御することも可能になります。

(3)BLEの活用事例

ビーコンの活用例としてはいろいろ考えられますが、ここでは、盗難防止・忘れ物防止、位置検知、情報配信に関して説明します。

① 盗難防止・忘れ物防止

モノに付けたタグ型のビーコン端末を用意し、タグ型ビーコン端末とスマートフォンを、PXPプロファイルを利用してペアリング（紐付け）し、ビーコン端末とスマートフォン間の距離が一定以上離れたら、スマートフォンにアラームを表示するような活用方法が考えられます。

② 位置検知

GPS衛星が利用できない大規模施設（駅、空港、商業施設等）に多数のビーコン端末を設置し、ビーコンの受信に対応したアプリを搭載したスマートフォンを携帯した人が、そのビーコン端末からのIDを受信することにより、その人がビーコン端末の近くを通過したことが分かります。スマートフォンのアプリで、ビーコンID、その受信時間、ビーコン端末が設置された位置情報を、モバイル網を利用して、クラウド上の解析システムに伝送することにより、クラウド側で人の流れ（人の動線）を把握することが可能になります。この情報を使うことにより、目的地までのガイド、大規模施設での人の流れの可視化が可能になり、マーケッティングや混雑度の緩和などに利用できます。

③ 情報配信

特定の場所にビーコン端末を設置しておき、そこを通った人がビーコンを受信することにより、そのビーコン端末のIDに対応した情報を提供することが可能です。例えば、美術館で、絵画の近くにビーコン端末を設置しておき、ビーコンの受信に対応したアプリをインストールしたスマートフォンが、絵画の近くに設置されたビーコン端末からのIDを受信し、ビーコンIDに対応した情報をクラウド上のサーバーからダウンロードすることにより、絵画の詳細情報を入手できます。また、デパートやスーパーの商品棚にビーコンを設置しておくと、特売案内やクーポンなどの配信が可能になります。

3 IEEE802.15.4

センサネットワーク[*14]では、少ないデータを低電力で伝送する無線ネットワークが求められます。このような無線ネットワークは、PAN(Personal Area Network)と呼ばれ、IEEE802.15シリーズとして標準化されています。この中で特に、IEEE802.15.4とIEEE802.15.4gの標準規格に関して説明します。

(1)IEEE802.15.4の概要

IEEE802.15.4は、物理層[*15](PHY)とMAC層[*16]の標準を規定しています。物理層は、無線周波数として2.4GHz(グローバル)、915MHz(米国)、868MHz(欧州)が利用されています。2.4GHz帯の伝送速度は、250kbpsです。変調方式[*17]は、O-QPSK(Offset Quadrature Phase Shift Keying)で、拡散方式[*18]には、直接拡散方式(DSSS)を採用していて、妨害ノイズに強く安定したデジタル双方向通信を行えます。伝送データは、128ビットのAES暗号により暗号化することができ、データ通信のセキュリティが確保できます。無線伝送距離は、数十m程度です。

IEEE802.15.4gは、SUN(Smart Utility Networks)での利用を目的として開発された近距離無線通信規格の一つです。物理層は、無線周波数として主に920MHzを用いていて、変調方式は、FSK(Frequency Shift Keying)で、伝送速度は100kbps～1Mbpsです。

(2)ZigBee、Wi-SUNの特徴

表3-1-4にZigBeeとWi-SUNの比較表を示して説明します。

表3-1-4 ZigBeeとWi-SUNの比較

項目	ZigBee	Wi-SUN
使用周波数帯	主に2.4GHz	主に920MHz
物理層	IEEE 802.15.4(物理層)	IEEE 802.15.4g(物理層)
MAC層	IEEE 802.15.4(MAC層)	IEEE 802.15.4/4e(MAC層)
通信速度	250kbps	100k～1Mbps
フレームサイズ	127オクテット(バイト)	2047オクテット(バイト)
通信距離	30～100m	1～2km

ZigBeeアライアンスは、2002年に設立され、ネットワーク層以上の機器間の通信プロトコル仕様の策定と認証を行っています。

---

*14:**センサネットワーク**:センサに無線通信機能を付けたIoTデバイスを多数配置し、これらIoTデバイスのセンサが取得した情報を無線ネットワークにより収集することにより、温度分布の取得などの目的を果たすもの。

*15:**物理層**:通信規約のうち、通信媒体やコネクタ形状など物理的規定を行う層。無線の場合は、周波数、変調方式、伝送速度などが規定されます。

*16:**MAC層**:Media Access Control層の略。MAC層では複数の通信機器の同時通信を可能とする多元接続を提供します。

*17:**変調方式**:情報を電波で伝送するために、電波の振幅や位相等を情報に基づいて変動させる方式。

*18:**拡散方式**:送信信号を特定パターンの符号を用いて、変調信号の周波数帯域よりも広帯域にエネルギーを拡散することで雑音や干渉に強い通信を実現する方式。直接スペクトラム拡散方式(DSSS)と周波数ホッピング・スペクトラム拡散(FHSS)があります。

ZigBeeは、センサネットワークを主目的とする近距離無線通信規格の一つで、物理層(PHY)とMAC層に、IEEE802.15.4を採用しています。無線通信距離が短く、伝送速度も低速ですが、無線機器やシステムを安価に構成することができ、消費電力が少ないという特徴があります。

ZigBeeのもう一つの特徴は、マルチホップ通信[*19]です。複数の無線端末がバケツリレー式にデータを中継することにより、遠くまでデータを伝送することが可能です。マルチホップを実現するネットワーク方式として、メッシュネットワークとツリーネットワークがあります。メッシュネットワークでは、複数の伝送ルートが構築できることから、一つの伝送ルートが遮断されても別の伝送ルートを利用してデータ伝送が可能です。ネットワークの信頼性が高くなりますが、その代わりネットワークのコストが高くなります。ツリー方式では、伝送ルートは一つになりますが、ネットワークのコストはメッシュネットワークよりも安価にできます。

Wi-SUN[*20]は、本来自動メータ検針(スマートメータ)のために策定された規格です。このためサービスエリアをカバーするためのマルチホップ通信技術が搭載されています。収集制御局(コンセントレータ)から遠い場所に設置されたスマートメータのデータを収集するために、各スマートメータに中継機能を搭載し、遠くのスマートメータのデータをスマートメータ間でのマルチホップ通信により、収集制御局までデータを伝送できます。

Wi-SUNアライアンスは、IEEE802.15.4g規格(物理層)を利用する無線機に対して、各メーカー間の相互接続性を認証する団体で、2012年に設立されました。MAC層に関しては、IEEE802.15.4/4eで規格化されています。センサデータの収集や組み込み機器での利用を想定し、消費電力を極力削減できる仕様になっており、乾電池を利用した場合に、一日数十回程度のデータ伝送であれば、電池で数年間動作することが可能です。

Wi-SUNアライアンスのプロモータは、アナログ・デバイセズ、CISCO 、オムロン、ムラタ、NICT、ルネサス、シルバースプリング、ローム、東芝の9社(2016年8月現在)です。

(3) ZigBee、Wi-SUNの活用事例

ZigBeeの標準プロファイルとしては、スマートエナジー、リモートコントロール、ホームオートメーション、ヘルスケア、ビルディングオートメーション、PCの入力デバイス等があります。この中で、HAN(Home Area Network)によるエネルギー管理のためのSmart Energy(SE)、ホームオートメーションのためのHome Automation(HA)、照明を制御するLight Link(LL)等のプロファイルの認証を受けた機器が多数製品化されています。Smart Energyプロファイルの認証を受けた機器は、主に北米で利用されています。

Wi-SUNは、東京電力などのスマートメータに採用されました。これは、図3-1-4に示すように、スマートメータのBルートと呼ばれるもので、スマートメータと宅内の家電などの電力消費管理を行うHEMS(Home Energy Management System)コントローラとの間の通信の標準プロトコルです。また、HEMSコントローラと宅内の家電などをマルチホップで接続するHANの

*19: **マルチホップ通信**:無線通信の一区間をホップと呼びます。無線通信可能な距離以上に伝送したい場合に、ノードとノード間の無線通信を多段に中継し通信する方式をマルチホップ通信と呼びます。

*20: **Wi-SUN**:Wireless Smart Utility Network

*21: **IEEE**:The Institute of Electrical and Electronics Engineers,Inc.の略で、「アイトリプルイー」と読みます。世界最大の電気・電子・無線分野の学会で、これら分野の学術研究の論文誌発行や、技術標準化のための各種委員会活動等を行っています。

*22: Wi-Fiは、Wireless Fidelityの略。この場合のFidelityとは、無線通信等で準拠した仕様に対する忠実度が高いことを指します。

Wi-SUNプロファイルも策定されています。

Wi-SUNは、低消費電力で、使用している920MHz帯は障害物にも比較的強く、マルチホップネットワークに対応し、長距離通信が可能です。このため、野外での広域なサービスエリアをカバーする無線ネットワークの構築が可能です。今後の応用としては、インフラ施設・設備の監視・制御、農業用センサのデータ収集、防災用モニタリングシステムなどの分野での利用が期待されています。

図3-1-4　スマートメータによるエネルギー管理

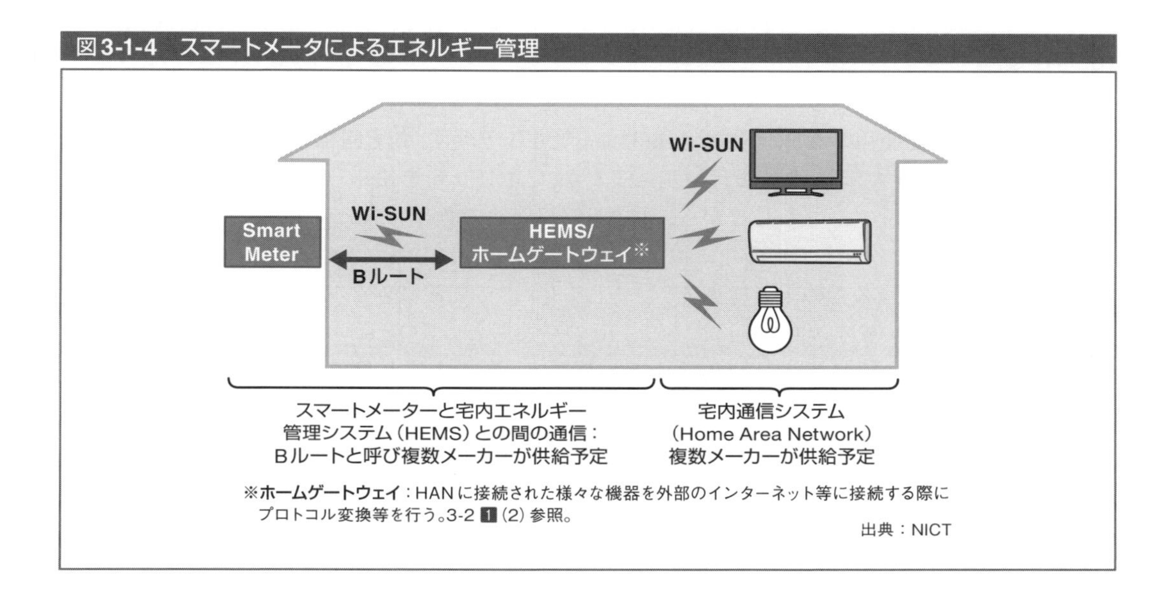

4 無線LAN

無線LANは、LANを無線により構成するシステムで、PCやスマートフォン等で広く使われています。また、後述の無線LANの認証団体の名称「Wi-Fi」が、無線LANの代名詞として一般的に使用されています。これまで無線LANは、消費電力の低減よりも高速化に重点を置いて発展してきました。このため他のIoTエリアネットワーク無線に比べ高速伝送が可能な半面、消費電力が大きくなります。現在ではPC、スマートフォンへの無線LANの搭載は一般的となっており、IoTシステムをスマートフォンなどで構築する場合、Bluetoothと共に選択肢の一つとなります。さらに、IoTの利用により適した無線LAN仕様の作成も進められています。ここでは、無線LANの概要、特徴、利用上の留意点等について示します。

(1)無線LANの概要

(a)標準化機関と認証機関

無線LANの技術標準はIEEE[*21]により作成されIEEE802.11シリーズとして標準化されています。しかしながらIEEE802.11の標準だけでは異なるメーカ間での接続ができないことがあるため、メーカ間の相互接続を保証する目的で認証機関として、Wi-Fi Alliance[*22]が無線LAN機器の設計・製造をする企業によって立ち上げられています。

Wi-Fi Allianceでは、互換性検証テストを行い、合格した機器にはWi-Fi Certified 802.11a（802.11aはIEEEの標準番号）やWi-Fi Certified 802.11nなどのロゴ表示を使用できます。このロゴが表示されている機器間では基本的接続性が確保されているという目印になります。

さらにWi-Fi Allianceでは、後述するセキュリティ規格のWAP2、機器間接続(AdHoc接続)の互換性確保のためのWi-Fi Direct等の認証も行っています。

なお、国内で無線LANを利用する場合には、Wi-Fi Allianceの認証に加え、国内の制度に適合していることを示す、技術基準適合証明を得ている機器であることが必要となります。また、国外の場合には、その国毎の制度に適合している必要があります。

(b) 主な規格

無線LANの技術標準IEEE 802.11の主な仕様を表3-1-5に示します。市場では世界中で使用可能な2.4GHz帯を使用するIEEE802.11b(以下802.11bと略す、他も同様)が先行して普及しました。802.11bでは、最大伝送速度は11Mbpsですが、2.4GHz帯を使用しているため約100mの到達距離が確保できました。しかしながら、電子レンジや他の無線システム等の様々な機器が利用可能なISMバンドを使用しているため電波干渉を受ける可能性が大きくなります。一方、802.11aでは5GHz帯を使用するため干渉はあまり発生しませんが、周波数が2.4GHzに比べ高いため、通信距離は短くなっています。802.11gは、802.11bの高速版としてOFDM[*23]という高速通信技術を導入した規格です。製品としては802.11bとの接続も可能な下位互換性を有しています。

また、IoTエリアネットワークに適した規格として、802.11ahの策定も進んでいます。802.11ahでは、1GHz以下の周波数(SubGHz)帯を利用し、1kmまでの長距離通信を可能とする規格です。物理層は802.11acを10分の1にクロックダウンし、チャネル帯域幅は1MHz幅及び2MHz幅を基本として、伝送速度は1MHz幅で最大4Mbps、2MHz幅で7.8Mbpsとなっています。802.11acと比べ低速ですが、オーバーヘッドが小さく、センサの通信時間を短くできることが特徴です。他の通信方式(Bluetoothや802.15.4はともに1Mbps未満)に比べて高速・大容量な無線通信を、小電力かつ広域で提供できることが802.11ahの特徴です。

この他、機器とディスプレイや周辺機器との無線での接続を視野に入れた、802.11adも規格化されています。802.11adでは、ミリ波帯と呼ばれる60GHz帯を利用し、1チャネル(ch)当たり最大6.75Gbpsの伝送速度を実現しています。しかし、従来の無線LANに比べ周波数が非常に高いため、通信距離が限定されます。

表3-1-5　主なIEEE802.11規格の概要

規格	IEEE802.11a	IEEE802.11b	IEEE802.11g	IEEE802.11n	IEEE802.11ac	IEEE802.11ah(策定中)	IEEE802.11ad(参考)
周波数帯	5GHz帯	2.4GHz帯	2.4GHz帯	2.4/5GHz帯	5GHz帯	868MHz、920MHz帯	60GHz帯
最大伝送速度(Mbps)	54	11	54	150(Dual)、600(MIMO)	33(40MHz)、6930(160MHz)	4(1MHz) 7.8(2MHz)	6800
通信距離(見通し)	50m	100m	80m	50〜100m	50〜100m	〜1km	〜10m
同時使用ch数	19	4	4	2/9	9/4	未定	4
利用可能ch数	19	14*	13	13/19	19	未定	4
帯域幅(MHz)	20	22	20	20/40	20/40/80/160	1/2/4/8/16	2160

＊：日本のみ割当てのch14を含む

*23: **OFDM**：直交周波数分割多重

*24: CSMA/CAの他にAPから順次IoTデバイスにアクセスするポーリングを行う方法もあります。

(2) 無線LANの特徴

(a) ネットワーク構成

無線LANのネットワーク構成は、アクセスポイント（AP）と呼ばれる装置と、IoTデバイスで構成されるスター型ネットワークが一般的です。APは、LAN等で上位のネットワークに接続され、IoTデバイスのデータを上位ネットワークと接続します。また、一つのAPのカバーエリア（電波の到達範囲）より広い領域をカバーするために複数のAPをLANで接続して無線LANを構成することもあります。なお、ネットワーク構成としてはAPを介さずにIoTデバイス間での通信を可能とする機器間接続（AdHoc接続）もWi-Fi Direct規格として制定されています。

(b) 衝突回避と隠れ端末問題、晒し端末問題

無線LANでは、複数のIoTデバイスが効率良くAPと通信することができるような仕組みとして、CSMA/CA (Carrier Sense Multiple Access / Collision Avoidance) という技術を採用[*24]しています。この技術は、データを送信しようとするIoTデバイスが送信前に、使用するチャネル（以下ch）が他の通信で使用されているか否かを受信（Carrier Sense）し、電波が無い場合のみ送信を行うことで、複数のIoTデバイスが一つのAPとのアクセス（多元接続：Multiple Access）を可能となる様に、衝突を回避（Collision Avoidance）する方法です。

広い領域を一つのAPでカバーする場合、IoTデバイス間の距離が長くなる場合があり、他のIoTデバイスが送信した電波を距離の離れた他のIoTデバイスで受信することができず、先に説明した衝突回避のメカニズムのCSMA/CAが上手く機能しない場合があります。この様な状況を隠れ端末問題（図3-1-5(a)参照）と呼び、この事象が発生すると、APでは電波の衝突が起こるためスループットが低下します。

隠れ端末問題は、送信制御のメカニズムのRTS/CTS信号を利用することで回避することができます。この方法は、送信しようとするIoTデバイスはRTS（Request To Send）という短い信号をAPに送信し、APは通信可能である場合にはCTS（Clear To Send）をそのIoTデバイスに対し送り送信優先権を与えることで電波の衝突を回避するものです。

また、隠れ端末とは逆に隣接するAPに所属する端末間が近い場合、CSMA/CAによって他のAPに所属する端末の信号を検出してしまい、送信したくてもできない状態が発生することがあります。この様な状況を晒（さら）し端末問題（図3-1-5(b)参照）と呼び、スループットの低下が発生します。晒し端末は、隣接するAP間で適切なchを設定することにより回避することができます。

図3-1-5　隠れ端末問題と晒し端末問題

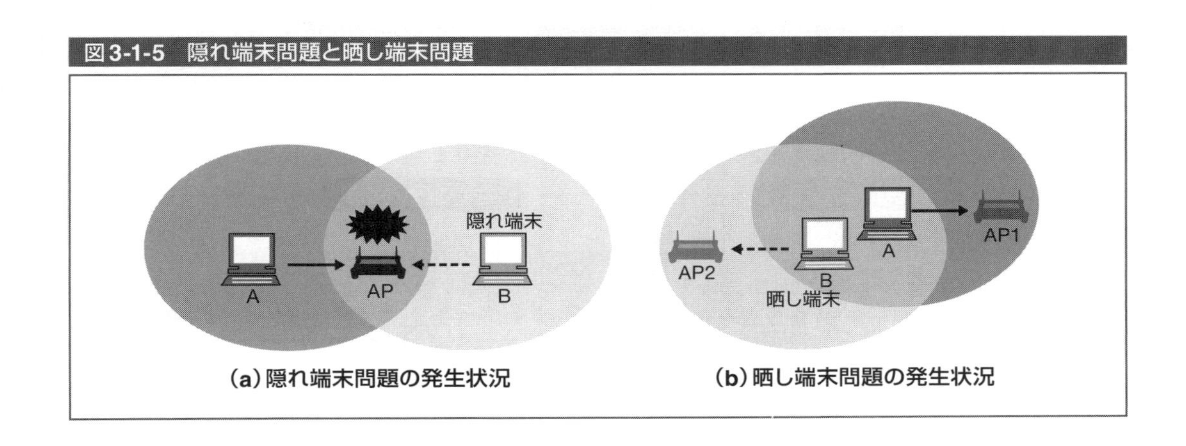

(c) セキュリティ

無線LANは無線を使うシステムであり、盗聴やシステムへの侵入の可能性があるため、適切なセキュリティ対策が必要となります。無線LANのセキュリティとしては、下記の様な対策があり、これらを組み合わせて必要なレベルでの対策をとることが重要です。

① **通信データの暗号化**：WEP、WPA/WPA2などがあります。暗号強度の高いWPA2等を採用することが重要です。

② **SSIDの隠ぺい**：APのSSID(Service Set Identifier)を端末から検索できなくすることで、システムへの侵入を難しくします。

③ **MACアドレスフィルタリング**：接続する端末のMACアドレスを指定し、それ以外の端末の接続を拒否します。

④ **ネットワーク分離**：管理者とユーザのネットワークをSSIDにより分離し、不正侵入を防ぎます。

(d) 無線LAN利用上の留意点

・チャネル(ch)設定

複数のAPで無線LANシステムを同時に利用する必要がある場合には、AP毎にchを固定して利用することにより、スループットの低下を避けることができます。

このとき、2.4GHz帯の無線LANでは13(日本では14)のchが指定されており、図3-1-6に示す通りそれぞれのchは5MHz間隔で配置されています。このため、802.11b、802.11nの20MHz帯域の信号がch間で干渉しないように利用するためには、1ch、5ch、9ch及び13chの4chのみが利用可能といわれています。より干渉を減らすためには1ch、6ch、11chの3chを使用することがあります。また、5GHz帯では、20MHz間隔で19chが指定されていますが、802.11nで40MHz帯域を利用する場合には、同時に利用可能なch数は9chに減少することに注意が必要となります。

なお、図3-1-6の5GHzのW52、W53については、現在国内では屋内使用に限定されています。

図3-1-6　無線LANのch配置

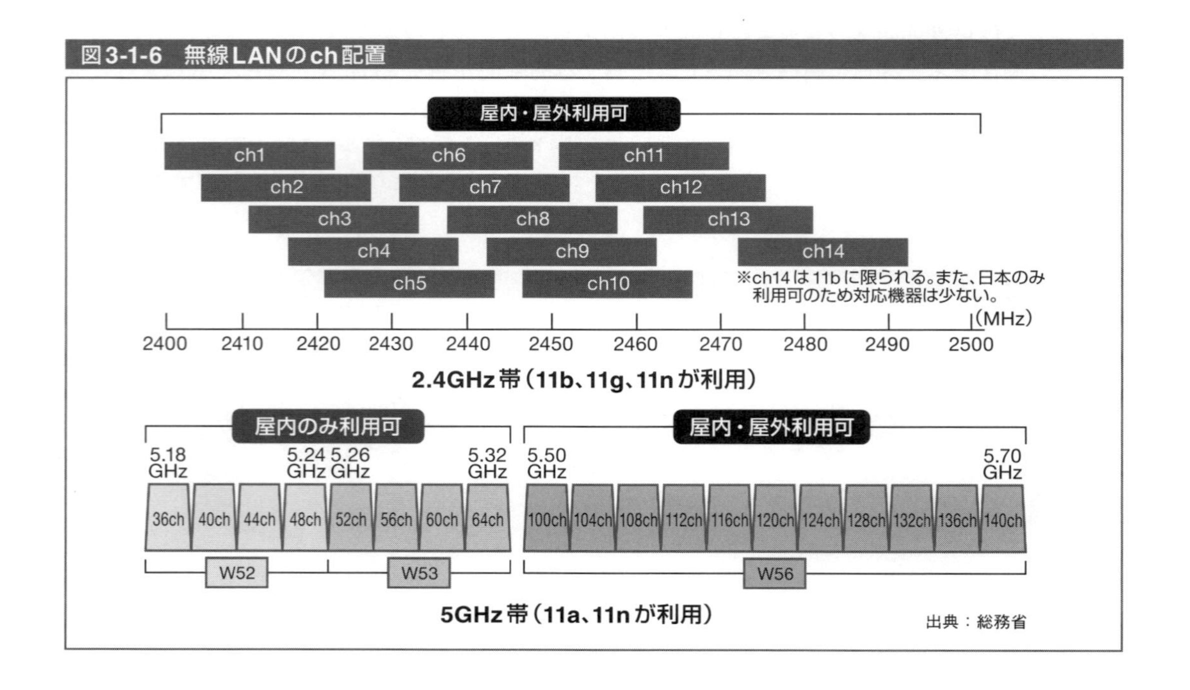

・エリア設計

無線LANのエリア設計を行う場合、建物の図面などからシミュレーションにより最適なAP配置を検討するシステムが提供されています。これらのシステムには、シミュレーション結果を実測値により補正することで、より精度を上げることが可能なものも提供されています。

5 その他の無線システム

ここでは、IoTシステムを構築するための無線システムの中で、極めて近い距離の通信に特化した近距離無線の例と、IoTエリアネットワークに特化した新たな無線システムの例を示します。

(1)近距離無線

(a)RFID、NFC

① 概要

RFID(Radio Frequency IDentifier)とは、ID情報を埋め込んだ無線タグ(電子タグとも呼ばれる)から、電波を用いて近距離(数cm～数m)の無線通信を行うものです。製品形状としてカード型、ラベル型、コイン型、円筒型など様々な形状のものが提供されています。非接触ICカードも、広義にはRFIDといえ、一般的にはNFC(Near filed Communication)とも呼ばれ、交通機関の乗車カード、電子マネーや社員証などに幅広く使われています。国内ではFeliCa 規格が主流となっています。

RFIDは、その動作原理からリーダ側の電波をエネルギー源とするパッシブタグと内蔵電池を利用するアクティブタグに分類することができます。セミアクティブタグは、両者を組み合わせたもので、読取りの起動をパッシブタグで行い、データの伝送はアクティブタグにより行うものです。表3-1-6にRFIDの動作原理による分類と特徴を示します。また、電波の伝達方式によって、電磁誘導方式と電波方式に分類することができます。電磁誘導方式ではタグのコイルとリーダのアンテナコイルを磁束結合させて、エネルギー・信号を伝達する方式で、135kHz以下、13.56MHzでこの方式が採用されています。電波方式は、タグとリーダの間で電波によってエネルギー・信号を伝達する方式で、433MHz帯、900MHz帯、2.45GHz帯でこの方式が採用されています。電波方式は、電磁誘導方式に比べより遠くのタグと通信が可能であり、パッシブタグの通信可能距離は3～5mとなります。表3-1-7にRFIDの無線インタフェースの主な国際規格を示します。

表3-1-6　RFIDの動作原理による分類と特徴

	パッシブタグ	アクティブタグ	セミアクティブタグ
原理／電源	リーダからの電波をエネルギー源として動作し、電波を送り返す	内蔵電池で通信時に電波を発する	パッシブ方式で起動し、通信時に内蔵電池で電波を発する
通信距離	数cm～1m(電磁誘導方式) 3～5m(電波方式)	1～100m以上 (送信電力による)	1～100m以上 (送信電力による)
通信タイミング	リーダの読取り時	自己通信型／待受通信型	リーダの読取り時
特徴	非常に安価 ほぼ恒久的に動作可能	タイマーや、入力変化時の通信起動も可能	送信起動装置と読取り装置を離して設置可能

表3-1-7　RFIDのエアインタフェースの国際規格

周波数	規格	方式	備考
135kHz以下	ISO/ICE 18000-2	電磁誘導	タイプA：125kHz、全二重[*25] タイプB：134kHz、半二重[*25]
13.56MHz	ISO/ICE 18000-3	電磁誘導	衝突防止方式によりモード1/2/3
2.45GHz帯	ISO/ICE 18000-4	電波	電源によりモード1/2/3
860～960MHz	ISO/ICE 18000-6	電波	衝突防止方式によりタイプA/B/C/D
433MHz帯	ISO/ICE 18000-7	電波	

② RFIDの特徴と利用上の留意点

RFIDは、バーコードや二次元バーコードと類似していますが、RFIDには次のような特徴があるため、バーコードよりも広い用途への利用が可能となります。

・**書き込みが可能**

印刷物のバーコードは変更できませんが、RFIDには書込みが可能なものもあり、新たな情報の追加や書き換えができます。

・**広い読取り範囲**

RFIDは読取り範囲が広く、また読取り方向の自由度が大きいため、おおまかな位置決めで読取りができます。

・**見えない場所のRFIDも読取り可能**

見えない位置にあるRFIDや、表面がホコリなどで汚れている場合でも読取りができます。

・**一度に複数のRFIDが読取り可能**

リーダの読取り範囲内にある複数のRFIDを読取ることができます。ひとつのRFIDを読取り時間は数十～数百ミリ秒なので、多量のRFIDも短時間で読取ることができます。

経済産業省と総務省が公表した「電子タグに関するプライバシー保護ガイドライン」(2004年)では、「タグ内に個人情報を含む場合には個人情報等が、消費者が気付かないうちに、望まない形で読み取られる等のおそれ」があるとし、運用上の注意を公表しています。RFIDの利用においては、装着されていることの表示、用途が終了後の取り外し、不必要な情報は記録しないなど、プライバシーを守るための対策を考慮することが必要です。

RFIDを国外で利用する場合には、その国毎に利用可能な周波数が異なる場合がありますので、国際間で流通するようなものにRFIDをつける場合には注意が必要です。

③ RFIDの活用事例

物流分野では、貨物の管理にバーコードを利用してきました。バーコードの場合、一つ一つ読取る必要があり、またバーコードの汚損により読取りが困難なことがあります。これをRFIDに置き換えることにより、複数の貨物の情報を一度に読み取ることができ、汚損に強いより柔軟な

*25：**全二重、半二重**：双方向通信の方式。全二重では同時に双方向の通信が可能。半二重では同時にはどちらか一方向の通信が可能で、交互に通信することで双方向通信を実現します。

*26：**MACアドレス**：Media Access Control address：ネットワーク機器のハードウェアに（原則として）ユニークに割り当てられる物理アドレス

システム構築が期待できます。

工場内では工程内の製品管理にRFIDを利用し、工程管理に利用されています。また、航空機整備などでの工具紛失対策としてRFIDが利用されています。

市民マラソン大会等で多くの参加者のタイムを計測するために、セミアクティブ型のRFIDが利用される例もあります。

(b) トランスファージェット

トランスファージェット（TransferJet）は、2008年に公開された近距離無線転送技術であり、データを転送したい送信側の機器を受信側の機器の数センチ以内に近づけることで、高速なデータ伝送を可能とするものです。煩雑な初期設定が不要であるため、ビデオや写真の転送など民生応用が期待されていますが、非接触、低送信電力で他との干渉が少ないなどの特徴から産業分野での応用も期待されています。

① 概要

本方式では、送受信機間の結合に誘導電場カプラという特殊なアンテナを採用することで、送受信機器が近接した場合のみに通信が可能となるように設計されており、ネットワークトポロジはPtoP型のみとなっています。物理層転送レートは最大560Mbpsを実現しており、実効スループットは最大375Mbpsとなっています。トランスファージェットの仕様の概要を表3-1-8に示します。

TransferJetコンソーシアムが、同無線技術の普及と市場形成を目指して、必要な技術規格、運用規程などの策定と商品間の相互接続性の確保を目的として活動しています。

② 特徴と利用上の留意点

電波状況に応じ最適な転送レートを選択する機能により、状態が悪い場合は自動的に転送レートを落として安定した通信を維持することができます。また、送信電力が非常に弱いため、他の無線システムに干渉を与えることはほとんどありません。

セキュリティ面では、機器同士を近づけないと通信ができないため、一般の無線システムと比べ無線システムへのアクセスが困難となっています。但し、本来通信するべき相手でない場合にも、近接した場合にはデータの伝送が行われる場合があるため、通信相手機器のMACアドレス[*26]を事前登録することにより誤接続を防ぐ機能があります。

表3-1-8　トランスファージェットの基本仕様

項目	仕様
中心周波数	4.48GHz
占有帯域幅	560MHz
送信電力	欧州等規制の電力密度 -70dBm/MHz（平均電力）を満たし、日本国内においては微弱無線局の規定を満足すること
転送レート	560Mbps（最大）／375Mbps（実効スループット） 無線環境に応じてシステムが通信速度を調節できる
通信距離	数センチ以内を想定
ネットワークトポロジ	1対1（point-to-point）
アンテナ	誘導電場カプラ

③ 活用事例

公共の場所に設置したデジタルKIOSK[*27]とスマートフォンやタブレットの間をトランスファージェットで接続することで、映画の予告やサウンドクリップなど大容量のコンテンツをダウンロードしたり、テーマパークの電子マップやイベントスケジュールをダウンロードするといったアプリケーションが提案されています。また、非接触型の伝送方式であるため、工作機械、製造現場、運輸などの劣悪な環境での利用も、活用例として提案されています。

(2) IoTエリアネットワークに特化した無線システム

ここでは、近距離無線よりも、ある程度遠くの距離をカバーするIoTエリアネットワーク無線の例として、Z-Wave、EnOcean、Dustを紹介します。表3-1-9にこれらシステムの概要を示します。

(a) Z-Wave

Z-Waveは、デンマークのZensys社が開発した技術をもとに、ホームオートメーション関連企業により設立されたZ-Wave Allianceによって標準化及び各社の製品間の互換性の確保が行われています。

Z-Waveは、家庭及び小規模商業施設における制御、モニタリング及びステータスリーディングに特化した、IoTエリアネットワーク無線です。技術的な特徴は、小電力の無線通信を利用したコーディネーターノード不要のフルメッシュネットワークであり、また1GHz以下の周波数を利用することで2.4GHz帯を利用する無線LANやBluetooth、ZigBee等と異なり干渉が少ないことです。Z-Waveの物理層、MAC層はITU-T 勧告G.9959に準拠しています。データレートは最大100kbps、AES128の暗号化とIPv6及び複数チャネルでの運用を可能としています。

Z-Waveでは、多くのメーカからホームオートメーション用のZ-Wave対応製品が発表されており、Z-Wave対応のコンセント、ドアの錠、温度制御パネルや電球など多数の製品が発売されています。

図3-1-7　Z-Waveの利用概念図

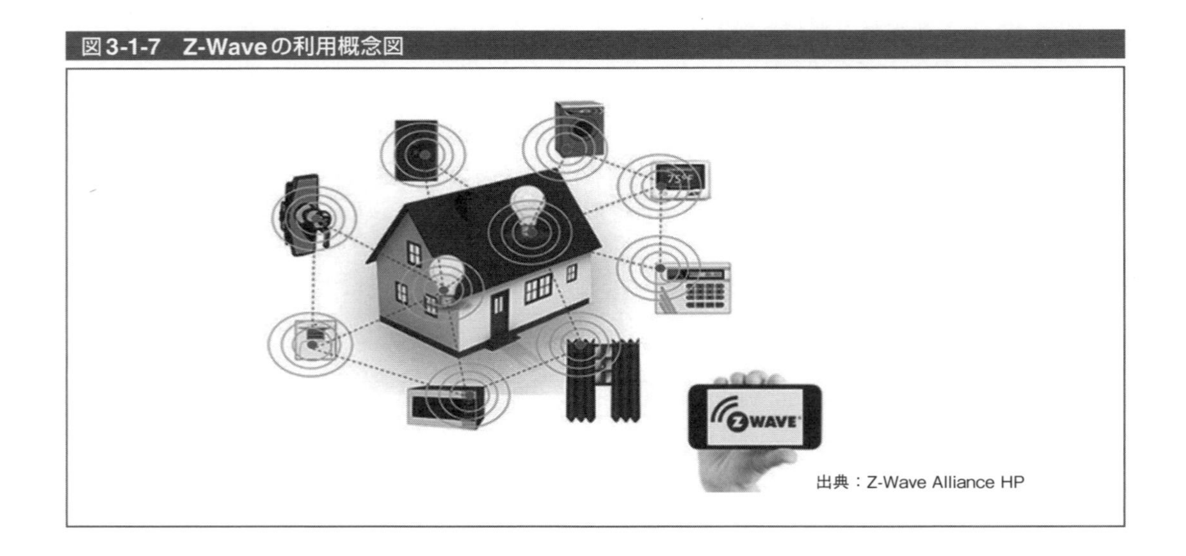

出典：Z-Wave Alliance HP

*27: **デジタルKIOSK**：スタンド形の情報端末で、タッチパネル付きディスプレイを持つものが多く、店舗や公共施設等に設置されます。

(b) EnOcean

EnOceanは、ドイツのSiemens社がエナジーハーベスティング技術（4-4節参照）による微小電力の応用分野として、低消費電力化技術を適用した無線システムとしてビルオートメーション用途向けに開発したものです。EnOcean Allianceによって標準化及び各社の製品間の互換性の確保が行われています。EnOceanは、ISO/IEC14543-3-10において、物理層、データリンク層、ネットワーク層の仕様が規定されています。この国際規格をEnOceanが実装した内容がEnOcean Radio Protocol（ERP）とEnOcean Serial Protocol（ESP）としてまとめられています。データの転送単位は、物理層がビット/フレーム（bits/frame）、データリンク層がサブテレグラム（sub-telegram）、ネットワーク層がテレグラム（telegram）となっています。ネットワーク層より上位層のテレグラムが運ぶデータについては、EnOcean Allianceが標準化を進めておりEnOcean Equipment Profiles（EEP）及びGeneric Profilesが提供されています。周波数は1GHz以下のSubGHz帯を使用しており、我が国では928.35MHzが利用可能で、我が国の無線規格としてはARIB STD-T108が適用されます。

図3-1-8に一般的な無線システムと低消費電力化技術の電力消費概念の比較を示します。一般的な通信システムでは、ノードは電源をONにしてから他のノードが通信していないことを確認し、その後にデータ送信を開始します。更に、データ通信を確実に行うために、通信相手からの確認応答（ACK）を受けた後にスリープ状態に移行します。EnOceanでは消費電力を減らすための工夫として、連送による衝突回避とACKを待たない通信方式が用いられています。各ノードは送信データの衝突による再送を削減するために、1回の送信でランダムな間隔の3回のサブテレグラム送信を行います。テレグラムの送信間隔をランダムとすることにより、3回のサブテレグラムのうちの何れか一つが受信できる確率を上げています。更にノードはデータ送信後に他のノードやゲートウエイからのACKを待たずにスリープ状態に移行し電力消費を削減します。また、スリープ時の電力消費も極限まで削減する工夫をすることで、例えばスイッチを押す際の力を電力に変えることで得られる微少な電力によって作動することも可能にしています。

図3-1-8 一般的な無線システムと低消費電力化技術の電力消費概念の比較（NTT技術ジャーナルを元に作図）

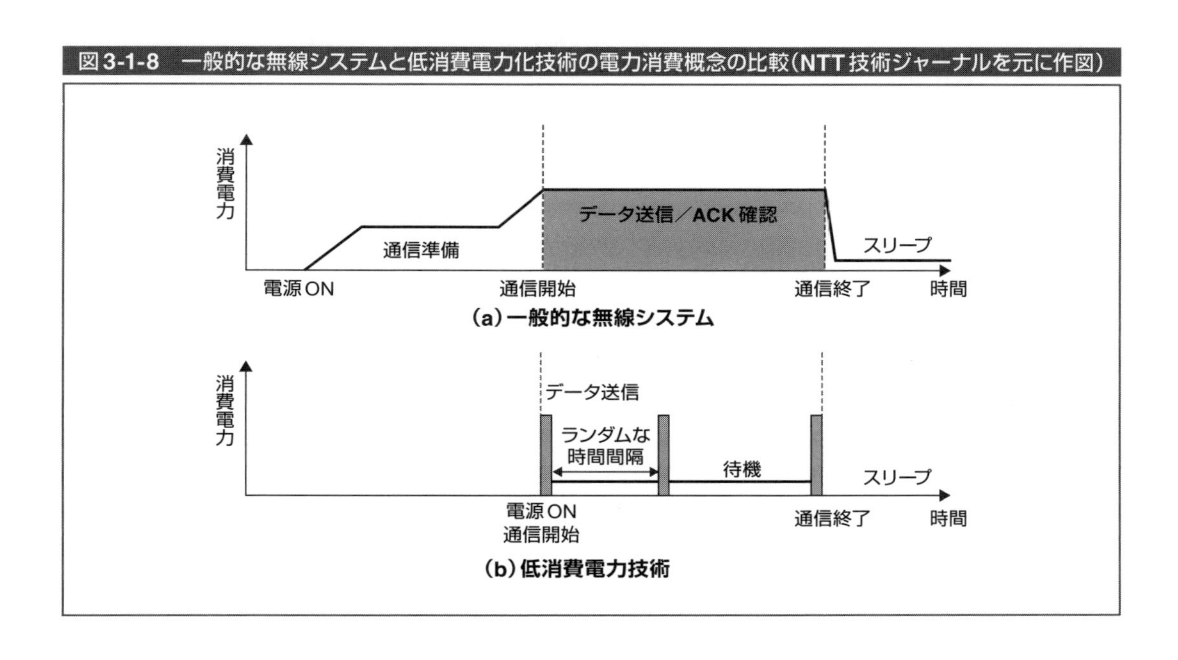

(c) Dust Network

Dust Networkは、Dust network Inc.がプロセスモニタ、状態監視などの工業応用向けに開発しました。その後、同社は2011年にLinear Technology社に買収されています。日本法人のリニアテクノロジー社は、国内の同技術の普及のためにDust consortiumを発足させています。

Dustは「切れない無線」を標榜しており、その根幹となる技術がSmartMeshネットワーク技術です。SmartMeshネットワークは、ネットワーク・マネージャと、「モート」と呼ばれるネットワーク・ノード(IoTデバイス)で構成されます。ネットワーク・マネージャはネットワーク性能をモニタして管理し、データをホスト・アプリケーションとの間で受け渡しします。

このネットワークは時間同期メッシュ・プロトコル(TSMP[*28])に基づいています。TSMPは、2.4GHz帯の802.15.4無線通信規格と互換性を有します。TSMPには、時間スロット・チャネル・ホッピング(TSCH[*29])メディア・アクセス層(MAC)が組み込まれています。TSCHは、時間を「スロット」に分割し、事前に割り当てられたチャネルホッピング・シーケンスに基づき、タイムスロットにチャネルを割り当てます。各モートは、割り当てられたタイムスロットで送信することで衝突が発生しないデータ伝送が可能です。また、各モートは三つのchを利用可能であり、周囲のモートとメッシュ型に接続されているため、時間的、周波数的並びに空間的に冗長な回線構成となっており、高信頼な回線が提供可能となります。このTSMPは、IEC 62591(WirelessHART)ならびに国際計測制御学会(ISA[*30])のISA100.11a規格の基本構成要素にもなっています。

表3-1-9　Z-Wave、EnOcean、Dustの概要

名称	Z-Wave	EnOcean	Dust
主な目的	ホームオートメーション	ビルオートメーション	工業応用
標準化団体	Z-Wave Alliance	EnOcean Alliance	Dust consortium
免許	免許不要	免許不要	免許不要
周波数	865.2〜926.3MHz 日本：922.5、923.9、926.3MHz 米国：916MHz(100kbps) 欧州：869.85MHz(100kbps) 香港：919.82MHz 豪：921.42MHz	日本：928.35MHz 北米：902 MHz、315MHz 欧州：868MHz	2.4GHz帯
通信距離	最大30m(ノード間) 最大4ホップ150m	屋内30m 自由空間300m	屋内50m 屋外100m
伝送速度	9.6kbps、40 kbps、100kbps	125kbps	36パケット／秒 90バイト／パケット
最大ノード数	232ノード／ホームID		最大32ホップ
ID長	ホームID：32bit ノードID：8bit	32bit(工場出荷時固定)	EUI-64 Dustを表す3B (00-17-0D)と5Bのシリアル番号
規格	ITU-T Rec. G.9959	ISO/IEC14543-3-10 ARIB STD-T108	IEEE802.15.4(物理層) IEEE802.15.4e(MAC層)
ネットワークトポロジ	メッシュ	メッシュ	メッシュ (SmartMesh)

*28: **TSMP**：Time Synchronized Mesh Protocol

*29: **TSCH**：Time Slotted Channel Hopping

*30: **ISA**：International Society of Automation

3-2 IoTゲートウェイ

本節では、IoTゲートウェイの役割、利用例、そしてネットワークへの通信負荷を軽減する技術として、IoTゲートウェイへの適用が検討されているエッジコンピューティングの概念と利用例について学習します。

1 IoTゲートウェイの機能と利用例

(1)IoTゲートウェイの役割

一般にIoTゲートウェイは、フィールド領域に存在し、ネットワーク要素として次の役割を持ちます。

① インフラストラクチャ領域(WAN側)とフィールド領域(IoTエリアネットワーク側)との間の通信接続の制御及びプロトコルの変換
② IoTデータや制御用メッセージの中継
③ IoTデバイスの管理支援

IoTデバイスは、プロセッサの機能、メモリ容量、消費電力等のリソースに制約があるため、WANと通信を行う際、機能の保持や十分なセキュリティ対策が困難であるケースが多く、これらを補う意味で、IoTゲートウェイが重要な役割を果たすと考えられます。また、個々のIoTデバイスがWANに直接アクセスした場合には、IoTデバイスの数やアクセス頻度が多くなればなるほど、WANの回線に及ぶ通信上の負荷が大きくなります。これに対し、IoTデバイスが収集したデータをいったんIoTゲートウェイで一括して集約する形でWANとの通信に介在すれば、通信上の負荷を軽減することができます。したがって、IoTゲートウェイは、WAN通信に対しても重要な役割を担う要素となっています。

(2)IoTゲートウェイの利用例

IoTゲートウェイの代表的なものとして、ホームゲートウェイと呼ばれるネットワーク機器があります。これは、家庭やオフィス内に設置されるもので、内部の家電やIT機器との接続用のブロードバンドルータ機能、IP電話接続機能、ケーブルテレビ用セットトップボックス(STB)機能、ユーザや端末認証機能などが搭載されています。各機器とは、IoTエリアネットワークとしての無線/有線LANやPLC、Bluetoothを利用して接続され、また、WAN経由でインフラストラクチャ領域にあるISP[*1]やCATV事業者が管理する運用管理サーバやアプリケーションサーバと接続されます。ホームゲートウェイには、機器の管理や通信管理を司るミドルウェアや各機器に対するアプリケーションが組み込まれ、動作します(図3-2-1参照)。

*1: **ISP**:Internet Service Provider:インターネット接続事業者

図3-2-1　ホームゲートウェイの利用例

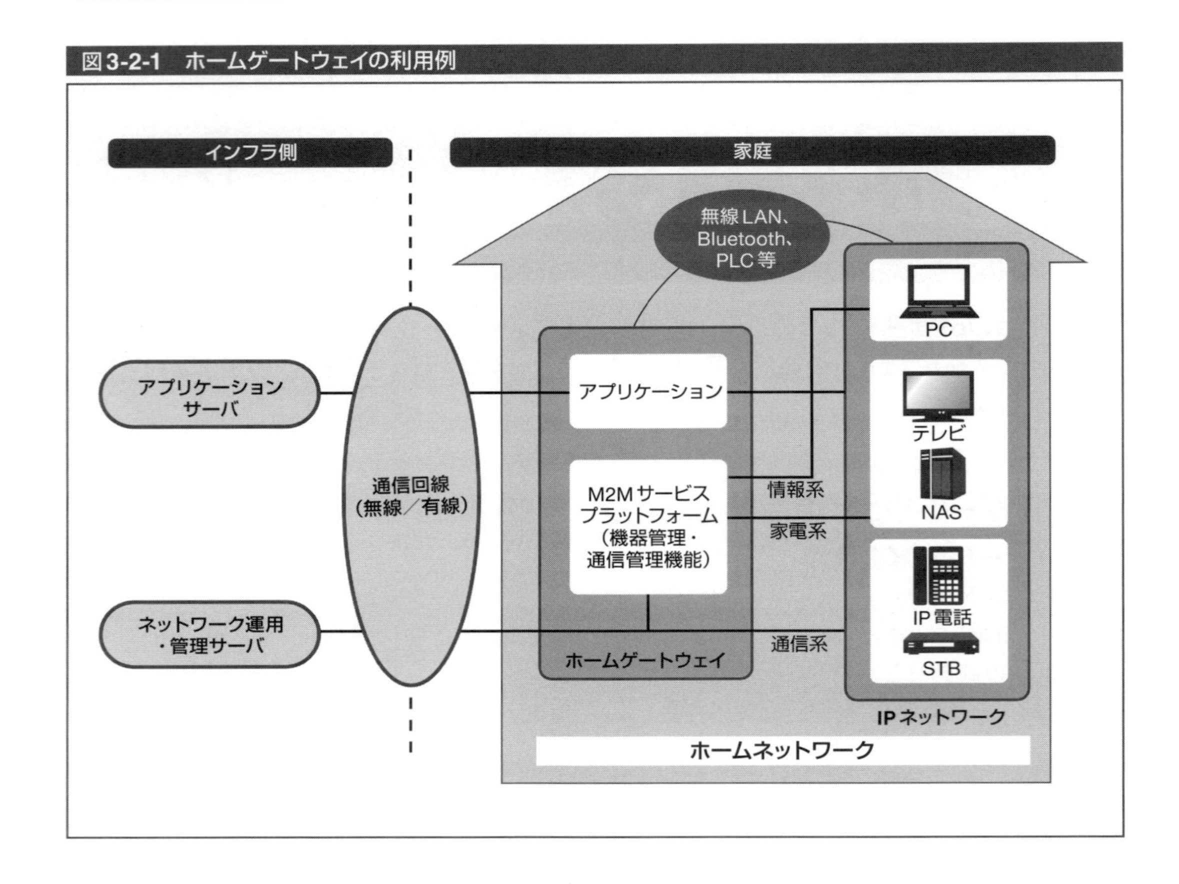

2 エッジコンピューティングとIoTゲートウェイ

この節では、近年、その利用が期待されるようになったエッジコンピューティングの概念と、前節で述べたIoTゲートウェイへのエッジコンピューティングの適用に関する技術について解説します。

(1) エッジコンピューティングの概念

エッジコンピューティングとは、分散処理的なコンピューティング環境の概念のひとつです。クラウドコンピューティングは、クラウドネットワーク上に配置されたいくつものサーバ、ストレージ、アプリケーション等のコンピューティング・リソースを、必要に応じて、利便的にかつオンデマンドで利用することにより、生産性の向上、コスト削減、データ管理の効率化等を図ることでした。しかし、クラウドコンピューティングでは、利用するリソースがネットワーク上に存在するため伝送遅延がネックとなり、リアルタイム性を必要とし、サーバとのアクセス頻度の高い利用形態に対しては、適用することが不適切であるという欠点がありました。

この問題を改善するために考案されたのがエッジコンピューティングです。これは、処理のリアルタイム性をできるだけ重視して、伝送遅延を低減するためにネットワーク上のユーザにより近いところで情報処理を実現しようとする考え方です。エッジコンピューティングをクラウド（雲）コンピューティングと対比して、フォグ（霧）コンピューティングと呼ぶ場合もあります。実際に、クラウドコンピューティングでは、グローバルなインターネット環境では数百ミリ秒の遅延が発生し、日本国内でも10ミリ秒台の遅延が見込まれます。例えば、自動車の高度道路交通システム（ITS）と連携させた自動運転システム等では、この遅延が処理遅れに繋がり、運用上の問題を引き起こすことが考えられます。

エッジコンピューティングの導入により、情報処理／演算処理をよりユーザの近くに持ってくれば、リアルタイム性を要するアプリケーションの利用がより効果的、効率的になるだけでなく、さらに副次的な効果を生むことが期待されます。ひとつは、端末アプリケーションの高度化によるユーザ体験の向上です。近くのサーバ等のリソースに処理機能の一部を肩代わりさせることにより、端末の処理負担を軽減でき、その分、高度なアプリケーションを動作させるためのリソースとして利用することができるということです。もう一つは、ネットワークへの負荷の軽減です。端末で取得したデータをすべてクラウドに送信することを省略することにより、IoTやビッグデータの処理における通信トラフィックの削減効果を見込むことが可能となります。

以上の通り、IoTの実現においては、特にリアルタイム性を必要とし、サーバ等のリソースへのアクセス頻度が高いアプリケーションにおいては、IoTゲートウェイに対するエッジコンピューティングの導入が効果的であると考えられるようになってきています。

図3-2-2にエッジコンピューティングのIoTゲートウェイに導入した場合のシステム概念を示します。

図3-2-2 エッジコンピューティングの概念

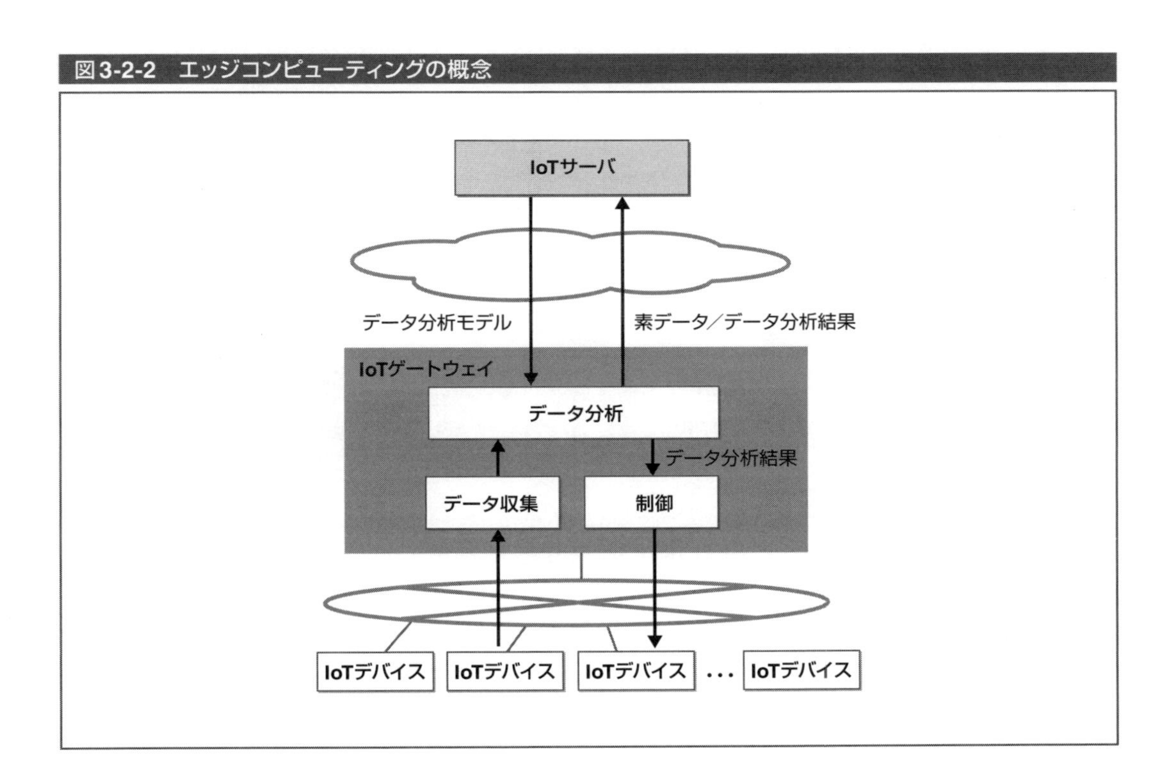

(2)エッジコンピューティングのIoT利用例

IoTシステムにおいては、IoTデバイスから最も近いところにある要素として、IoTゲートウェイがあります。このゲートウェイに、より高度な処理機能、分析機能を具備させることにより、より効果的、効率的なIoTサービスの提供が可能になると考えられています。

例えば、前述のホームゲートウェイにより高度な処理を実行させることにより、家庭内の家電やIT機器等の端末毎のアプリケーションを充実させることができます。また、M2M/IoTサービス層の標準化を推進する標準化団体のoneM2Mでは、図3-2-3に示すようなVehicle Data Collection Serviceというエッジコンピューティングを車両に導入するユースケースが提案されています。このサービスでは、車載ヘッドユニットというIoTゲートウェイ機器を車両に搭載し、速度計、エンジン回転数、モータ回転数、ブレーキセンサ等の各種車載センサから得られるIoTデータを、ヘッドユニットで一次処理を行い、車両情報の計算、統計処理、表示等のユーザへのリアルタイム利用に提供することが可能となります。また、インフラストラクチャ領域にあるデータセンタからの要求に従って、ヘッドユニットにおいて車両情報を処理し、それらをデータセンタに送信して、WANに対する通信トラフィックの負荷を軽減させることもできます。

さらに、ドライバーや同乗者が持ち込んだスマートデバイスやウェアラブルからのデータを取りまとめてデータセンタに送ったり、車外の橋梁やトンネル等のインフラセンサからのデータを取り込んだりして、インフラの老朽化を監視するようなユースケースにも利用することが期待されます。

図3-2-3　IoTシステムへのエッジコンピューティング導入例

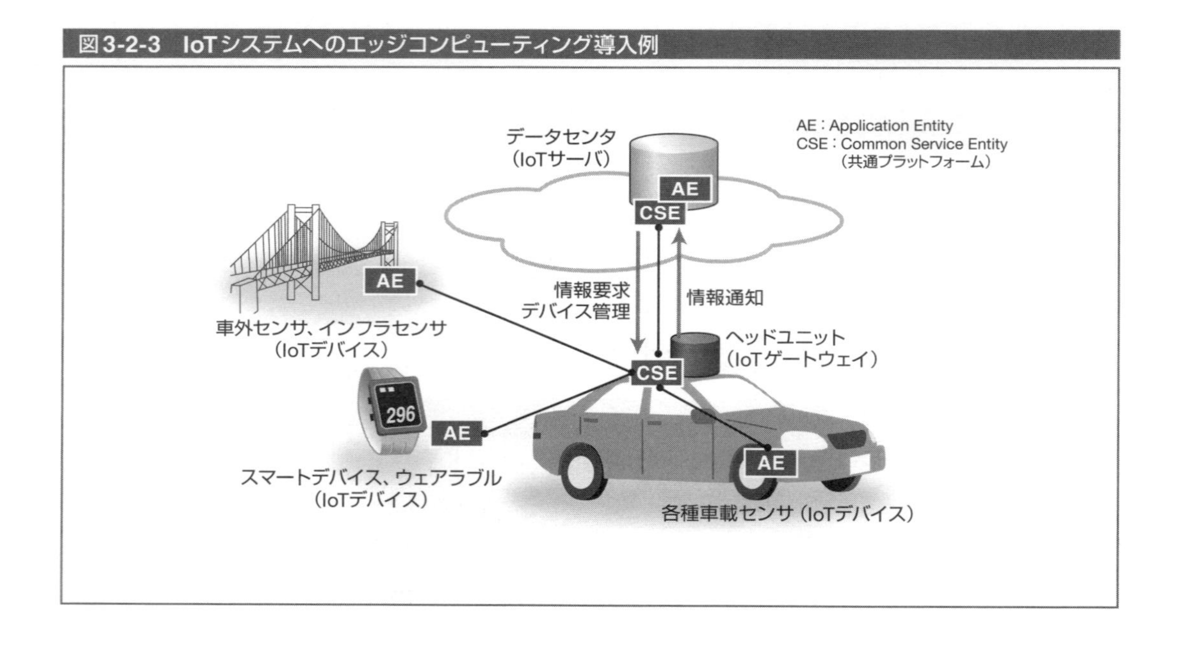

3-3 広域通信網（WAN）

本節では、IoTシステムで使用される広域通信網（WAN[*1]）について学習します。IoTシステムにおけるWANでは、無線通信技術の重要性が、今後高まっていくことが予想されます。本節では、特にモバイル通信を活用したWANに重点を置いて解説します。

1 IoTに利用されるネットワーク

(1) モバイルネットワークの重要性

IoTサービスの提供には、基本的に、FTTH、ADSL等の有線ネットワーク、または3G、LTE、WiMAX等のモバイルネットワークのどちらのネットワークを利用しても実現可能です。特に、コピー機やCTなどの医療機器のような固定的に設置されるIoTデバイスやIoTゲートウェイに対しては、有線ネットワークを利用して接続することが、経済的かつ安定的な回線提供の観点からは好ましいとされています。

一方、トラック、バス等の車両に装着して利用されるIoTデバイスのように、移動することが前提であるシステムに対しては、無線を利用したモバイルネットワークが利用されます。また、移動しないデバイスであっても、河川、ダム、灌漑（かんがい）用に利用される水圧センサや、気象センサのうち、山間部に設置されるもののように、IoTデバイスの設置、頻繁な交換が困難な場所や、人間の居住するエリアから遠くに位置する場所においては、有線ネットワークの敷設コストが高額になるため、モバイルネットワークを利用することが必要となります。

近年では、IoTシステムに用いられるネットワークとしては、地理的に広範でシームレスな接続が可能であり、IoTデバイスの設置の容易さや回線設定費用等における優位性から、モバイルネットワークの利用が重要となってきています。ここでは、モバイルネットワークにフォーカスして解説します。

(2) IoTにおける通信と通常のモバイル通信のトラフィック上の相違点

モバイル通信を利用したIoTのサービスには、携帯電話、スマートフォン、タブレットのようなモバイル機器に最適化された3G、LTE、WiMAXなどのモバイルネットワークが利用されています。

一方、IoTの通信で取り扱われるトラフィックは、従来のモバイル通信のトラフィックに比べると、表3-3-1に示すように、デバイス数、デバイス当たりの通信データ量、デバイスのモビリティ（移動度）、通信の発生タイミング・頻度、デバイスの機能・処理能力、電力供給、セキュリティといった観点から、その特徴が大きく異なっています。このため、特性が大きく異なるIoTの通信

*1：**WAN**：Wide Area Network

トラフィックを、既存のモバイルネットワーク経由で処理することは、必ずしも効率的な方法ではないと考えられています。

例えば、自動販売機や固定的に設置されている各種センサのように、静止しているデバイスに対して、既存のモバイルネットワークに具備されている位置登録のような移動管理の機能はほとんど必要がありません。また、ネットワークに直接接続されるIoTデバイスの数が、人間の数の10倍以上にも増加すると、回線接続・切断が頻繁に発生するため、その制御を行う制御回線の能力に対し大きな影響を与え、従来のモバイル通信のトラフィックの処理にもインパクトを及ぼすことが懸念されます。

このように、従来のモバイル通信のトラフィックとは性質の異なるIoTの通信トラフィックを効率よく取り扱うためには、現在利用されているモバイルネットワークではなく、IoTの通信トラフィックに最適化された新しいネットワークにより、別個に処理することが理想的です。そのような状況に対処するために、モバイル技術の標準化団体の3GPP等では、IoTにおける通信に対するネットワークの最適化、高度化に向けた標準化作業が進められています。

表3-3-1　IoTにおける通信と従来のモバイル通信のトラフィック特性の比較

項目	従来のモバイルサービス	IoTのサービス
通信の主体	人間が中心	モノが中心
人間の介在	あり	人間の介入がほとんどない場合が多い
デバイス数	人間の数と同じ程度と想定可能	将来的に人間の数の10から100倍程度になると予想
デバイス当たりのデータ量	サービス（メール、音楽、動画等）によって異なるが比較的大きい	デバイスによって異なるが、基本的には、センサのように極めて小さいものが中心
通信コスト	比較的高い	極めて低い
アプリケーション管理	自動でも手動でも可能	自動の遠隔管理が必要
デバイスのモビリティ	基本的に動き回ることが前提	動かないものも多い
通信のタイミング	通信が多くなる時間帯はあるが、基本的に発生はランダム	定期的、低頻度の送受信が多い（毎日、毎時等定間隔が多い）
デバイスの機能	高機能アプリケーションを処理するため高度化、消費電力大	低機能（センサやアクチュエータに通信モジュールが付加）
電力供給	基本的に制約なし	設置場所に依存し、制約があることが多い
セキュリティ・プライバシー	一般的にデバイスの高機能化により、セキュリティ・プライバシー管理を行い易い	デバイスやサーバ等構成要素が多岐にわたり、かつ低機能のものが多いため、セキュリティ・プライバシー管理がより重要となる

2 3GPPにおけるIoT用WANの技術動向

(1) IoTに関わる標準化動向

3GPP[*2]では、IoTに関わる標準化活動は、2010年頃からMTC（Machine Type Communication）として進められてきました。MTCは、IoTをより広義で捉え、「必ずしも人間による対応を必要としない、一つあるいは複数のモノを含んだデータ通信の一形態」と定義されています。既存のモバイル通信とは異なる前述のIoTにおける通信の特性を考慮し、既存のモバイルネットワークの改善を目指して、解決すべき課題の認識が行われました。MTCに関わる標準化としては、次に示す二つの側面に対して行われています。

① 増加するIoTの通信トラフィックから通常のモバイル通信への影響を軽減することを主眼とした標準化
② 現行のモバイルネットワークをIoT用に用いることの非効率性、非経済性を見直し、IoTの通信トラフィックに対し最適化されたネットワーク機能、デバイス機能の標準化

(2)通常のモバイル通信トラフィックへの影響軽減のための標準化

① LAPIの導入

多数のIoTデバイスからモバイルネットワークへの接続要求が、特定の時刻や定期的に集中して発生すると、ネットワークの輻輳(ふくそう)状態が引き起こされる可能性が高くなります。これを防止するため、接続要求を行う端末がIoTデバイスであることを宣言するLAPI(Low Access Priority Indicator)の仕組みが導入されるようになってきています。これは、ネットワークが混雑している際、IoTデバイスに対しては、スマートフォンや携帯電話等の通常のモバイル端末の通信よりも処理において低い優先順位が設定されるというものです。例えば、基地局からIoTデバイスに指示を出し、10分後に再要求させるように、いったん接続を待機させます。この処理は、IoTデバイスからの通信トラフィックが、リアルタイム伝送を行う必要性が低いことを前提として行われます。この仕組みにより、多数のIoTデバイスからの接続要求の集中を避け、ネットワークの輻輳を緩和することが可能になります。

② 報知情報によるネットワークの輻輳制御

前述のLAPIによるネットワークの輻輳制御では、IoTデバイスは、接続要求を出す以前にネットワークの輻輳を知ることができないため、接続要求は輻輳状態に関係なくIoTデバイスから発生します。従って、その要求を処理するために、接続の可否とは無関係に回線制御信号のリソースが消費されてしまい、その結果、制御信号の輻輳がもたらされ、安定したネットワーク運用ができなくなる懸念が生じます。

これを防止するために、IoTデバイスが接続要求のためにネットワークにアクセスする以前の段階での輻輳制御の方法が検討されました。すべての移動機に対しては、アクセスクラス番号が設定され、アクセスクラスに応じたネットワークへのアクセスの可否が報知情報として提供されます。各移動機(モバイル端末やIoTデバイス)では、この報知情報を常に受信し、ネットワークにアクセスできるかどうかを認識します。ネットワークが輻輳すると、IoTデバイスに対してアクセスを禁止する情報を報知情報として提供し、これらからアクセスをさせないことによって、制御回線への負荷を大きく軽減することが可能となります。

③ IoTデバイスの少量データ伝送に関わる最適化

IoTデバイスの特徴の一つである少量データ伝送[*3]に着目した無線区間接続時間の効率化が検討されました。通常、デバイスがネットワークに接続されるとデータの送受信が開始されますが、無線のリソースは有限であるため、送受するデータがなくなれば無線接続を解放して、その代わりに他のモバイル端末やデバイスが接続できるように設計されています。この際、端末や

---

*2：**3GPP**：3rd Generation Partnership Project：第3世代以降の移動体通信システムのために標準化を行うパートナーシップ・プロジェクトで、W-CDMAやLTE等の標準化を推進している。

*3：**少量データ伝送**：Small Data Transmission

デバイスに対する無線接続を維持する時間を指定するためのInactivity Timerを導入しています（図3-3-1参照）。主としてスマートフォンやタブレットのような通常のモバイル端末を取り扱うネットワークでは、短時間内での無線区間との接続や切断を繰り返すことによる制御信号のリソースの消費を行わないように、このタイマーの設定値が長めになっています[*4]。

しかし、IoTデバイスの場合は、送受するデータが一般的にモバイル端末より格段に小量であるため、通常の設定値で運用すると、送信するデータがなくなっても無線接続が継続されてしまい、貴重な無線リソースが浪費されてしまう可能性がありました。そこで、端末やデバイスの加入情報から、それらの種類に関する情報を取得し、端末やデバイスの種別に応じてInactivity Timerの設定値をその都度変更できる仕組みが導入されました。例えば、IoTデバイスの場合には、Inactivity Timerの値を通常の設定値より十分に短くして無線接続・切断を最適制御することにより、無線リソースの有効利用が可能となりました。

図3-3-1　Inactivity Timerのしくみ

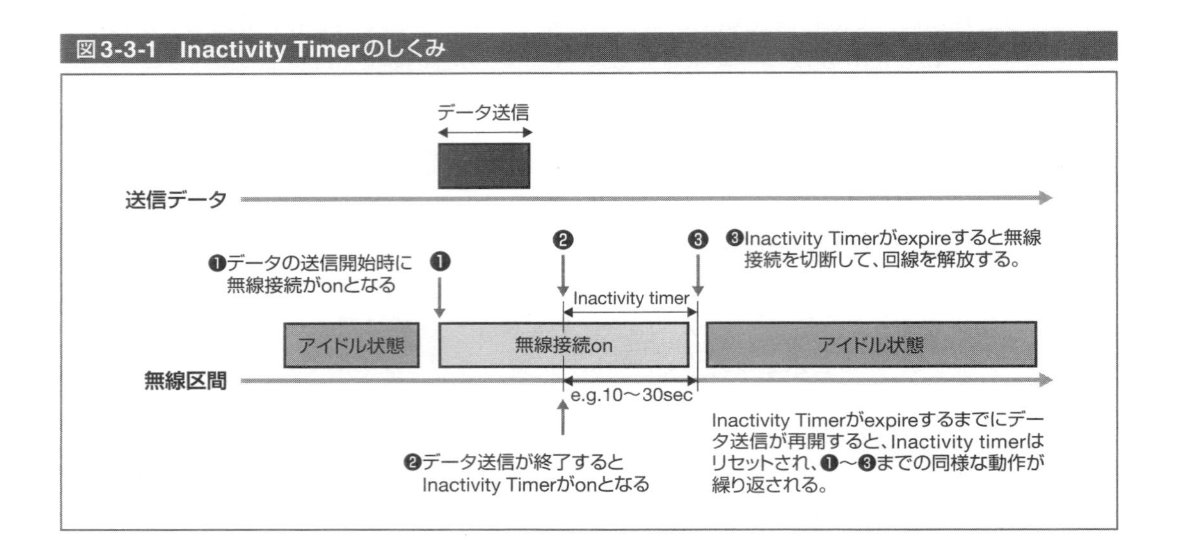

(3) ネットワークやデバイス機能のIoT最適化のための標準化

IoTの通信トラフィックにフォーカスしたネットワークやデバイス機能の最適化に関わる3GPPにおける標準化動向を以下に説明します。

① IoTデバイスの電力消費の最適化

UEPCOP[*5]と呼ばれるデバイス電力消費の最適化が検討されました。スマートフォン等の通常のモバイル端末では、通信していないアイドル状態では、その端末への接続要求を受けるために1秒から2秒に1回程度、制御回線を通じてネットワークからのページング（呼出し）を受け

*4：**タイマーの設定値**：例えば、LTEの場合は10秒以上となっているケースが多いと言われています。
*5：**UEPCOP**：UE Power Consumption Optimization
*6：**DRX**：Discontinuous Reception
*7：**リリース**：3GPPで採用されている仕様書の公開方法で、1年半から2年程度のサイクルで、予め標準化の目的となる機能や特徴を決め、それに関わる技術仕様書群をまとめて公開する方法。直近ではリリース13が2016年3月に完了しています。
*8：**カバレッジ**：一つの基地局がカバーする電波の届く範囲（セルカバレッジも同様）

るようになっています。この際、端末では、ページングを常時監視するのではなく、予め決められたタイミングでのみ受信して自分宛のメッセージを確認する間欠受信(DRX[*6])という、電力消費を低減するための仕組みが導入されています。

IoTデバイスの場合は、毎時とか毎日というように定期的でかつ低頻度のデータの送受信で十分であることが多いため、Power Saving Mode(PSM；省電力モード)というページングメッセージの待ち受けを省略して電力消費をさらに低減させる方法が規定されました。

② IoTデバイスコストの低減への取り組み

IoTデバイスが普及するためには、デバイスの製造コストを十分に廉価にすることが重要となります。IoTデバイスには、ネットワークとの接続のために通信用モジュールが具備されますが、現時点では、IoT用にも、通常のスマートフォンのようなモバイル端末用とほぼ同等の機能を有するモジュールが使用されています。しかし、前述のとおり、IoTデバイスでは通常小量のデータ伝送で十分なため、スマートフォンのような高速大容量データ伝送の機能は不要であるケースが多く、この点がIoTデバイスの低価格化を妨げている一因となっていました。

そこで、IoTデバイス用の通信機能として、通常のモバイル端末で採用されていた技術の見直しが図られ、次のように定められました。

・受信品質の向上のために採用されている受信ダイバーシチを省略し、受信アンテナの実装を2基から1基へ削減。
・ピークデータ伝送速度を1Mbps程度にまで低減。
・データの送受を同時に行わないことを前提に、受信デュプレクサ(データの送受信を同時に行うために通常のモバイル端末に実装されてきた部品)を使用しない。

以上により、IoTデバイスの製造コスト低減策が検討され、デバイスのコストを抑制する方法が規定されました。このようなデバイスは、「カテゴリー0」の移動機と呼ばれ、通常のモバイル端末に比べ、通信モジュールの複雑さが半減し、約50%のコスト削減が可能になると推定されています。

(4) IoT最適化標準化動向

2016年3月に完結したリリース13[*7]では、これまでのIoT関連の標準化技術を拡張し、LTE-M(LTE MTC)として、IoTデバイスの低消費電力化及び低コスト化、広カバレッジ[*8]化、

参考 コアネットワークにおけるIoT最適化技術

コアネットワーク(通信ネットワークで最も重要とされる大容量の通信が可能な基幹となる回線)の技術のIoTへの最適化としては、IoT関連の通信トラフィックを一般のモバイル通信のトラフィックとは別のコアネットワークを用意し、契約内容に応じて、デバイス単位でコアネットワークの振り分けを行うDECOR(Dedicated Core Networks)という技術が検討されています。

また、IoTデバイスについてグループ単位での接続制御、ページング、アドレスの割当などを実施するグループ制御技術のGROUPE(Group based Enhancement)も検討されています。さらに、AESE(Architecture Enhancements for Service capability Exposure)という通信事業者がそのネットワークのサービス機能を、標準化されたAPI(Application Programming Interfaces)を通じて、ユーザに対して露出・提供することにより、付加価値サービスを提供することができるアーキテクチャ・フレームワークも検討されています。

このほか、HLCom(High Latency Communications)というPSMが適用されているIoTデバイスのように比較的長時間ネットワーク接続が行われないデバイスに対するダウンリンクの最適化技術や、MONTE(Monitoring Enhancement)というネットワーク内のIoTデバイスにおけるイベントを監視する技術等の検討も行われています。

多数のIoTデバイスの基地局収容を可能とする無線技術等のLTE技術をベースに、IoTに特化した無線アクセス機能の拡張が策定されました。

さらに低消費電力化、低コスト化を図るために、既存のカテゴリー0の移動機仕様となっている受信帯域幅を20MHzから1.4MHzに縮小し、ピークデータ速度を1Mbpsまで低減する「カテゴリーM」と呼ばれるデバイス技術が検討されています。また、前述のPSM機能を拡張し、ページング間隔を長くしてデバイスのスリープサイクルを延長し、よりバッテリーパワーの延命を図るeDRX[*9]という技術も規定されました。この場合、PSMとは異なり、ページング間隔としてはデバイス毎に異なる値が設定可能で、かつデバイスでのページング受信は常時可能なため、不定期のデバイス呼出しにも対応できることがメリットとなっています。さらに、ネットワークの遅延性能や周波数利用効率を犠牲にして、その代わりにセルカバレッジの拡張を可能とする技術、モビリティなどの制御情報の削減によるシグナリングの最適化技術、モジュール性能の劣化を補うためのカバレッジ保障技術なども議論されています。

また、近年、LoRaやSigfoxに代表されるLPWA(Lower Power Wide Area)と呼ばれる低消費電力で広域をカバーできるアンライセンスバンド[*10]を利用した新たなIoT用の無線通信方式が普及しています。3GPPでは、この動向を踏まえ、NB-IoT (Narrow Band-IoT) として、必ずしもLTEベースの技術に拘らない、LPWAに最適化された新規のIoT用無線通信方式の検討が始まっています。この検討においては、下りは、LTEと同じOFDM[*11]方式が用いられ、サブキャリアの帯域幅もLTEと同様な15kHzとすること、また上りについては、LTEと同様のSC-FDMA[*12]方式とFDMA方式の両方をサポートする方向で検討されています。

表3-3-2に、3GPPにおけるIoTデバイスを考慮した端末低コスト化の動向を示します。

表3-3-2 3GPPにおけるIoTデバイス低コスト化の取組み

端末種別	動作帯域幅	ピークデータレート(送信/受信)	アンテナ技術
LTEカテゴリー4(非IoT用)	20MHz	50Mbps/150Mbps	2x2 MIMO、デュアルアンテナ
LTEカテゴリー0	20MHz	1Mbps/1Mbps	MIMOなし、単一アンテナ
LTEカテゴリーM	1.4MHz	1Mbps/1Mbps	MIMOなし、単一アンテナ
NB-IoT	200kHz	100kbps程度(検討中)	MIMOなし、単一アンテナ

*9：**eDRX**：extended Discontinuous Reception

*10：**アンライセンスバンド**：一定出力以下であれば免許を必要としない電波の周波数帯域。無線LAN等で使用されている2.4GHz帯、5GHz帯などがよく知られています。

*11：**OFDM**：Orthogonal Frequency Division Multiplexing：直交周波数分割多重と訳されます。

*12：**SC-FDMA**：Single-Carrier Frequency Division Multiple Access：SCは単一の搬送波の意味、FDMAは周波数分割多元接続と訳されます。

3-4 プロトコル

IoTシステムでは、システム形態やシステムで用いられるアプリケーションの種類が多岐にわたることから、用いられる通信規約（以下、プロトコル）についても、様々なものが候補となります。本節では、代表的なものを例として取り上げ、IoTで使用されるプロトコルについて解説します。

1 IoTシステムの通信の特徴とプロトコルへの要求

IoTシステムでは、アプリケーションの利用形態が多様化しているため、通信に用いるプロトコルは要件に応じて使い分けが必要となります。以下に、IoTシステムで用いるプロトコルを選定するときに考慮すべき項目の一例を示します。

① 軽量性：プロトコル実装プログラム規模、パケット長など
② 消費電力：電池駆動デバイスの駆動時間など
③ デバイスの移動：場所が固定か移動か、移動速度など
④ リアルタイム性：応答時間など
⑤ データ到達性：パケットロス率など
⑥ 通信形態：1対1、1対N、M対Nなど
⑦ トランザクションの開始：デバイス側からの通知、センタ側からの取得など
⑧ トランザクションの発生頻度：1回/年〜1回/秒
⑨ データサイズ：数kB、数MB、ストリームデータなど
⑩ デバイス台数：数台〜数百万台

2 IoTシステムの主なプロトコルの概要

IoTシステムで用いられるプロトコルは、アプリケーションの種類などに応じてケースバイケースで選択されるため、ひとつのプロトコルで多様なIoTシステムを実現することが困難です。また、IoTシステムは多様なベンダのデバイスやアプリケーションを組み合わせて構成される事例が多く、トランスポート層のプロトコルは既存のプロトコルを用い、アプリケーション層とサービス層でトランスポート層の差異を吸収する形態が提案されています。

2015年1月にリリースされたoneM2M技術仕様書では、HTTP、CoAP、MQTTの既存プロトコルを用いることを規定しています。本節では、HTTP、CoAP、MQTTの概要を示し、プロトコルバインディングについて説明します。

(1) HTTP

HTTP[*1]は、HTML[*2]で書かれた文書などの情報を、Webサーバとクライアント間でやりとりするときに使われるプロトコルです。HTTPは、インターネットに関する技術の標準を定める任意団体であるIETF[*3]が、RFC2616で規定しています。

HTTPでは、Webサーバとクライアント間でやりとりするときに、表3-4-1に示すメソッドを用います。HTTPメソッドの実装は、HTTPバージョンごと、あるいは実装により異なるため、RFC2616を参照しWebサーバとクライアント間で取り決めます。

HTTPは、原則として前回の通信状態を保持しない、いわゆるステートレス[*4]なプロトコルですので、プログラムがシンプルになる一方で、通信セッション[*5]ごとに大量のヘッダ情報[*6]の送受が必要です。また、パケットに占めるヘッダ情報の割合が多くなり、比較的小量なデータを授受するIoTの様な用途においては不向きな面もあります。さらに、複数回のやりとりの追跡にはcookie[*7]技術と組み合わせて使用したり、データの暗号化にはHTTPS[*8]という通信手順を使う必要があります。

表3-4-1　HTTPメソッドの説明

メソッド	HTTP/1.1でのサポート	意味
GET	MUST	リソース情報の取得
HEAD	MUST	リソース情報の取得（HTTPヘッダのみを返す）
POST	OPTIONAL	リソース情報の登録
OPTIONS	OPTIONAL	通信オプションの通知など
PUT	OPTIONAL	登録済みリソースの変更
DELETE	OPTIONAL	登録情報の削除
TRACE	OPTIONAL	HTTPリクエストをHTTPレスポンスとして返答
CONNECT	OPTIONAL	SSL等のトンネリング通信のプロキシの情報

*1：**HTTP**：Hyper Text Transfer Protocol

*2：**HTML**：Hyper Text Markup Language

*3：**IETF**：The Internet Engineering Task Force

*4：**ステートレス**：サーバが、クライアントとの通信履歴や、クライアントの状態を示す情報などを保持しないこと。これに対し、サーバがクライアントの情報を保持することをステートフルといいます。

*5：**通信セッション**：通信の開始から終了までに至る一連の手続きと、その手続きにより確立された接続関係を示します。

*6：**ヘッダ**：インターネットやWAN、LANなどの通信で用いられるプロトコルでは、通信の効率化のため、データをパケット（小包の意味）と呼ばれる単位に分割して伝送します。分割された各パケットには、送信先と送信元のアドレス情報など通信に必要な各種制御情報がパケットの冒頭に付加されます。このパケットの冒頭に付加される情報のまとまりをヘッダといいます。

*7：**cookie（クッキー）**：HTTPで用いられるWebサーバとクライアント（ユーザ側の端末）のWebブラウザ間で状態を管理するプロトコル。WebサーバがWebブラウザを通じて、クライアントの端末に端末識別情報や閲覧履歴情報などを一時的に保存する仕組み。

*8：**HTTPS**：Hypertext Transfer Protocol Secure：HTTP上での通信に特定の暗号化処理がなされている状態を示したもの

IoTシステムでは、Webシステムのプロトコルとして普及しているHTTPとの親和性が良いREST[*9]を使用してメッセージングを実現する事例が多く提案されています。RESTは、厳密な技術的定義が規定されているものではなく、パラメータを指定して特定のURLにHTTPを用いてアクセスすると、XML[*10]やJSON[*11]等で記述されたメッセージが送られる設計様式を指します。つまり、URLなどで指定されるリソースに対して、HTTPのGET、POST、PUT、DELETE[*12]メソッドでリクエスト(要求)を送信し、レスポンス(応答)をXMLやJSONなどで受信する形式です。

また、RESTは、HTTPとXMLを使うことで、以下に示すようなメリットがあります。

① 通信内容がテキストであるため可読性が良い
② HTTPSを使った暗号化が可能
③ HTTPプロキシを使ってファイアウォール越えが可能

一方、RESTを使う上では、考慮すべきデメリットがあります。

① HTTPのタイムアウト制約があり長時間の接続維持が困難
② スキーマ(データベースの構造)の定義をシステム全体で共有する必要あり

(2)CoAP

CoAP[*13]は、前述のIETFでM2M通信向けに標準化されたWeb転送プロトコルです。

CoAPは、HTTPとの互換性、ヘッダ量の削減、通信シーケンス[*14]処理の簡易化を主な特徴としています。図3-4-1にCoAPのヘッダフォーマットを示します。CoAPでは、140バイトのHTTPヘッダをバイナリ(2進数)の情報として圧縮し、ヘッダ長を4バイトとしています。4バイトのヘッダを使用することにより、HTTPと比較して通信量を約60%削減できると期待されています。

また、HTTPはTCPベースのプロトコルであるのに対して、CoAPはUDPベースのプロトコルにすることで、TCPの3-way ハンドシェイク(接続関係を確立するための手順)や再送制御(伝送誤りを補う処理)のための通信シーケンスを省略し、HTTPの簡易化を図っています[*15]。図3-4-2にCoAPの通信シーケンスの例を示します。CoAPでは、クライアントからの確認メッセージに対して、サーバが応答メッセージを返信するという簡潔な通信シーケンスとなります。

CoAPは、CPU能力が低く、メモリ容量が小さい端末、低消費電力ネットワーク、パケット損失率の高い無線ネットワークなどの制約された環境下での利用に適しています。

---

*9：**REST**：Representational State Transfer

*10：**XML**：Extensible Markup Language

*11：**JSON**：JavaScript Object Notation：プログラミング言語であるJavaScriptの一部をベースとした軽量なデータ記述(テキストフォーマット)の一方式

*12：**GET、POST、PUT、DELETE**：いずれもクライアントとWebサーバとの間でデータの送受等に用いる基本的なリクエストで、これらを用いて、クライアントからデータの取得、送信、書換え、削除などの要求を行います。

*13：**CoAP**：Constrained Application Protocol

*14：**通信シーケンス**：送信側と受信側との間で、通信の開始から終了の間に行われる一連の信号とデータの送受のやり取りを示した手順

*15：**TCP(Transmission Control Protocol)とUDP(User Datagram Protocol)**：いずれもインターネットで標準的に用いられているデータ伝送のためのプロトコル。UDPはTCPに比べ信頼性は低いが、高速化には有利とされています。

図3-4-1　CoAPヘッダフォーマット

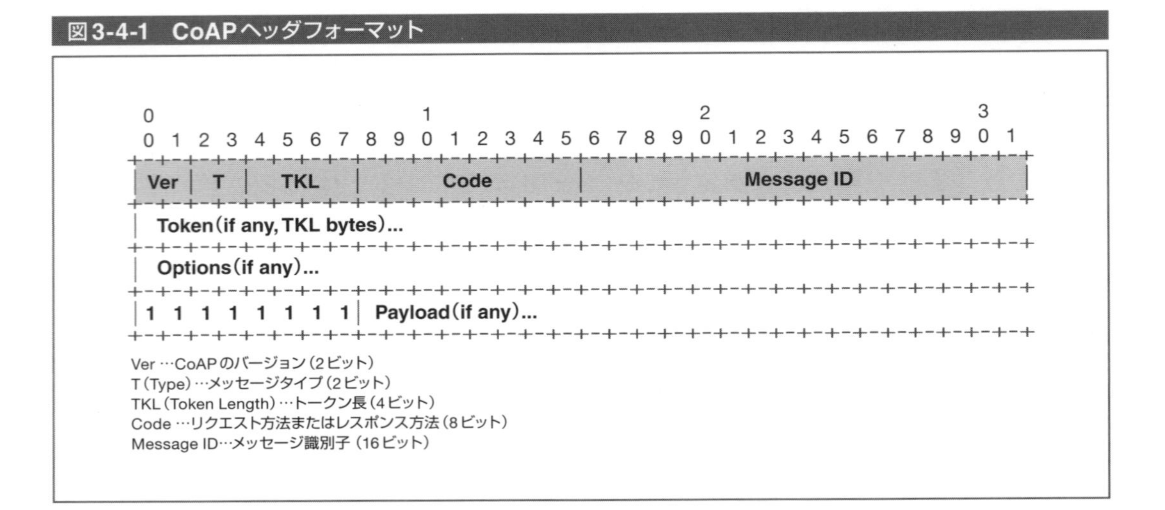

図3-4-2　CoAPの通信シーケンスの例

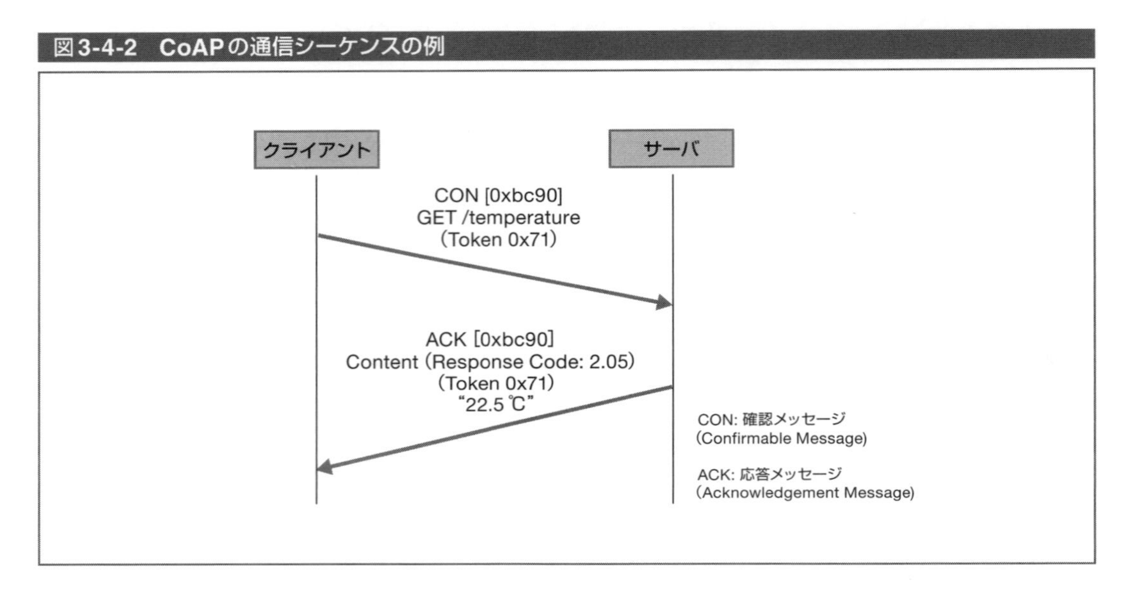

(3) MQTT

MQTT[*16]は、IBM社とEurotech社のメンバにより1999年に考案されたシンプル・軽量・省電力なプロトコルです。これまで、OASIS[*17]により標準化が進められており、2014年10月にMQTT version 3.1.1が発表されました。

図3-4-3に、MQTTの基本的な仕組みを示します。MQTTは、メッセージ発行/購読(パブリッシュ/サブスクライブ: Pub/Sub)モデルを採用し、メッセージ発行者(パブリッシャー: Publisher)とメッセージ購読者(サブスクライバー：Subscriber)の間の1対多のメッセージ通信を規定するプロトコルです。パブリッシャーとサブスクライバーの間のメッセージの送受信は、メッセージ仲介者(ブローカー：Broker)を介して行います。

MQTTでは、パブリッシャーとサブスクライバーの間で誰がどのメッセージを受け取るのかを制御するため、トピック(Topic)と呼ばれる情報を使用します。トピックは階層構造で表現されます。ブローカーは、パブリッシャーがメッセージに設定したトピックとサブスクライバーがブローカーに登録したトピックを照合し、トピックが一致する全てのサブスクライバーに対してメッセージを送信します。

例えば、図3-4-3の場合では、メッセージXのトピック「news/life」はサブスクライバーAのトピックと一致し、サブスクライバーB、Cのトピックとは一致しません。このとき、メッセージXはサブスクライバーAにのみ発行されます。また、メッセージYのトピック「news/biz/IoT」はサブスクライバーB、Cのトピックと一致するため、サブスクライバーB、Cに発行されます（図3-4-4の「+」は1階層、「#」は複数階層を表すワイルドカードを示します）。

MQTTで通信するメッセージのヘッダは、2バイトの固定ヘッダと、最大12バイトのメッセージコマンドごとの可変ヘッダで構成されます。HTTPのヘッダサイズが数十～数百バイトであるのに比べると、ヘッダサイズを最大で1桁近く減らすことが可能です。これにより、特に小さなサイズのデータを大量に送る際に、通信量の削減効果や端末のバッテリー消費抑制効果が期待できます。

MQTT には主な機能として、表3-4-2に示すように、メッセージの送達保証のレベルを3段階で設定するQoS[*18]や、ブローカーでメッセージを保持しておくRetain、パブリッシャーとブローカーの間の接続が切れたときに送信するWillがあります。これらの機能は、切断の多い不安定なネットワーク下においてメッセージのやり取りを行う場合に有効です。

図3-4-3　MQTTの仕組み

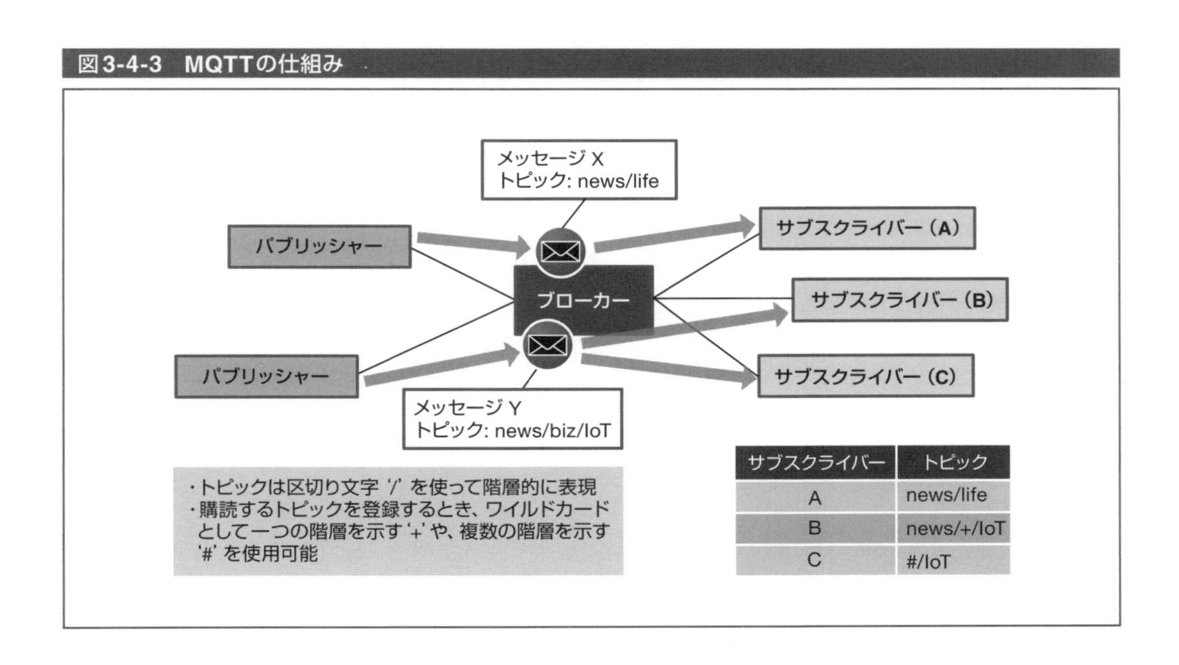

サブスクライバー	トピック
A	news/life
B	news/+/IoT
C	#/IoT

*16：**MQTT**：MQ Telemetry Transport

*17：**OASIS**：Organization for the Advancement of Structured Information：非営利で情報社会におけるオープンな標準規格の開発、合意形成、採択を推進する国際的なコンソーシアム。1993年に結成、現在は世界100カ国から600以上の団体代表者及び個人が参加。

*18：**QoS**：Quality of Service

表3-4-2　MQTTの主な機能

MQTTの主な機能	概要
QoS（Quality of Service）	パブリッシャーがメッセージ発行時に設定する送達保証レベルを示します。3段階のQoSから設定でき、QoS0は「最低1回（at most once）」、QoS1は「少なくとも1回（at least one）」、QoS2は「確実に1回（exactly once）」メッセージが届くことを保証します。設定したQoSによって、メッセージ発行時のシーケンスが変わります。
Retain	パブリッシャーがブローカーにメッセージを保持させる機能です。サブスクライバーがブローカーに対して購読するトピックを登録したとき、登録以後にパブリッシャーが発行したメッセージは受信できますが、登録以前のメッセージは受信できません。しかし、パブリッシャーがメッセージ発行時にRetainフラグを設定することで、そのメッセージについてサブスクライバーがトピック登録した時点で受信することができます。本機能は、サブスクライバーがトピック登録後すぐにパブリッシャーの最新メッセージを受信したい場合に有効です。
Will	パブリッシャーにより設定する遺言メッセージを示します。パブリッシャーは、ブローカーとの接続時に、パブリッシャーの生存確認通信の間隔や、生存が確認できなかった場合に送るメッセージ（Will）のトピック／メッセージ本文を登録します。これにより、電源遮断など予期せぬ事態によってパブリッシャー－ブローカーの接続が切断されたとき、指定されたトピックを購読するサブスクライバーにWillが送信され、異常を検知することができます。

(4) WebSocket

WebSocket[*19]は、クライアントとサーバ間でセッションを維持し、双方向のリアルタイム通信を実現するためのプロトコルです。WebSocketのシーケンスを図3-4-4に示します。WebSocketでは、最初にHTTPプロトコルを用いてハンドシェイクを行い、クライアントとサーバの間でセッションを確立します。クライアントとサーバ間のデータを暗号化する必要があるときは、SSL/TLS[*20]を用いることができます。ハンドシェイクでセッションを確立した後には、クライアントとサーバ間でデータフレーミングを用いてメッセージを送受信します。最後に、クロージングハンドシェイクを行いセッションを閉じます。

IoTシステムでは、狭帯域回線を使用するときの通信量の低減や、IoTデバイスでの消費電力の低減が求められます。このような要件に対して、WebSocketを利用することで、クライアントとサーバ間でのセッション数とヘッダ情報量が低減できます。

*19：**WebSocket**：WebSocketのAPIとプロトコルは、それぞれW3C WebSocket APIと、IETF RFC6455で定義されています。また、oneM2Mのリリース2に向けて、サービス層のリクエストメッセージ／レスポンスメッセージをWebSocketのペイロードに対応付けするWebSocketプロトコルバインディングが規定されました。

*20：**SSL/TLS**：Secure Sockets Layer / Transport Layer Security：データを暗号化して送受信するプロトコルのひとつで、インターネット上で多く用いられています。第三者によるデータの盗聴や改ざんの防御に効果があります。

図3-4-4 WebSocketのシーケンス

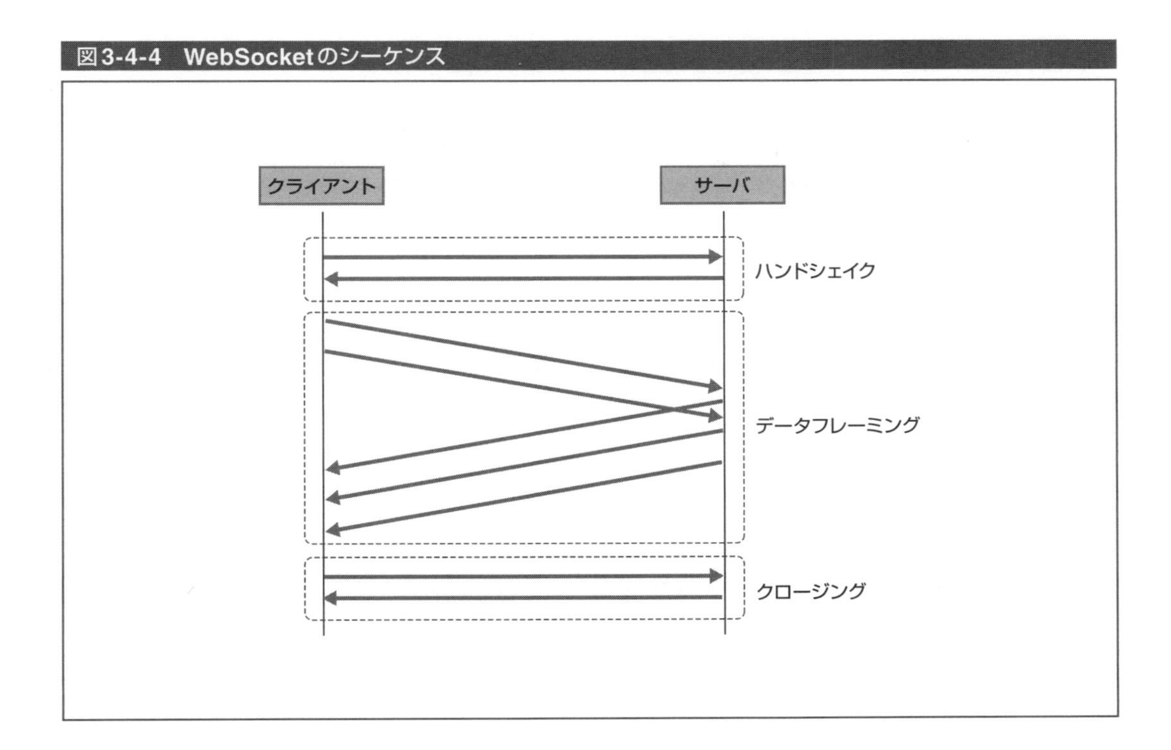

(5) プロトコルバインディング

IoTサービスシステムでは、サービス層（上位層）のプロトコルとメッセージやデータ転送に使用する下位層のネットワークのプロトコルが異なる場合が考えられます。また、プロトコルは、業種ごとに、コスト要件や運用環境に関する要件に応じて、最適なプロトコルが選択されると考えられます。これらのプロトコルでは、既存のプロトコルが使用される場合もあれば、新しいプロトコルが今後追加されることも予想されます。そのため、要件に応じたプロトコルの選択や新規プロトコルの対応を容易にするために、サービス層のプロトコルと下位層のプロトコルの差異を吸収する仕組みが必要となります。その仕組みが、プロトコルバインディングです。

プロトコルバインディングは、サービス層のリクエストメッセージ／レスポンスメッセージをアプリケーション層とトランスポート層の既存のプロトコルに対応付けする方法です。図3-4-5に、プロトコルバインディングを示します。サービス層とアプリケーション層の間にあるバイディング機能により、サービス層のリクエストメッセージ／レスポンスメッセージを前述のHTTP、CoAP、MQTTなどのアプリケーション層の既存のプロトコルに対応付けし、下位層のネットワークで転送します。

サービス層のコアプロトコルを規定する標準化であるoneM2Mの初版リリースでは、プロトコルバインディングを採用し、バインディングする既存のプロトコルとして、既存のIoTシステムで利用されている、あるいは利用することを想定して策定されたHTTP、CoAP、MQTTの三つのプロトコルを想定してバインディング仕様書を策定しています。

図3-4-5　プロトコルバインディング

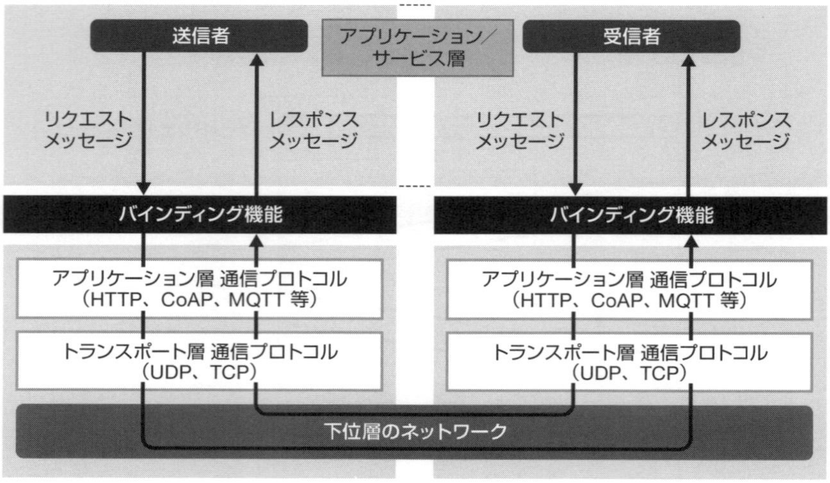

送信者
アプリケーション／サービス層
受信者
リクエストメッセージ
レスポンスメッセージ
リクエストメッセージ
レスポンスメッセージ
バインディング機能
バインディング機能
アプリケーション層 通信プロトコル（HTTP、CoAP、MQTT 等）
アプリケーション層 通信プロトコル（HTTP、CoAP、MQTT 等）
トランスポート層 通信プロトコル（UDP、TCP）
トランスポート層 通信プロトコル（UDP、TCP）
下位層のネットワーク

3-5 IoTの通信トラフィックの特性

IoTシステムでは、大量のIoTデバイスを主に無線通信回線を通じてセンタのIoTサーバと接続しますので、取り扱うデータ量や送信タイミングについてその内容を十分に把握し、設計を行う必要があります。本節では、ネットワークで伝送されるデータ量の計算方法や、広域通信網（WAN）に移動体通信網を利用する場合の留意事項を学びます。

1 ネットワークで伝送されるデータ量

ここではまず、ネットワークで伝送されるデータ量を計算するにあたり、押さえるべきポイントを記載します。

図3-5-1　IoTシステム構成概要とデータ量計算の検討ポイント

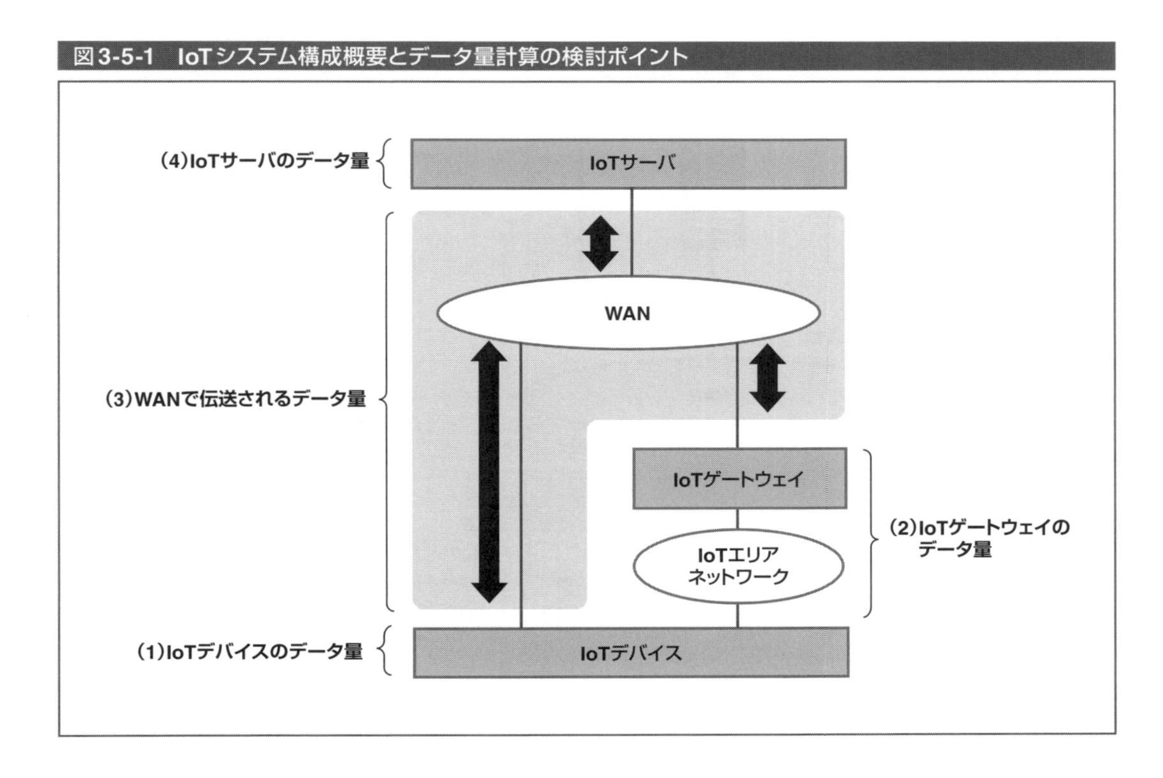

IoTデバイスやIoTゲートウェイとIoTサーバ間でデータの送信を行う場合は、WANやIoTエリアネットワークを経由します。このときにネットワーク上で実際に伝送されるデータ量は、送信するデータそのもののサイズよりも大きくなります。そこで、ネットワークで伝送されるデータ量を算出するためには、まず各装置で発生する（入力される）データ量ならびに出力するデータ量を

把握し、そこから利用するプロトコルによるオーバーヘッド[*1]（制御情報等余分に発生する付加情報）も加味して計算する必要があります。そのためにも、センサから得られるデータ量や各装置で取り扱うデータ量そのものに対する理解も大切です。

各装置で取り扱うデータ量、ネットワークで伝送されるデータ量を正しく把握することは、ストレージ容量の値を決定したり、ネットワークに必要な帯域やWANの料金プランを決めたりするために大変重要です。WANのフィールド領域側に3GやLTE等の従量制課金のプランを利用する場合には、ネットワークで伝送されるデータ量を正しく把握しておかないと想定外に高額の課金が発生してしまうことも考えられます。次項からは、図3-5-1に示した項目ごとにデータ量の計算方法を学びます。

なお、ネットワークで伝送されるデータ量の計算にあたってはIoTデバイスからIoTサーバ宛のデータ送信（上り方向）と、IoTサーバからIoTデバイス宛のデータ送信（下り方向）では考え方に差異はありません。そのため本節では上り方向の場合を対象に解説します。また次項からの例示の部分では、図3-5-2に示すようなIoTシステムを前提とします。

図3-5-2　データ量計算の例示部分で用いるIoTシステムの概要

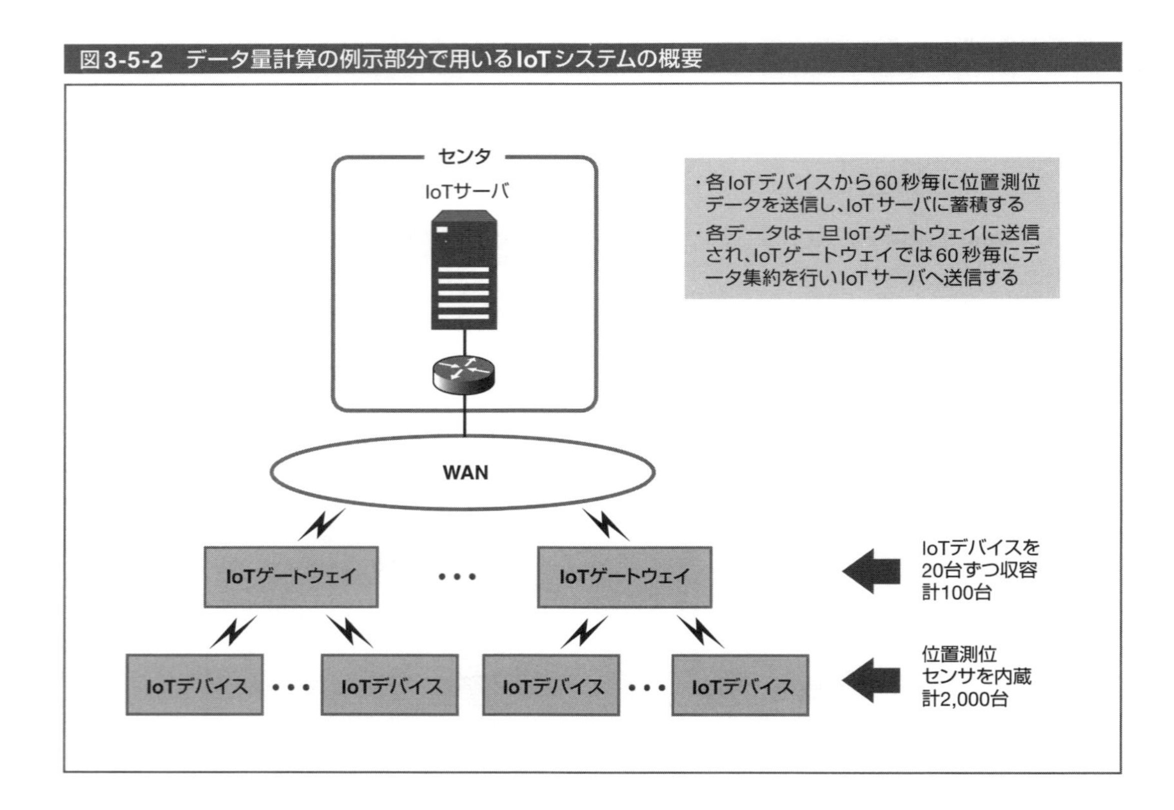

(1) IoTデバイスのデータ量

ここでは、IoTデバイスがIoTゲートウェイやIoTサーバへ送信するデータ量の計算の仕方を学びます。IoTデバイスのデータはセンサからの入力が元になりますが、マイクロプロセッサ（MPU）による処理を経るので、必ずしもセンサから得られたデータ量（図3-5-3の(a)）がそのままIoTデバイスが出力するデータ量（図3-5-3の(b)）となるわけではありません。

図3-5-3 IoTデバイス内のデータの流れ

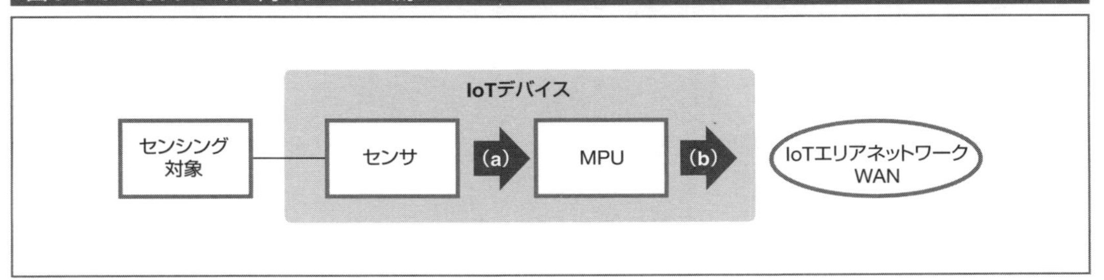

各IoTデバイスのセンサ1台1台から入力し送信するデータ量は微々たるものでも、IoTデバイスの数量が多くなればなるほど、それらのデータを集約するIoTサーバが処理するデータ量は膨大なものとなり、システム全体のコスト増加につながります。そのため、センサから取り込んだデータには、IoTデバイスのMPUによって必要なフィルタリング処理や加工が行われます。

(a) センサが出力するデータ量

センサが出力するデータ量はIoTデバイスで用いるセンサにより決まりますので、センサの仕様書からデータ量を入手します。また、データ量だけではなく、出力間隔やタイミングについても合わせて入手します。

加えて、センサが複数の種別の情報を出力する場合や、1台のIoTデバイスに複数のセンサを搭載する場合には、それぞれのデータ種別について把握する必要があります。

センサが出力するデータ量計算のポイントと例

- センサの仕様から入手する
- センサの出力に複数のデータ種別が含まれる場合は各々のサイズを把握する
- データサイズだけではなく、出力間隔と出力されるタイミングも把握する

(例) 位置測位センサからの出力:

値の例：+35.65972,+139.74444,0026,20160401093015

データサイズ：40バイト

(内訳：緯度：9バイト、経度：10バイト、高度：4バイト
測位時刻: 14バイト、デリミタ※（カンマ）：3バイト）

出力間隔: 毎秒

※デリミタ：データ内の要素を区切る特殊文字

なお、IoTデバイスがセンサからデータを取得するインタフェースには、デジタル入力、アナログ入力、シリアル通信入力の3種類があります。アナログ入力の場合には、AD変換と演算処理過程における量子化ビット数やサンプリング周波数、測定頻度などの要素でセンサから得られるデータ量が決まりますが、ここではその詳細は割愛します。

*1: **オーバーヘッド**：ここでは、通常のデータ以外に、セッションのやり取りに使用される制御情報や、データの伝送制御のために付加される情報などの追加情報を指します。

(b)IoTデバイスがIoTゲートウェイ(またはIoTサーバ)へ送信するデータ量

IoTデバイスがIoTゲートウェイ(またはIoTサーバ)へ送信するデータは、前述のとおりIoTデバイスのMPUの処理を経るので、そのデータ量はMPUの処理内容で決まります。したがってMPUでの処理内容を元にデータ量の計算を行います。また、通常IoTデバイスからは、センサから得られたデータが定期的に送信されるので、ここでもデータの送信間隔やタイミングについて正確に把握する必要があります。

IoTデバイスによっては、1台で複数の種類のデータを扱う場合は、データ種別ごとに把握する必要があります。

IoTデバイスが送信するデータ量計算のポイントと例

- センサからの入力に対してMPUが処理する内容を元に計算する
- データ量だけではなく、出力間隔と出力されるタイミングも把握する
- 複数のデータ種別がある場合は、データ種別ごとにこの内容を把握する

(例)MPUの処理内容:

- 60秒おきにセンサから位置測位情報を取得する
- 送信するデータの先頭にIoTデバイスのID情報(5バイト)(例:10001)を付与する
- 高度情報、デリミタは削除する
- 測位時刻から年月日は削除する
- 以上の処理を行いIoTゲートウェイへ送信する

出力する値の例: 10001+35.65972+139.74444093015
データサイズ: 30バイト
送信間隔: 60秒毎

上で例示した場合のデータ量をまとめると表3-5-1のようになります。以降も同様な表を作成します。ここに記載しているのは必要最低限の項目ですが、このような表を用いてデータ種別ごとに管理することで、データ量の把握を行いやすくなります。

表3-5-1　IoTデバイスのデータ量まとめ

データ種別	データサイズ(バイト)	出力間隔	タイミング	回/日	回/月
測位情報	30	60秒毎	常時	1,440	44,640
データ2					
データ3					
・・・					

(2)IoTゲートウェイのデータ量

通常1台のIoTゲートウェイには複数台のIoTデバイスが収容されます。各IoTデバイスから送信されたデータは、IoTエリアネットワークを通じてIoTゲートウェイに届き、IoTゲートウェイ内のMPUの処理を経てIoTサーバへ送信されます。

図3-5-4　IoTゲートウェイ内のデータの流れ

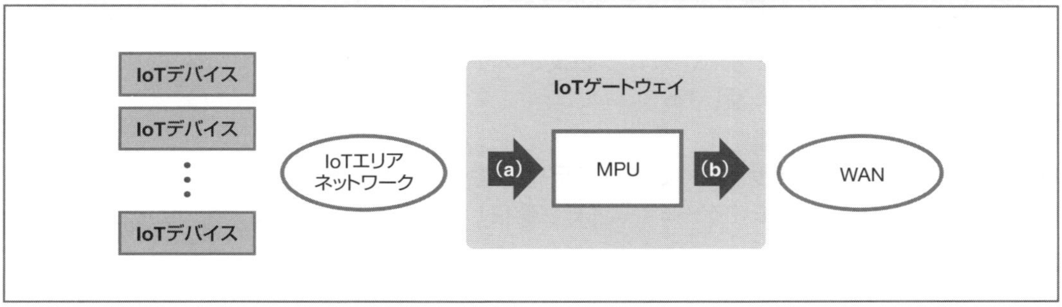

(a)IoTゲートウェイがIoTデバイスから受信するデータ量

IoTゲートウェイがIoTデバイスから受信するデータ量（図3-5-4の(a)）のうち、1台のIoTデバイスから受信する分に着目すると、IoTデバイスがIoTゲートウェイへ送信するデータ量（図3-5-3の(b)）に等しくなるので、受信するデータ量全体は、1台のIoTデバイスからの受信サイズに対してIoTゲートウェイに収容される台数を乗じた値になります。表3-5-1で1台ごとのIoTデバイスのデータ量をまとめていますので、この情報を元にします。データ量だけでなく、データの受信間隔やタイミングについても把握します。

IoTデバイスからの受信データではなく、IoTゲートウェイ内で独自に生成されるデータがある場合には、そのデータについてもサイズ、意味、生成間隔、タイミングを確認します。

IoTデバイスから受信するデータや、IoTゲートウェイ内で生成されるデータに複数の種別がある場合には、データ種別ごとに内容を把握しなければなりません。

IoTゲートウェイが受信するデータ量計算のポイントと例

- IoTデバイスのデータ情報を元に、IoTデバイスからの入力を正しく把握する
- 受信するデータ量は「IoTデバイスの出力 × 収容するIoTデバイスの台数」となる
- データ量だけではなく、受信間隔と受信するタイミングも把握する
- IoTゲートウェイ内で生成されるデータがあればその内容も把握する
- 複数のデータ種別がある場合は、データ種別ごとにこの内容を把握する

（例）IoTデバイスの収容台数：20台
　IoTデバイスから受信するデータ：
　　1台のIoTデバイスから受信する値の例：10001+35.65972+139.74444093015
　　1台のIoTデバイスから受信するデータサイズ：30バイト（1回あたり）
　　収容するIoTデバイスから受信するデータサイズ：30 × 20 = 600バイト
　　受信間隔：毎60秒あたり30 × 20 = 600バイトのデータを受信
　　常時継続してIoTゲートウェイ内で生成されるデータ：なし

なお、IoTデバイスとIoTゲートウェイをつなぐIoTエリアネットワークには、3-1節で述べたとおり複数の方式が存在しており、それぞれが異なる特徴を持っています。通信トラフィック（以下、トラフィック）の観点からは、必要な台数のIoTデバイスを収容でき、本項で算出したデータ量を問題なく扱える方式を選択する必要があります。もしも選択するIoTエリアネットワークの

帯域に制約があるのであれば、それに合わせてIoTデバイスが送信するデータ量を低減する必要があります。また、IoTエリアネットワークに使用する無線方式によっては、TCP/IPや上位プロトコルのオーバーヘッドを考慮に入れる必要があります。このオーバーヘッドに関する内容は、WANと同一のため(3)で解説します。

(b)IoTゲートウェイがIoTサーバへ送信するデータ量

IoTデバイスと同様に、IoTゲートウェイは、受信したデータに対してフィルタリング等の処理を行い、その結果がIoTサーバに向け送信されます。

ここでもデータ量だけではなく、送信間隔とタイミングについて正確に把握する必要があります。IoTゲートウェイからの先のネットワークはWANとなるため特に重要となります。無線WANに大量のデバイスを接続する場合などは負荷分散を行う必要があるため、確認した結果によっては設計の見直しを行う必要があります。

IoTゲートウェイが送信するデータ量計算のポイントと例

- IoTデバイスから受信したデータや、IoTゲートウェイ内で生成されるデータに対してMPUが処理する内容を元に計算する
- データ量だけではなく、出力間隔と出力されるタイミングも把握する
- 複数のデータ種別がある場合は、データ種別ごとにこの内容を把握する

(例)MPUの処理内容：

- IoTデバイスから受信したデータを20台分まとめてIoTサーバへ送信する
- デリミタとしてセミコロン(;)を付与する
- 送信する値の例：受信データ1;受信データ2;受信データ3;……;受信データ20;

　一つの受信データの値の例：10001+35.65972+139.74444093015

　データサイズ：(30 + 1) × 20 = 620バイト

　送信間隔：60秒毎。常時継続

表3-5-2　IoTゲートウェイのデータ量まとめ

データ種別	送信実データサイズ(バイト)	出力間隔	タイミング	回／日	回／月
測位情報	620	60秒毎	常時	1,440	44,640
データ2					
データ3					
・・・					

(3)WANで伝送されるデータ量

IoTデバイスやIoTゲートウェイから送信されたデータは、WANを通じてIoTサーバへ伝送されます。前述(2-2節)したとおり、現在主流のWAN構成ではフィールド領域側には3GやLTEといった無線WANが利用され、インフラストラクチャ領域側には光ブロードバンドが利用されます。フィールド領域側の個々のWANのトラフィックがインフラストラクチャ領域側で集約され

るという形態になるため、図3-5-5に示すようにWANで伝送されるデータ量については両者を分けて計算する必要があります。

WANのトラフィック全般の特徴として、IoTデバイス、IoTゲートウェイからIoTサーバへデータ伝送する際のプロトコルには、一般にTCP/IPが利用され、伝送時に必ずオーバーヘッドが発生することが挙げられます。特にIoTシステムでは少量データの取り扱いが多く、オーバーヘッドに関する注意が必要です。データサイズが小さいと送信するデータのサイズに対してヘッダが占める割合が多くなり、場合によってはヘッダサイズの方が大きくなることもあるためです。これは無線WANに限らずIPネットワークを使う以上必ず発生するものですが、3GやLTEではデータ通信料が従量制の場合もあるため、オーバーヘッド分のデータ量を十分に加味しないと、想定した以上のデータ通信料課金が発生することがあります。

図3-5-5　WAN区間のデータの流れ

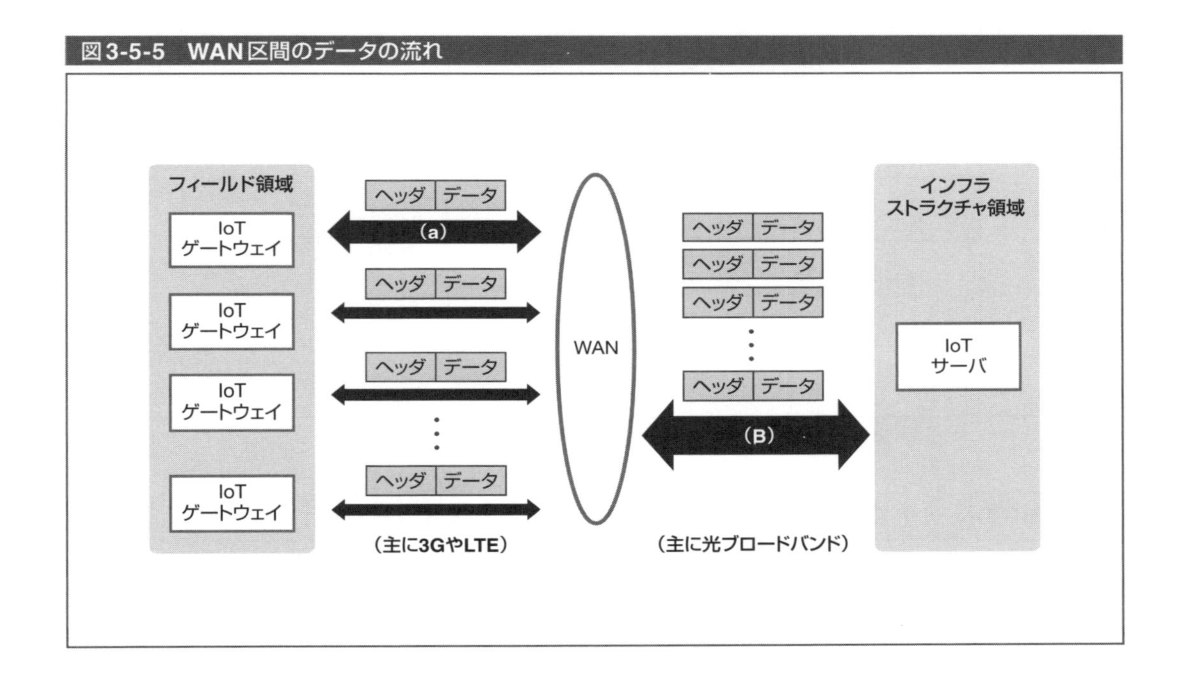

(a) フィールド領域側で伝送されるデータ量

ここでは、フィールド領域側で伝送されるデータ量として、1台のIoTゲートウェイとIoTサーバ間とで送受信するデータ量を計算します。

IoTゲートウェイがWANへデータ送信する際には、前述のとおりTCP/IP上の何らかのデータ伝送用プロトコルを用います。ここでは単純なTCPソケットを用いた場合の例を示します。

図3-5-6にTCPソケットを用いてデータ送信する場合のシーケンスと、伝送されるデータサイズを示しました。IPv4を利用する場合、各IPヘッダは20バイト、各TCPヘッダもオプションがなければ20バイトであり、ヘッダ部だけで計360バイトが伝送されることになります。

図3-5-6　TCPソケット通信のシーケンスとデータ量

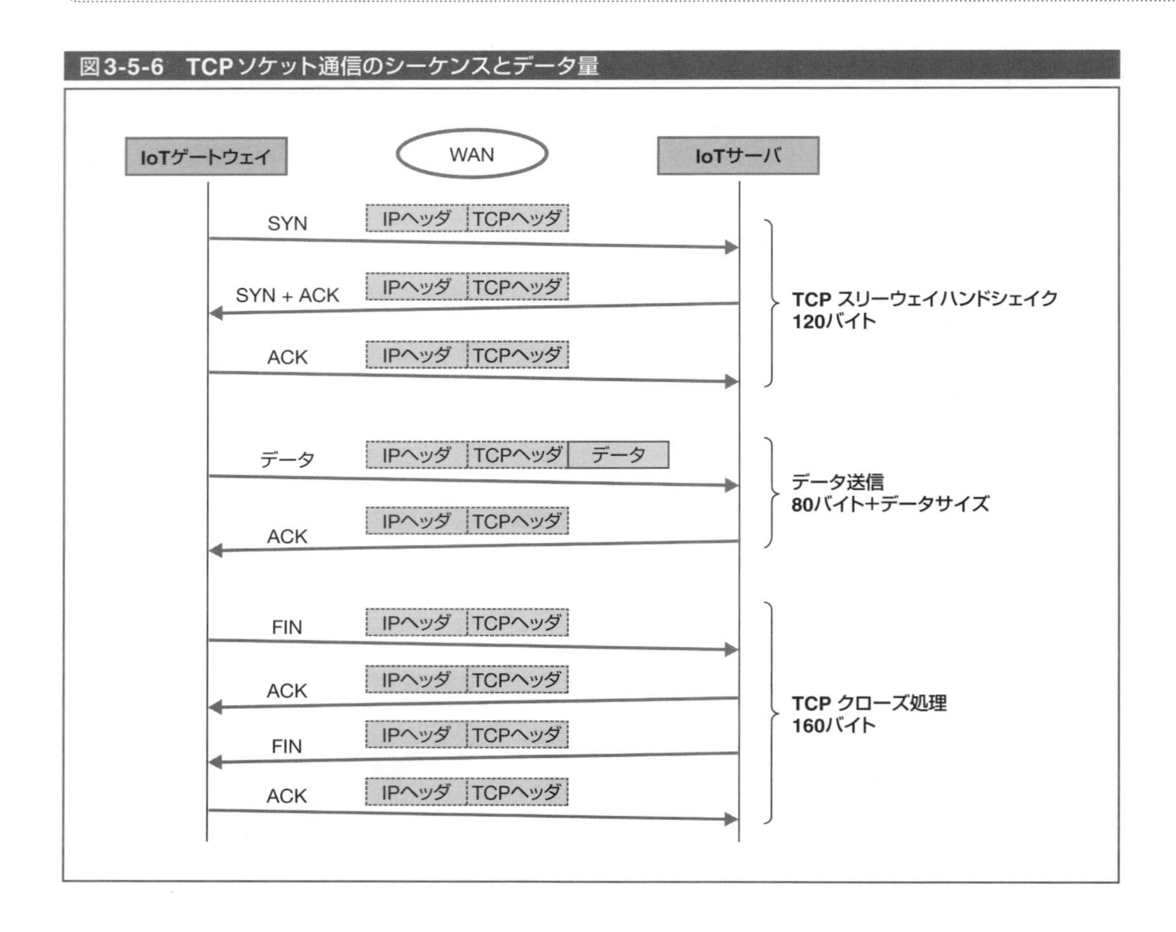

WAN(フィールド領域側)で伝送されるデータ量計算のポイントと例

- IoTゲートウェイが出力する実データサイズに加えて、利用するプロトコルのオーバーヘッド分を加えて計算する
- 上り方向と下り方向のデータサイズは分けて計算する
- 複数のデータ種別を扱う場合には、データ種別ごとのサイズを把握する

(例)IoTゲートウェイからWANへの伝送条件：

- IoTゲートウェイからIoTサーバへはTCPソケットでデータを伝送する
- データ送信の都度TCPセッションを確立し、都度切断を行う

上り方向のデータサイズ：620(実データ部)+200(TCP/IPヘッダ部)＝820バイト
下り方向のデータサイズ：160バイト(TCP/IPヘッダ部)
WAN区間で伝送されるデータサイズ計：980バイト

*2：表3-5-4の例では、データ伝送時間を1秒と仮定しています。

*3：**インターネットVPN**：Internet Virtual Private Network：暗号化技術により、インターネット上に仮想的に設けられた専用回線を用いて企業内ネットワークを構築する技術

表3-5-3　WAN(フィールド領域側)で伝送されるデータ量まとめ

データ種別	実データサイズ(バイト)	WAN区間上りサイズ(バイト)	WAN区間下りサイズ(バイト)	WAN区間計／回(バイト)	WAN区間計／日(バイト)	WAN区間計／月(バイト)
測位情報	620	820	160	980	1,411,200	43,747,200
データ2						
データ3						
・・・						

次に、表3-5-3で計算した値を元に、各データ種別で使用するネットワーク帯域を求めます。使用帯域(bps)は、以下の式で求められます。

データサイズ(バイト)×8÷データ伝送時間(秒)

データ伝送時間はネットワークの状況やIoTサーバ側の処理時間によって変動する値のためあくまで目安となりますが、使用帯域の値はWAN(インフラストラクチャ領域側)で伝送されるトラフィック量計算に必要となります[*2]。

表3-5-4　WAN(フィールド領域側)で利用する帯域(目安)

データ種別	WAN区間上りサイズ(バイト)	WAN区間下りサイズ(バイト)	WAN区間上り使用帯域(bps)	WAN区間下り使用帯域(bps)	データ伝送時間(秒)
測位情報	820	160	6,560	1,280	1
データ2					
データ3					
・・・					

3-4節では、oneM2M技術仕様書で利用が規程されているプロトコルとして、HTTPの他CoAPやMQTTも解説しています。HTTPの場合は、図3-5-6の例に加えて、さらにHTTPヘッダが必要となりオーバーヘッドが大きくなります。一方、CoAPやMQTTは、オーバーヘッドが小さいため、IoTに適したプロトコルとして、今後構築するIoTシステムへの利用が推奨できます。

なお、IoTデバイスやIoTゲートウェイとセンタ間でIPsecやSSL-VPN等のインターネットVPN[*3]

参考　オーバーヘッド削減によるデータ量の圧縮効果を確認

(2)(b)の例では、IoTゲートウェイのMPUの処理として、IoTデバイスから受信したデータを20台分まとめてIoTサーバへ送信することとしていました。その結果、20台分を1回送信するデータ量は980バイトでした。

仮に複数台分のデータをまとめずに、1台分ずつTCPソケットで送信する場合は次のようになります。

1台につき、

上り方向のデータサイズ：30(実データ部)＋200(TCP/IPヘッダ部) ＝ 230バイト

下り方向のデータサイズ：160バイト(TCP/IPヘッダ部)

WAN区間で伝送されるデータサイズ：390バイト

20台分は、390 × 20 ＝ 7,800バイト

このように、この例ではオーバーヘッドを減らすことにより、WANで伝送されるデータ量を約8分の1にできています。

を利用する場合には、それらのVPNプロトコルのオーバーヘッドも加味する必要があります。

(b) インフラストラクチャ領域側で伝送されるデータ量

インフラストラクチャ領域側のWAN回線部分では、各々のIoTデバイス、IoTゲートウェイから送信されたIPパケットが集約され伝送されます。そのため、図3-5-5のように同じタイミングで送信された複数デバイス分のIPパケットが同時に伝送されます（実際は1パケットずつ順番に処理されます）。

IoTサーバを独自に構築する場合には、通常インフラストラクチャ領域側のWAN回線についても通信事業者のサービスを直接契約して利用するので、その際に契約する回線帯域を決めなければなりません。IoTゲートウェイとIoTサーバ間とのデータ伝送が支障なく行えるだけの帯域を確保する必要があります。

WAN（インフラストラクチャ領域側）で伝送されるデータ量計算のポイントと例

- WAN（フィールド領域側）で発生するトラフィックに対し、各デバイス、各データ種別間で同タイミングで伝送されうるデータ量を加算する

（例）IoTゲートウェイからIoTサーバへのデータ送信間隔、タイミングは、60秒ごとに常時送信し続けるということしか決まっておらず、IoTゲートウェイ間での送信タイミングの分散は図られていない。

そのため、全てのIoTゲートウェイから同時にデータ送信される可能性がある。

1台あたりのWAN区間上り使用帯域は6,560bpsのため、全IoTゲートウェイが同時に送信する場合は、6,560 × 100 = 656,000 bps

表3-5-5　WAN（インフラストラクチャ領域側）で利用する帯域（目安）

データ種別	GW1台あたり WAN区間 上り使用帯域（bps）	GW1台あたり WAN区間 下り使用帯域（bps）	同タイミングで伝送される台数	WAN区間 上り使用帯域 (bps)	WAN区間 下り使用帯域 (bps)
測位情報	6,560	1,280	100	656,000	128,000
データ2					
データ3					
・・・					

表3-5-5は、表3-5-4で計算した値を元に、各データ種別で利用するWAN（インフラストラクチャ領域側）のネットワーク帯域を計算した表です。この例では、簡略化のために、各IoTゲートウェイからIoTサーバへ測位情報が送信されるタイミングが全て同じになる場合を想定しています。しかし、実際のIoTシステムの設計においては、IoTゲートウェイからIoTサーバへの送信タイミングが極力分散されるように設計する必要があります。分散が行われないとWAN（インフラストラクチャ領域側）で必要となる帯域が増加しますし、後述する網への留意事項の観点でも、分散が望まれます。

(4) IoTサーバのデータ量

センタのIoTサーバには、全てのIoTゲートウェイが送信するデータが集約されます。IoTサー

バは、IoTゲートウェイ（またはIoTデバイス）からの接続を受け付け、データを受信し、データの格納や後続のシステムへのさらなるデータ伝送等を行います。

ここでは、ネットワークで伝送されるデータ量の一環として、IoTゲートウェイからデータを受信するところまでを解説します。

図3-5-7　IoTサーバ内のデータの流れ

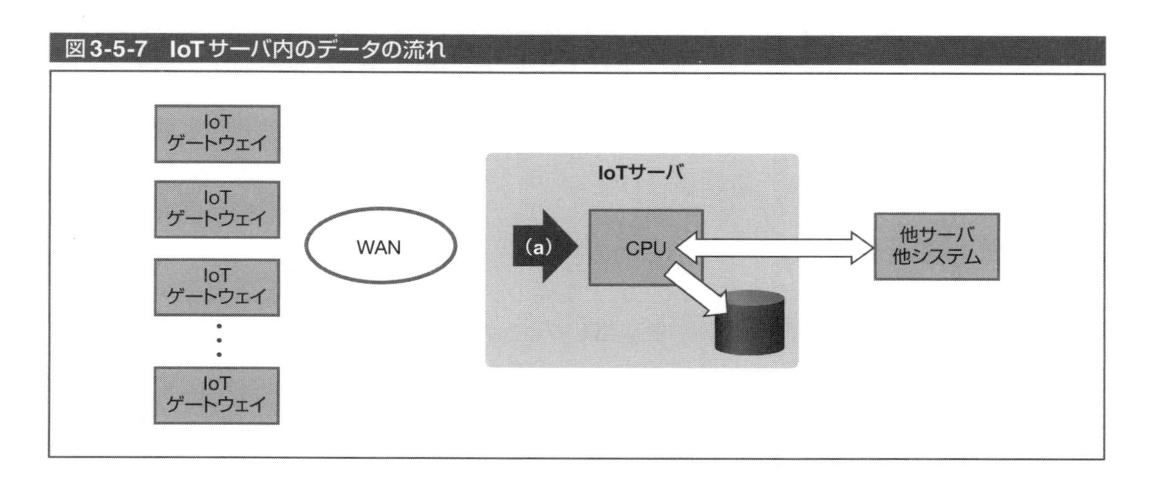

(a)IoTサーバがIoTゲートウェイ（またはIoTデバイス）から受信するデータ量

ここの考え方は、基本的には、IoTゲートウェイがIoTデバイスからデータを受信するときと同じです。IoTサーバがIoTゲートウェイから受信するデータ量（図3-5-7の（a））のうち、1台のIoTゲートウェイ分に着目すると、IoTゲートウェイがIoT サーバへ送信するデータ量（図3-5-4の（b））に等しくなります。したがって、受信するデータ量全体としては、IoTサーバに収容される台数を乗じたデータ量を受信することになります。また、データ量だけでなく、データの受信間隔やタイミングについても把握します。これには、表3-5-2が活用できます。

IoTゲートウェイから受信するデータに複数の種別がある場合は、データ種別ごとに把握しなければなりません。

IoTサーバで受信するデータ量計算のポイントと例

- IoTゲートウェイの出力 × 収容するIoTゲートウェイの台数が、受信するデータ量となる
- データ量だけではなく、受信間隔と受信するタイミングも把握する
- 複数のデータ種別を扱う場合には、データ種別ごとにこの内容を把握する

（例）収容するIoTゲートウェイの台数：100台

　　1台のIoTゲートウェイから受信するデータサイズ：620バイト（1回あたり）

　　一つのデータにつき受信するデータ量：620×100=62,000バイト（毎60秒）

　　受信間隔：毎60秒あたり100のデータを受信、常時継続

IoTサーバには、このデータを受信し処理できるだけのスペックが求められます。また、IoTサーバに蓄積されるデータ量については割愛しますが、収集したデータを必要な期間中保持できるだけのストレージが必要となります。

2 IoTにおけるトラフィックの留意事項

(1) 無線WANの通信速度

WAN回線には、前述のオーバーヘッドも含めて伝送可能な通信速度を持つ方式を選択する必要があります。

一方、フィールド領域側で主に利用される3G、LTE等の無線WANの通信速度に関しては、何れもベストエフォート型でサービス提供されており、最低限保証される通信速度はありません。送信するデータサイズが大きい場合には、電波環境の劣化や同一基地局に多数のユーザが接続することによる速度低下等の要因により、想定外に時間がかかってしまうケースが発生する可能性があります。リアルタイム性が求められないデータの送信であれば、仮に通信速度が一時的に著しく遅くなったとしても、処理を継続して行えるように、タイムアウト値を長めに設定するといった工夫が有効です。

また、3GやLTEは、料金プランによっては、規定のデータ容量分を使うと通信速度に制限がかかるものがあります。制限前の通信速度が出ることを前提としている場合は、制限後に動作に支障が出る場合があるので注意が必要です。

(2) 無線WANの通信経路確立

3GやLTE等の無線WAN回線は、常に通信経路が確立されているわけではありません。そのため、IoTサーバからIoTゲートウェイ（またはIoTデバイス）宛の通信を行うためには、あらかじめ無線WANの通信経路を確立し維持しておく仕組みや、IoTゲートウェイと通信を行いたいタイミングで、IoTゲートウェイから無線WANへの通信経路確立を促す機能が必要となります。

無線WANは、一般に、無通信状態がある程度の時間継続されると、不要な通信が回線（通信経路）を長時間保持し続け、回線全体に負荷を与えることを回避するため、論理的な通信経路を開放する仕組みになっています。そのため、通信経路を維持するには、定期的にキープアライブ用[*4]のIPパケットを送信したり、閉域網サービス[*5]であれば通信経路開放までのタイムアウト値を長くするといった方法を取ります。

必要なタイミングでIoTゲートウェイからの無線接続・通信経路確立を促すには、一般的にSMS（ショートメッセージ）を利用します。SMSは通信経路が確立されていない待ち受け状態で受信できるので、SMS受信を契機に無線接続する機能をIoTゲートウェイに実装しておけば、センタ側からIoTゲートウェイを呼び起こすことが可能です。SMSを送信するためには、通信事業者やサービス事業者が提供するSMSゲートウェイを利用します。事業者が用意するAPIやSMPP等のSMS送信用プロトコルを用いてSMSゲートウェイ宛にSMS送信リクエストを送ることでIoTゲートウェイに対してSMSを送信することができます。

なお、国内通信事業者のIoT向け閉域網サービスでは、SMSゲートウェイに対して意図的にSMSを送信しなくても、IoTサーバからIoTゲートウェイへのIPパケット送信を契機に自動でSMSを送信する機能を提供しているサービスもあり、より簡易にIoTゲートウェイの呼び起こしが可能です。

(3) 無線WAN網への負荷分散

無線WANに直接接続されるIoTゲートウェイ（またはIoTデバイス）は、3G、LTE等の通信経路確立や、各デバイスからIoTサーバへの送信タイミング、IoTサーバから複数のデバイスへの送信タイミングについて十分に留意し、適切に設計を行う必要があります。その理由は、無線WANで利用される無線リソースや通信事業者内のコアネットワーク設備は複数のユーザで共有している有限のリソース（資源）であるため、特に大規模なIoTシステムにおいて、不注意に大量のトラフィックが流されると、システムの正常な運用が行えなくなる場合があるためです。また、3GやLTEはスマートフォンや携帯電話のユーザも利用しているので、IoTシステムの使い方によってはそれらのユーザに影響が発生する可能性があります。そのため、以下の4点について留意する必要があります。

① 接続分散

通信経路の確立を行う際、無線WANのコアネットワークでは、通信制御信号や認証情報のやりとりが発生します。そのため同じタイミングで大量のデバイスから通信確立を試みると、通信制御信号が大量に飛び交い、最悪の場合輻輳（ふくそう）が発生します。

また、通常の運用時では問題なく接続タイミングが分散されていたとしても、例えば、大規模な停電が発生した場合の後などは、電力復旧のタイミングで同一地域に設置されたIoTゲートウェイが一斉に起動することがあります。このような場合に備えて分散処理が考慮されていないと、電力復旧を契機として無線WANへの接続動作やデータ送信も同じタイミングで行われることとなり、局所的に大量の制御信号処理が行われ、輻輳に至ることが考えられます。特に大量のIoTデバイス、IoTゲートウェイを扱うIoTシステムにおいては、このようなケースにおいても無線WANへ悪影響を及ぼさないような設計が必要です。

② デバイスからIoTサーバへのデータ送信の分散

3GやLTEの通信経路確立が既に行われ、それが維持されている場合であっても、デバイス側からIoTサーバへのデータ送信分散は考慮する必要があります。3GやLTEは、通信経路確立後に一定時間無通信状態が続くと、通信経路を維持したまま無線リソースを開放するという動作を行います。この状態からIPパケットの送受信が発生すると再度自動的に無線リソースが確保されますが、この際にコアネットワーク内部では制御信号が発生します。そのため同時に大量のデバイスからのデータ送信が必要な場合はこの点を留意し、分散処理を行う必要があります。

③ IoTサーバからデバイスへのデータ送信の分散

センタのIoTサーバから複数のIoTゲートウェイ、IoTデバイスへ同時に通信を行いたい場合にも注意が必要です。宛先のIoTゲートウェイが利用する無線WAN回線の通信経路状態にもよりますが、前項同様にこのタイミングでコアネットワーク内部では制御信号が発生するので、同じタイミングで大量のIoTゲートウェイ、IoTデバイス宛にデータ送信を行うと輻輳が発生する恐れがあります。用途、台数にも依りますが、例えば1秒ごとに限られた台数のIoTゲートウェイに宛てて順次信号を送る等の分散処理を行う必要があります。

④ 帯域使用率

映像データのようなデータ容量の大きいデータを連続で送信する場合などでは、その地点で使用可能な無線リソースにおける占有率が高くなります。特に一つの無線基地局エリア内に収

---

*4：**キープアライブ用**：通信を行っている装置間の接続が切断されることを防ぐため、定期的に通信を継続する方法。

*5：**閉域網サービス**：インターネットのような開放されたネットワークを使用せず、特定のユーザのみに専用に設けられた通信経路を提供するサービスのこと。

まるような近接した地点でこのような利用方法のデバイスを複数台稼動する場合には、無線リソースの大半を使用することとなり、他ユーザの通信速度が著しく低下する場合があるため注意が必要です。

なお、これらを留意した検討や実装はIoTシステムを構築するうえで手間のかかる内容ですが、oneM2Mにおいてはネットワークの輻輳制御も考慮されているので、今後通信事業者がoneM2Mに準拠したIoTプラットフォームを導入することにより、IoTシステム設計構築時の負荷低減が期待されます。

(4)無線WAN利用時のデータ再送

無線WANを利用する場合、送信するデータがIoTサーバへ届かない場合も考慮しなければなりません。TCPのようにプロトコル中に再送機能が組み込まれ到達性の高いものもありますが、それであっても、例えば圏外状態が長く続いた場合などには、再送期間を満了してもデータを送信できないことが起こります。

IoTサーバへ送信するデータは、それぞれ重要度や求められるリアルタイム性が異なります。到達が遅くても必ず送信しなければならないデータ、到達が遅いと意味をなさなくなってしまうデータなど様々です。したがって、データの重要性に応じた再送制御を、IoTゲートウェイやIoTデバイスに実装する必要があります。

その一方で、IoTサーバの障害発生により、IoTゲートウェイが送信したデータをIoTサーバが受信できないような場合は、別の問題が発生します。このような場合でも、IoTゲートウェイからの再送パケットは無線WAN区間を正常に伝送されますので、このパケットも課金対象となってしまいます。そのため、際限なく再送を繰り返してしまうと、このようなケースでは想定以上の課金が発生してしまいます。前述の無線WANへの負荷分散のことも考慮に入れると、再送回数の上限を決め、例えば再送間隔を徐々に広げていくような実装(図3-5-8)が、IoTシステムの安定稼動のために適しています。

図3-5-8 データ再送時の送信間隔例

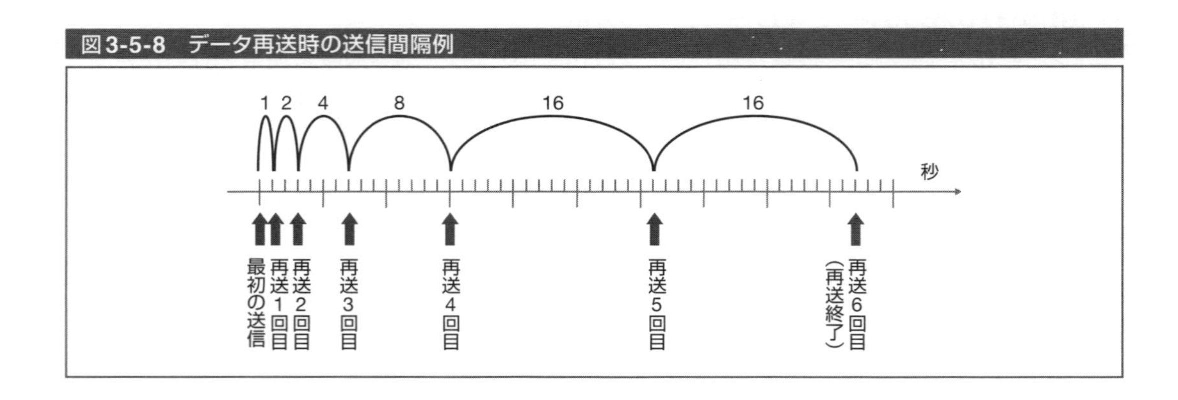

3 IoTシステムのレイテンシー

IoTシステムの中には、高いリアルタイム性を求められるものもあります。例えば、人がIoTデバイスに対して制御を行い、その応答を即座に知る必要があるようなケースや、IoTデバイス同士で直接通信を行い、ほぼリアルタイムな同期が必要なケースなどが挙げられます。ここではIoTシステムのレイテンシー[*6]のうち、IoTシステムならではの考慮が必要な次の2点について解説します。

①ネットワーク区間における遅延
②IoTデバイスにおける処理時間

(1) ネットワーク区間における遅延

2でも説明したとおり、無線WAN区間の通信経路は常に確立されているわけではありません。通信経路の確立から始める場合には、接続遅延が発生します。通信経路が確立されている場合であっても、伝送遅延にかかる保証値はないので、例えば、LTEの場合は最低でも50～200ミリ秒程度、3GであればそれはそれRTT（ラウンドトリップタイム[*7]）を見積もっておく必要があります。通信経路が確立していない場合には、通信確立から行う必要があるため、さらに時間がかかります。現時点では無線WANを介した通信で、例えば10ミリ秒を切るようなレイテンシーを実現することはできません。

処理全体における応答完了までの時間を短縮させたい場合には、図3-5-9に示すように、IoTデバイスとサーバ間でやりとりされるパケット往復回数を極力少なくすることが効果的です。

図3-5-9　データをまとめて送信する際のシーケンス例

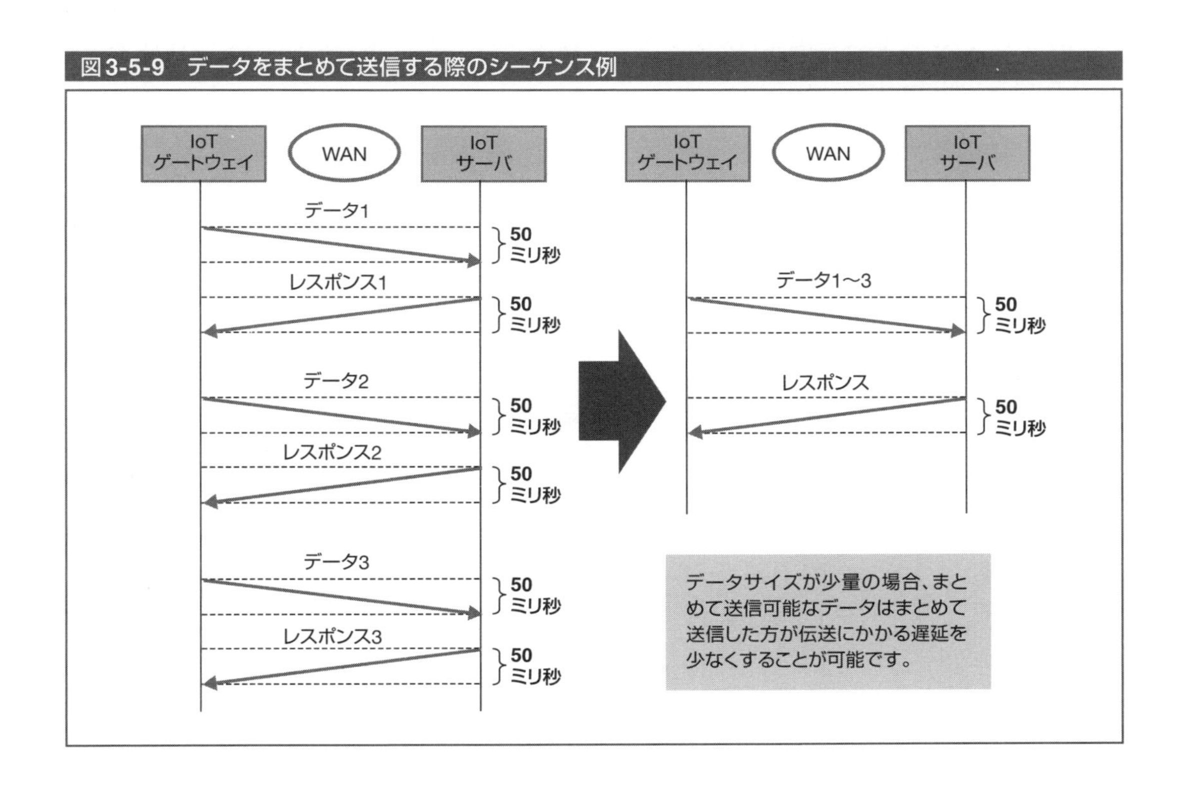

*6：ここでは、IoTデバイスとサーバ間における、リクエスト送信から応答を得られるまでの遅延時間を「レイテンシー」と定義します。
また、IoTシステムで利用するIoTエリアネットワーク、WAN区間の伝送で発生する遅延のうち、大部分を占めるのはフィールド領域の無線WAN側であるため、ここでは無線WANに特化して記載します。

*7：**RTT（Round-Trip Time）**：ラウンドトリップタイム：信号を発してから応答が返ってくるまでの時間

また、データの再送が発生する場合には、その分帯域を消費しレイテンシーの増加につながる場合があります。適切な再送処理であれば、結果的にデータ到達率の向上と処理時間の短縮化が行えますが、そもそも無駄に再送を発生させないように必要な帯域を確保することも重要です。

さらに、無線WAN自体のさらなる進化による低遅延化の他、エッジコンピューティングによるレイテンシーの低下も期待されます。

(2) IoTデバイスにおける処理時間

IoTサーバがIoTデバイスに対して何らかの指示を与える信号を送信する場合、一連の処理時間の中には、信号やデータの伝送時間だけでなく、IoTデバイスがその処理を完了してIoTサーバへの応答を送信するまでの時間も含める必要があります。このとき特に注意すべき点を以下に挙げます。

① IoTデバイスがアクチュエータを用いて外部に対して制御を行う場合には、何らかの物理現象を伴うので、その処理が完了するまでの時間を十分に見積もること。
② IoTデバイス内で別の処理を実行中の場合にIoTサーバからの処理を待たせるようなケースでは、その待ち時間が完了するまでの時間を考慮に入れること。
③ IoTデバイスの中には処理能力が低いものもあるので、処理の完了までにかかる時間を正しく認識しておくこと。

第4章

IoTデバイス

これまでに、IoTシステム構成全体の概要について学びました。本章では、データを収集したり、収集したデータをもとに分析した結果の情報をフィードバックするIoTデバイスについて解説します。
センサは、対象とするモノの物理量や熱・光などの変化を検知するデバイスであり、様々な種類があります。IoTシステムの設計・構築においては、センサデータを効率よく収集できることが重要です。各用途に応じてセンサを活用できるセンサ技術、及びエナジーハーベスティングやMEMSなどの応用技術を学習します。

4-1 センサの基礎

センサは、測定対象となる物理量や化学量に対して、電気的特性が変化する材料（検出素子）を用いて、検出素子から発生する電気信号を読み取ることによって測定対象の状態を計測するものです。検出素子からの電気信号は物理・化学量に対して連続的な電圧変化、電流変化、抵抗値変化として現れます。このため、一般にセンサからの出力はアナログ信号となります。

本節ではセンサがどのような情報を検出するか、それに基づいてどのように分類するか、検出にはどのような原理が用いられるか、センサの用途、選び方について説明します。なお、個別のセンサの詳細については、次節で説明します。

1 センサの分類

センサが検出する外界の情報は、大きく物理的情報と化学的情報とに分類することができます。センサは物理的効果や化学反応などを利用することでこれらを電気信号に変換します。

代表的な物理的情報としては、光、磁気、温度、力などがあり、これらを検出するための物理効果は多岐にわたっています。一方、化学的情報としては、湿度、匂い、味、特定物質の濃度などがありますが、化学効果によっては選択性が高くない場合もあり、一般に絶対量の検出は難しいといわれています。

(1)検出対象による分類

通常、センサは、検出する対象が物理的情報か化学的情報かにより分類され、それぞれ物理センサ、化学センサと呼びます。さらに物理センサは、光・放射線(radiant)センサ、機械量(mechanical)センサ、熱(thermal)センサ、磁気(magnetic)センサなどに分類されます(表4-1-1)。

このうち、機械量センサの検出対象は、圧力、加速度から角度、流量まで極めて多岐にわたります。一方、化学センサには、ガスセンサ、イオンセンサ、バイオセンサなどがあります。

表4-1-1　センサの検出対象による分類

検出対象	検出項目(例)
光・放射線	照度、波長、偏光、位相、透過
機械量	力、圧力、トルク、真空度、流量、体積、厚さ、質量、レベル、位置、変位、速度、加速度、傾き、粗さ、音波の波長と振幅
熱	温度、熱量、比熱、エントロピー、熱流
電気	電圧、電流、電荷、抵抗、インダクタンス、容量、誘電率、静電分極、周波数、パルス幅
磁気	磁界、磁束、モーメント、磁化、透磁率
化学	成分、濃度、反応速度、酸化還元ポテンシャル、PH

(2) センサ材料による分類

センサ素子の構成材料は、半導体センサ、セラミックセンサ、金属センサ、高分子センサ等に分類されます。例えば温度に関しては、半導体でも金属でもセンサになり得ますが、測定範囲、環境条件等に適したセンサを選ばなければなりません。これらのセンサは、材料の物性的変化を利用する物性型センサですが、物質の形状・寸法変化を間接的に測定する構造型センサもあります。

(3) パッシブセンサ、アクティブセンサによる分類

光や電磁波、放射線を利用するセンサには、パッシブセンサとアクティブセンサがあります。例えば、パッシブ型赤外線センサでは、遠赤外線を利用し、人体表面から出る赤外線で人を検出できます。一方、アクティブ型赤外線センサは、物体に近赤外線ビームを投光し、ビームの反射光を利用して対象物体を検出します。

2 センサに利用される物理的効果

センサは、様々な物理的効果を利用して検出対象の情報を収集し、最終的には電気信号に変換して符号化し、サーバに送ります。検出対象によっては、他の物理量に変換した後、さらに電気信号に変換するものもあります。例えば、機械量である回転を検出するセンサでは、回転軸に歯車を取り付け、歯車の回転によって生じる磁界変化を磁気センサで検出する磁気式回転センサがよく用いられます。また最近のMEMS[*1]加速度センサでは、加速度で生じる慣性力を電極の変位に変換して、静電容量変化として検出します。

表4-1-2にセンサで利用される代表的物理効果を示します。光センサでよく用いられるフォトダイオードは、光を半導体に照射したときに光起電力効果[*2]を光電流という形で出力します。ピエゾ抵抗[*3]式の圧力センサや加速度センサでは、圧力や加速度の印加により薄膜構造のダイアフラムや梁に生じる応力変化を、ピエゾ抵抗効果により抵抗値変化に変換し、電気信号に変換します。

熱センサでは、人の動きなどを温度の時間的な変化として焦電効果[*4]により電圧信号に変換する焦電式センサ、温度差をゼーベック効果[*5]により起電力として電圧信号に変換する熱電対(つい)やそれを複数直列接続したサーモパイルなどがあります。また抵抗値の温度によって変化することを利用して温度の検出を行うサーミスタや、半導体のpn接合[*6]の温度依存性を利用して温度を検出するIC温度センサなどもよく利用されます。

---

*1: **MEMS**：Micro Electro Mechanical Systems（微小電気機械システム）の略

*2: **光起電力効果**：物質に光を照射すると、起電力が生じる現象

*3: **ピエゾ抵抗**：物質に圧力を加えると、電気抵抗が変化する現象

*4: **焦電効果**：温度変化により誘電体結晶の電気分極に電荷が生じる現象

*5: **ゼーベック効果**：物質の両端に温度差を与えると、その両端間に電位差が生じる現象

*6: **pn接合**：p型半導体とn型半導体が一つの結晶内でつながったもの（電荷を運ぶキャリアとして、正孔が使われる半導体をp型、自由電子が使われる半導体をn型といいます）

磁気センサ関連では、コイルを用いて磁界の時間的変化を電磁誘導の法則により起電力に変換して検出する電磁ピックアップ、ホール効果を利用して磁界に比例した電圧信号を得るホール素子、磁気抵抗効果による抵抗値変化を利用して磁界の向きを検出する強磁性MR素子などがあります(後述9参照)。

また角速度検出用振動ジャイロや共振形センサでは可動部分を駆動して変位させる必要があり、圧電逆効果[*7]や静電力を利用したアクチュエータが内蔵されていて、ここでも物理効果は利用されます。検出素子を自己診断するためにアクチュエータを内蔵したセンサがあり、空調、プロセス産業、機械産業、自動車、農業の分野で使われています。

表4-1-2　センサに利用される代表的物理効果

入力＼出力	光	機械量	熱	電気	磁気
光	フォトルミネッセンス	光音響効果		光導電効果 光起電力効果 光電子放出効果	
機械量	光弾性効果	ニュートンの運動法則	摩擦熱	圧電効果 ピエゾ抵抗効果	磁歪効果
熱	黒体輻射	熱膨張	リーギ・ルデュック効果	焦電効果 ゼーベック効果 ネルンスト効果	キュリー・ワイスの法則
電気	エレクトロルミネッセンス ポッケルス効果 カー効果	圧電逆効果 クーロンの法則	ペルチエ効果 トムソン効果	オームの法則	ビオサバールの法則
磁気	ファラデー効果 コットン・ムートン効果	磁歪効果	エッチングスハウゼン効果	電磁誘導の法則 ホール効果 磁気抵抗効果	

3 センサと用途

センサには、得たい情報(物理量や化学量)によって、また用途によってさまざまな種類があります。計測したい対象と身近な用途の事例を、表4-1-3に示します。

*7：**圧電逆効果**：物質に電界を印加すると、物質が変形する現象

表4-1-3　センサの種類と用途例

分類	センサ	人の動き	空調	プロセス産業	機械産業	自動車	農業	橋梁
機械量	圧力センサ		○	○		○		
	加速度センサ	○			○	○		○
	力センサ				○			
	変位センサ				○			○
	歪センサ							○
	雨量センサ						○	
流量	超音波流量計							
	電磁流量計			○				
	差圧流量計			○				
回転・速度	回転センサ				○	○		
	速度センサ				○	○		
音響	マイク	○				○		
	超音波センサ	○	○			○		
光・電磁波	光センサ	○						○
	イメージセンサ	○			○	○	○	○
	照度センサ					○	○	
	日射センサ					○	○	
	赤外線センサ	○	○			○		
温度・湿度	温度センサ	○	○	○		○	○	○
	湿度センサ		○			○	○	
	水分センサ						○	
位置	GNSS	○			○	○	○	
磁気	接触センサ	○	○		○	○	○	
化学・環境	PHセンサ						○	
	ガスセンサ					○		

4 センサの選び方

IoTシステムでデータを収集する場合、どのセンサを使用するかは重要な選択です。センサを選ぶ際に必要となる手順の概略を、以下に示します。

① 測定範囲と、測定精度、応答性（周波数範囲）を設定する。

② 設置環境条件（場所、耐候性、振動、衝撃など）、測定期間（短期使用、長期使用など）を設定する。

③ 電源供給、通信手段等を設定する。

④ センサの価格（設置、配線、調整を含め）、入手性、保守サービス等を検討する。

これに対してセンサの選択に当たっては、センサ側の仕様を、カタログやデータシートなどから読み取る必要があります。必要となるセンサの情報は、入出力特性、センサの精度、あるいは温度特性などの特性仕様という形で得ることができます。主なセンサの特性仕様例を図4-1-1に示します。

図4-1-1 (a) は、センサの入力にあたる被測定量に対するセンサ出力を表した入出力特性を示しています。①は理論特性をもつ直線、②は感度（出力／入力）が理論特性より低い場合、③は理論特性に対して平行移動した場合の特性を示します。入力ゼロの出力はゼロでなければならないにもかかわらず、出力が発生する場合があり、この値をオフセットと呼びます。実際には直線②と③の組合せの特性を示します。

センサ出力は測定対象の信号（被測定量）に対して、直線的とは限りません。測温抵抗体は2次曲線となり、サーミスタでは半導体の特性は対数となります。図4-1-1 (b) は理論特性と実際のセンサの出力のずれを示しています。

振動など測定する場合、振動周波数が高くなるとセンサが応答できずにある周波数から感度が落ちてきます。図4-1-1 (c) は周波数特性を示します。ゲインが－3dB（約70%）に落ちた時の周波数をカットオフ周波数と呼びます。センサには、マス・スプリング系[*8]のセンサのように共振周波数で表しているものもあります。

図4-1-1　センサの特性例

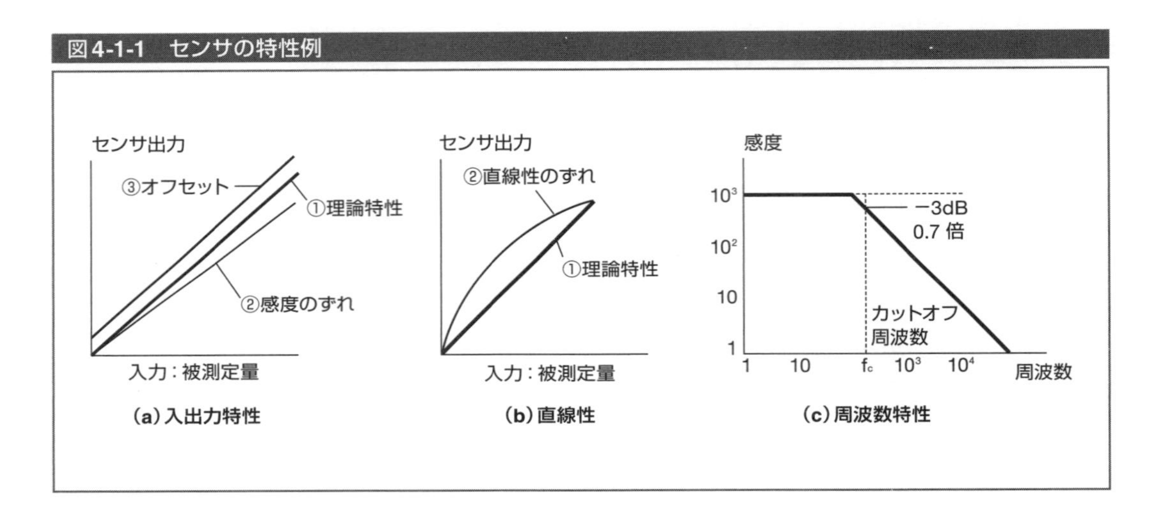

入出力特性の仕様値は通常、入力に対する出力の比率である感度と、入力がゼロであるときの出力であるオフセット（通常は入力値に換算します）を用います。その場合、電源電圧V_{CC}や周囲温度T_aは所定値（例えば$V_{CC}=5V$、室温）で一定とし、基本特性を表す形になります。ピエゾ抵抗ブリッジ回路やホール素子などは出力が原理的に電源電圧に比例する形となり、通常レシオメトリック[*9]な回路構成がとられます。一方、入出力特性が非線形なセンサでは、特性式のパラメータが仕様値として用いられます。

負の温度係数をもつサーミスタの例を、図4-1-2に示します。図4-1-2 (a) のように温度が上昇すると、抵抗値が低下します。そこで図4-1-2 (b) のように回路を構成すると、抵抗R_1の両端の電圧が図4-1-2 (c) のように電圧信号V_0に変換でき、電圧値から温度を逆算することができます。

*8：**マス・スプリング系**：マス（質量）とスプリング（ばね）でモデル化された動解析モデル。振動解析などのシミュレーション等に使用されます。

*9：**レシオメトリック**：電源電圧の変化に比例して出力電圧も変化する特性

図4-1-2　サーミスタ温度計の電気特性

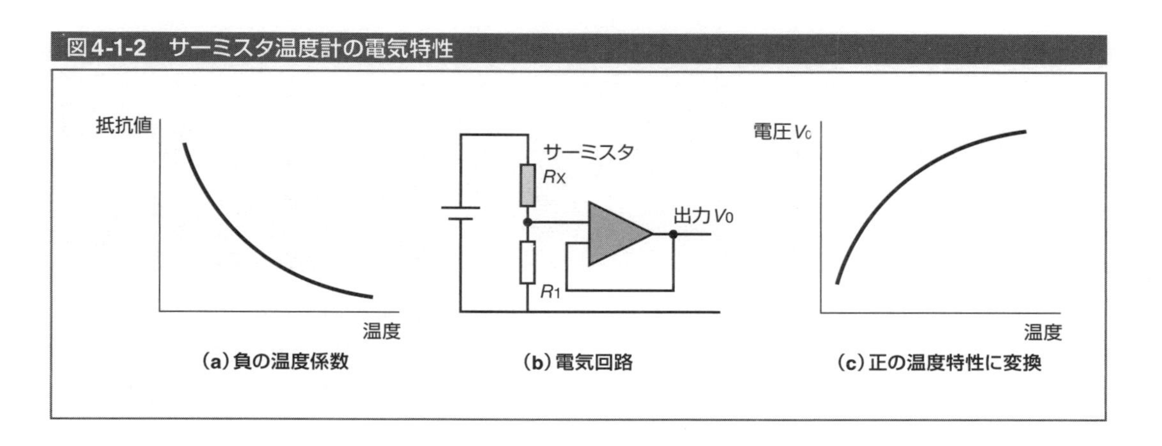

（a）負の温度係数　（b）電気回路　（c）正の温度特性に変換

4-2 各種センサ

本節では、個別のセンサの用途と検出に用いられる変換原理、及びセンサの出力はどのような電気信号として取り出されるかについて説明します。センサの出力は基本的にはアナログ信号なので、マイコンに入力するためにはA/Dコンバータでデジタル信号に変換することが必要ですが、その前に増幅やフィルタなどの信号処理が行われます。

1 光センサ

光センサは、光を検出して電気信号に変換するセンサです。光は電磁波の一種で、波長が下限約360～400nm（紫）から上限約760～830nm（赤）の領域が人間の目に見える可視光で、それよりも短い波長の光が紫外線、長い波長の光が赤外線です。光センサの一種である画像センサは、4-5節で取り上げます。ここでは光を検出する仕組みと光センサの応用について説明します。

(1)光センサの仕組み

硫化カドミウム（CdS）やシリコン（Si）、ヒ化ガリウム（GaAs）などの半導体に、光を照射すると、電流が流れやすくなったり（光導電効果）、pn接合で電圧、電流が発生（光起電力効果）したりする現象が現れます。この現象を利用した素子が光センサです。

光センサは、光が直進するという光線（光ビーム）としての性質を利用して、反射光を測定することにより距離測定や形状の測定に用いられます。また、光の波としての性質を用いて、光の干渉による波長レベルの精密な距離測定にも産業用で使われています。

(2)光センサの種類

主な光センサの種類と特徴、用途を、表4-2-1に示します。

表4-2-1　光センサ

光センサの種類	特徴	用途
CdSセル	光が照射されると電気が流れやすくなる光導電効果を利用。抵抗が変化。	照度
フォトダイオード	光が照射されると電圧、電流を発生する光起電力効果を利用。	光強度 照度
フォト トランジスタ	フォトダイオードの光電流をトランジスタ作用で増幅するため、感度が高い。	光強度 赤外線リモコン
PIN フォトダイオード	フォトダイオードよりも素子の電気容量が小さく応答速度が大きい。	速い光信号 光通信
アバランシェ フォトダイオード	なだれ（アバランシェ）効果で光電流を増幅するため、応答速度が大きく、感度が高い。	速い光信号 光通信
カラーセンサ	赤色、緑色、青色（RGB：Red Green Blue）の3種類のカラーフィルタで色を分離して測定。	色の識別
PSD	センサ表面の光ビームが照射された位置を検出。	距離測定
赤外線センサ	人体から放射される赤外線を検出。	ヒトの検知 体温測定

硫化カドミウム(CdS)を用いた光導電形のCdSセル(a)と、シリコン(Si)を用いた光起電力形のフォトダイオード(b)を、図4-2-1に示します。

CdSセルは、可視光に感度をもち、光が照射されたときに抵抗が減少します。暗い場合は1MΩ程度の抵抗値で10luxの光が照射されたとき、10～30kΩの抵抗値になります。カメラの露出や室内の照度測定、光電スイッチなどに用いられます。図中のCdSセルの出力回路では、光が照射されるとCdSセルの抵抗が小さくなり出力電圧が大きくなります。

Siフォトダイオードの出力回路では、光照射により電極間に流れる光電流を負荷抵抗により電圧に変換しています。フォトダイオードを1次元または2次元的に配列し、光電流による蓄積電荷を電子回路として読み取ることにより画像センサとなります。

フォトダイオードは、シリコンのような半導体を用いる場合、同じ素子に増幅作用をもつトランジスタを一体化することができます。これはフォトトランジスタと呼ばれフォトダイオードよりも感度が高いという特徴をもっています。また、フォトダイオードの応答速度や感度を改良した素子として、PINフォトダイオードやアバランシェフォトダイオードがあり、光通信など速い光応答特性が必要な用途に使われています。さらに、太陽電池はこのフォトダイオードの発電機能を利用したものです。

図4-2-1　CdSセルとSiフォトダイオード

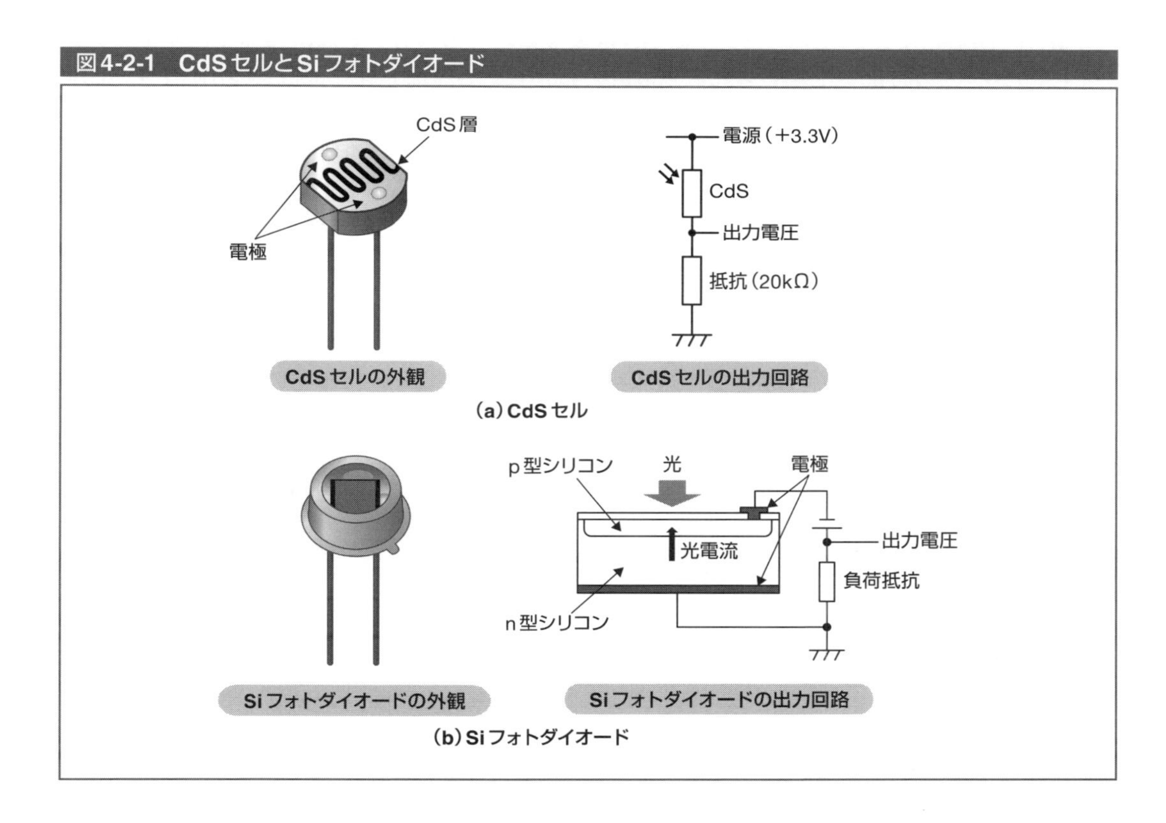

光センサは、人間の目で見える可視光以外に、それよりも波長の長い赤外線や波長の短い紫外線を検出できるものがあります。赤外線センサは、赤外線発光ダイオード(赤外線LED)と組み合わせて、その間や前を通過する物体の検知や、家電製品のリモコンに用いられます。一般の赤外線リモコンでは、赤外線発光ダイオードの光は38kHzの周波数で変調されて送信され、周りの光の影響を避けるようになっており、さらにこの変調光をパルス波形にして信号を伝搬し

ます。

人体からは体温に相当する遠赤外線（波長が10 μ m程度）が出ているので、これを測定することにより人体検知や体温の非接触測定が可能になります。この場合センサとしては、赤外線の吸収によるセンサ表面の温度上昇を抵抗変化で検出する熱型赤外線センサや、センサ表面に発生する電荷により検出する焦電型赤外線センサが用いられています。

紫外線センサは、太陽光に含まれる紫外線量を計り、紫外線による日焼けや肌への影響を調べるのに用いられます。

(3)光センサの応用

光センサのもう一つの用途として、人間の目と同じように明るさだけではなく、色を識別することが挙げられます。これはカラーセンサあるいは色識別センサと呼ばれ、フォトダイオードの表面に赤色、緑色、青色(RGB：Red、Green、Blue)の3種類のカラーフィルタをフォトダイオードの受光面の別々の位置に設け、それぞれの光信号を取り出すことにより、一つのセンサで色を識別することができます。

また、図4-2-2のように、LEDやレーザの光ビームを用いて対象物までの距離を測定する場合にも、受光面上の光スポット位置を検出するフォトダイオードの一種であるPSD（Position Sensitive Detector）が使用されます。PSDは表面に二つの電極、裏面に共通の電極をもつ構造をしており、二つの電極で測定される光電流の差から光の照射された位置を検出します。距離センサとして、カメラなどの製品や一般の工業測定に広く利用されます。LEDや半導体レーザなどの光ビームを投光用レンズAを介して対象物の表面に照射し、その反射像を受光レンズBによりPSDの面上に結ぶようにした場合、PSDにより反射像の中心位置Qが検出されると、物体と二つのレンズがつくる三角形APBと三角形CBQが相似形となり、距離ABと距離BCは既知のため距離CQの値から物体までの距離APを求めることができます。

光を用いた別の距離測定方法としては、レーザダイオードから非常に短い光パルスを出射し、物体により反射された光を応答速度の速いPINフォトダイオードやアバランシェフォトダイオードを用いて検出し、反射光が戻ってくるまでの時間を測定することにより物体までの距離を測定する方法があります。さらに、鏡を動かして光ビームを走査する2次元光スキャナと組み合わせることにより、3次元測定が可能になり、自動車の衝突防止装置や動く物体の測定に用いられています。

図4-2-2　PSDと距離測定

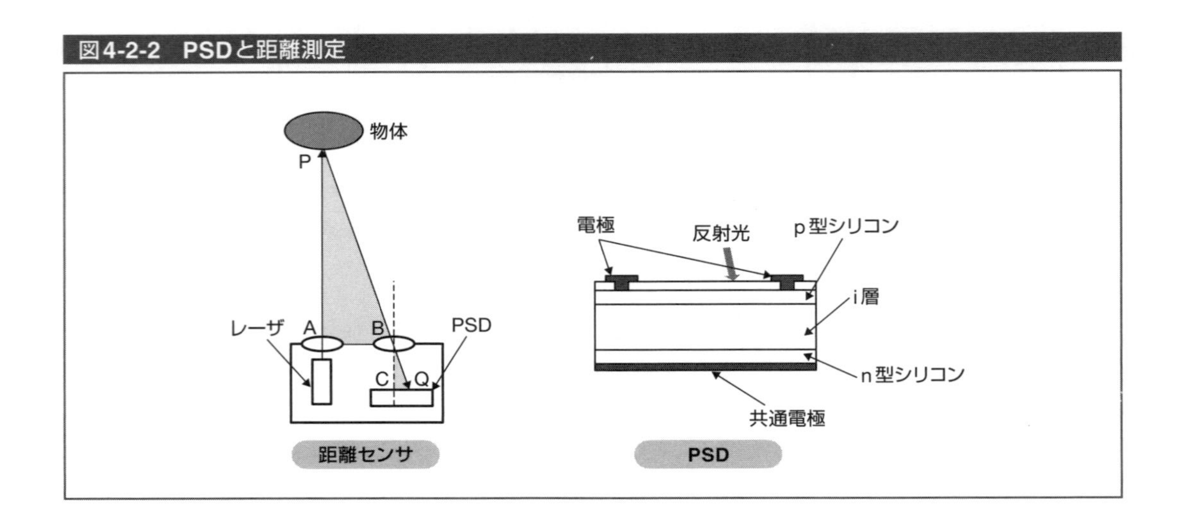

2 温度センサ、湿度センサ

温度センサは、気温、体温、装置の温度、機械（モータ）、ICの発熱などの測定に多く使用されています。湿度センサは、室内環境や電気器具内の湿度の測定に用いられます。

(1)温度センサ

温度センサには、図4-2-3に示すようなサーミスタ、熱電対、白金測温体、半導体(IC)温度センサなどの素子が使われます。

図4-2-3　サーミスタ、熱電対、白金測温体、半導体温度センサ

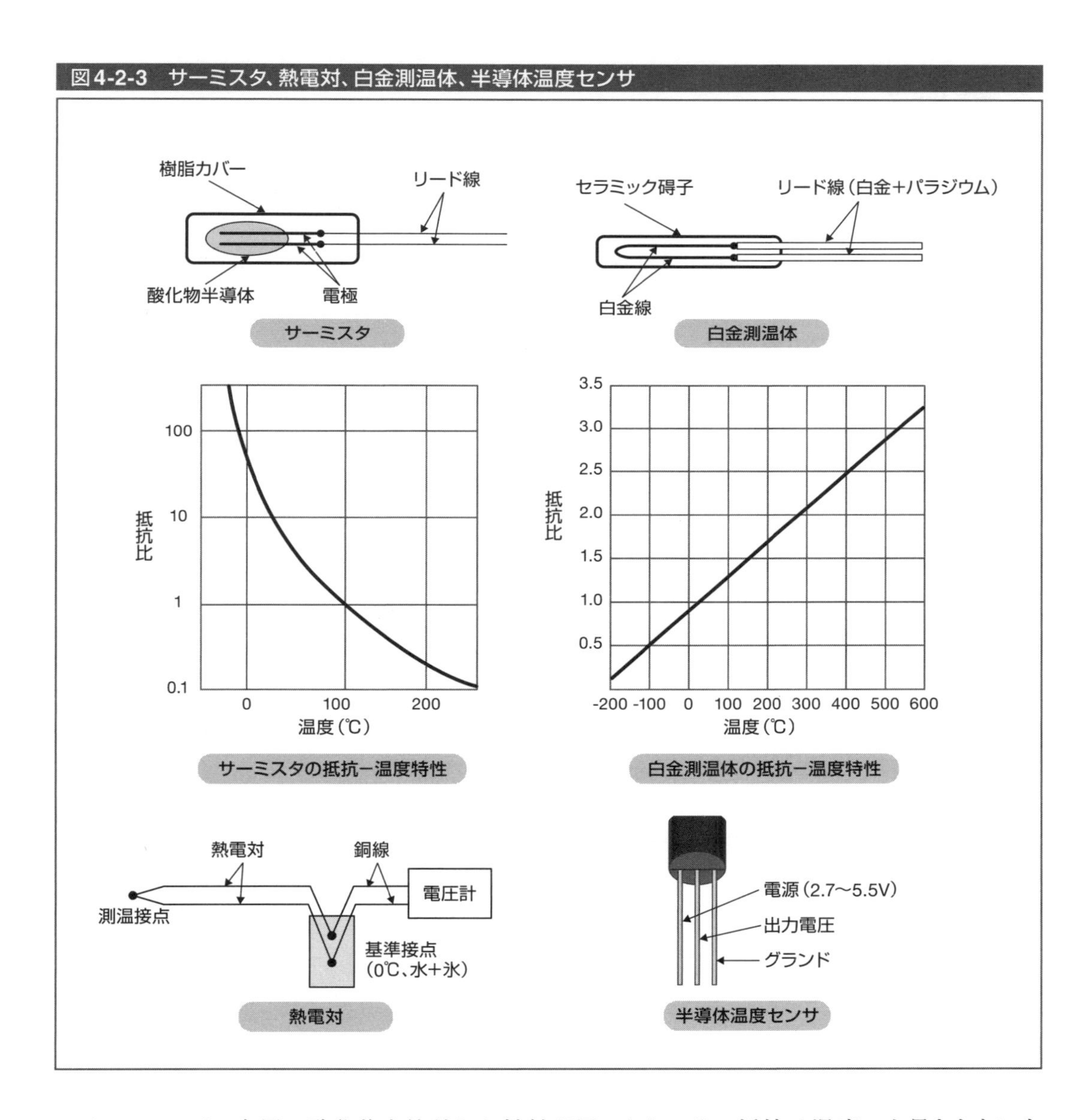

サーミスタは、金属の酸化物を焼結した材料が用いられ、その抵抗は温度の上昇とともに大きく減少します。感度が良いため、体温計などの家庭電器製品や自動車などに多く使用されてい

ます。

熱電対は、異種の金属の両端が電気的に接続された回路では、両端に温度差があると回路内に熱起電力が発生するゼーベック効果を利用しています。熱起電力の大きさは途中の温度に関係なく両端の温度差だけで決まるため、工業計測で用いられます。

白金測温体は、温度上昇に対して抵抗が比例して増加し（0℃の抵抗が100 Ωの白金測温体は、100℃では138.51 Ω）、薄く細くすることにより応答時間を短くできます。

半導体ダイオードの温度特性を用いた半導体温度センサは、小型化できICと同様に基板に実装されて機器の温度測定に用いられるほか、ICの回路内に作り込まれてICチップ自身の温度測定にも用いられます。

(2)湿度センサ

湿度センサは、空気中の飽和水蒸気量に対する水蒸気量の割合を測定するセンサです。多孔性セラミックスの表面に多孔性電極膜を形成したもの、高分子に炭素粉末などを分散させたものがあり、湿度に対し抵抗が変化する湿度センサとして、前者は電子レンジに、後者はエアコンなどに使われます。

抵抗変化型の湿度センサの測定範囲は、10～90%程度です。高分子やセラミックスを2枚の電極ではさんだ静電容量型は、測定範囲0～100%で応答速度も数秒程度で早く、クリーンルームや恒温恒湿槽などの工業計測に用いられます。

3 ひずみセンサ

ひずみセンサは、物体にかかる力を測定するために用いられ、力による微小な変形（ひずみ）を検出するもので、ひずみゲージとも呼ばれます。ひずみゲージは、電気絶縁体である薄い樹脂の上に金属箔をジグザグ形状に設け、その両端の電極にリード線が取り付けられた構造をしています。図4-2-4にひずみセンサの構造を示します。

測定する物体にひずみゲージを接着剤で強固に貼り付けると、物体の変形に伴いひずみゲージも一緒に変形します。このとき、ひずみゲージの金属箔は張力がかかると引き伸ばされ、同時に細く（薄く）なるので、抵抗の値が増加します。逆に、圧縮されると抵抗は減少します。この抵抗変化は微小であるため、その検出にはホイートストンブリッジ回路[*1]が使用されますが、この回路が内蔵されたストレイン[*2]アンプが一般に用いられます。

ロードセル[*3]は、その表面にひずみセンサが貼り付けられた構造をもち、張力や重量の測定に用いられます。一般の荷重測定器やけん引力測定器とともに、家庭用では電子式体重計や台所の電子秤に使用されています。また、モータの軸や車軸に斜めに張り付けられた歪ゲージは、捻じる力を検出でき、トルクセンサとしてモータやエンジンのトルク（回転力）、電動自転車のペダルにかかる力などの測定に用いられます。

---

*1：**ホイートストンブリッジ回路**：4つの抵抗をブリッジ状に配置し、中間点の電位差を測定することによって、未知の抵抗値を測定する回路。ひずみゲージなどの測定回路として用いられます。

*2：**strain**：「ひずみ」の意

*3：**ロードセル**：荷重変換器：力の大きさを電気に変換するセンサ

*4：**ダイヤフラム**：圧力を加えるとたわみを生じる弾性の薄膜

*5：**キャパシタ**：蓄電器、コンデンサ

図4-2-4 ひずみセンサ

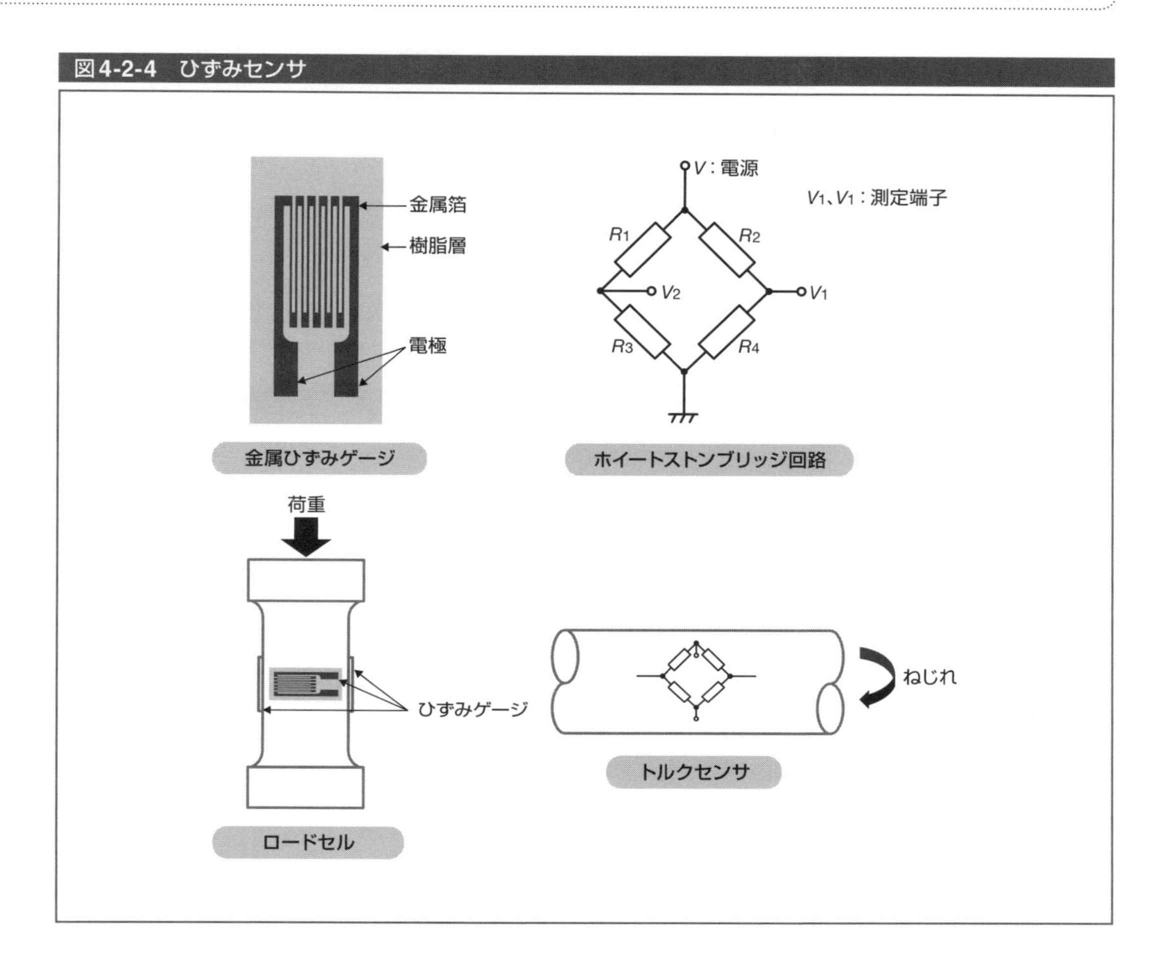

4 圧力センサ

(1)圧力センサの種類

圧力センサは、液体や気体の圧力を測定するセンサで、金属製のほかに半導体製造技術を用いて作製されるセンサが多く使用されます。

その種類も、ひずみゲージ式圧力センサ、シリコンに形成されたピエゾ抵抗の歪による抵抗値変化を測定するピエゾ抵抗型圧力センサ、ダイアフラム[*4]を可動電極として用い対向する面に設けられた固定電極により形成されるキャパシタ[*5]の容量変化を測定する静電型圧力センサ、ダイアフラムの変形にともなう振動子の共振周波数変化を測定する共振型圧力センサ、ダイアフラムの変形を光学的に測定する光ファイバ圧力センサなどがあります。

圧力センサは、図4-2-5に示すように金属ダイアフラムが加えられた圧力により変形し、この変形の度合いをひずみゲージなどを用いて計測することにより圧力を測定します。

(2)圧力センサの用途

圧力センサは、種々の工業計測において液体や気体の圧力を測定するのに用いられるとともに、気圧や水圧の測定、自動車では吸気装置の管内圧力測定、家庭では血圧計などにも使われています。光ファイバを用いた圧力センサは、医療において血管内の圧力測定に用いられます。

また、高度と気圧の関係を利用し、小型圧力センサを用いた腕時計内蔵の高度計も登山用などに使われていますが、気圧の変化の影響があるので高度が分かっている地点で補正する必要があります。

ダイアフラムの材料は金属が使われてきましたが、LSIに使われるシリコンは無欠陥な結晶が得られるようになり機械材料としても優れているため、ダイアフラムの材料としてもよく用いられます。図4-2-5に示すピエゾ抵抗型圧力センサは、シリコン製ダイアフラムの一部にピエゾ抵抗が作られ、圧力によるダイアフラムの変形をピエゾ抵抗の抵抗値変化により測定します。

図4-2-5　圧力センサ

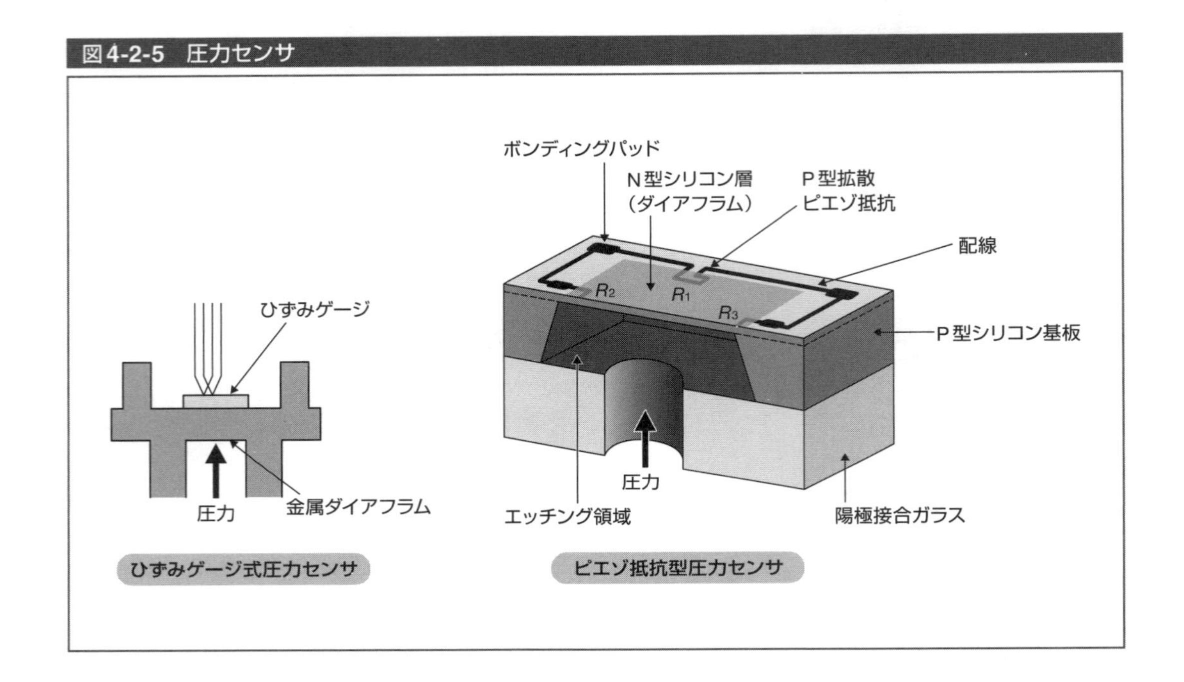

5 加速度センサ

加速度センサは、図4-2-6に示すようにおもり(慣性質量)を板ばね(梁(はり))で支えた構造をもち、測定対象に取り付けてその運動や動的な力を測定するものです。図4-2-6に示した一方向に感度があるものの他に、3次元方向に感度をもつ3軸加速度センサがあり、機械や自動車、ロボット、人の動きの計測や制御に用いられます。

加速度センサは、自動車のエアバッグシステムにおいて、大きな加速度がかかる衝突検知用センサとして広く普及しています。また、感度の高い加速度センサは、地震センサ、傾斜センサ(地球の重力加速度方向に対する傾き)、ゲーム機のコントローラにも使用されています。さらに、回転を検出するジャイロセンサと組み合わせて自動車のナビゲーションシステムや航空機、ロケットの慣性航法に使用されています。

加速度によるおもりの動きの検出方法としては、梁に設けられたひずみゲージの抵抗変化や、梁やおもりに設けられた電極の間の静電容量変化が用いられます。半導体(シリコン)を用いた加速度センサでは、ひずみゲージとして梁の一部分のシリコンに不純物を導入して作られる感度の高いピエゾ抵抗が使用されます。また、シリコンの表面に微細加工された薄い層を使っておもりと梁を形成し、それを電極として使った静電容量型加速度センサも普及しています。

圧電体を用いた加速度センサは、PZT(チタン酸ジルコン酸鉛)などの圧電セラミックスが用いられ、歪により電圧が発生する圧電効果を用いて、振動などを高い感度で測定するのに使われます。

図4-2-6　加速度センサ

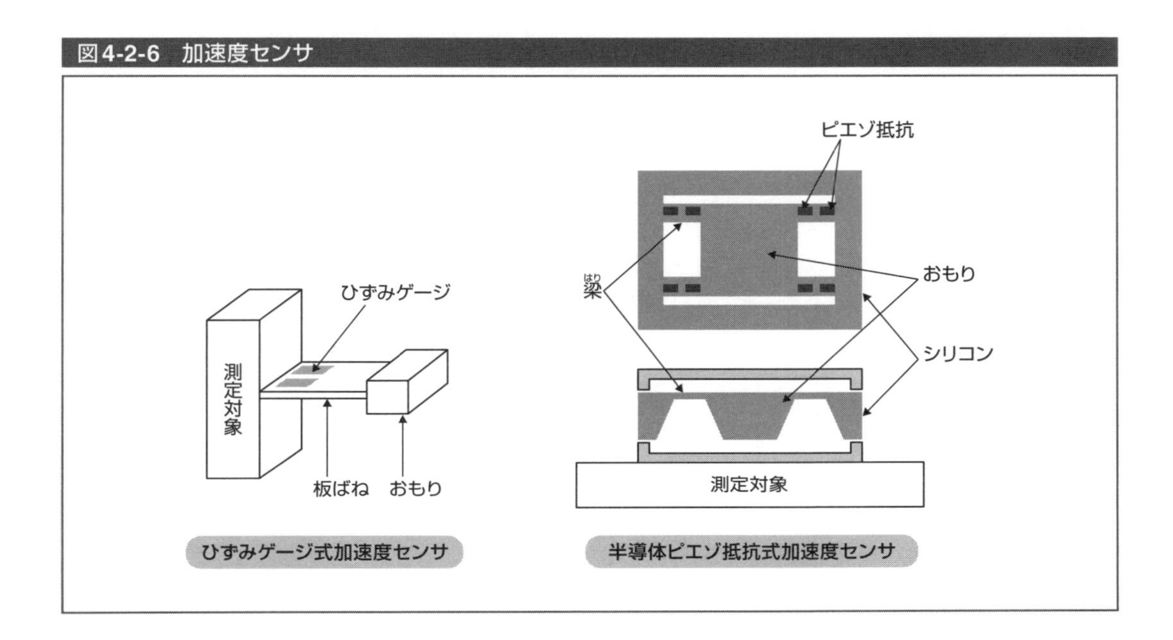

第4章

6 ジャイロセンサ

物体の回転する速さ(角速度)を測定するジャイロセンサは、船や航空機やロケットの自律航法に使用されています。加速度センサと組み合わせてGPS (Global Positioning System)などの衛星測位システムが使用できないトンネル内のカーナビゲーションシステムに使われるとともに、デジタルカメラ、ビデオカメラの手ぶれ防止や、ロボット、ドローンなどの姿勢制御に用いられています。

機械的なジャイロセンサは、高速で回転する物体(こま、フライホイール)の回転状態を維持しようとする性質を用いています。外から力が加わっても一定の姿勢を維持するように力が働くため、その力を測定することによりジャイロセンサの回転速度を検出することができます。

また、振動ジャイロセンサと呼ばれる圧電セラミックスを用いたものは、回転する振動物体に振動方向と垂直な方向に回転速度に比例した大きさの力(コリオリ力)が働くという原理を用いています。角速度[*6]を時間で積分することにより角度が求められますが、ジャイロセンサの誤差も積分されるため、その精度(ドリフト精度)は誤差の影響を受けます。振動ジャイロのドリフト精度は1°/時間〜1°/分です。振動ジャイロの材料としては、微細加工された水晶やシリコンも使われています。

*6：**角速度**：物体が回転運動をするときの回転の速さを、単位時間の回転角で表したもの。

高い精度が要求される場合は、光ファイバジャイロセンサ（ドリフト精度1°／日〜1°／時間）が使われます。これは円状にぐるぐる巻いた光ファイバの束の両端からレーザ光を入射させ、光ファイバの束が回転したとき、時計回りと反時計回りのレーザ光の間に伝搬距離の差ができるサニャック効果を光の干渉で検出するものです。また、光ファイバを用いずにレーザ光を回転させる光学系を用いるリングレーザジャイロセンサ（ドリフト精度1°／年〜1°／日）もサニャック効果を利用しています。

図4-2-7　ジャイロセンサの原理図

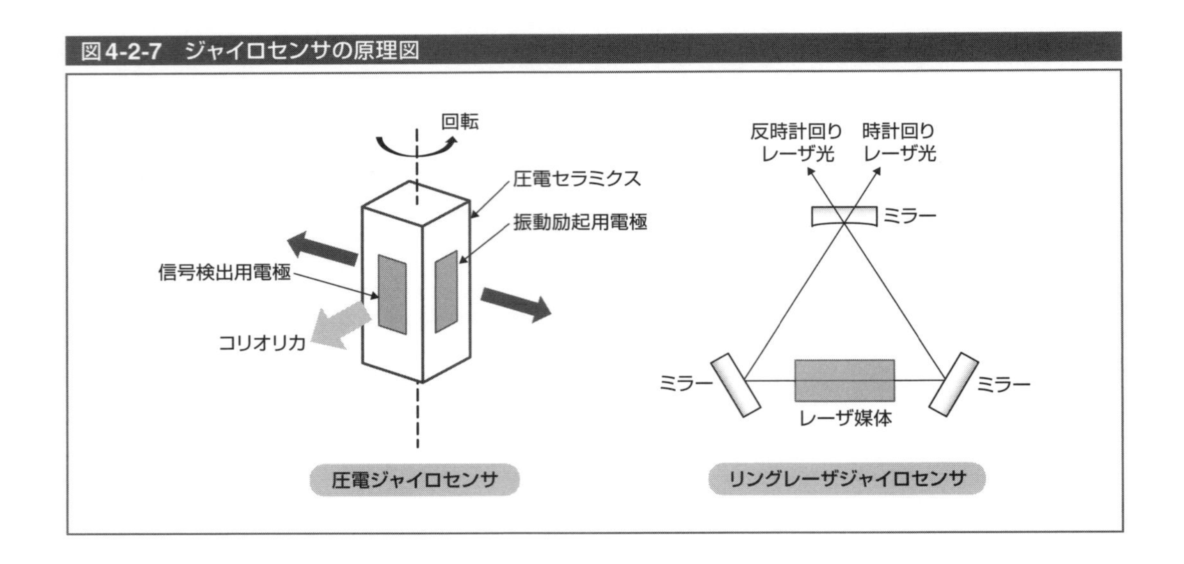

7 全地球衛星測位システム(GNSS)

衛星測位システム(GPS：Global Positioning System)は、全地球衛星測位システム(GNSS：Global Navigation Satellite System)の一種で米国が運用しています。GPSは地球の周りを回っているGPS用の人工衛星を利用して現在位置を測定するシステムで、スマートフォンの地図上の位置表示や自動車のナビゲーションシステムなど身近な所で利用されているほか、地形の精密測量、船舶や航空機の航行に広く普及しています。ここでは、GNSSとしてGPSを取り上げ、概要を説明します。

GPSによる測位は、4つ以上のGPS用人工衛星の信号を受けることにより、高精度に行うことができます。GPS用人工衛星にはきわめて正確な時計が搭載されており、スマートフォンなどに搭載されているGPS受信機が衛星から受けた信号の時刻を知ることにより、衛星までの距離が正確に計算されます。これは、到達時間（秒）に電波の伝搬速度（光速と等しく、29.9792458万km毎秒）をかけて求められます。一方、GPS用人工衛星の位置も衛星軌道が常に監視されているため正確にわかっています。

高度を含めた3次元空間での位置を求める場合、3個のGPS用人工衛星の位置とそこから受信機までの距離がわかると受信機の位置が決定されますが、距離を計算するもとになっているGPS信号を受信機が測定する到達時間には、受信機側の時計の誤差が含まれています。そのため、受信機の時刻の誤差の修正用も含め、少なくとも4個のGPS用人工衛星からのGPS信号が使われます。

民間で使用されるGPSは距離の精度が10m程度ですが、さらに、測位に使われる受信機のほかに位置のわかっている基地局でもGPS電波を受信して誤差を打ち消す方法（Differential GPS）があり、この補正処理により誤差は数mとなります。

現在、GPS用人工衛星は30基前後が運用されていますが、そのうち地球の反対側や地平線に近い軌道の衛星は使えないため、GPS受信機が受信できるのは6基程度です。また、ビルの谷間やトンネルなど電波の届かない場所ではGPSは使えないので、自動車のナビゲーションシステムでは、加速度センサやジャイロセンサなどを使った慣性航法と組み合わせて使われます。

8 超音波センサ

人間が感じる音（可聴音）は、20Hzから20kHzの周波数の範囲ですが、コウモリやイルカは、20kHzから200kHzの高い周波数の音波（超音波）を用いて獲物の検知や障害物の検知を行っています。超音波は、音波に比べ波長が短いので直進性が良く、対象物から反射して戻ってくるまでの時間を測定することにより対象物までの距離を測ることができます。また、コウモリは、反射した超音波の周波数の変化（ドップラー効果）により対象物の速度を検出でき、獲物が近づいているか遠ざかっているかを判断できます。ドップラー効果を用いた速度測定は産業用や医療用にも利用されています。

超音波は用いられる場所により、気体（空気）、液体（水中、人体など）、固体（金属、半導体、セラミック、ガラス、樹脂など）に分類されます（表4-2-2）。超音波を伝える媒体の違いにより超音波の伝搬速度や減衰、反射などの特性が大きく違います。

表4-2-2　超音波の媒体と特徴、用途

媒体の種類		特徴	用途
気体	空気	伝搬速度が約340m/秒と遅く、電気的な検出回路が容易に作製できる。減衰のため、測定距離は10m程度。	距離測定 障害物検知
液体	海水、河川、湖水	液体内では光が減衰するのに対し、音波は減衰が少なく広い範囲を測定できる。伝搬速度は約1,500m/s。	魚群探知機 海底地形
固体	人体	臓器の違いにより超音波が境目で反射。	医療診断
	金属	伝搬速度が早い（鋳鉄で約4,500m/s）。裏面や内部の欠陥で反射。	厚さ測定 キズの検知 金属疲労測定

空中用超音波センサは、図4-2-8に示すように、超音波の発信と受信が可能な圧電素子を用いており、超音波パルスを発射して物体から反射されて戻ってくるまでの時間を測定することにより、物体までの距離を求めます。車の駐車時に使われるバックソナーや、ロボットの障害物検知センサなどに応用されています。

水中では、音波や超音波は約1500m/sの速さで伝搬し減衰が小さいため、水中測定の有効な手段となり、魚群探知機（周波数15〜200kHz）や水中探査装置（ソナー）、水中ロボットに利用されます。魚群探知機では、魚の浮袋による超音波の反射が用いられます。

医療分野では、超音波診断装置に応用されていますが、これは人体の臓器の超音波に対する音響特性の違いによる反射を利用しています。精密に測定するため、周波数が2〜5MHzと高い周波数を用いる超音波診断装置が普及しており、これにより人体の臓器の詳細な画像を得ることができます。医療用超音波センサは、ポリマー材の中に棒状の圧電体が埋め込まれた多数の素子で構成されており、電子的に超音波を走査することにより超音波画像として測定することができます。

超音波ドプラ血流計は、血液中を流れる赤血球で反射される超音波の周波数がもとの周波数と異なるというドップラー効果を用いており、体の外から血流を測定することができるため、動脈硬化の診断などに用いられます。

金属などの固体では、超音波探傷装置として、内部のキズの非破壊検査に使われています。鋳型による成形や金属溶接の際、金属中に空間ができるとそこで超音波が反射されるため、キズを見つけることができます。

また、液体の流量を測る超音波流量計は、パイプの内側に位置をずらして取り付けられた送信機と受信機の間を超音波が伝わる時間から、液体の流量を測定します。

図4-2-8　超音波センサ

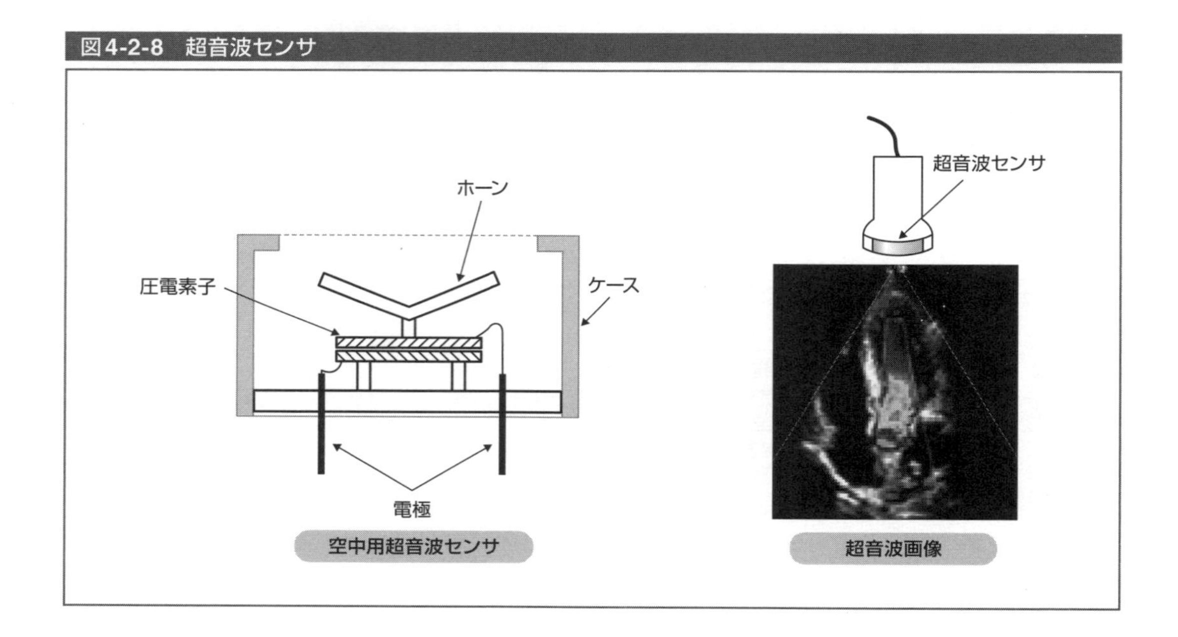

9 磁気センサ

磁気センサは、一般的な磁気測定の他、電流の非接触測定、モータの回転制御や車輪の回転速度測定などに使われています。

磁気センサの中で、半導体を用いたものにホール素子があります。これは、図4-2-9に示すように電流が流れている半導体に磁界が加えられると、電流が磁界の方向とは直角方向の力を受けて曲げられ、横方向に電圧が生じるというホール効果（Hall 効果）を利用しています。ホール素子の材料としては、インジウムアンチモン（InSb）やインジウムヒ素（InAs）、シリコン（Si）などが用いられます。ホールICは、ホール素子と増幅回路が一体化されたものです。

ホール素子の測定範囲は、地磁気（約0.3〜0.4ガウス）程度から約1万ガウスです。ホール素子は、磁界強度の測定のほかに、電気自動車のモータに流れる電流を電流が作る磁界で測る非接触測定や、ブラシレスDCモータの回転制御に多く用いられています。また、自動車では、回転部分に歯車状のロータを設け励磁コイルと磁気センサでロータの回転位置を検出し、車輪速センサとしてABS(アンチロックブレーキシステム)やTCS(トラクションコントロールシステム)などの自動車の制御に使われています。

ホール素子と似た磁気センサに磁気抵抗(MR)素子があります。これは磁界により電流が流れにくくなると共に、ホール素子と同じように電流が磁界により曲げられ斜めに流れるため抵抗が大きくなるという効果を利用しています。MR素子は、感度を高くするため、長さの短い素子が中間の電極を挟んで直列に接続された構造をしています。そのため、ホール素子に比べ約千倍の感度があります。

図4-2-9　磁気センサ

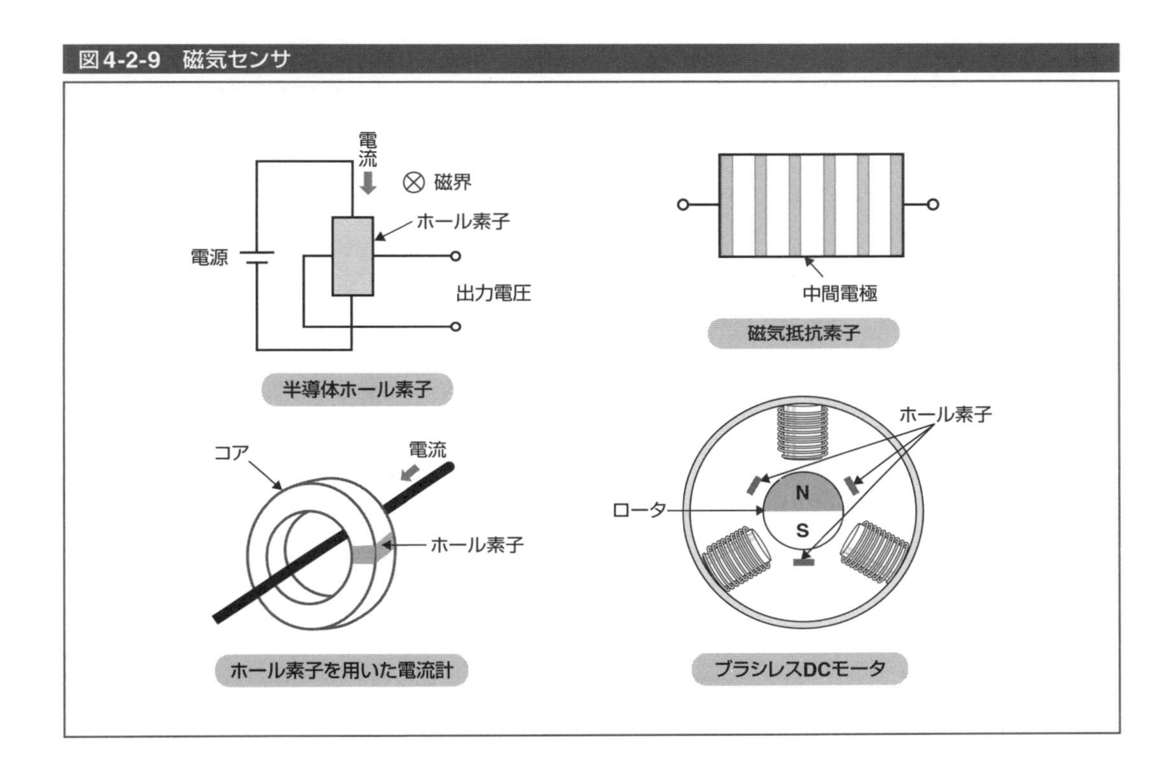

10 化学センサ

化学センサは、液体成分やガス成分などの化学物質を識別し、その濃度を測定できるセンサです。

(1)液体中のイオンを測定するセンサ

液体中の特定のイオン(水素イオン、ナトリウムイオン、カリウムイオン、塩素イオンなど)を測定するイオンセンサとしては、イオン選択性電極とイオン感応性電界効果トランジスタ(ISFET：Ion Sensitive Field Effect Transistor)があります。イオン選択性電極の中で水素イオンを検出するのがpHガラス電極で、工業プロセスや水道、河川、海など水のpHモニタ、血液pH測定に使用されます。イオンセンサは、工業計測の他に医療分野では血液の電解質の測定、農業分野では土壌の成分を測定するのに用いられます。

pHガラス電極は、ガラス膜の内側と外側の水素イオン濃度の違いにより、ガラス膜に電圧(20℃で約58mV／pH)が発生する現象を利用しています。この電圧を同じ液体内におかれた参照電極を基準にして測定することにより、水素イオン濃度を測定できます。水素イオンを検知するガラス膜の替わりに、他のイオンを選択的に検出する膜に変えることにより、特定のイオンを測定することが可能です。

ISFETは、半導体技術を用いて製作されるため小型化や複合化(マルチセンサ化)ができ、微量サンプルで複数成分の測定が可能であるという特長をもっているため、血液や体液成分を測定する医療用センサから普及が始まっています。また、ガラス電極が割れやすいのに対し、ISFETは丈夫であるため、今後、各種の用途に広がると予想されます。

図4-2-10　イオンセンサと酸素電極、過酸化水素電極

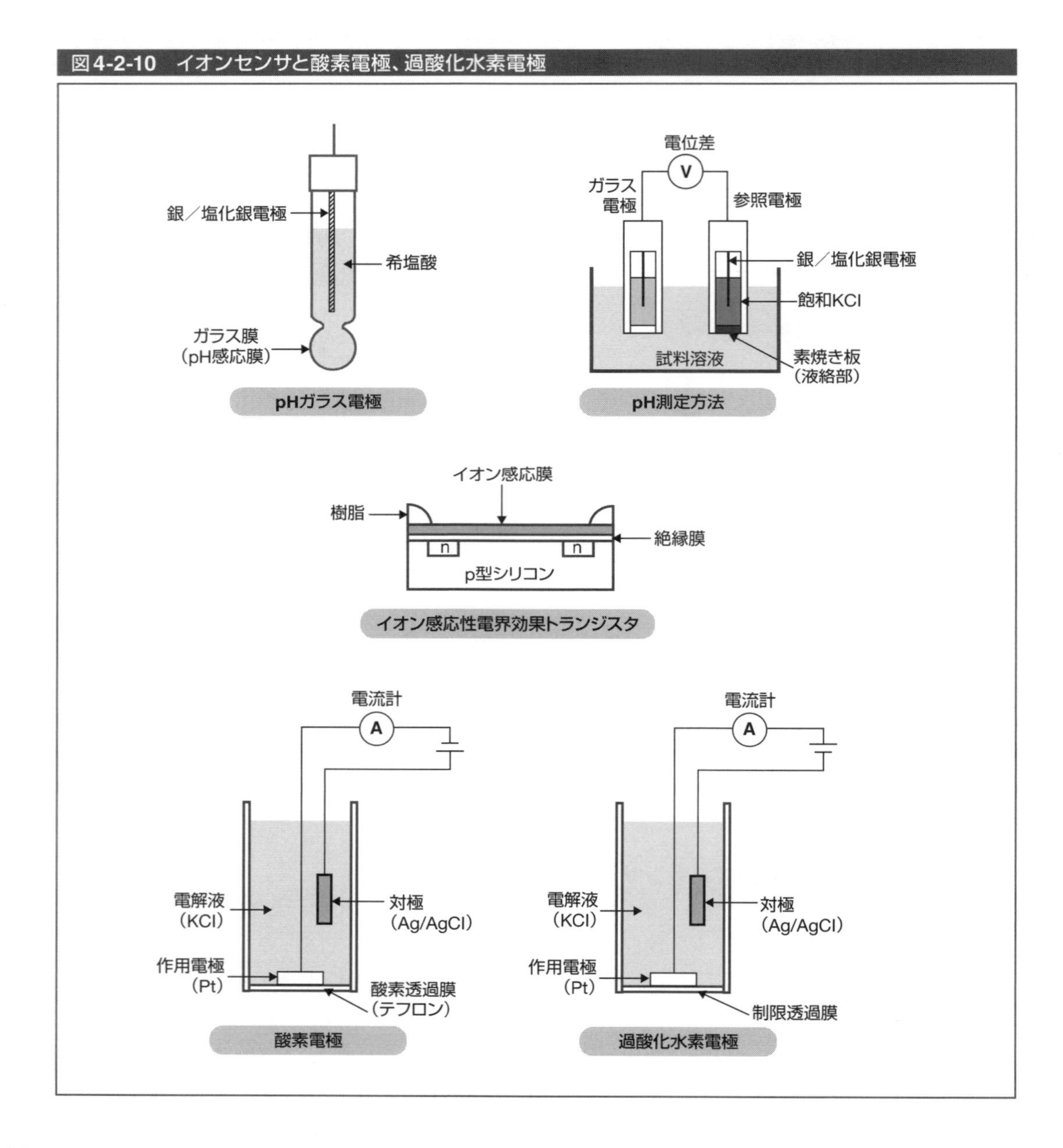

(2)液体中の酸素濃度、過酸化水素濃度を測定するセンサ

化学センサの中で、液体中に含まれる酸素濃度や過酸化水素濃度を測定するのが、図4-2-10に示す酸素電極と過酸化水素電極です。イオン電極と同様に、工業プロセスや水道、河川、海など水中の溶存酸素濃度の測定などに使用されます。酸素電極は溶液中に浸した白金（Pt）を作用電極として用い、銀／塩化銀（Ag/AgCl）製の対極との間に一定電圧（0.5〜0.8V）をかけて酸化還元反応を行わせ、このとき流れる酸素濃度に比例した電流が流れる現象を利用しています。このとき、電極で反応する酸素以外の物質が電解液中に含まれていると大きい誤差が生じるため、実際には酸素透過膜を用いて試料中の妨害物質の影響を防ぎます。

酸素電極の他、液体中の過酸化水素を測定する過酸化水素電極は、酸素電極と基本構造は同じですが、酸素電極とは逆方向の電圧（約0.6V）を加えて測定します。また、アスコルビン酸（ビタミンC）のような還元物質も電流を流すので、これを防ぐため過酸化水素だけを通す制限透過膜が使われます。

(3)気体の成分を測定するセンサ

ガスセンサは、気体の成分を測定する化学センサで、プロパンガスや都市ガスの漏れを検出する防災用センサから始まり、プロセス制御、環境制御、自動車用排ガス制御などに使用されています。

プロパンガスや都市ガスなどの可燃性ガスを検知する半導体ガスセンサは、酸化スズのような酸化物半導体がガスを吸着した時に生じるセンサ表面の導電率の変化を利用します。

自動車の排ガス対策において、完全燃焼のために空気と燃料の割合（空燃比）が制御されますが、排ガス中の酸素濃度を測定するために、ジルコニアを使った酸素センサが用いられています。ジルコニアは半導体と電解液の性質をもつ固体電解質の一種で、酸素イオンを透過させる働きを持ちます。電池として起電力を発生し、排ガス中の酸素濃度を空気中の酸素濃度と比較した電圧が出力されます。

これらのガスセンサでは、ガスの吸脱着や酸素イオンの移動を速めるために、ヒータにより加熱されます。

11 バイオセンサ

バイオセンサは、図4-2-11に示すように、酵素や抗体、DNAなどの生体関連物質がもつ特定の分子と反応するという分子識別機能と、測定物質の反応を電気信号に変換する信号変換素子が組み合わされたセンサです。分子識別機能をもつ材料と信号変換素子の組合せは多くあり、対象物質に合わせた最適な組合せが用いられます。

(1)酵素センサ

酵素を分子識別材料とした酵素センサでは、酵素反応に伴う酸素濃度や過酸化水素濃度、pHなどの変化を検出する化学センサが利用されます。図4-2-11の尿糖計は尿の中のぶどう糖（グルコース）濃度を測定するセンサで、糖尿病の検知や健康管理に用いられます。酵素膜中でぶどう糖がグルコースオキシダーゼという酵素と反応した時にできる過酸化水素を測定しています。

(2)免疫センサ

抗体を利用する免疫センサは、外部から体内(自己)に侵入してくる異物(非自己：抗原)を認識し、すみやかにこれと反応して排除する生体防御機能を利用したセンサで、免疫反応に関与するタンパク質である免疫グロブリン(IgA, IgE, IgG, IgMなどの種類があります)は、特定の抗原に対して反応する抗体で、この反応を抗原抗体反応(免疫反応)と呼びます。免疫反応にともなうセンサ表面における質量変化や誘電率変化、表面電圧、抵抗変化などが利用され、それぞれに対する信号変換素子が使われます。

(3)DNAセンサ

DNAセンサは、DNAチップとも呼ばれ、DNAの二重らせん構造において一重らせん同士を結合する4種類の塩基が特定の塩基同士(チミンとアデニン、シトシンとグアニン)で結合するという性質を用いることにより、遺伝子の解析に使用されます。

(4)その他のバイオセンサ

また、人間の味覚や嗅覚に相当する味センサやにおいセンサも、複数の識別機能の異なるセンサを組み合わせ、信号処理をすることにより実現されています。

最近は、バイオセンサの機能膜や電極の形成に半導体製造技術が応用され、図4-2-11に示すように尿糖計のセンサ部は小型化され少量のサンプルを測定できる尿糖計がつくられています。

図4-2-11　バイオセンサ

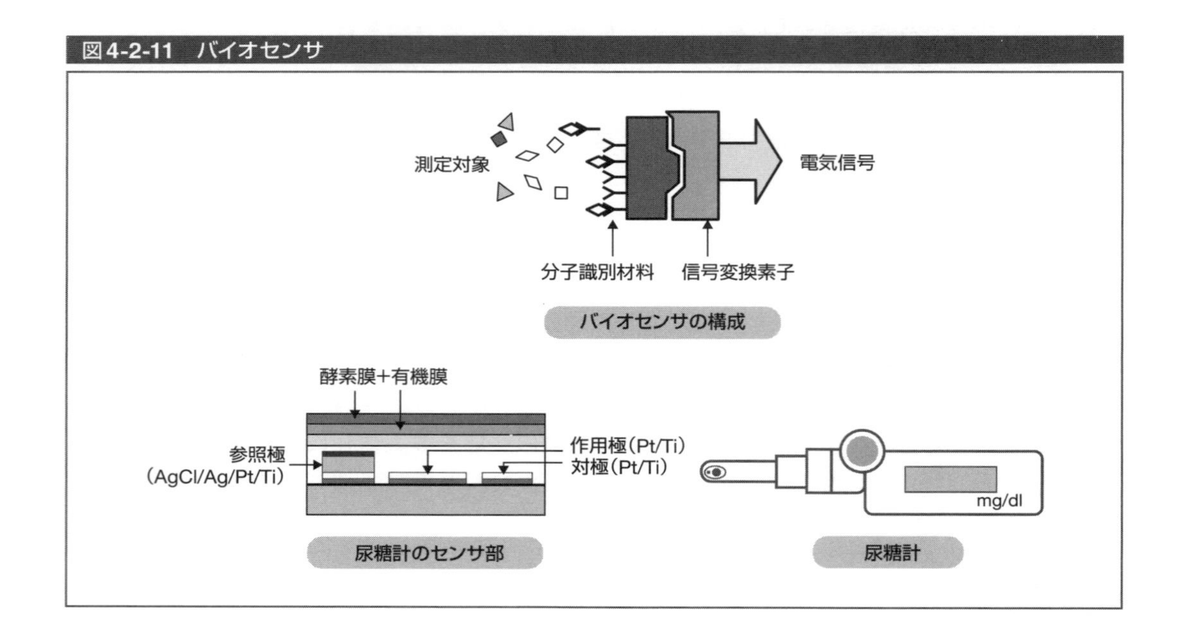

12 ウェアラブル生体センサ

(1)ウェアラブル生体センサ端末

ウェアラブル生体センサは、人体に装着した小型センサにより、心電、心拍、血圧、血流、血中飽和酸素濃度、体温、湿度、加速度などの身体に関する情報を測定するもので、健康管理や運動のモニタなどに使われます。装着の形態により、指輪型、時計型、眼鏡型、ばんそうこう型、シャツ型などがあり、測定された生体信号は信号ケーブルで取り出されるほか、Bluetoothなどの無線でスマートフォンなどの情報収集機器に送られます。

現在では、腕時計型のスマートウォッチが一般に普及し始めており、生体センサはIoTデバイスに組み込まれるセンサとして発展するものと期待されています。

(2) ウェアラブル生体センサの種類と原理

主要なウェアラブル生体センサの機能と原理は、次のとおりです。

・**心電計**：心臓の動きにより体表面に現れる電位差を測定します。ウェアラブル生体センサの一つにホルター心電計があります。この心電計は、被験者の日常生活から心電図を連続的に測定し、安静時の心電図では分からない不整脈の検出や狭心症治療薬の効果判定、ペースメーカの機能評価などに利用されてきました。
・**脈拍(心拍数)計**：心電計のデータから脈拍は得られますが、脈拍だけを測定する場合、LED光を皮膚内の血管に照射し反射光の変化により脈拍を計測します。これは血中のヘモグロビンが光を吸収するという性質を利用しています。
・**パルスオキシメータ**：光センサが内蔵されたクリップで指先を挟み、透過光を測定することにより、ヘモグロビンが酸素と結合している割合を測定し血中酸素飽和度を求めます。
・**血圧計**：ウェアラブル化が進んでいる医療機器で、上腕や手首にカフを巻き付けて脈波を測定し、血圧を推定します。心臓位置の高さの上腕で測定をする方法から手首式になり、さらに時計型になっています。
・**加速度計**：上下・左右・前後の加速度を測定できる3軸加速度センサを体に装着することにより、歩数や運動を同時に測定でき、活動量計と呼ばれる機能を実現できます。心拍センサや血圧計の一体化、転倒検出、GPS機能を組み合わせ、高齢者見守り用に利用が高まっています。

ウェアラブル生体センサは、センシング技術とともにデータの表示機能、無線伝送機能、電源、小型化、インテリジェント化、デザインなど総合的に技術集約が図られ、IoTデバイスとしても急発展するものと期待されています。

第4章

4-3 アクチュエータ

アクチュエータとは、電気や磁気、油圧、空気圧などのパワーを用いて機械を動かすものです。多種類のアクチュエータがあり、電気エネルギーを回転運動や直進運動に変換するモータや、直進運動アクチュエータとしてソレノイドアクチュエータや油圧アクチュエータ、空気圧アクチュエータ、圧電アクチュエータ、磁歪アクチュエータなどがあります。主なアクチュエータの種類を図4-3-1に示します。

アクチュエータの機能はパワーが与えられた時に運動を発生させることですが、この時、運動に関する情報はセンサにより取得されコンピュータによって制御されるなど、制御機構が組み込まれているものがあります。また、電動モータや電動リニアモータを動かすのに必要な電流を発生するパワートランジスタもIGBT[*1]やパワーMOSFET[*2]などが用いられ、これらはパワーエレクトロニクスの分野として近年発達しています。

図4-3-1 アクチュエータの種類

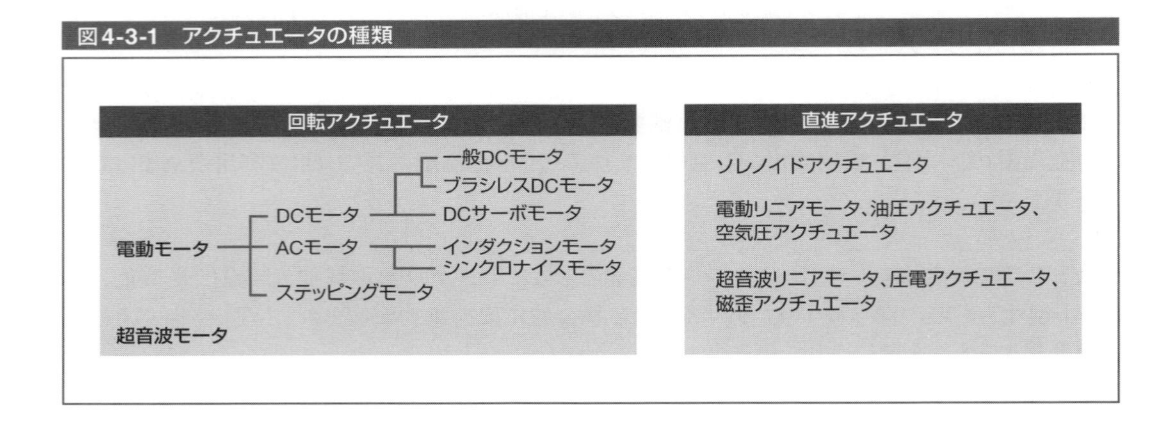

1 DCモータ

DCモータは、プラモデルの自動車に搭載されている単3形乾電池2本で動くモータのように、直流電圧が印加されて回転するモータです。モータの中でも最も多く使われています。これはDCモータが大きな起動トルク（動き始める時の回転力）、入力電圧の変化に対して直線的に回転スピードが増加するという特性、入力電流に対する出力トルクの直線性、出力効率の高さ、低価格などの特長を持つためです。

*1：**IGBT**：Insulated Gate Bipolar Transistor
*2：**MOSFET**：Metal Oxide Semiconductor Field Effect Transistor

直流電圧で、連続した回転子（ロータ）の回転運動を発生させるためには、回転の途中で電磁石からできている回転子に供給される電流の向きを変える作用をもつ素子が必要で、図4-3-2に示されている整流子（コミュテータ）とブラシで構成されます。ブラシなど機械的接点をもつため、騒音、電気ノイズ、寿命が問題であるなどの欠点があります。

この欠点をなくすため、工夫されたのがブラシレスDCモータです。磁気センサであるホール素子を用いて回転子の位置を検出し、外部の制御回路により電流の向きを切り替えるためブラシが不要になり、騒音や電気ノイズが発生しない信頼性の高いモータとなり、産業機器ばかりでなく、情報機器や、家電製品にまで幅広く使用されています。

DCサーボモータは、単なる回転機能ではなくデジタル信号により回転角度の制御を行うことができるモータです。回転の角度は内蔵されたポテンショメータなどの角度センサで検出され、この角度が制御信号のパルス幅により指定された値になるようにフィードバック制御されます。

図4-3-2　DCモータ

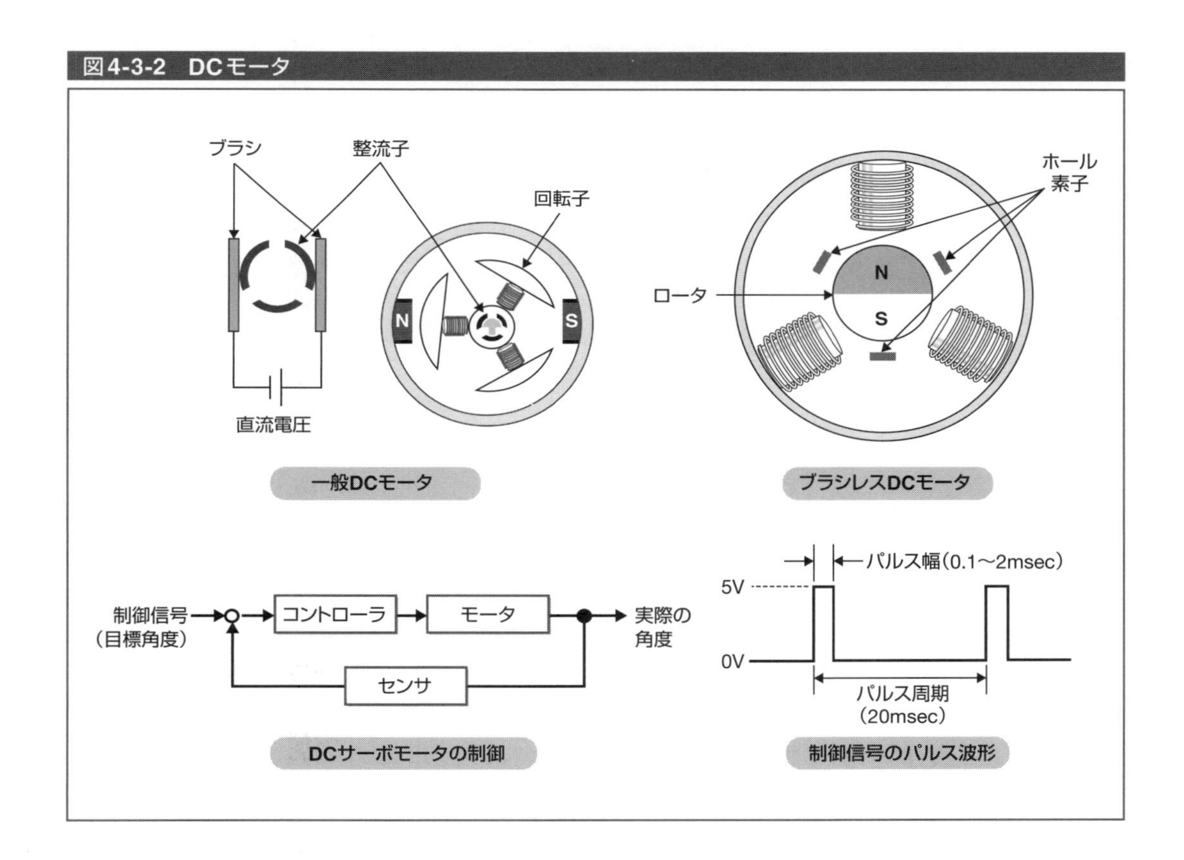

2 ステッピングモータ

ステッピングモータは、モータの軸が時計の秒針のように一定の角度ずつ動きます。この角度はモータ内部の機械的な構造により決められるため、高精度な位置決めが可能になります。また、制御方法も、直接コンピュータのデジタル信号（パルス信号）を使って回転位置を決めることができるため、簡単になります。

ステッピングモータの回転角を決める方法には、いくつかの種類がありますが、図4-3-3のように回転子（ロータ）が歯車状の軟鋼でできていて、固定子（ステータ）側の巻線に電流が流された一対の電磁石に引き付けられることにより位置が決められます。したがって、固定子（ステータ）の巻線の電流を切り換えることによって、回転子（ロータ）がステップ状に回転します。

図4-3-3 ステッピングモータ

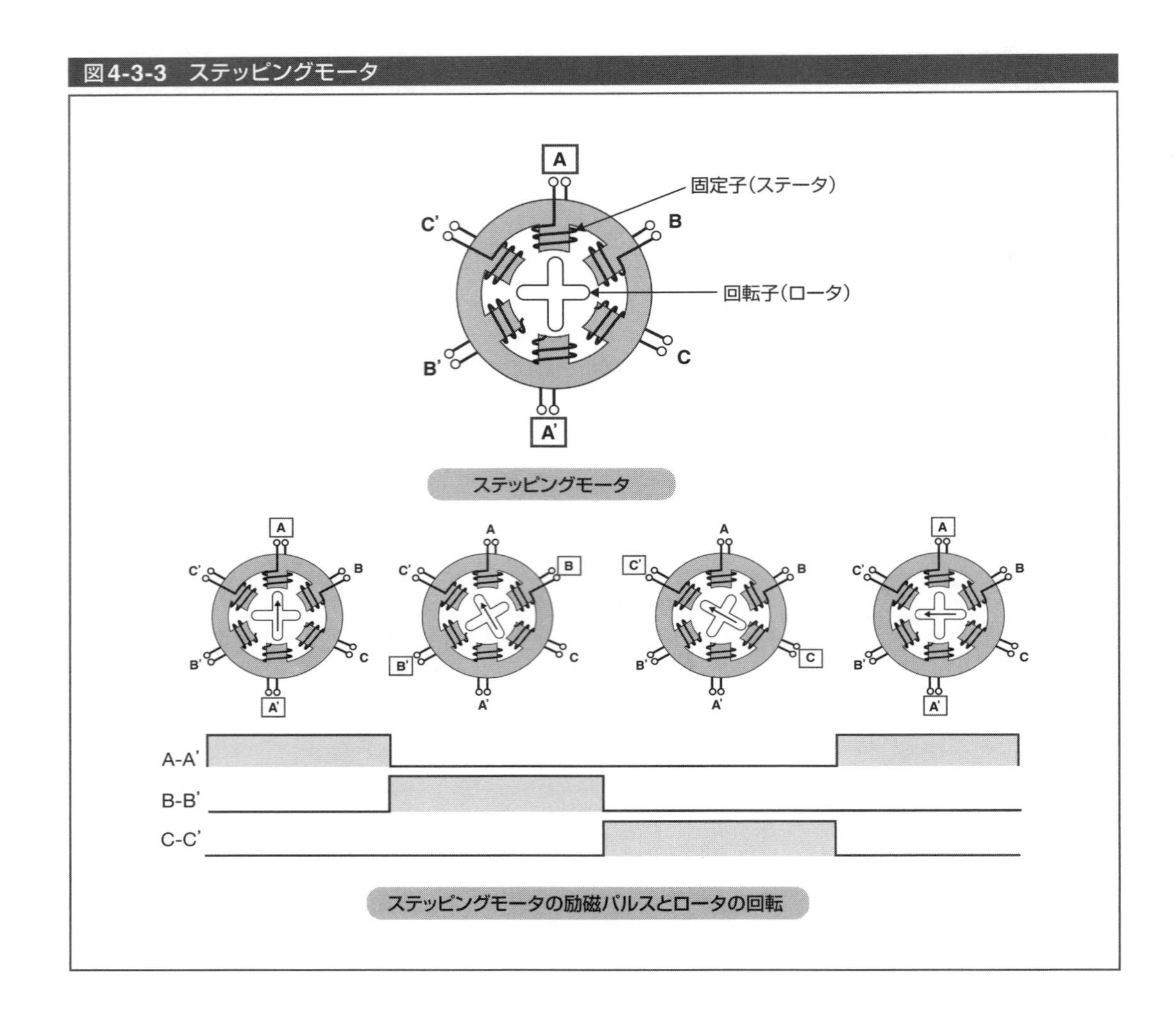

3 ソレノイドアクチュエータ

ソレノイドアクチュエータは、図4-3-4のように電磁石のコイルの内部に可動鉄心（プランジャ）が収められた構造をしており、コイルに電流を流すことにより電磁石の力で可動鉄心を直線的に動かすアクチュエータです。産業用機器、民生機器、事務機器、家電機器、自動販売機等に広く用いられています。例えば、オートマチック車の急発進を防ぐ方法として、ブレーキが踏まれた時だけシフトレバーのロックが解除されますが、このロック解除にもソレノイドアクチュエータが使われています。

可動鉄心の動きは微小な直進運動ですが、電磁力が強く応答スピードも速いので、電磁弁として油、水、空気などの流体を流したり、止めたり、流れの方向を切り換えるのに用いられます。電磁弁は油圧アクチュエータや空気圧アクチュエータの制御、自動車用燃料噴射装置の制御などに使われています。

ソレノイドアクチュエータの電源には、交流（AC）と直流（DC）の両方が用いられており、両方とも電源の電圧を上げると吸引力は大きくなります。DCソレノイドの駆動回路におけるソレノイドと並列のダイオードは、トランジスタをオフにした時に発生する逆起電圧からトランジスタを保護するために使われます。

図4-3-4 ソレノイドアクチュエータと電磁弁

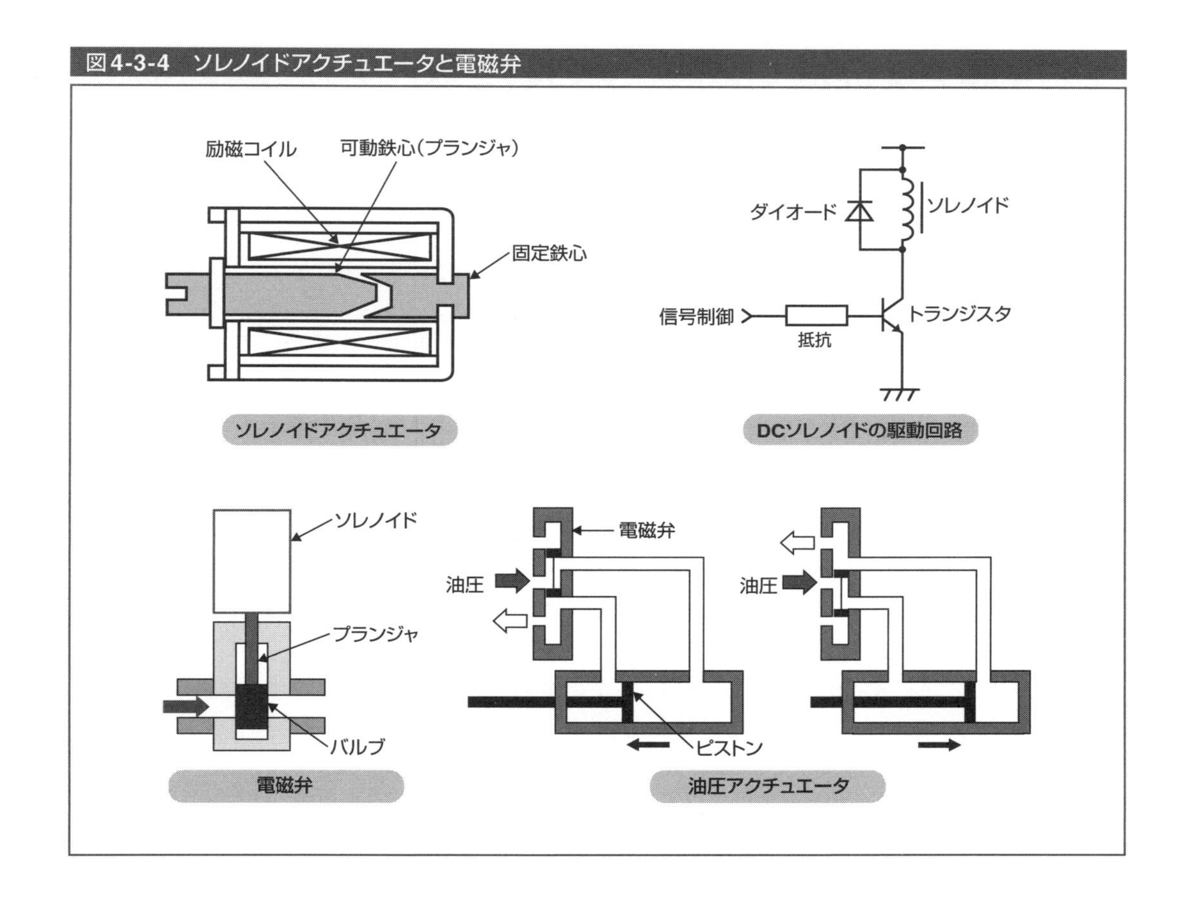

4-4 センサの信号処理

センサ検出素子で変換された電気信号が、どのようなプロセスで所望の出力信号になるかを解説します。まず、センサの電気的構成を示し、各ブロックの機能について説明します。

1 センサの構成

代表的なマイコン内蔵型センサの構成と信号処理の流れを、図4-4-1に示します。センサの構成を汎用センサ部とインテリジェント化センサ部に分けて説明します。

汎用センサ部の検出素子で変換された電気信号は、通常微小電圧のため、信号前処理回路で電圧を増幅する必要があります。信号前処理回路はOPアンプ[*1]と呼ばれる増幅回路で、センサの感度やオフセット（ゼロ点のずれ）を調整することができます。検出素子が抵抗変化や容量変化などを測定する受動素子の場合は、電圧を印加して電気信号に変換する回路が必要です。

インテリジェント化センサ部では、汎用センサ部出力、すなわち信号前処理回路出力のアナログ電圧はA/D変換でデジタル化され、マイコンに入ります。

A/D変換は単独のA/D変換ICによりますが、最近ではA/D変換内蔵のマイコンも使われます。

信号処理回路であるマイコンでは、測定レンジの設定、ノイズや応答に対するフィルタリング、演算機能のほか、センサの信号前処理回路で実施したと同様のオフセットの補正、製造で生じるばらつきの補正、較正機能などが実行され、所望の測定量が計算されます。

出力回路では、外部にアナログ信号を有線伝送したり、UART[*2]やPWM[*3]などの通信方式のデジタル信号として有線伝送したり、無線通信回路によりIoTエリアネットワークに無線伝送を行うセンサとすることもできます。また、測定現場で測定量を確認するための表示器も取り付けることができます。

電源としては有線の商用電源、アルカリ乾電池などの一次電池、リチウムイオン電池などの二次電池に加えて、太陽光や振動などの周囲の環境から微小なエネルギーを収集するエナジーハーベスティング[*4]技術の活用も可能です。特に、多数のセンサをフィールドに散りばめるようなセンサネットワークやウェアラブルセンサなど電源供給が難しいシステムではこのような技術が有効とみなされます。

---

*1：**OPアンプ**：operational amplifier：オペアンプとも言われます。
*2：**UART**：Universal Asynchronous Receiver-Transmitter
*3：**PWM**：Pulse Width Modulation：パルス幅変調
*4：エナジーハーベスト、エネルギーハーベスト、エネルギーハーベスティングとも呼ばれます。
*5：**ホイートストンブリッジ回路**：未知の抵抗を含む4つの抵抗をブリッジ状に配置した回路。回路の平衡（バランス）状態を利用して、未知の抵抗の値を導き出すために用いられます。

図4-4-1 代表的なセンサの構成例

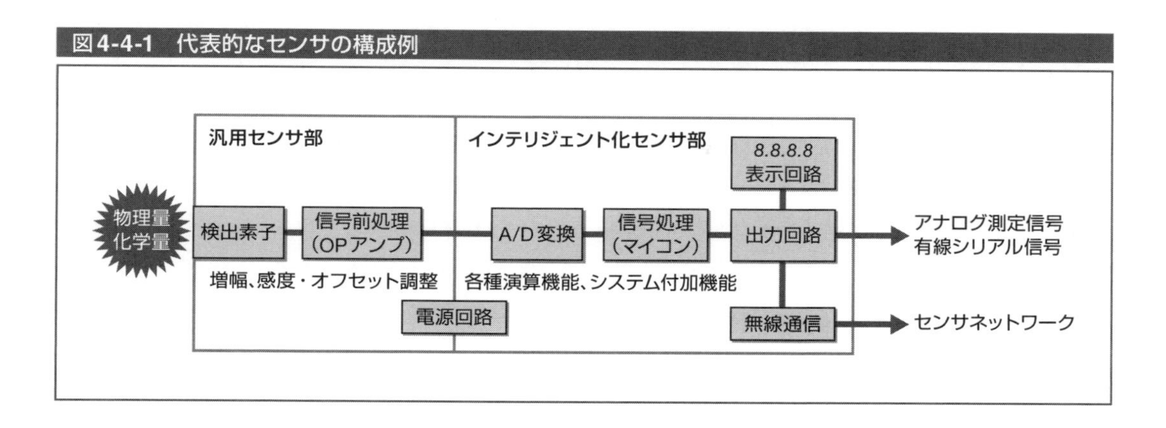

2 信号前処理回路

信号前処理回路は、センサ素子出力信号を増幅または補正し、読取り可能なアナログ測定信号とする回路で、OPアンプと呼ばれるアナログICを用いて設計されています。

センサ検出素子からの電気信号は、μA単位の電流信号(Siフォトダイオード)、mV単位の電圧信号(ホール素子やpH計)、Ω単位の抵抗値変化(サーミスタや白金温度計及び金属やピエゾひずみセンサ)など様々であり、被測定量以外の信号成分を含む場合もあります。

信号前処理回路の例として、白金測温抵抗体を利用した0℃から100℃の温度を、フルスケール0〜5Vのアナログ信号に変換する回路例を図4-4-2に示します。

前節の図4-2-2の温度特性グラフのように、100Ωの白金抵抗体は0℃で100Ωの抵抗値を示し、1℃あたり約0.4Ω変化し、100℃では138.51Ω(約140Ω)となります。ホイートストンブリッジ回路[*5]の抵抗値をR_1＝100Ω、R_2,R_3＝5kΩ、電源電圧Eを5Vと設計すると、R_t、R_2には約1mAの電流が流れ、0℃では、R_t、R_1の電圧E_t、E_1はバランスし出力電圧Vは100mV、100℃ではR_tが約140Ωとなりますので、E_tは140mVとなりE_1に対して40mVの電圧が発生することになります。ホイートストンブリッジ回路の電圧をOPアンプ回路で125倍に増幅すれば、50℃では2.5V、100℃では5Vの電圧が発生しますので、OPアンプの出力電圧を測定することにより温度がわかります。

図4-4-2 信号前処理回路の例(測温抵抗体のブリッジ回路による抵抗値ー電圧変換)

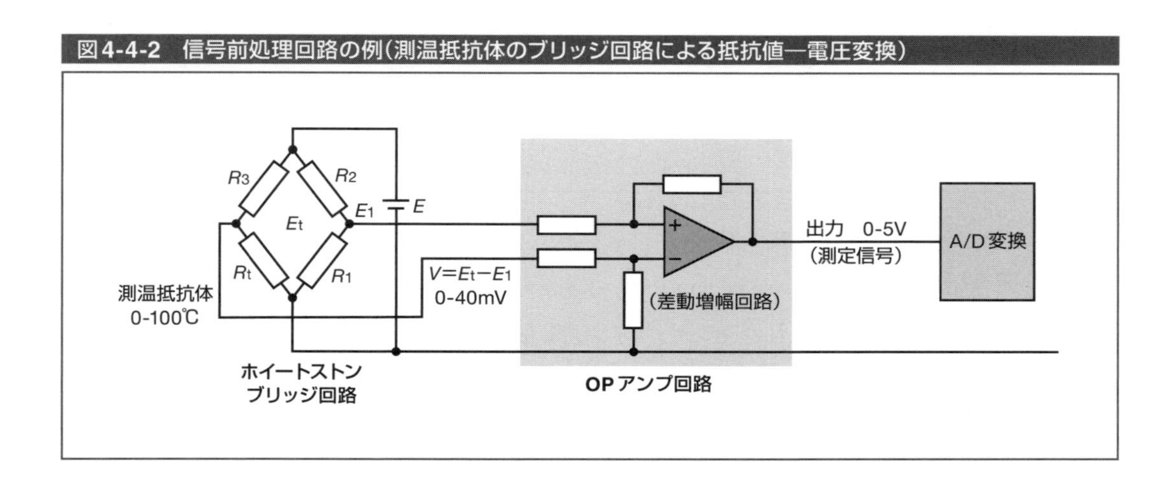

ブリッジ回路の出力のように、電圧E_t、E_1の差電圧を増幅する回路を差動増幅回路と呼びます。一般にアナログ電圧の増幅回路は、OPアンプ回路と呼ばれ、アナログICと抵抗器の接続の仕方によって、増幅回路の入出力関係が抵抗器によってのみ決まる特徴があります。

3 A/D変換

センサからのアナログ電圧をデジタル量に変換するのがA/D変換回路です。

8ビット逐次比較型A/D変換回路の動作原理と、入力電圧V_iが1クロックごとにD/A変換器出力と比較し、デジタル信号に変換するプロセスを、図4-4-3に示します。8ビットA/D変換では入力電圧のフルスケールが1Vとすれば、入力0Vが[00000000]、1Vがフルスパン(FS)の[11111111]に相当し、0.5Vでは1/2FSの[10000000]、図の[11010101]はフルスパン電圧のV_{FS}(1/2＋1/4＋1/16＋1/64＋1/256)となります。

よく使われるA/D変換回路には、2重積分型A/D変換回路があります。

A/D変換器の性能は、次の要素で示されます。

① **分解能**：アナログ値をデジタル化したときの最小アナログ量です。8ビットA/D変換器ではフルスケール電圧の1/255になります。

② **精度**：アナログ量とデジタル量の理論値に対して、実際に得られる数値の誤差をさします。

③ **変換時間**：A/D変換のスタート命令からデジタル量が決定されるまでの時間です。

④ **サンプリング周波数**：1秒間にA/D変換する回数です。

図4-4-3 直時比較A/D変換回路の動作原理図

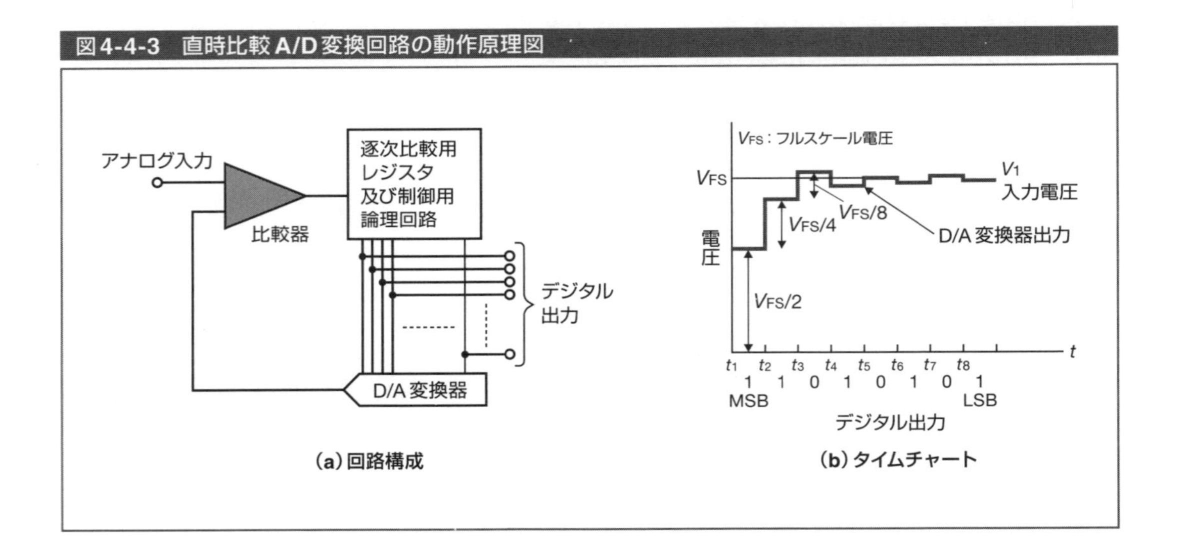

4 信号処理

A/D変換回路で取り込まれたセンサのデジタル量はFPGAや組込み型マイコン内の1データとして扱われます。このデータをデジタル情報とするために必要となる信号処理機能をリストアップすれば表4-4-1のようになります。

表4-4-1　マイコン内でのセンサ信号に対する各種演算機能

センサ信号の演算	内容	応用例
スケーリング	デジタル量に対し実単位の測定値データに変換するための演算(Y=aX+Z)	実単位でデータ表示、出力
リニアライズ	測定量に対してセンサ信号の非線形の補正	熱電対温度計の補正 差圧流量計の補正
デジタルフィルタ	入力に入る電気的雑音の除去、データの中間値を結論とする	入力変動の緩和 突発的な値の除去
加減乗除演算		複数流量の加算、平均値演算
開平演算	オリフィス流量計の差圧信号を開平 $Y=\sqrt{X}$	差圧流量計
対数演算	Y=A log X	放射線計測、音量、雑音計測など
微分		
積算	瞬時流量やパルス数の積算	流量積算、電力量積算など、
ピーク値検出	データ列から最大値を検出、記憶	振動計測、最大電力量検出
周波数分析	正弦波をフーリエ変換 周波数成分の分析	機械振動の解析
浮動小数点演算		
アクチュエータ制御	モータや弁などの制御信号出力	
フィードバック制御	ロボットやエアコンなどフィードバック演算し、出力する機能、PID制御	
マルチプレクシング	複数のセンサ信号の入力を切り替えて時分割的に計測する機能	複数センサ信号の平均値、2 out of 3
データ記憶機能	所定期間データを記憶する機能	

一方、マイコンをシステムとして信頼性を高めるための機能を追加する必要があります。表4-4-2にシステムの付加機能として必要な項目を挙げます。

表4-4-2　システムとして信頼性、エナジーハーベスティングなどの付加機能

センシングシステム機能演算	内容	出力
表示機能	装置にデータやグラフを表示する機能	ディスプレイ
通信機能	上位ルータ、コンセントレータにデジタル情報を伝送する機能、通信RAS機能	熱電対温度計の補正 差圧流量計の補正
電源制御機能	電源監視、エナジーハーベスティング機能（主電源と補助電源の切り替え、センサ電源の制御、ワイヤレス給電）、スリープ機能	自立電源の制御、センサ電源の制御
診断機能	センサ信号の異常監視、フェールセーフ機能、	警報発信、正常時データ保持
システムアップ機能	プログラム変更やパラメータ変更のダウンロード機能	

5 出力回路

出力回路では信号処理部で演算されたデジタル量をアナログ出力、シリアル出力、パルス幅変調出力に変換します。また、無線通信回路を介してネットワークに接続します。以下にそれぞれの出力を示します。

① **アナログ伝送出力**：0～5V、1～5V、4～20mAなどの電圧、または電流信号を発信します。

② シリアル伝送出力：RS232C、RS422/RS485規格によりシリアル伝送します。

③ パルス幅変調（PWM[*6]）出力：デジタル量を一定周期内で繰り返すパルス信号のパルス幅に比例させる信号方式です。

図4-4-4にデューティ比25%、50%、75%のパルス波形を示します。この信号をコンデンサで平滑するとD/A変換することができ、LED照明の調節やアクチュエータを駆動する場合にも用いられます。

図4-4-4　パルス波形（PWM）

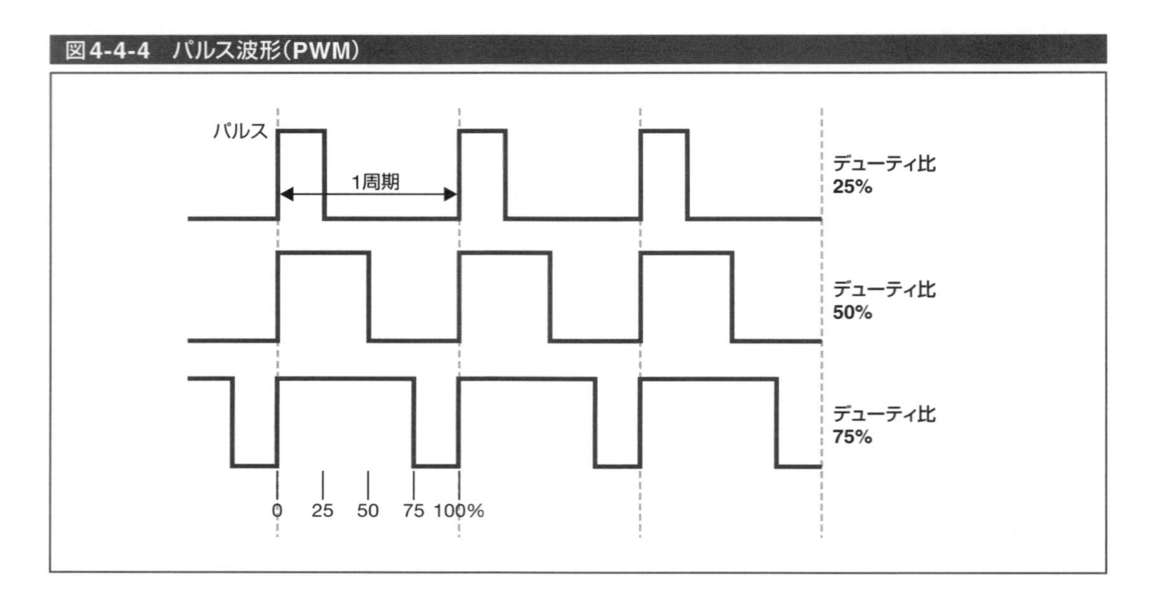

④ 無線通信：Wi-Fi、Bluetooth、ZigBee、Wi-SUN、3G/LTEなどの無線通信回路を通じてネットワークに接続できます。

6 デジタルセンサ用シリアル通信インタフェース

センサの出力信号をシリアル通信で行うセンサが増えています。そのうち複数のセンサ信号をマスタデバイス（マイコン側）とスレーブデバイス（センサ側）で1対n通信を行う代表的なシリアル通信インタフェースとして、1線式の非同期シリアル通信インタフェースは一般的ですが、IoTにおいては2線式の同期シリアル通信インタフェースI2C、および3線式の同期シリアル通信インタフェースSPIが一般に多く用いられています。

ただし、この通信インタフェースは近距離しか通信できないため、同一ユニット内の実装に限定して使われます。

① 2線式(I2C)

フィリップス社が提案した2線式の同期シリアル通信インタフェースです。マスタデバイスが生成したクロック信号は、SCL（Serial Clock Line）を通じて各スレーブデバイスに送信されます。マスタデバイスとスレーブデバイスは、SDL（Serial Data Line）を通じで送受信されます。通信レートは標準モードで100kbps以下、ファスト・モードで最大400kbps、ハイスピード・モードで、最大3.4Mbpsです。

② 3線式(SPI)

3線式はモトローラ社が提案した同期シリアル通信インタフェースです。マスタデバイスは、SCK(Serial)信号線を使って同期のためのクロック信号を送信し、SDI(Serial Data Input)信号線とSDO (Serial Data Output)信号線を使って、データ送受信を同時に行うことができます。複数のスレーブデバイスを接続する場合は、SS (Slave Select)信号を使用します。SPIの通信レートやタイミングについては、厳格には規定されていません。

図4-4-5に、I2C、SPIの接続原理図を示します。

図4-4-5　シリアル通信インタフェースの接続原理図

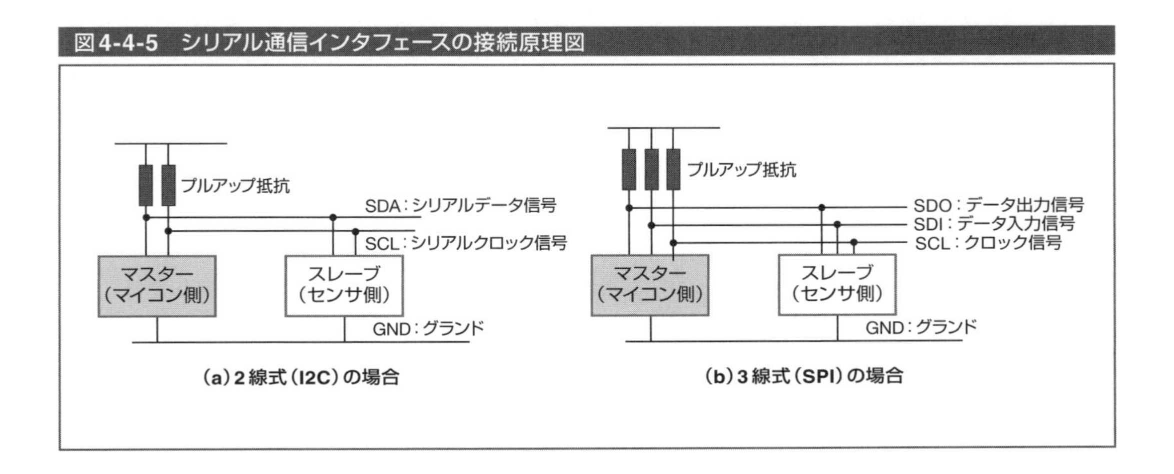

7 電源回路部・エナジーハーベスティング

IoTデバイスではワイヤレス通信になりますので、設置環境やモバイル化によっては外部より安定な電源供給を受電できない場合、エナジーハーベスティングが必須となります。

そこで、電源管理とエナジーハーベスティングについては、標準的な設計法が確立されていませんが、期待される技術であり、その考え方を以下に説明します。

(1) 低消費電力化

IoTデバイスに搭載されるマイクロプロセッサは、CMOS化や超低消費電力化により、従来と比べて消費電力は削減されていますが、さらに消費電力を少なくするためには、ネットワーク通信と同期したスリープ制御が必要となります。つまり、IoTシステムでは、サイズが小さいデータを間欠的に送受信する場合が多く、それにあわせて、マイクロプロセッサを間欠動作させることにより、更に消費電力を削減することができます。

また、サイズが小さいデータを送受信する場合は、通信プロトコルのヘッダや通信ネゴシエー

*6：**PWM**：Pulse Width Modulation

ションの処理がオーバヘッドとなり、電力消費の原因となります。そこで、通信ヘッダをコンパクト化したり、通信ネゴシエーションを省略したりするなどして、プロトコル処理による消費電力を削減する通信プロトコルとして、6LowPAN[*7]やCoAP[*8]などが提案されています。一方、IoTデバイスに接続するセンサも電力を消費するため、必要な時のみに通電し速やかに使用可能となるセンサデバイスの開発が求められています。

(2)エナジーハーベスティング

外部から電力が供給できない場合は、バッテリを用いてIoTデバイスを動作させる必要があります。しかし、バッテリは寿命があるため、それを交換するためにコストがかかります。IoTデバイスを屋外に設置する場合は、電力源として太陽光発電を利用することがあります。また、最近では、振動・温度差・室内光・電波などの周辺環境から微弱なエネルギーを集めて発電し、それを電源として利用するエナジーハーベスティングが注目を集めています。エナジーハーベスティングは、屋内外を問わず利用ができます。しかし、現在のところ、エナジーハーベスティングで得られるのは数十μWから数mW程度の微小電力であるため、IoTデバイス全体を安定的に動作させることは難しく、主にセンサモジュールを駆動させるために利用されています。また、蓄電池と組み合わせて利用されることも一般的です。

エナジーハーベスティングの代表的な発電方式としては、熱エネルギーを利用する熱発電方式と振動エネルギーを利用する振動発電方式があります。

表4-4-3に代表的なエナジーハーベスティングデバイスの種類を示します。

表4-4-3　エナジーハーベスティングデバイスの種類

分類	項目	エネルギー源	原理	特長
光発電	バルクシリコン型	太陽光で発電	太陽光によるフォトカレント	大電力が可能
	アモルファスシリコン型	室内光で発電	室内光によるフォトカレント	電力が小さい
熱発電	ゼーベック素子	熱エネルギー	PN半導体間の熱による電子移動	温度差が無いと低効率
	圧電素子	熱エネルギー	周囲温度による分極電荷の変化	
振動発電	電磁式	低周波振動エネルギー	コイルと永久磁石の間の電磁誘導	小型には不向き
	圧電式	振動エネルギー	圧電素子による歪の電気変換	低コスト
	静電式	振動エネルギー	(シリコン)櫛歯電極やエレクトレット素子の振動による電荷移動	小型化に向く
電波発電		電磁波エネルギー	アンテナが受けた高周波電荷	

*7：**6LowPAN**：IPv6 over Low Power Wireless Personal Area Networks
*8：**CoAP**：Constrained Application Protocol

4-5 画像センサ

1 画像センサの原理

画像センサとは、対象物を2次元平面の画像として捉えるもので、代表的なものに、CCD[*1]カメラやCMOS[*2]カメラなどがあります。

それらのカメラは、レンズを介してCCDなどの撮像素子面に対象物を投影します。撮像素子面にはフォトダイオードなどの光電変換素子がXY平面上に配列されており、その一つ一つが画素となります。画素毎に、投影された像の明暗に応じた電荷量に変換(光電変換)されます。その後、蓄えられた電荷量を順次読みだし構成することで画像を取り出します。この様にカメラは、対象物を標本化、量子化してデジタル画像として出力することになります。

以上の処理を一定周期で行うことで、動画像として撮影することができます。

なお、撮像素子は、上記のよう2次元に配列されているものが一般的ですが、1次元に配列されているラインセンサもあり、スキャナなどに利用されています。ラインセンサの場合は、対象物が移動するか、センサが移動しながら撮影することで、2次元の画像を合成します。

画像の解像限界は、撮像素子の画素数によって決まります。画素数が多いほど滑らかな画像が得られます。一方、同一素子サイズの場合、画素数が多いということは、その分画素サイズが小さくなります。これは受光面積が小さいことを意味しますので、感度が低下することになります。そのため、最近の素子にはマイクロレンズアレイが画素毎に配置され、集光率を向上させています。

また、カラー画像を得るためには、カラーフィルタを介して光をRGB(赤、緑、青)、またはCMY(シアン、マゼンタ、イエロー)に色分解してから撮像素子に投影します。各色を3枚の撮像素子で受ける場合と、色フィルターの配列パターンを作成して1枚の素子で受ける場合があります。3CCDなどと称しているものは前者になり高級品になります。一般の物は後者になり、色解像度は本来の画素数の数分の一に落ちてしまうことになりますが、信号処理エンジンで補間処理を行い、カラー画像を作成しています。

---

*1: **CCD**：Charge Coupled Device

*2: **CMOS**：Complementary Metal Oxide Semiconductor

図4-5-1　画像センサの原理

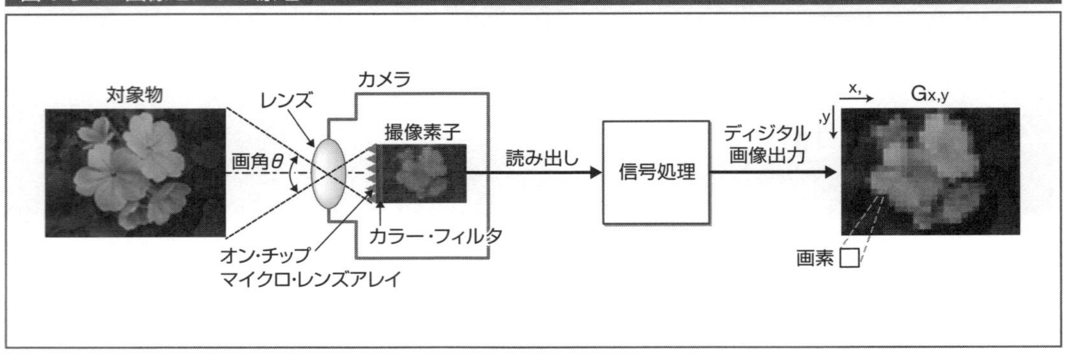

(1)撮像素子サイズと表示画面サイズ

感度を上げたい場合は、大きな画素の素子を使うのが有効です。併せて高解像度な画像を得ようとする場合は、大きな撮像素子サイズのカメラを使う必要がありますが、その分レンズも大型になり、カメラ自体が高価になります。

一方、撮影した画像を画面表示する際には、高解像度で撮影しても表示画面が高解像度でない場合は粗い画像しか表示できないので、撮像素子と表示画面のバランスを取ることも重要です。

表4-5-1　代表的な撮像素子サイズ

呼称	撮像素子サイズ(V×H)	備考
フルサイズ	36mm×24mm	一眼レフ
1型	13.2mm×8.8mm	~10Mpix
2/3型	8.8mm×6.6mm	~5Mpix
1/3型	4.8mm×3.6mm	~SXGA

表4-5-2　代表的なディスプレイ規格

規格	画素数(V×H)	画面アスペクト
VGA	640×480	4:3
SXGA	1280×1024	5:4
HD(フルHD)	1920×1080	16:9
4K	4096×2160	256:135

(2)レンズの焦点距離(f)と明るさ(F値)

レンズの代表的な仕様に、「焦点距離f」と「F値」があります。

焦点距離fと、撮像素子サイズが分かれば、撮影する画角θが求まります。

$$\theta = 2 \times \arctan\{(\text{撮像素子サイズ}/2) \div (\text{焦点距離})\}$$

例えば、f50mmのレンズを使った場合、1/3型のカメラでの画角θ_Hは約5.5度になり、フルサイズでは40度になります。このように、同じ焦点距離のレンズでも素子サイズによって画角が変わるので注意が必要です。

F値は、露出設定の絞り値を表し、次式で求めることができます。

$$\text{F値} = \text{焦点距離}f \div \text{レンズ口径}D$$

例えばf50mmでレンズ口径Dが25mmであれば、F値は2になります。

レンズの絞りを最大に開いた時の明るさを、そのレンズのF値と呼び、レンズの能力を表します。明るいレンズほど解像力がある一方、焦点からずれた時のボケ量が大きくなります。

(3) 画像センサの種類

画像センサの代表的なものは前述のカメラで、人間が見ることができる可視波長域の光を受けて画像にします。数μmの熱線を受ける赤外線センサを用いれば、「熱画像センサ」になります。その中間の近赤外線画像センサもあり、X線や、その他の波長帯でもそれぞれに合ったセンサを使うことで、種々の画像を得ることができます。

また、対象物までの距離を使った距離画像も使われています。距離センサの代表的なものに「TOF[*3]」方式のセンサがあり、対象物までの光の移動時間を計測することで距離を求めています。また、ステレオカメラなどでも距離画像を得ることができます。

なお、マイクロソフト社から発売されたKinect(キネクト)はRGBカメラ、距離センサなどから構成され、ゲームプレイヤーの位置、動き、顔などを認識することができます。

2 画像処理の概要

画像処理とは、画像データをコンピュータによって処理し、変形、着色、合成などの加工を行うことであり、画像の特徴の抽出、計測、分類なども含まれます。

また画像処理に関連する言葉としては、コンピュータビジョン、マシンビジョン、リモートセンシング、医用画像処理、パターン認識、OCR(光学式文字読み取り)、CG(コンピュータ・グラフィックス)等があります。このように画像処理と言っても、用途によって色々と捕らえ方も違います。

ここでデータの入・出力を切り口に画像データを扱う技術を整理すると、表4-5-3のようになります。一般にはa、bが画像処理と呼ばれます。

IoT用途の場合、出力形態は、画像データか記述データ(メタデータ)になります。

画像データを出力する場合は、より見やすくするためにコントラスト改善などの画像変換をしたり、膨大なデータ量を削減するための画像圧縮などが行われます。メタデータの場合は、対象物がどのようなものであるか、どのような状態か、などと認識・理解した結果や、対象物のサイズや数量などを計測した結果を出力することになります。

ここでは、空間的情報の画像変換の例を図4-5-2に示します。処理対象画像(図4-5-1の出力画像に相当)の各画素の値Gx,yに対し、係数Hi,jの積和演算(式A)を行うことで鮮鋭化処理などを行うことができます。

表4-5-3　画像データの処理の仕方による分類

分類	入力	出力	内容／応用分野
a	画像	画像	狭義の画像処理、画像変換、圧縮／カメラや撮影画像の画質改善、画像の可視化、CTなど
b	画像	記述	計測、パターン認識・理解、動画像処理／OCR、検査装置、ロボットなど
c	記述	画像	画像の生成、CG／アニメ、特撮映画など

*3：**TOF**：Time Of Flight

図4-5-2　画像変換処理(空間的情報の変換)の例

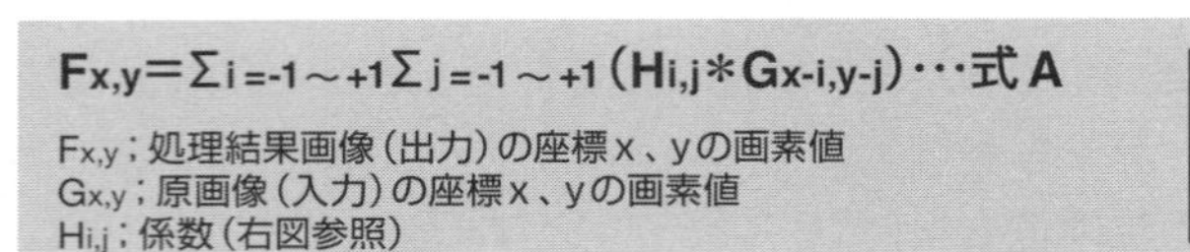

$H_{-1,-1}$	$H_{0,-1}$	$H_{+1,-1}$
$H_{-1,0}$	$H_{0,0}$	$H_{+1,0}$
$H_{-1,+1}$	$H_{0,+1}$	$H_{+1,+1}$

(1) 係数パターン

(a) 鮮鋭化処理　(b) エンボス処理　(c) 微分

(2) 画像処理結果（$F_{x,y}$）の例

(a) 鮮鋭化

0	-1	0
-1	5	-1
0	-1	0

(b) エンボス

-1	-1	-1
1	1	1
1/3	1/3	1/3

(c) 微分

-1	-1	-1
-1	8	-1
-1	-1	-1

(3) 実際の係数の例

3 画像計測、認識の概要

一番単純な画像計測では、撮影した対象物のエッジからエッジまでの画素数をカウントすることで、相対的な大きさを測ることができます。撮影距離Lやカメラ仕様などの光学条件が明確であれば画素サイズが分かり、実際の寸法が計測できることになります。また、テレセントリックレンズなどの平行光学系を用いれば、Lの影響がなくなるので計測が容易になります。更に、スリット光を照射することで対象物の高さを測ることもできます。これらを図4-5-3に示します。

なお、単純には画素サイズが計測分解能になりますが、サブピクセルまでの計測精度を出す工夫もなされています。

図4-5-3　画像計測の例

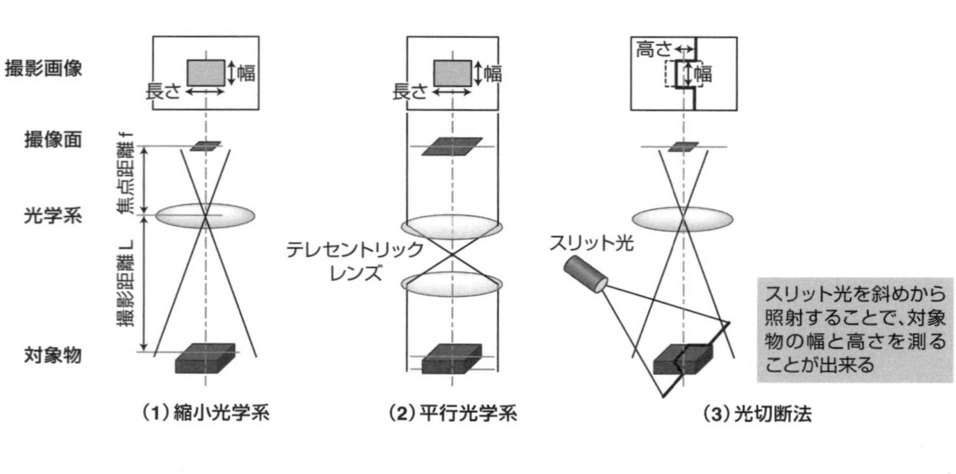

撮影画像　撮像面　光学系　対象物
長さ　幅　高さ
焦点距離f　撮影距離L
テレセントリックレンズ
スリット光
スリット光を斜めから照射することで、対象物の幅と高さを測ることが出来る

(1) 縮小光学系　(2) 平行光学系　(3) 光切断法

画像認識は、対象物の色や幾何学特徴、HOG[*4]特徴、高次局所自己相関特徴（HLAC[*5]）など色々な特徴量を利用したり、パターンマッチング、統計的識別法やニューラルネットなどの機械学習手法などを用いて行われます。撮影画像（対象画像G）の中から、探し出したい画像（テンプレート画像）がどこにあるかをサーチするパターンマッチングの例を図4-5-4(a)に示します。

また特徴空間上に識別したいカテゴリ群を配置した場合、各カテゴリと未知のデータまでの距離によって、どのカテゴリに属するかを判別することができます（図4-5-4(b)）。

図4-5-4　画像認識の例

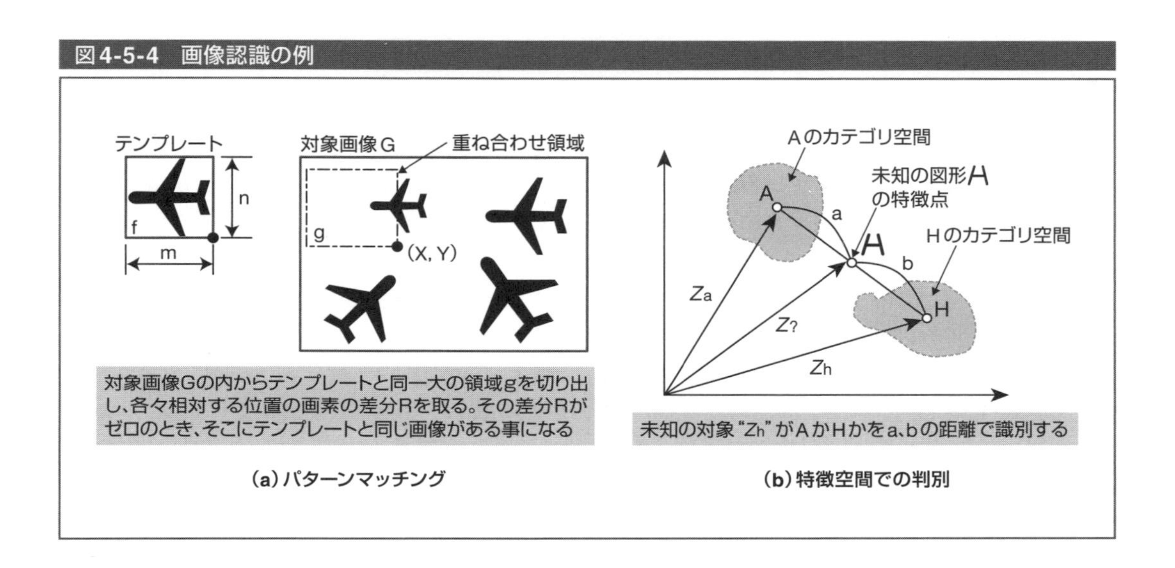

(a) パターンマッチング　　(b) 特徴空間での判別

*4：**HOG**：Histogram of Oriented Gradients
*5：**HLAC**：Higher-order Local Auto Correlation

4-6 MEMS

1 MEMSとは

MEMS(Micro Electrical Mechanical System)は、微小電子機械システムと呼ばれ、マイクロマシニングという半導体製造技術を使って製作されるチップを指します。4-2節で紹介された圧力センサや加速度センサのうち、スマートフォン等に採用されている小型センサの多くは、このMEMSに分類されます。

例えば圧力センサを例にとりますと、MEMSが実現する前は、金属加工で作成した内部が空洞の円筒型の部品の上面に、金属薄膜で作成した歪センサを成膜、あるいは貼りつけて、この円筒を様々なシール材料でガス管やケースに取り付けていました。

しかしMEMSでは大面積のシリコン基板の上に、半導体製造プロセス、例えばフォトリソグラフィー、酸化、成膜、電極成型、更に空洞部の深掘りエッチング等を用いて、一体形成を行います。このため、小型で大量に、しかも性能の優れたセンサデバイスが製造できます。さらにセンサ回路や駆動回路、信号処理回路・インタフェース回路等を集積化できるメリットもあり、最近のタブレット端末やスマートフォン等に大量に使われており、モーションセンサやスマートセンサにもMEMSは不可欠になっています。

2 MEMSの製造方法による分類

MEMSが半導体（LSI）と異なるのは、機械構造体を所有することですが、その機械構造体の製造方法によって図4-6-1に示すように大きく二つに分類できます。一つは表面マイクロマシニングを用いた表面マイクロマシン、他はバルクマイクロマシニングを使ったバルクマイクロマシンです。

図4-6-1　MEMSの製造方法による分類

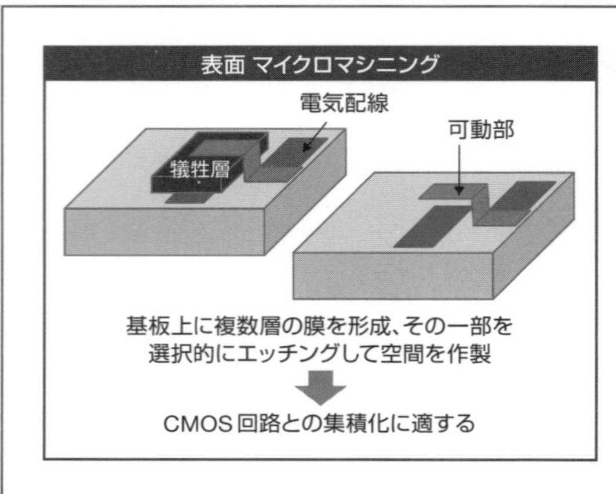

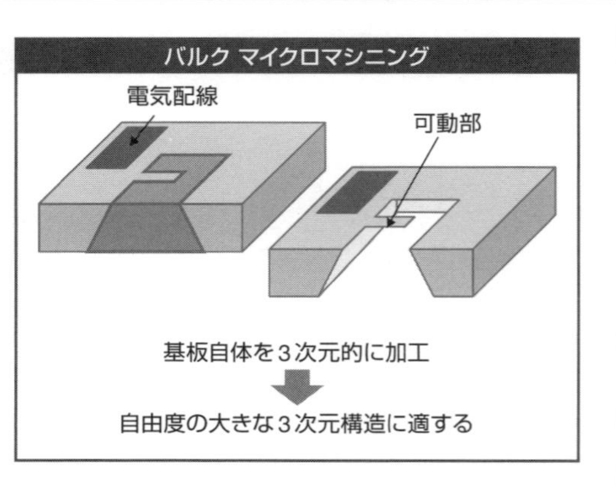

表面マイクロマシンは、基板上に材料が異なる複数層の膜を形成し、その一部を選択的にエッチングすることで空間構造を伴う機械構造体を形成します。この場合は、同一平面にCMOS等の電子デバイスを埋め込んだ基板が利用できるため、集積化MEMSに向いた製造方法です。

バルクマイクロマシンは、基板であるシリコンをウェットエッチングやシリコン反応性エッチング等で10から300μm程度にエッチングすることで大きな機械的構造体を作成します。このようにバルクマイクロマシンでは精度の高い加工ができますが、センサ回路や周辺回路を集積化できる表面マイクロマシンが、IoT向け用途として主流になりつつあります。

3 MEMSの機能による分類

MEMSセンサは4-2節で紹介したセンサ同様に、そのセンシング対象や機能によって以下のようにいくつかに分類されます。

(1)物理MEMSセンサ
(2)RF-MEMS(Radio Frequency-MEMS)
(3)化学MEMSセンサ
(4)バイオMEMSセンサ

この分類に従い、MEMSセンサの種類と特徴を表4-6-1に示します。ここで、MEMSスイッチは、正確にはセンサではなくアクチュエータに近いものですが、IoTの用途としては、必須のデバイスなのでリストに入れました。全てのセンサにおいて、従来の10分の1から1000分の1の小型化が図られています。これらは静電容量をセンシングの手段として使う場合が多く、また、浮遊容量[*1]を小さくし、検出回路を集積できることから高感度化も達成できます。更に加速度、角速度、方位センサ等の物理センサでは、多軸化が容易であることも特徴です。

表4-6-1 MEMSセンサの種類と特徴

分類	項目	センシング原理	MEMSセンサとしての特徴
物理MEMSセンサ	圧力センサ	圧力によるシリコン薄膜の変位	小型化・高感度化
	加速度・角速度センサ	MEMS内物体の振動やコリオリの力の検出	小型化・高感度化、多軸化
	方位センサ	磁気センサによる地磁気の計測	小型化・高感度化、多軸化
	力覚センサ	シリコン歪センサの利用	小型化・高感度化、多軸化
RF-MEMS	マイクロ共振子、タイミングデバイス	微小構造体の振動、周波数計測	小型化、高感度、高周波、温度補正
	MEMSスイッチ	高周波高速高効率スイッチ	低抵抗、ロス削減
化学MEMSセンサ	湿度センサ	ポリマーのインピーダンス変化等	小型化、高感度化
	ガスセンサ	マイクロホットプレート上の金属酸化物の抵抗測定	小型化、高速応答、低消費電力化、高感度化
	PHセンサ	マイクロ電極の起電力等	小型化、高速応答、高感度化
バイオMEMSセンサ	マイクロ流路化学分析	ガラス、プラスチック微小流路の使用	小型化、高速応答、低消費電力化、高感度化
	マイクロチップ	ガラス、プラスチックの微少セルの利用	小型化、高速応答、低消費電力化、高感度化

*1: **浮遊容量**:電子回路などにおいて設計者が意図せず発生する容量成分。寄生容量とも呼ばれます。

IoTデータ活用技術

前章までで、IoTシステムの基本的な構成と、IoTデバイスからデータを収集するための通信方式、及びIoTデバイスについて学びました。本章では、収集したデータを活用する技術について解説します。
IoTシステムを構築する際には収集したデータの活用方法を考えておくことが重要です。IoTシステムではデータが継続的に増加し続けるため、データを収集・管理するにはコストがかかります。コストに見合った効果を得るために、効率の良いデータ収集の仕組み、データを効果的に活用するための分析手法の選択、収集データの管理方式など、IoTデータを活用するためのシステム全体の基本設計が重要となります。この基本設計を踏まえ、収集したデータを価値あるものに変えていくための技法について説明します。

5-1 IoTデータ活用の概要

1 IoTシステムにおけるデータの流れ

IoTシステムを構築する際には、「収集したデータをどのように分析し活用するのか」を考えておくことが重要です。IoTシステムにおいてはデータが継続的に増加し続けるため、データを収集・管理するにはコストがかかります。コストに見合った効果が得られないシステムは、維持そのものが困難になるということは、IoTシステムにおいても変わりません。そのためには、データを収集、蓄積するだけでなく、効率よく活用して新しい価値を創出する必要があります。効率よく低コストなデータ運用を可能にするIoTシステムを実現するためには、目的に合致したデータの見極めと収集方法や、必要なデータの流れをシステムワイドに見渡せることが重要となります。

データの流れの概念図を、図5-1-1に示します。IoTで扱うデータの基本的なライフサイクルは、データの発生、収集、蓄積、整形、集約、分析、利用のフェーズにより成り立ちます。また、分析結果をIoTデバイスにフィードバックして活用する場合もあります。

図5-1-1　IoTシステムにおけるデータの流れ

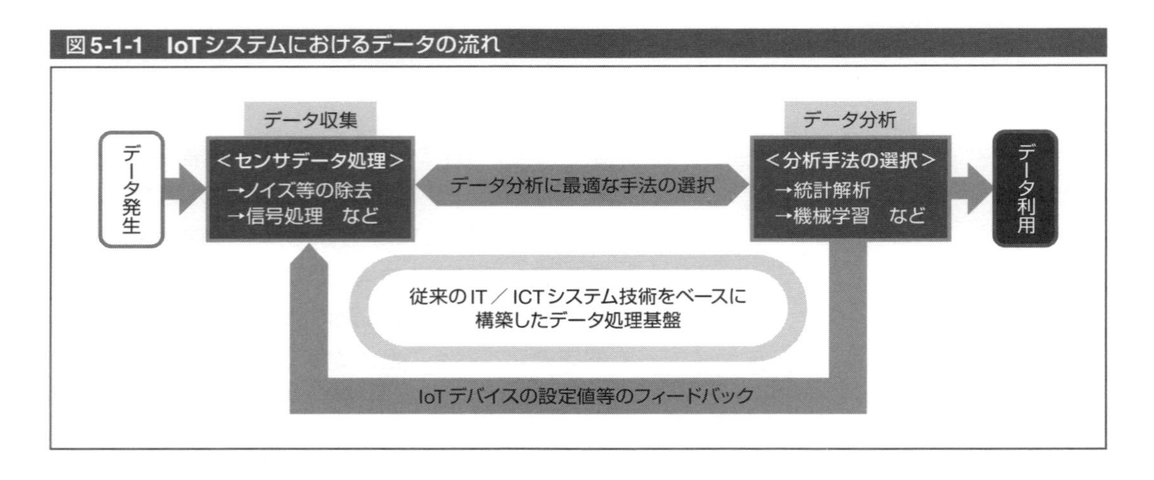

保存したデータは、システムの構築目的に従って分析し、分析結果の「見える化」やIoTデバイスへの設定値変更などのフィードバックに使用します。

2 IoTデータの特徴

IoTデータには、基幹系の業務システムや、情報システムから抽出される情報、あるいはそれらのシステムの操作によって発生した情報など、オープンデータのようなWeb上のデータだけでなく、様々なデバイス、センサからリアルタイムに発生する計測データなどがあります。IoTシステムは、このような様々なデータをリアルタイムに使用、もしくは蓄積して活用するなど、「可視化」、「予測/分析」、「通知/制御」といった活用手段により高い価値を創出します。IoTシステムで収集するビッグデータの例を示したのが、図5-1-2になります。

IoTでは様々なデータを取り扱いますが、一般的にIoTデータの特徴として、次の事項が挙げられます。

・データは継続的に発生する(したがって時系列データとなります)。
・多種多様なデバイスやセンサから発生するデータが含まれる。
・データの発生元となるのは、様々なメーカが作ったデバイス、センサ、その他機器であり、規格、データフォーマット、通信プロトコルなどを合わせる必要がある。
・規格、データフォーマット、通信プロトコルが追加、変更になる可能性がある。
・多くのデバイス、センサから、継続したデータが収集されるので、業務システムに比べ爆発的にデータが増えることになる。
・データにノイズ(本来は必要としない付帯情報)が多く含まれる場合がある。
・デバイスやセンサが持つ内部時刻のズレにより、時間についての誤差が発生する可能性がある。

図5-1-2　IoTシステムでの収集データの種類

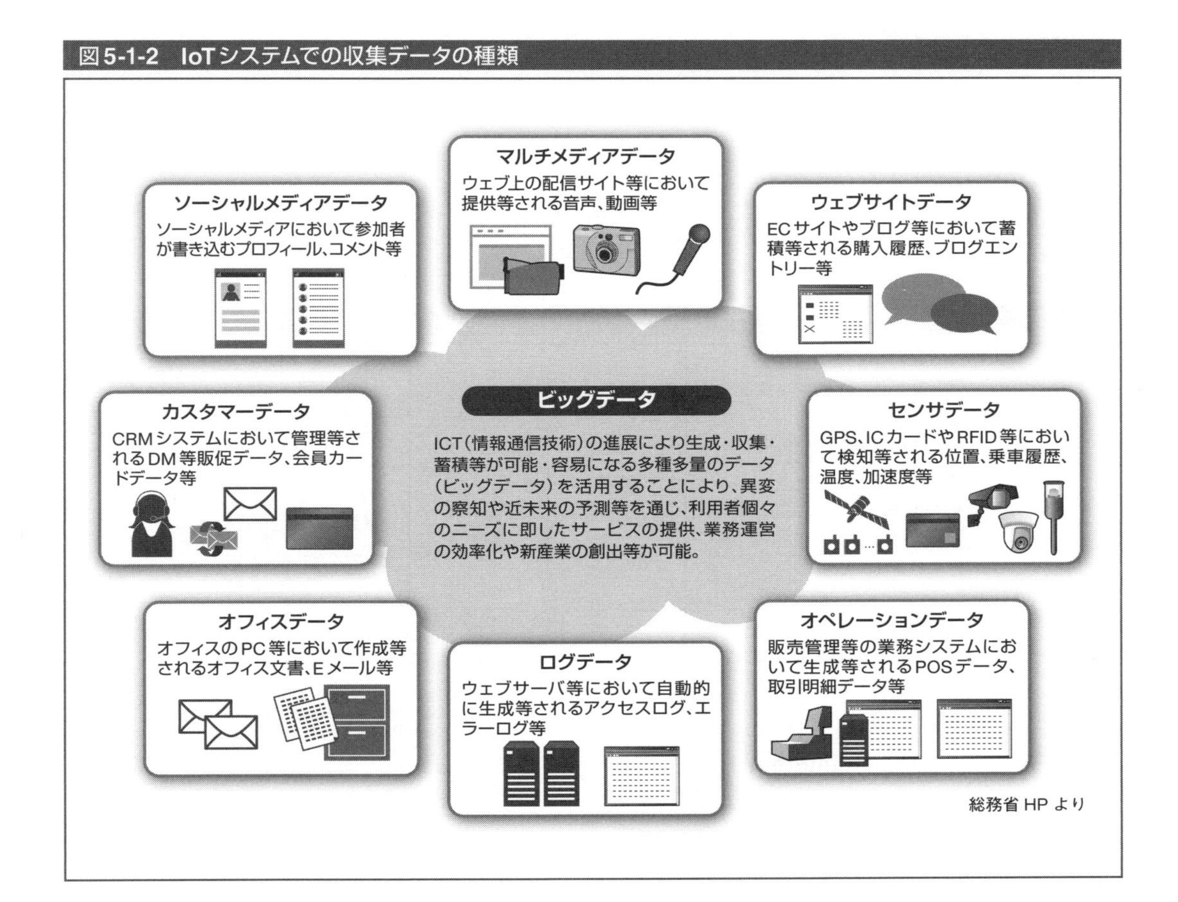

IoTシステムのデータ処理に当っては、従来の情報システム構築とは、異なった上記の点を考慮する必要があります。特に、デバイスやセンサの計測値のデータには、ノイズや重複した情報などの不要なデータが含まれていることがあり、測定した時間が正確でない可能性もあります。このような不要なデータや時間が不確かなデータを効率よく取り扱う必要があり、適切な前処理が必要になります。

膨大なデータが集まるIoTシステムでは、データの収納効率やデータのアクセス頻度に従った適切な保存先を選択しなければ、コストが爆発的に増えてしまいます。特にメモリのコスト、ストレージのコストに細心の注意を払い設計することが有用です。例えば、取得した情報をリアルタイムに使うこともあれば、翌日までに何らかの統計処理を行うこともあります。また、月単位で集計することもあるかもしれません。データが古くなればなるほど利用頻度は減っていくことが予想されます。そこで、データをアクセス頻度順に、ホットデータ、ウォームデータ、コールドデータに分けて管理することなどへの考慮も必要となります。

3 IoTデータの運用形態と典型的な利用方法

IoTシステムを構築する上で、構築モデルは重要な選択事項の一つです。IoTシステム構築に要求される要件、例えば、利用開始までの期間、コスト、拡張性、品質などを考慮し、構築モデルを選択することが重要です。

構築モデルの形態として、自前でシステムを用意して運用する形態と、クラウドサービスを活用する形態に大別されます。このうちオンプレミス型は、自前で用意した設備にソフトウェアを導入し運用する形式で、システムを所有する形になります。

クラウドサービスの主な形態を、図5-1-3に示します。

コンピュータシステムの環境を提供する形態がIaaS型サービスになります。

図5-1-3　クラウドサービスの形態とサービス（例）

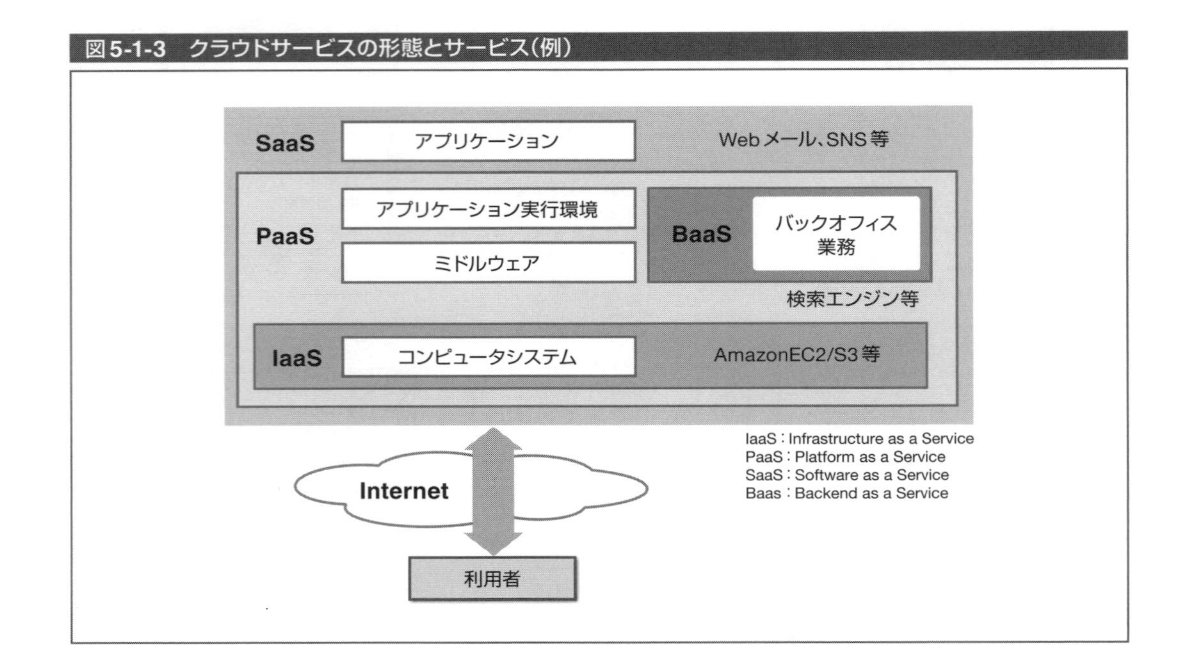

PaaS型サービスは、IaaSをベースにデータ収集部分、分散処理部分、保存部分など、必要に応じてサービスを利用します。この型は、自前で用意するのが容易ではない部分をサービスとして利用する形になり、PaaS環境で作成したアプリケーションを実行します。

SaaS型サービスは、データ処理部分をSaaSに依頼しますが、データの利用のためのアプリケーションは、自前で作成したり、提供されるソフトウェアを使用したりします。

PaaS型サービスの一部としてBaaS型サービスが提供されています。モバイルアプリケーションのバックエンドとして必要なサービス機能には、データ保管機能、プッシュ通信機能、ユーザ管理機能、SNS等との連携機能など共通的な機能が多く、これらの標準的な機能はBaaSが提供し、モバイルアプリケーションからAPIで呼び出すことで使用できます。したがって、サーバ側の標準サービス機能のコードを書くことなく、モバイルアプリケーション開発に集中できるメリットがあります。

収集したデータを分析したら、次のステップとしてデータ提供の環境を整える必要があります。分析結果のデータを効果的に提供するためには、収集したデータを利用しやすい形で、かつ容易に取り出せるようにしておく必要があります。そのためには、データをファイルに書き込んでおいたり、画面で生データやグラフを表示するだけでは不十分といえます。

データの活用を促進するためには、可能な範囲でデータを共有し、分析・解析等に利用できるオープンデータとして扱うことも考慮する必要があります。IoTデータはデータ量が膨大になりやすいため、データを逐一ダウンロードして関係者に配布するという方法は現実的ではなく、IoTデータを格納しているデータベース上で共有範囲を設定してデータを共有する仕組みを提供することが望ましいと考えられます。そのためには前提としてユーザ認証や認可の仕組みが必須となります。IoTデータは時系列データであるため、典型的な利用方法は「特定のデバイスのデータを時刻範囲指定で取り出す」という使い方になります。そのためには、デバイスと時刻範囲を指定してデータを抽出するクエリー機能が最低限必要になります。

また、データを利用する側が活用しやすいデータの提供方法も考えなければなりません。分析ツールやExcelなどで読み込むだけであればCSVなどのテキストファイルで十分ですが、外部システムやアプリケーションからデータを利用する場合には、データ取得用APIを提供するとリアルタイム性の高いデータ提供が容易になります。その場合、データの活用が進むとデータ取得用APIに負荷がかかりやすくなるため、十分な性能を確保できるようなシステム構成にしておくべきです。例えば、監視用のダッシュボード・アプリケーションを提供する場合、収集データをリアルタイムで表示する必要があるため、多数のクライアントからのデータ要求リクエストを高速に処理できるシステム構成とします。

提供するデータの付加価値を高めるためには、デバイスから収集するデータを補完する情報をサーバ側で管理しておき、提供時に必要に応じて付加できるようにしておくことが考えられます。例えば、デバイスの名称や型式、シリアル番号、設置場所、管理者などを提供できれば利便性を高めることができます。

5-2 データ分析手法

本節では、収集したデータの受付け、データベース保管、データ分析などの主な手法の一連の流れを学習します。

1 データ分析処理手順

(1)データの受付け

データを受け付けるに当っては、ネットワーク接続時のセキュリティを考慮しなければなりません。正しいデバイスからのみデータを受け付けるように、データ受付け部に接続するデバイスやセンサやゲートウェイは正しい接続元であることを認証することも必要になります。また、インターネットを介した通信を使ったシステムでは、回線が一時的に切れることも想定に入れ、そのような場合も正常に動作するように考慮しなければ安定したシステムになりません。受付け処理におけるシステム構築上の留意点を以下に示します。

・多くのデバイスやゲートウェイから同時にデータを受け付けなければならない場合には、ロードバランサや分散メッセージングにより負荷の分散を行います。
・データ受付け処理が完了したことを、データ単位で管理しないとデータ消失が発生する危険性があり、厳密にデータ受付けを保証する必要がある場合には、受付け処理の原子性担保機能を織り込みます。
・受け付けたデータが改ざんされていないことを担保したい場合には、ハッシュアルゴリズムを用いたハッシュ関数を用います。ハッシュ関数は、検索の高速化やデータ比較処理の高速化の手法として使用されますが、改ざん検出としても使用できます。ハッシュ関数としては、アメリカ国家安全保障局が設計したSHA-2(Secure Hash Algorithm-2)などがあります。
・どの機器から発生したデータなのか特定する場合には、トレーサビリティ機能をシステムに盛り込みます。

(2)データの加工

データ加工のタイミングは、データ受付け時に行っておく場合と、データ利用時にその都度行う場合があります。データ受付け時に加工する場合、データが継続的に到達し続けることや、リアルタイム性が高いほどデータの利用価値が高まることから、リアルタイム処理が必要となる場合が多くなります。この場合、データ量の増加に備えてスケーラブルな仕組みにしておくことが重要となります。また、データ量の変動に対応するため、メッセージングシステムを利用してバッファリングを行い、IoTシステム全体での負荷を平準化する手法も有効な手段となります。

また、データの加工は、通常はデータ利用側の分析ツールで行うのが一般的ですが、汎用的な加工処理であればデータ提供用のAPIに加工の仕組みを組み込んでおくと、利用側の負担を軽減することができ、結果としてデータ活用の促進につながります。

(3)データの保管

データ保管に関して考慮すべき点は二つあります。一つは、増加し続ける大量の時系列データをどうやって管理するかということ、もう一つはデータのバリエーション(種類)の増加にどうやって対応するかということです。

データの活用の利便性を考えると、IoTデータは単なるテキストデータとして保管するのではなく、何らかのデータベースに格納しておき、クエリー等で容易に取り出せると便利です。しかし、大量の時系列データを取りこぼしなく確実に記録するためには、高速な書込みが可能で、かつ可用性の高いデータベースが必要になります。一方、IoTデータには「更新はほとんど発生せず、トランザクション処理も不要」という特徴があるため、業務系システムでよく使われるRDBMS[*1]ではなく、NoSQL[*2]タイプのデータベースが適していると考えられます。

時系列に受け取るIoTデータの処理では、時間軸に沿ったデータの参照や取得が効率的に行えることが重要となります。具体的には、時刻範囲(開始時刻と終了時刻)を指定してデータを抽出することが圧倒的に多く、典型的な例はダッシュボードでの直近1日分のグラフ表示による可視化などです。このような利用形態に対して、効率よく高速にデータを取り出せることが重要です。一般的なNoSQLは時系列データの扱いに特化したものではないため、データ格納形式やインデックスを最適化するなどの工夫が必要になることが多くなります。一方で、時系列データに特化した専用のデータベースも増えてきています。

データのバリエーションの増加とは、新たな機器やシステムの追加によって収集・管理するデータの種別が増えるケースや、既存の機器の機能追加やバージョンアップ等によってデータ種別が変更になるケースなどがあります。IoTシステムは、いったん運用を開始すると、継続的にデータを収集・管理し続けなければならないことが多く、システムを止めずにデータのバリエーション増加に対応できることが必要となります。この観点からも、RDBMSはデータ構造(スキーマ)が固定的であるため、データ構造の変化に柔軟に対応しやすいNoSQLタイプのデータベースが利用されることが多くなります。

(4)データのリアルタイム処理

リアルタイム性を要する制御システムや、何か特定の条件に合致した場合に利用者に通知するケースでは、クラウドに取り込まれるデータをリアルタイムに処理する必要があります。このような途切れなく発生するデータをストリームデータといい、ストリームデータを継続的に処理し続けることを、ストリーミング処理と呼びます。ストリーミング処理については、5-3節 2で解説します。

リアルタイム処理も同様に大量のデータを処理する必要があるため、分散型(スケールアウト型の性能向上が可能なアーキテクチャ)である必要があります。

---

*1：**RDBMS(Relational DataBase Management System)**：リレーショナルデータベース(RDB)を管理するためのシステム、ソフトウェア。RDBはデータを複数のテーブルという表形式に集約し、表と表の関係を厳格に定義することで、複雑なデータの関連性を扱えるようにしたデータベース管理方式。データの管理や操作には、SQLという言語が使用されます。

*2：**NoSQL**：Not only SQLの意味。RDBMSを除くデータベース管理システムを指し、大容量データの管理や高速処理に最適化した独自の仕組みを持つ多くの種類のデータベースが該当します。一般には、厳格なデータ構造を持たないため、高パフォーマンスを実現でき、RDBよりもビッグデータの処理に適していると言われています。主なNoSQLの種類については、5-3節 3を参照してください。

2 統計解析と機械学習

データ分析手法には、大別して「統計解析」と、「機械学習」の2通りの方法があります。統計解析は既知のデータの特性を「説明」することを主な目的としており、データの背景にある現象の数理モデルが明確であるため、分析結果の因果関係を人間が理解しやすいという特徴があります。一方、機械学習は既知のデータから未知のデータを「予測」することを主な目的としており、分析結果の因果関係はブラックボックスになり、適切な数理モデルの推定が難しい現象にも適用できるという特徴があります。両者は重なる領域も多く明確に区別できるものではありませんが、一つの分け方として、統計解析は原理原則を探求する学術的な手法、機械学習は実用性を重視したビジネス寄りの手法といえます。

一般的なデータ分析は、統計解析によってデータの特性を把握し、必要に応じて機械学習による予測(分類も含む)を行うという手順で進めます。まずは生データ、もしくは平均や分散、ヒストグラムなど生データを統計処理したものを可視化して、データの傾向を見ることが効果的です。その上で、統計モデリング(統計解析による数理モデルの当てはめ)や機械学習モデルの構築を行います。

IoTデータは時系列という特徴があるため、統計解析の手法のうち、特に時系列データを対象とした分析手法の適用性が高くなります。時系列データの分析においては、金融工学とシステム運用監視の分野が先行しており、そこで使われている分析手法が参考になります。例えば、金融工学の分野では、自己相関モデルを用いて株価などの過去の時系列変化を分析し、そこから将来の株価を予想するということが行われています。また、可視化の手法については、システム運用監視ツールのコンソールのデザインなどが参考になります。

図5-2-1　統計解析と機械学習の概念

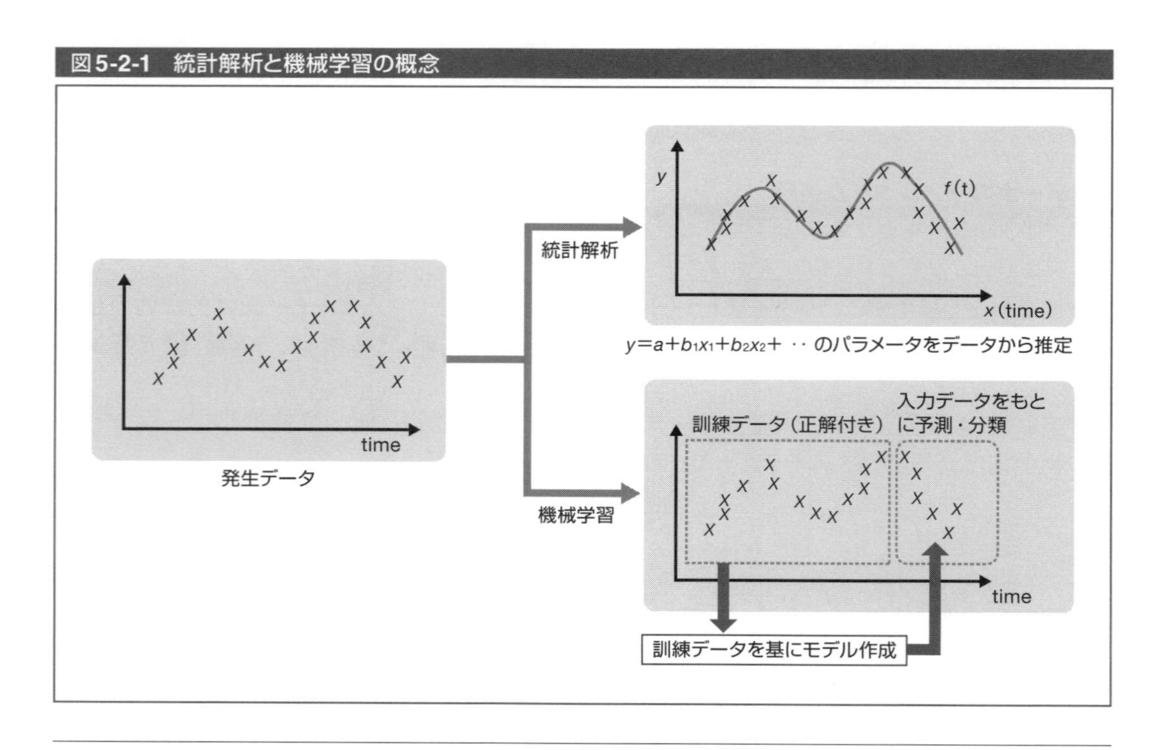

*3：特徴量：対象物体の特徴的な部分を的確に表現する変数の集合

IoTデータの分析に機械学習、特に深層学習（ディープラーニング）を適用する研究が進んでおり、ノイズ除去や異常検知など様々な応用に適用されています。従来の機械学習では、「データの中から本質的に重要な項目を選択する（特徴量[*3]抽出）」作業が不可欠でしたが、この特徴量抽出には高い専門性と経験が要求されるため、機械学習を適用する上でのボトルネックになっていました。深層学習の利点は、この特徴量抽出作業すらも自動化できることにあり、今後爆発的に増加するIoTデータの分析を加速するものと期待されています。

3 統計解析

IoTで収集された膨大なデータを活用する手法として統計学の知識が利用できます。特に、センサ等からの収集データには誤差や異常値、ノイズなどを伴いデータのバラツキが発生します。このようなバラツキのあるデータから意味ある情報を引き出すために、統計的な解析手法を活用します。本節では、IoTデバイスなどから発生するデータを解析する主な統計解析手法の概要を説明します。

統計学には種々の分類方法が存在しますが、大きく分けると記述統計学、推測統計学に分けることができます。記述統計学は対象のデータの全てが分かっている場合の分析手法であり、与えられたデータを、平均値、中央値、比率、分散、標準偏差などに要約し、直感的にデータ全体のイメージを掴むことができます。一方、部分的なデータに基づいて統計解析することを推測統計学と呼びます。一部のデータから統計解析によってデータ全体の推定、検定、分類、相関などのデータの分析を対象としています。

数理統計学における多変量解析とは、複数の変数からなる多変量データを統計的、数学的に扱い、これらのデータ間の関係を明確にする手法を指します。関係を説明したい変数を従属変数（目的変数）、この変数を説明するために用いられる変数のことを独立変数（説明変数）と呼びます。多変量解析はこれらの変数間の結び付きの強さを表す解析手法といえます。

多変量解析は、予測、分類などの目的のために使用されます。予測には、回帰モデル、決定木モデルなどが使われ、分類するための手法として、主成分分析、クラスター分析などがあります。主な用途を図5-2-2に示します。

図5-2-2　統計分析の分析モデル

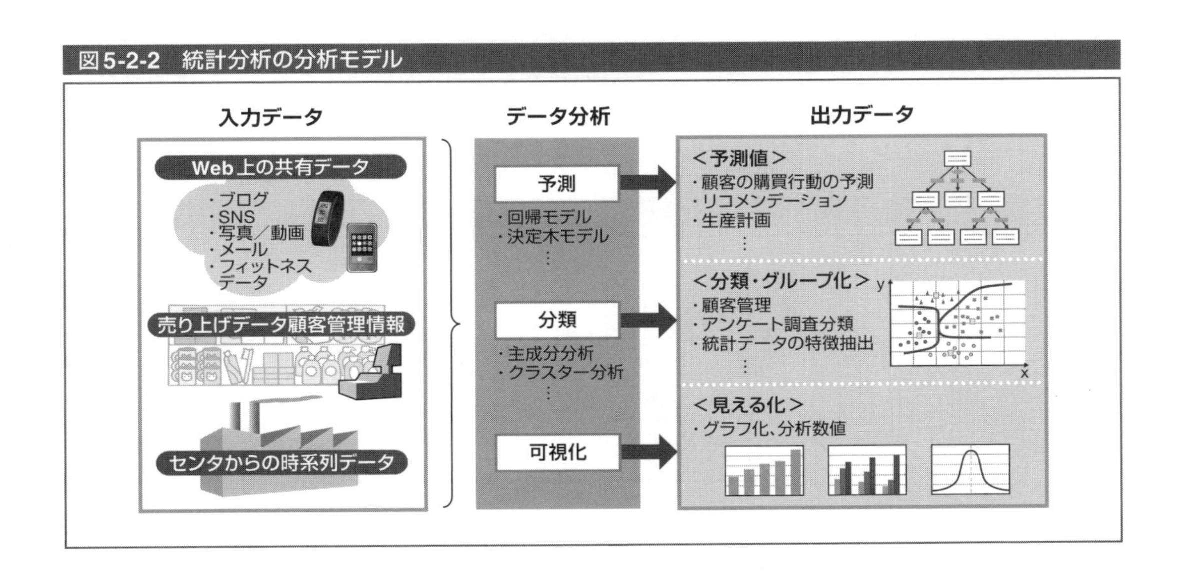

第5章

(1) 予測

収集したデータ、例えば顧客の行動予測や顧客からのアンケートをもとに、リピーターを検出するためには、まずデータ間の関連性を調べることから始めます。データ(変数)の関係を調べる代表的な方法として、相関と回帰が挙げられます。

(a) 相関分析

相関分析は変数間の関連性を単純に調べる分析であり、一方の変数が変化すると、他方の変数もそれに応じて変化する関係です。これを統計的に分析するのが相関分析です。相関分析は、一方の変数が増加すると、他の変数も増加する正の相関関係と、一方の変数が増加すると他の変数は減少する負の相関関係に分かれます。また、相関分析は分析結果として相関係数、あるいは相関整数の有意性を出力します。相関係数は、−1から+1の間の値であり、1に近いと正の相関、−1に近いと負の相関があることを示します。0の時は相関関係がないことを示します。

(b) 回帰分析

一方、回帰分析は、変数間に影響を及ぼす側と影響を及ぼされる側がはっきりしています。影響を及ぼす側を独立変数、影響を及ぼされる側を従属変数と呼び、独立変数と従属変数の間の関係を表す式を統計的手法によって推定します。回帰分析で使われる最も基本的なモデルは、一次関数$y=ax+b$という形式の線形回帰で表すことができます。この一次関数のモデルは、結果xから原因yを推測すると言い表すことができます。

データ全体の傾向を掴むためにデータの可視化をしてみます。変化する二つのデータ値をx-y軸にとり、データ値をプロットした図で示すことができます。図5-2-3に示すような図を、散布図と呼びます。独立変数を第1変数、従属変数を第2変数として表しています。また、散布図にバブル(丸)をプロットすることからバブルチャートとも呼ばれます。バブルチャートはポートフォリオ評価などでよく用いられる分析手法です。回帰分析の基本的なモデルを例示したのが、図5-2-4です。一次関数で表されることから単回帰分析と呼ばれ、この線形単回帰分析は、最小二乗法により各バブルと直線の差の2乗が最小となるようにして求められています。ここで説明した線形単回帰分析は、単回帰分析という最もシンプルな形です。線形というのは説明変数が一つの場合で、説明変数と被説明変数である目的変数の関係を直線で表すことができます。回帰分析のモデルが複雑になると、複数の説明変数で一つの目的変数を予測する重回帰分析や、被説明変数が数値ではなく事象の有無などの確率となるロジスティック回帰分析などのモデルがあります。

図5-2-3　散布図

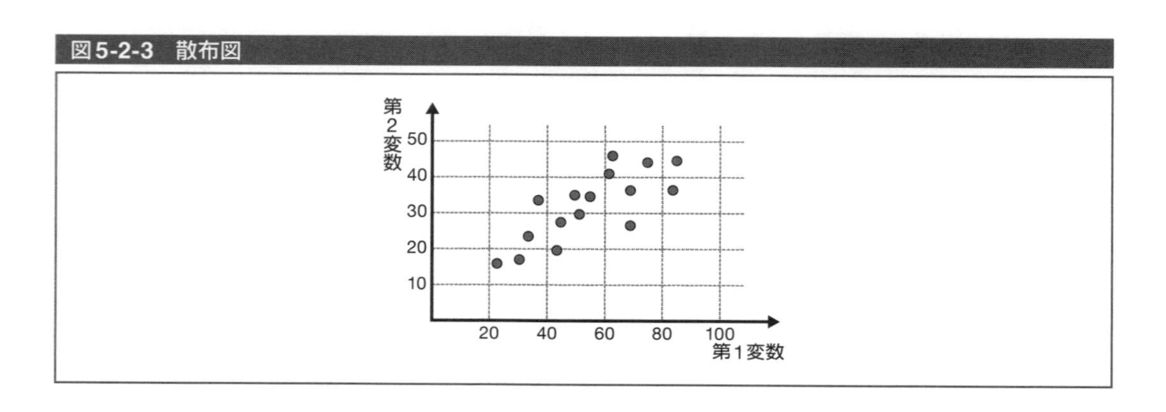

図5-2-4　単回帰分析

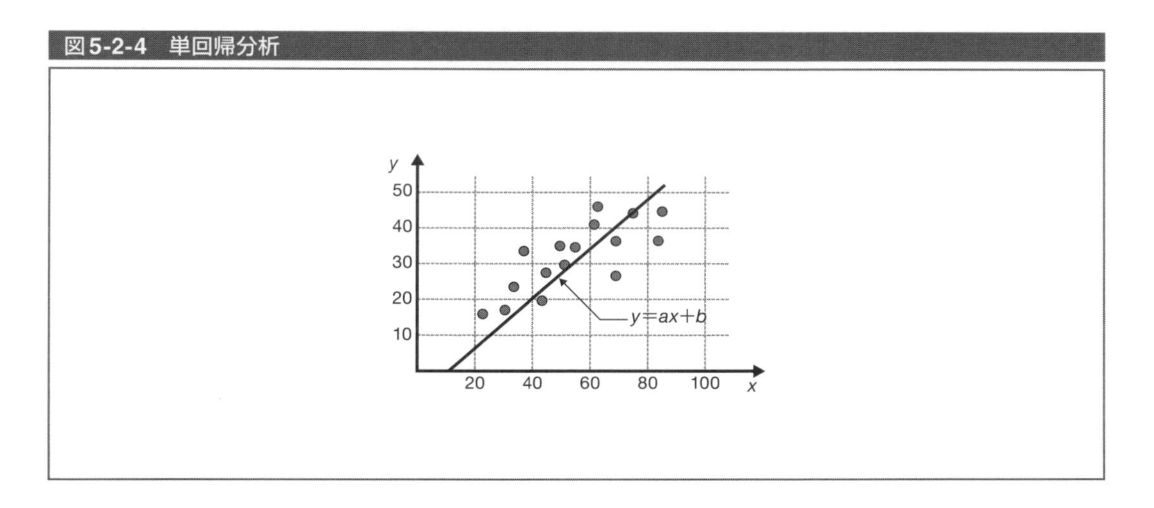

(c)決定木分析

将来を予測する方法としては、数値で予測を表現する方法と、定性的あるいはon/offなどの2値で表現する方法に大別できます。前者の数値で表現する方法を予測問題、後者の定性的や2値で予測判定する方法を識別問題と呼びます。予測問題、識別問題どちらにも対応できるのが決定木分析です。決定木は、ある事項に対する観察結果から、その事項の目標値に関する結論を導くことができます。決定木モデルは、決定を行うためのグラフであり、計画を立案して目標に到達するために用いられます。決定木分析では、「決定木」と呼ぶツリー状モデルを使用して、与えられた結果に影響を与えた要因を分析して、その分析結果を用いて予測します。

決定木分析は分析のプロセスや分析結果を可視化して表現できるので、人間にとってはわかり易い手法であり広く使用されています。決定木分析での分析対象は、売上結果や販売内容などの結果が分かっているデータ群を使用します。したがって、これらの結果とその原因となっているデータをセットで扱っているのが特徴です。

決定木分析の応用としては、流通業界や外食産業などの業界における顧客分析とマーケティングの最適化、顧客獲得あるいは喪失の原因分析、来客数の予測と提供サービスの種類や供給量の最適バランスの調整などに適用されます。決定木分析の決定木の構造例を、図5-2-5に示します。この決定木の構造例は、Rのサンプルコードをもとに出力したものです。最初に、分析の元データ（ルート）の分割の基準を設定して、その基準を満たすようにデータを分割します。データを分割するための質問部分をノード（節）と呼び、分類結果をリーフ（葉）と呼びます。以下部分問題の分割を繰り返し、分岐を作っていきます。また、分岐のもとを親ノード、分岐先を子ノードと呼びます。最終的に分類結果の要素より構成されるリーフに行き着きます。例えば、海外旅行の意向が最も強いセグメントとして、30歳代の医療業界の女性であるといった分析結果を得ることができます。

図5-2-5　決定木の構造(例)

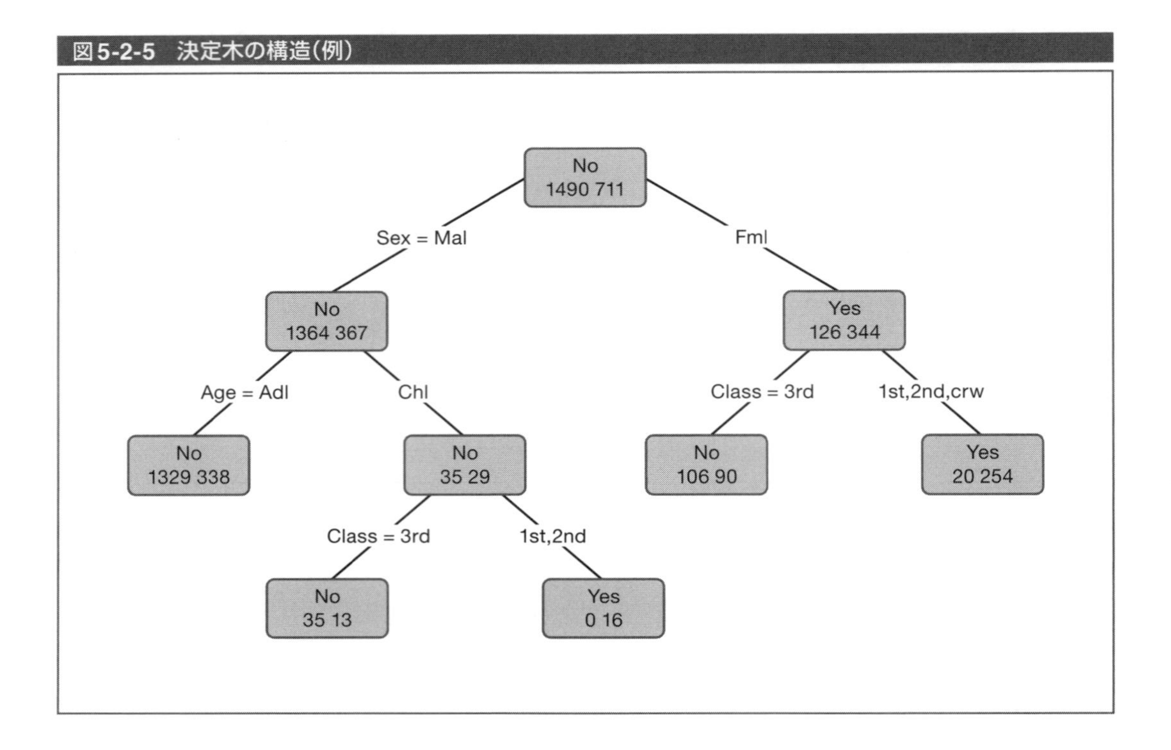

(2) 分類

統計解析を行うに際しては、まずデータの傾向や、大雑把な特徴を把握するために、与えられたデータをうまく分類するところから始めるケースが多くあります。迷惑メールを排除したり、売れ筋商品を抽出したり、顧客の嗜好を掴んだりするために、データを仕分けします。データを複数のクラス、グループに分ける手法は多くあり、入力データのタイプや目的に合わせて手法を使い分けることになります。ここでは、分類手法の例として、主成分分析とクラスター分析を取り上げ、概要を説明します。

(a) 主成分分析

主成分分析は、データの中からいくつかの属性を選択して組み合わせ、新たな属性を作り出すことにより、データ全体の分布傾向を把握する分析手法です。

主成分分析では、多数の変数を少数の項目に置き換えて、データの傾向を掴むときに使用されます。成分の個数は元の観測値の個数より少ないか、あるいは等しく、変数として観測値ではなく主成分を用いることによって計算対象とする空間の次元を削減したり、相関関係を簡潔に表現したりすることができます。ビッグデータの扱いでは多変量の場合が多く、多数のデータ項目(変数)を横断的に見てデータ全体の傾向などを解釈することが求められます。このような時、できるだけ少ない変数に置き換えて見ることができる主成分分析は、たいへん有効な手法と言えます。

主成分分析では、新たに作成する属性は、もとの主成分データを加重平均したものであり、加重平均の重みをデータのもつ情報量がなるべく残るように(具体的には、主成分データの分散が最大になるように)設定するという特徴があります。これらの特徴を活かして、多数の質問項目からなるアンケート調査の総合評価や、顧客満足度の調査、消費者の購買商品の傾向と類似性の調査等の分野に適用されています。

同じような分類手法として因子分析があります。主成分分析と同じように複数の変数を単純化するための手法ですが、主成分分析は情報を主成分に縮約することに着目しているのに対し、因子分析では、高い相関を持つ因子抽出に重きをおいた手法といえます。

(b) クラスター分析

顧客をセグメンテーションして購買行動を分析する場合などのマーケティング分析手法としてよく活用されているのがクラスター分析です。クラスター分析とは、データ全体をデータ間の類似度にしたがって、自動的にいくつかのグループに分類する手法です。さまざまな手法が提案されていますが、グループ分けの計算方式の違いにより分けると、データの分類が階層的になされるウォード法等の手法(これらを階層的手法と呼びます)と、特定のクラスター数に分類するk平均法(k-means法)等の手法(これらを非階層的手法と呼びます)とがあります。膨大なデータを機械的に、データの傾向をもとにしてグループ分けしていけば、データの傾向や特徴が把握しやすくなります。

ウォード法は、2つのクラスターを結合したと仮定したとき、それに伴って移動したクラスターの重心とクラスター内の各サンプルとの距離の2乗和と、結合以前の2つのクラスターの重心と各サンプルとの距離の2乗和との差が最小になるようなクラスターどうしを結合する手法です。

k平均法は、非階層型のクラスタリングの手法であり、クラスターごとの平均値と各クラスターの構成変数との距離等を用い、予め決めたk個のクラスターに分類する手法であり、クラスター分割の方法にはいくつかのアルゴリズムがあります。図5-2-6に、4つのクラスターにグループ分けした例を示します。

図5-2-6　クラスター分析のグラフ表示例

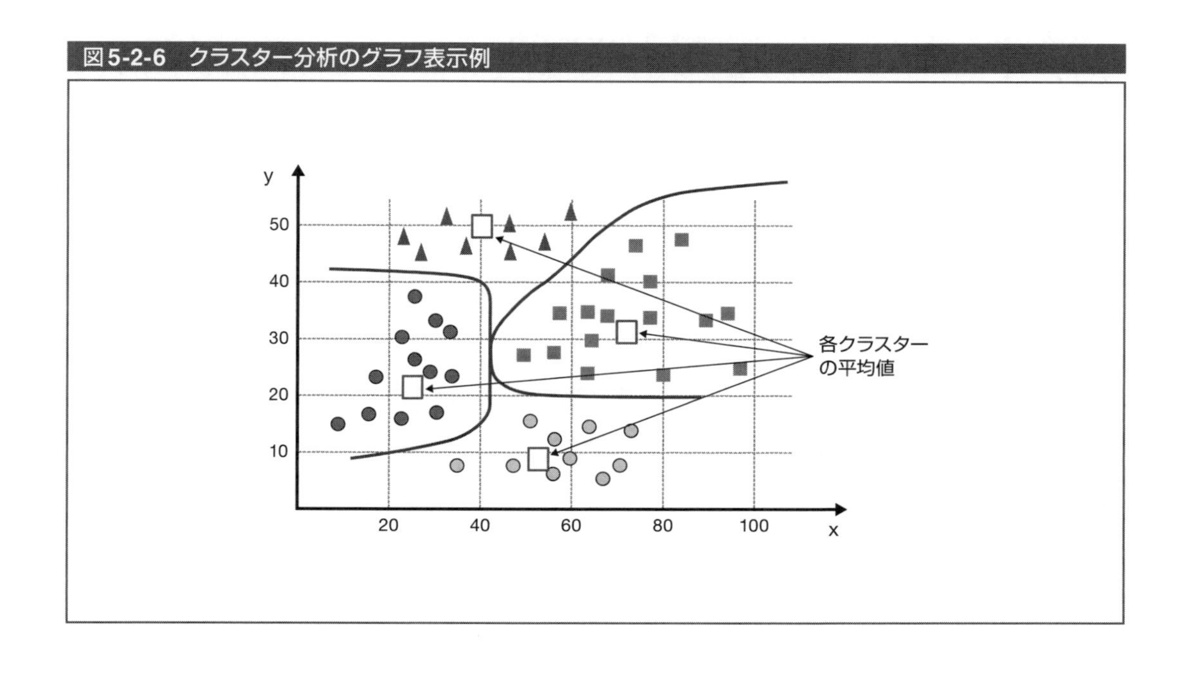

4 機械学習

スマートデバイスで何か操作したり何かを探したり、あるいは何かを判断する場合に、機械学習が活躍して快適な環境を提供してくれています。例えば、迷惑メールのフィルタリング、オンラインショッピングでの推薦、画像検索サービスや顔認識、音声認識、自動翻訳、株価の予測など多くのサービスが、機械学習が裏方となって提供されています。

それでは機械学習はどのようにしてサービスを提供してくれるのでしょうか。機械学習の仕組みは、まず機械が「学習」するところから始まります。機械の「学習」目的は学習モデルを作ることにあります。学習モデルは、図5-2-7に示すように、訓練用のデータにより学習器を用いて作ります。訓練データには正解がセットで提供されます。学習器は、入力されたデータに対して正解を参照しながら、データの規則性やパターンなどを見つけ出す仕組みを持っています。学習モデルが完成すると、図5-2-8に示すように、直接学習モデルに未知のデータを入力すれば、学習モデルが分析結果を出力します。学習のためには大量のデータと、そのデータを高速に処理する演算能力が必要となり、学習モデルを完成させるには多くの時間がかかります。一方、学習が終了した学習済みのモデルによる実行フェーズでは、学習フェーズと比べるとそれほど演算能力は必要ではなく、分析処理にかかる時間も短くなり、スマートデバイスやPCなどの環境で実行が可能となります。

統計解析の手法である重回帰分析などの多変量解析では、データを表現するためのモデルの形(関数形)を人間が指定し、データからパラメータを推定してモデルを当てはめるという手順を踏みます。この方法は計算量が少なく、結果として得られる推定式が直感的に理解しやすいという利点があるものの、複雑な現象に対して精度よく当てはまるモデルを構築することが困難という欠点がありました。

機械学習の手法では、モデルの形を基本的には事前に指定せず、データのみを与えてモデルを構築します。厳密にはモデルの基底関数系は指定します。例えば、重回帰分析では表現できるモデルは一次関数に限定されていましたが、機械学習の線形回帰では任意の次数の関数を利用してモデルを構築できます。そのため、機械学習はドメインによらずに汎用的な解析手法を適用することができることが特徴となります。

図5-2-7　機械学習の学習フェーズ

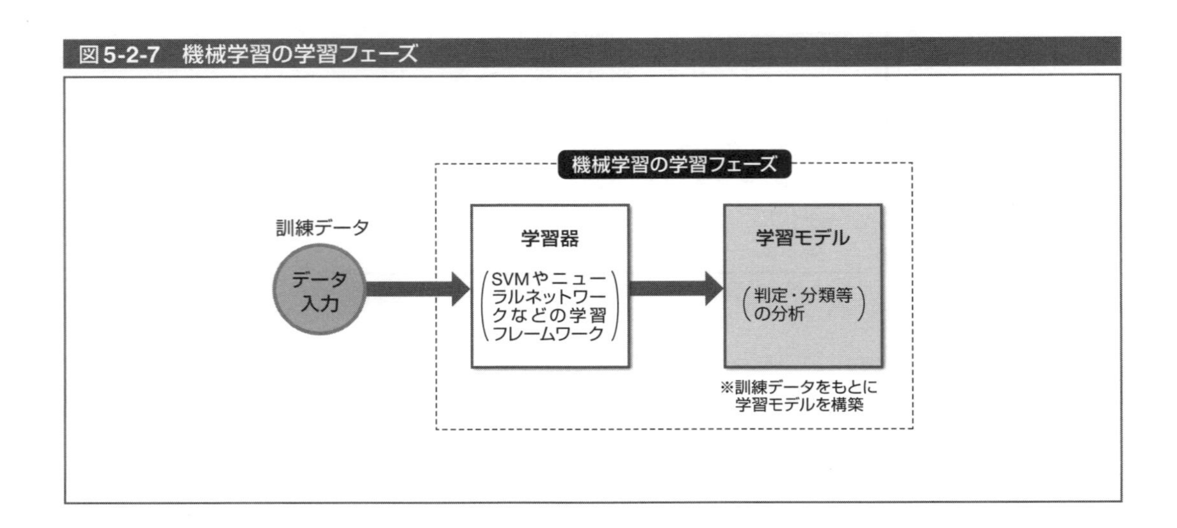

図5-2-8 機械学習の学習モデルによる実行フェーズ

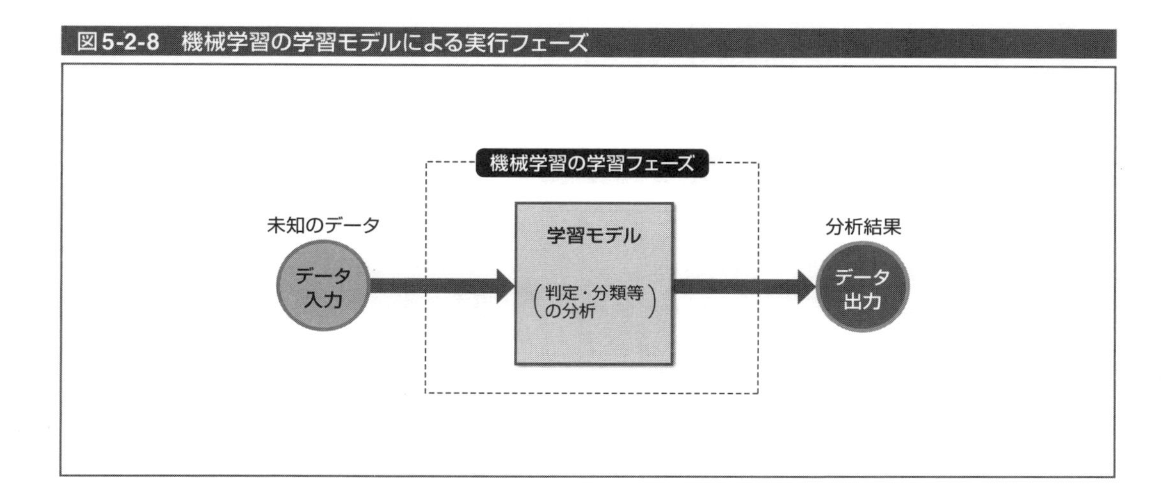

(1)教師あり学習、教師なし学習

機械学習の手法は大きく分けて「教師あり学習」と「教師なし学習」に分類できます。

(a)教師あり学習

教師あり学習は、モデル化したい現象の要因をあらわすデータ(説明変数)と、結果をあらわすデータ(目的変数)の対を大量に学習させることで、予測モデルや識別モデルなどの学習モデルを構築します。目的変数には、分類の場合はクラス(ラベル形式の場合)と呼ぶ正解情報を、また、回帰の場合は期待する値を指定します。例えば画像データであれば、各入力画像に花、風景、人等の画像ラベルを与え学習させます。

一般的な教師あり機械学習の処理の流れを、図5-2-9に示します。図において、最初に正解情報の付いた訓練データを入力し、訓練データをもとに特徴、規則性を見つけ出します。得られた特徴や規則性をもとにして学習モデルを構築します。学習モデルが完成すると、次に正解が付いていないデータの入力に対し学習モデルに従った処理を行い、分析結果を出力します。教師あり学習の例としては、分類であれば手書き文字の画像から文字を判定する分析や、回帰であれば降水量による土砂崩れリスク確率の推定などがあげられます。

教師あり学習でよく使われる手法の例として、SVM(Support Vector Machine)があります。SVMは、データの分類を「超平面」と呼ぶ多次元空間上の境界線を用いて分類し、パターン認識等を行います。分析に超平面を用いることから、決定木による分類分析と比べて可視化しにくく、また分類の過程のプロセスが読みづらいといった点がありますが、分類や回帰の分析において認識性能が優れた学習モデルの一つです。SVMが優れた認識性能を発揮することができる理由は、未学習データに対して高い識別性能を得るための工夫があるためです。

図5-2-9　教師あり機械学習の処理の流れ

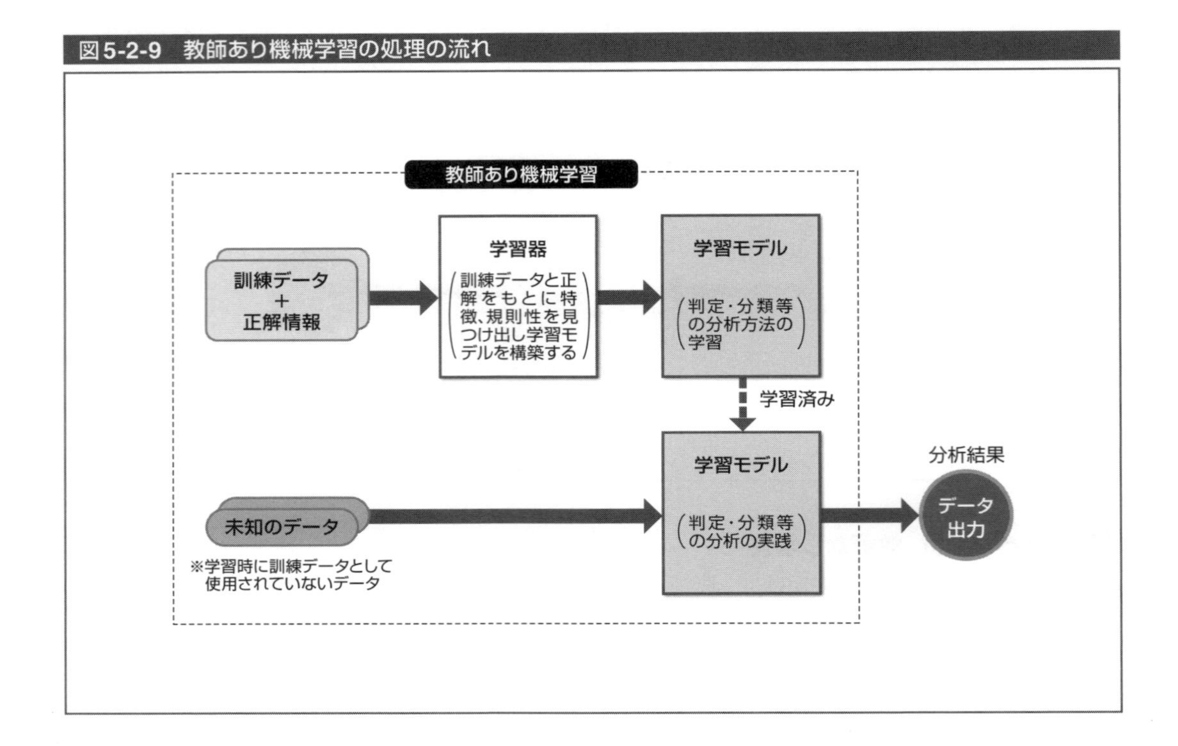

(b)教師なし学習

一方、教師なし学習は、モデル化したい現象の要因をあらわすデータ（説明変数）のみを大量に学習させ、この入力データをもとに特徴を自ら抽出して学習モデルを構築します。教師なし学習の処理の流れを、図5-2-10に示します。入力データに対する正解が与えられないことから、入力データの傾向を調べ、近いデータ同士をクラスタリングしたり、入力データの次元圧縮をしたりして、コンパクトにして学習させることができます。

教師なし学習では、分類されたデータのグループが何を意味するかは分からないため、人間が解釈して意味付けをしてやる必要があります。また、正常データのみを学習させておくことで、正常データとは類似性のないデータを判別することも可能です。教師あり学習の前処理として、データの傾向を見るために利用されることもあります。

教師なし学習の手法の例として、クラスタリングがあります。クラスタリングは、データの集合を部分集合（クラスター）に切り分けて、それぞれの部分集合に含まれるデータが共通の特徴を持つように処理します。この方式は多くの場合、類似性や、特定の距離尺度に基づく近さで示されます。

(c)半教師あり学習

「教師あり学習」と「教師なし学習」の中間的な手法として「半教師あり学習」があります。この方式は、学習データの一部だけに正解を与えておいて、その他のデータには正解を付けません。半教師あり学習は一部のデータで学習した結果をもとに、入力データに対して分析を行い、正解付きでないデータが膨大な時に正解を作成する負荷を削減することができます。

図5-2-10　教師なし機械学習の処理の流れ

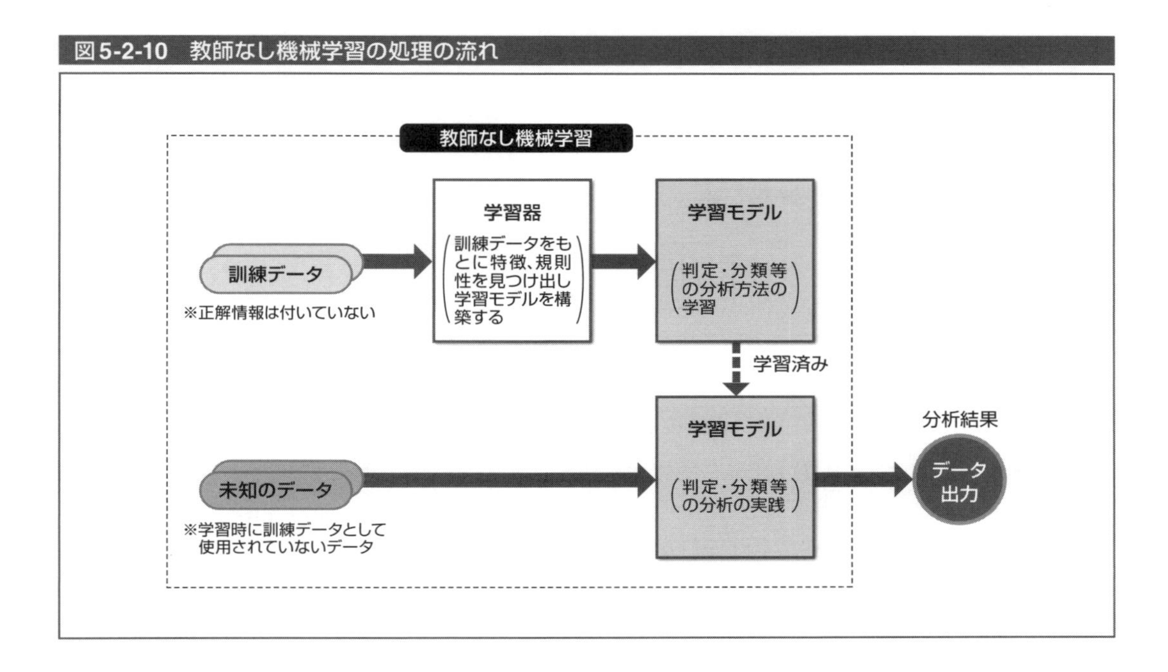

(2)強化学習

人間が学習する方法の一つに試行錯誤があります。モノ作りにおいても、またスポーツ等の世界においても、トライ&エラーで得られる結果をもとに、学習の効果を高め、次の行動をより良くしていくことが可能となります。機械学習においても、試行錯誤を通して行動パターンを学習することにより、より良い結果を得ることができます。この考え方を応用したのが強化学習(Reinforcement Learning)です。

強化学習とは、行動に対して得られる報酬を最大にするために、どのような行動をとったらよいかを相互作用により学習する問題のフレームワークとして捉えることができます。ここでいう相互作用とは、図5-2-11に示すように、学習主体のエージェントと制御対象の環境との間の相互作用を示しています。図において、エージェントは環境の状態を観測し(①)、次にとるべき行動を選択して(②)、行動を起こします(③)。環境は③の行動を受けて状態を変化させるとともに(④)、報酬をエージェントに返します(⑤)。報酬は行動の結果の良否を値で表現したものです。図に示すサイクルを繰り返すことにより、報酬の総和を最大にするように行動を選択することで、エージェントは強化学習を進めていきます。

エージェントは行動を選択し、その行動に対する環境からの報酬をもとに当該行動の評価を行っています。報酬が多ければその行動が良かったと判断します。強化学習は一連の行動を通じて報酬の積算が最も多く得られる方策を学習していくことといえます。行動の結果の良否の評価は、直後の報酬に反映するだけでなく、以降の状態にも影響を与えます。したがって、行動が最適であったかどうかは試行錯誤の積み重ねで判断することになります。

従来、最適な行動が不明な制御対象に対しては、対象をモデル化して評価を行い、最適な行動を求めるのが一般的なアプローチでしたが、強化学習ではモデルを作成して評価するのではなく、最適な行動計画(これを方策(policy)と呼ぶ)を試行錯誤で決定するという点が特徴です。この理由は、環境の状態を把握できることを前提としたモデルでは制約条件が多く、試行錯誤しながら最適な行動を求めるのが現実的な方策と考えられるためです。

図5-2-11 強化学習

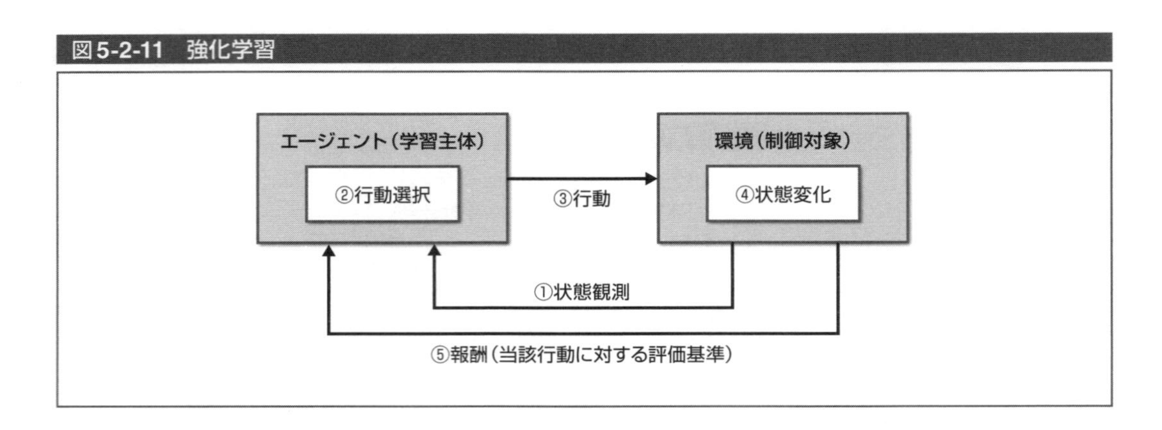

強化学習の目的は、より良い方策を獲得することです。すなわち、将来にわたって得られる報酬の期待値を最大にする方策を得ることが強化学習の目的となります。現在の報酬の価値の評価のためには、将来得ることが期待される価値を現在価値に割引いて換算し、現在の報酬の総和を評価する必要があります。強化学習の代表的な手法であるQ学習では、この割引いた価値の累積報酬の期待値を行動価値と呼び、行動価値関数の値をQ値と呼びます。Q学習は、行動価値関数を最大にする最適行動価値関数を推定し、その値に近づける学習を繰り返す学習方式といえます。

強化学習は、学習のための入力データに対し、直接的に正解が与えられませんが、選択した行動の実行結果に対して報酬を与えることによる間接的な行動選択を行っており、試行錯誤を通して報酬が最大になるように正解に近づこうとする学習方法です。教師あり学習と教師なし学習の中間に位置付けられるといえます。強化学習の適用例としては、未知の環境でのロボットの動作制御、セルラー通信システムの周波数動的割当て、在庫管理・生産ラインの最適化、エレベータ群制御などに適用されています。

(3)深層学習

深層学習(deep learning)は、多層構造のニューラルネットワークを基本とした機械学習の一つです。深層学習の概念は1980年代からありましたが、2012年の画像認識コンペティションILSVRC(Imagenet Large Scale Visual Recognition Challenge)において、カナダのトロント大学のGeoffrey Hinton教授等のチームが圧倒的なエラー率の低さで優勝したことがきっかけとなり、急速に広まり始めました。産業界全体で既存の問題に対する活用が始まり、さまざまな分野で活用されています。当時、Hinton教授等が用いたのが8層のニューラルネットワークからなる深層学習です。

深層学習以前の機械学習の手法では、モデルの推定は自動化できますが、「説明変数としてどんなデータを与えれば精度の高いモデルが得られるか」という特徴抽出の問題は未解決のままで、ドメインの知識や試行錯誤を必要とする職人芸的な技術に頼っているところがありました。画像解析の場合を例にあげると、画像データそのものでは解析が難しいため、画像の特徴を表すデータとして、例えば「色の変化が大きい点」を抽出すると画像の輪郭をよく表現できる、といったノウハウを必要とする課題がありました。

深層学習では、特徴抽出も人間が全部記述するのではなく、コンピュータに実行させて特徴量を得るということで、この課題を解決しています。人間の脳の神経回路を元にして、それを模倣する形でモデル化したニューラルネットワークを積層して多層構造にしたモデルによって学習を行うことから、"Deep Learning"と呼ばれています。ニューラルネットワーク自体は1940年代から研究されていましたが、必要なコンピュータ資源が膨大であったために、長い間あまり注目されていませんでした。しかし、コンピュータの性能の飛躍的な向上やアルゴリズム上のいくつかのブレークスルーによって、急速に深層学習の実用化が進み、現在はGoogleやFacebookなど多くの企業が深層学習を実ビジネスに適用しています。また、深層学習は、教師あり学習、教師なし学習、強化学習のいずれの学習方式にも適用できます。

実際の脳の構造は非常に複雑ですが、それを簡略化したニューラルネットワークの基本的な構造を、図5-2-12に示します。脳は膨大な数のニューロンと呼ばれる神経細胞の集合により構成されています。ニューロン(ノード)どうしは、情報や刺激を受け取り電位上昇によるインパルス信号を出力し、その時にシナプス(エッジ)から放出される化学物質を介して信号を伝達します。これらの動きにより、ニューロンがシナプスを介して相互にネットワークでつながっているような振る舞いをとります。

脳の神経細胞の仕組みをコンピュータ上で実現する人工のニューラルネットワークの構造を、図5-2-13に示します。ニューラルネットワークは、図に示すように、大きく三つの層に分けられます。入力データは入力層を通り、隠れ層(中間層とも呼ぶ)、出力層を通過して処理され、出力データが得られます。このような一連の処理の流れの中で、認識などの学習が可能となっています。特に隠れ層が複数個ある機械学習を深層学習と呼び、ネットワークの各層ごとに活性化関数を持っています。さらに、各層には複数のノードがあり、それぞれ値を持ちます。ノードの値は、このノードと接続する前の層のノードの値、エッジの重み、および活性化関数をもとに計算され、当該ノードの値を算出します。ノードの値の計算にも種々の方法があります。

図5-2-12　脳の神経回路

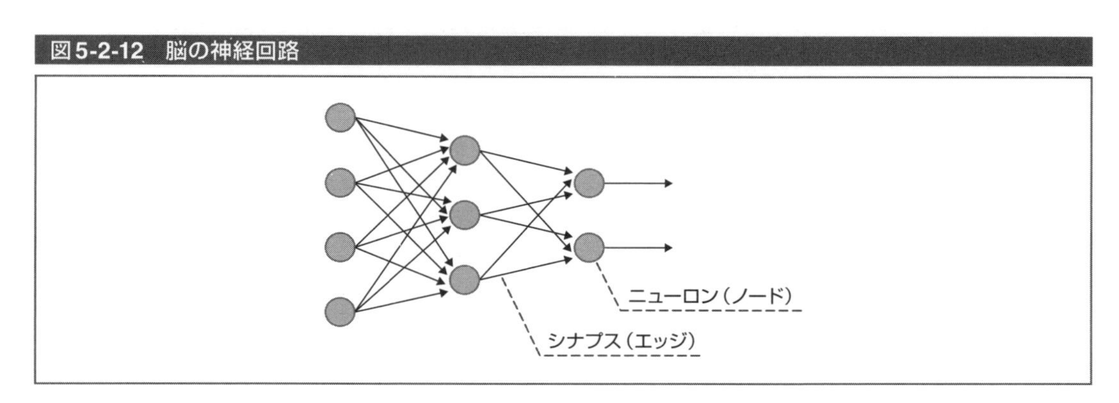

図5-2-13　ニューラルネットワーク

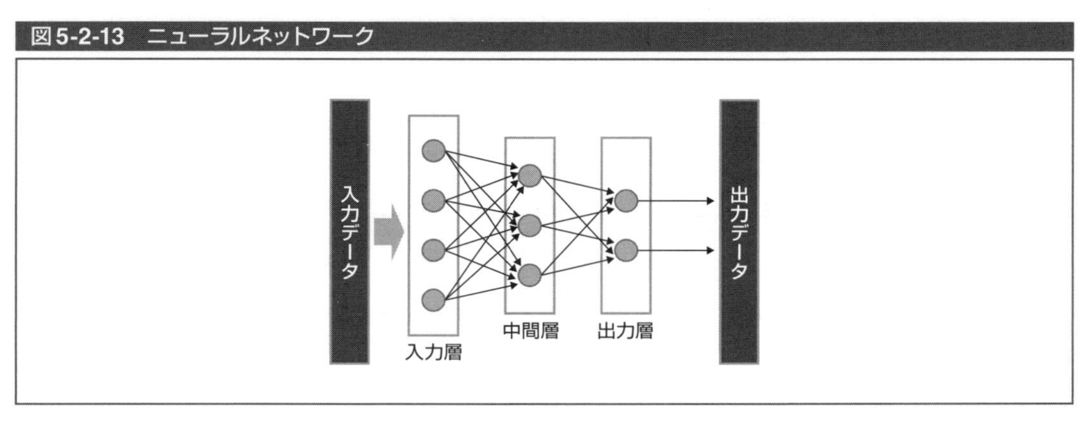

深層学習では学習フェーズなしで学習モデルを作成できることから、入力データは生のデータでよく、例えば画像データであればピクセル値そのものを入力データとして受け付けます。これに対し、深層学習以外の機械学習では、「特徴量」と呼ぶ対象物体の特徴的な部分を的確に表現する変数の集合が入力データになります。例えば画像データの特徴量は、画像を構成する色、形状、テクスチャなどの情報をコンパクトに表現した変数の集合が相当します。この特徴量の抽出は非常に難しく、専門家の技術に委ねる必要がありましたが、深層学習では入力された生のデータから特徴量を自動的に学習し抽出してくれます。この点が従来の機械学習とは異なる深層学習の最大の特徴です。

ニューラルネットワークは、教師あり学習、教師なし学習、強化学習のいずれにも適用でき、それぞれの学習目的に応じて種々の学習モデルがあります。主なモデルとして、画像認識、自然言語処理などに適用されることが多い畳み込みニューラルネットワークCNN(Convolutional Neural Network)、音声認識に適用される再帰型ニューラルネットワークRNN(Recurrent Neural Network)や全結合型、教師なしで次元圧縮に使われるオートエンコーダ(AutoEncoder)、ボルツマンマシン(Boltzmann Machine)などがあります。

(a) CNN

CNNの構成例を図5-2-14に示します。隠れ層は畳み込み層とプーリング層を交互に繰り返すことでデータの特徴を抽出し、最後に全結合層(もしくは畳み込み層の場合もあります)で認識を行います。畳み込み層は画像データ等の局所的な部分を抽象化する役目を持ち、プーリング層は目的に合わせて局所的に最大値や平均値をとる処理を表し、少しの値の変化があったとしても局所的な値の不変性を保つために使われます。画像認識処理や自然言語処理に向いています。

(b) RNN

RNNは、時系列の相関あるデータを扱うことができ、動画分類や言語モデル、強化学習によるロボットの行動制御などに使われます。RNNのネットワーク構成例を、図5-2-15に示します。図に示すように、隠れ層に自己フィードバックし、入力層および直前の隠れ層のノードの値を用いて計算します。RNNは、例えば、データの出現順序に意味がある音声データや文章データを扱うことができます。

また、CNNでは入力データは固定長でしたが、RNNはCNNに比べ自由度が高く、隠れ層に再帰的な構造を持たせることにより可変長のデータの取扱いを可能にしています。

図5-2-14　畳み込みニューラルネットワーク(CNN)

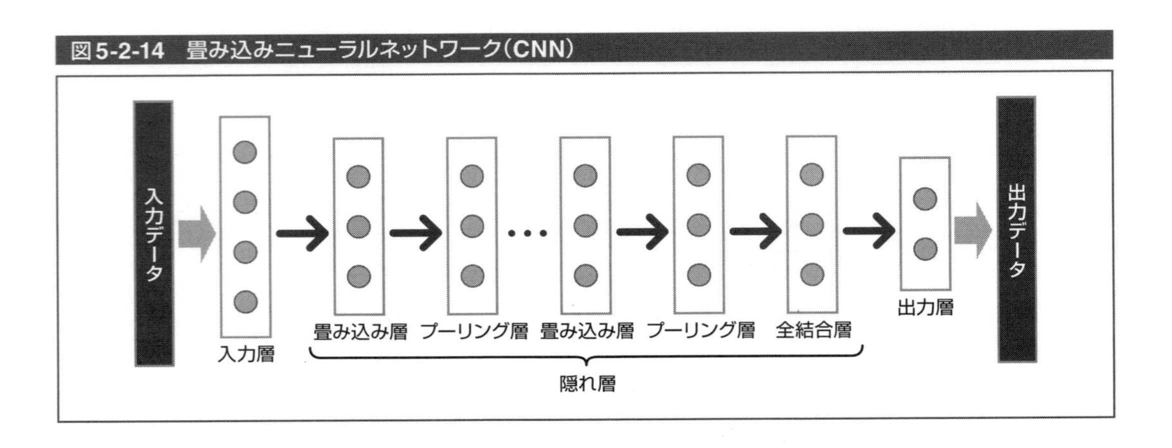

図5-2-15　再帰型ニューラルネットワーク(RNN)

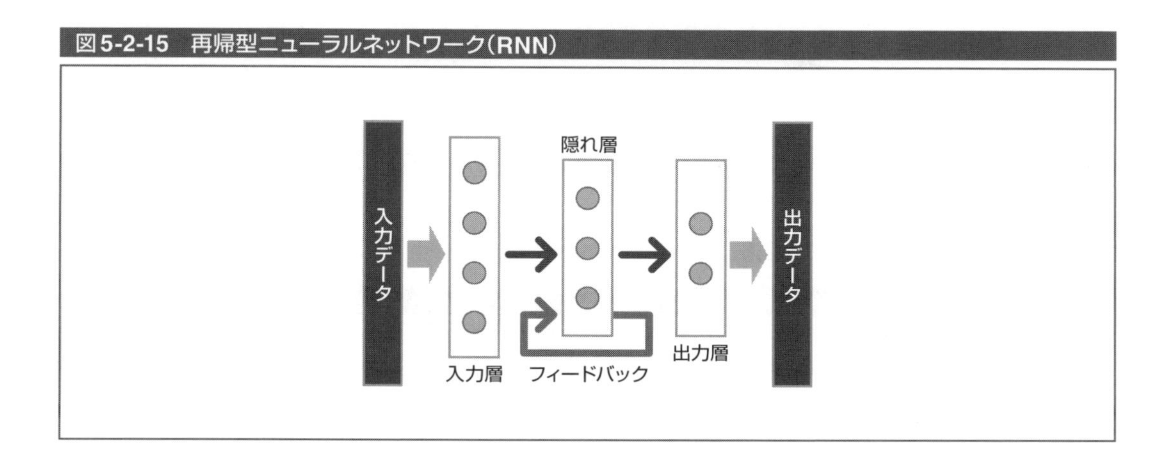

(c) オートエンコーダ

オートエンコーダ(AutoEncoder)は、入力層と出力層の大きさが同じノードの層となるネットワークです。入力データを再現することが可能な低次元の表現を抽出することができ、ノイズの除去や次元圧縮に有効なネットワークです。オートエンコーダは教師なし学習として使われ、入力データ自身を教師データとして使用するところが特徴となっています。オートエンコーダの構成を、図5-2-16に示します。オートエンコーダは入力層と出力層が同じサイズのノードを持つため、入力層と出力層の値が同じ値を出力するような働きを持ちます。隠れ層のノード数が入力層のノード数よりも少ないことから、隠れ層は入力層の情報を欠損しないようにして、情報を絞り込むことが必要となります。すなわち、オートエンコーダは情報圧縮の機能を持つことを示しています。

図5-2-16　オートエンコーダ

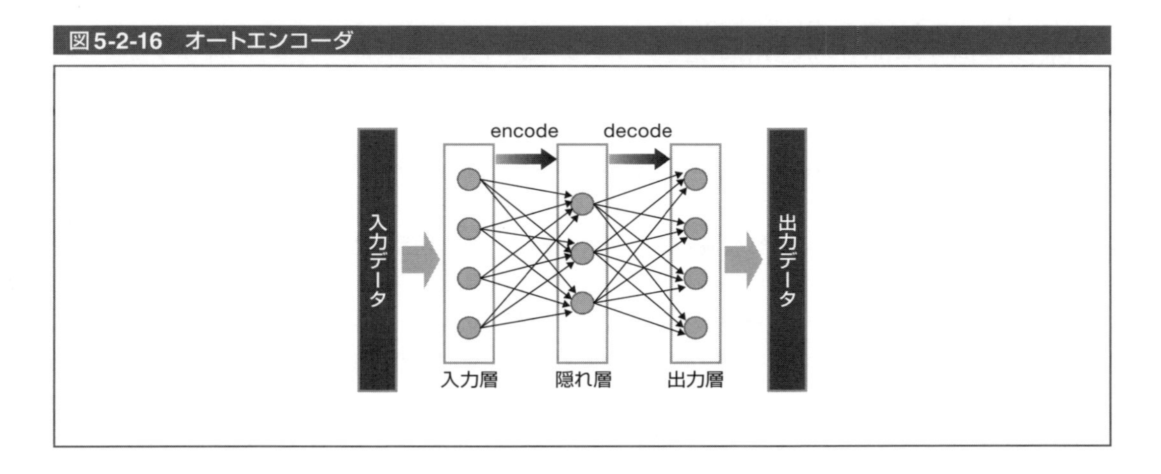

(d) ボルツマンマシン

最後に、トロント大学のHinton教授らによって開発されたニューラルネットワークのボルツマンマシンを紹介します。ボルツマンマシンのネットワーク構成を、図5-2-17に示します。シンプルな構成であり、入力層と隠れ層が双方向で結合しています。隠れ層のなかの層どうしの関係が確率モデルで記述され、入力データがうまく再現できるようになる生成型のモデルであり、画像認識や音声認識などに適用できます。

オートエンコーダとボルツマンマシンは、教師なし学習で特徴量を抽出させ、教師あり学習の事前学習として使うことができます。事前学習の結果を使えば、特徴量抽出部分の大半のパラメータを予め最適に近い値に設定することができ、事前情報がないところからすべてのパラメータを学習するのに比べ非常に効率的といえます。

図5-2-17　ボルツマンマシンの構成

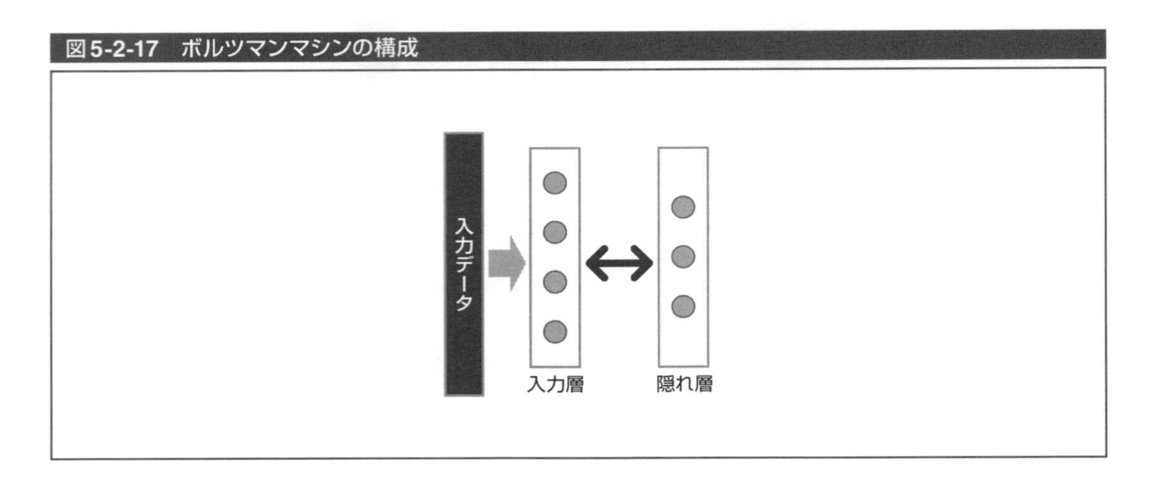

代表的なニューラルネットワークを用いた深層学習を紹介しましたが、オープンソースとしても環境が整っています。学習ツールは多数揃っており日々進化を遂げていますが、代表的なツールとしては、TensorFlow、Caffe、Torch7、Weka、さらにPreferred Network Inc. が開発したChainerなどがあります。いずれも、サポートするコミュニティーがあり、まずこれらの環境を活用してトライしてみる価値はあります。

・TensorFlow：Googleが2015年にオープンソースとして公開した機械学習ライブラリーであり、すでにGoogleの写真検索や音声認識技術に使用されています。Pythonのユーザインタフェースを使ってTensorFlowを可視化して使うことができます。
・Caffe：画像分類で便利に利用できるCNNを中心としたフレームワークです。
・Weka：ニュージーランドのワイカト大学が開発した機械学習ソフトウェアで、データ解析、予測モデリングなどのツールなどが揃っています。また、ツール活用のためのグラフィカルユーザインタフェースを備えています。
・Torch7：ニューラルネットワークを中心とした機械学習トレーニングができ、ニューラルネットワークを構成するモジュールが豊富に揃っています。スクリプト言語としてLua（手続き型言語、プロトタイプベースのオブジェクト指向言語としても利用可能）を採用しています。同様なオープンソースとして、モントリオール大学が中心となって推進しているTheanoも有名です。
・Chainer：CNN、RNNなどの様々なタイプのニューラルネットワークを実装可能で、シンプルなネットワークから、より複雑で深層学習の領域まで幅広くカバーしています。

(4)機械学習の活用

機械学習による各種サービスは既に多くの分野で実用化されています。画像検索サービス、音声認識、自然言語処理、コンテンツ連動型広告サービスなどで深層学習が使われています。

特に画像認識においては、Google、Microsoft、YahooなどのWeb画像検索でCNNが標準的に活用されています。また、監視カメラの分野においても、店舗内にカメラを設置することにより、消費者の購買行動のパターンなどの分析に機械学習が応用され、POS情報などと組み合わせて使用することにより様々なサービスへの展開が可能になっています。

機械学習の実用化に向けての留意点としては、大量のデータによる学習が必要であること、そのためには多大の処理能力が必要になることなどがあげられます。処理効率がよく効果的な学習モデルを構築するために、オープンソースの活用だけでなく、学習モデルの構造やパラメータのチューニングや、訓練データの精選が要点となります。ここでは、推定誤差を最適にするための手法として、過学習と誤差逆伝播の概要を解説します。

図5-2-18　過学習による汎化誤差の悪化例

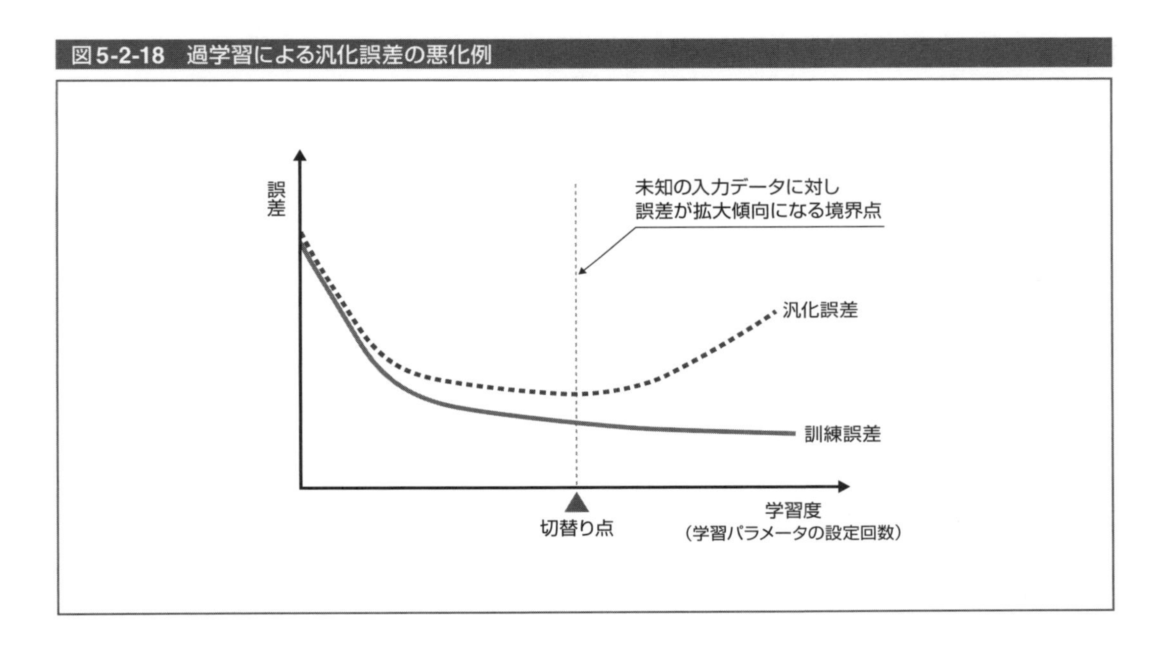

(a) 過学習

教師あり学習においては、訓練データに対する誤差を最小にするように学習モデルを構築しますが、機械学習の目的は、訓練データに対して誤差を小さくするのではなく、あくまで未知の入力データに対していかに正しい推定をするかということです。教師あり学習の場合、特定の訓練データに対して学習し過ぎると、未知の入力に対して誤差が悪化するケースがあります。訓練データに対する誤差を訓練誤差、未知のデータに対する誤差を汎化誤差と呼びます。

例えば図5-2-18において、横軸にどれだけ学習したかの学習度、縦軸に誤差の大きさを示した場合、正解が分かっている訓練データに対して学習を重ねると、だんだん誤差は小さくなります。一方、未知のデータに対する誤差が、ある点を過ぎると大きくなり悪化するケースがあります。これを過学習と呼びます。このような過学習を防止するためには、図の切替り点で学習を終了します。学習モデルのチューニングは、過学習を発生させることなく、ニューラルネットワークの層数や、構造、学習のパラメータなどをチューニングして誤差を下げることが、学習モデルをうまく作る鍵の一つとなります。

(b) 誤差逆伝播

学習モデルとして最終的に得たい結果は、入力層にデータを与えて出力層からデータを得る流れであり、これを順方向と呼びます。逆に、出力層から入力層へのデータの流れを逆方向と呼び、特に機械学習モデルのパラメータを更新する時に、逆方向に誤差を伝播させてパラメータを調整する方法を誤差逆伝播法と呼びます。学習データのうち目標とする出力変数のデータを教師データと呼びます。この教師データと出力層のノードの値との差分が誤差に相当し、図5-2-19に示すように、この誤差を逆方向に伝播します。次に隠れ層から入力層に同様にして誤差を逆伝播していき、各層のノードの誤差を計算します。この誤差を用いて各エッジの重みの最適化を図ります。

図5-2-19　誤差逆伝播例

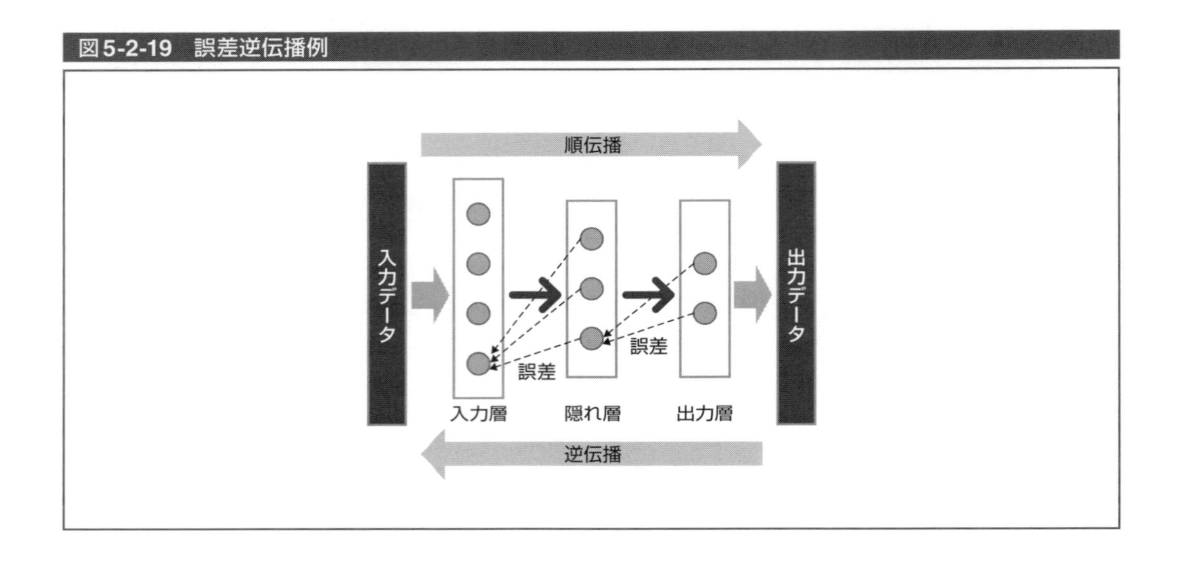

大量のデータを高速処理することにより新たな価値を創出するデータ処理方式としては、バッチ処理とストリーミング処理という二つに大別できます。バッチ処理をストック型データ処理、ストリーミング処理をフロー型データ処理とも呼びます。

本節では、収集したデータを保管、蓄積してまとめて処理し、分析結果を得るバッチ処理のプラットフォームとしてHadoopを取りあげます。また、ストリーミング処理、データ保存処理についても学習します。

1 バッチ処理

(1)Hadoopとは

Hadoopは、大規模データの蓄積・分析を分散処理技術によって実現するオープンソースのフレームワークです。現在、Apacheファウンデーションのもとで、多くの企業を含むプロジェクトメンバーによって開発が続けられています。

もともとHadoopは、Google社が論文として公開したGoogle社内の基盤技術をオープンソースとして実装したものをベースとしており、Hadoopを構成する主な要素として、以下のコンポーネントが公開されています。

・HDFS(Hadoop Distributed File System：分散ファイルシステム)
・Hadoop MapReduce(分散コンピューティングフレームワーク)
・Apache Mahout(協調フィルタリングやクラスタリングなどを得意とするアルゴリズム)
・HBase(大規模分散データベース)

Hadoopの特徴としては、次の点が挙げられます。

・HDFSの容量や分散処理のためのリソースが不足する場合、サーバを動的に追加することにより、容量、処理性能の強化を図ることが可能。サーバ追加時にも、Hadoopクラスターの停止は不要。
・HDFSは単なるファイルシステムであり、HDFSへのデータ格納時にはスキーマ定義が不要。処理する時点でHDFSに格納したデータの定義を行うので、データの処理時に処理方式を決めることが可能。

(2)Hadoopを構成するエコシステム

Hadoopは複数のソフトウェアからなるフレームワークであり、ASF (Apache Software Foundation)のオープンソースとして開発、公開されています。

MapReduceは、データを分類・仕分けするMap処理と、分類・仕分けされたデータごとに処理するReduce処理の二つの機能から構成されています。MapReduceの処理フローの概要を、図5-3-1に示します。入力されたデータは、まず最初にMap処理でデータを分割し、分析に必要な部分を抽出します。Reduce処理では、Map処理で抽出された情報を計算処理し結果を出力します。Map処理とReduce処理はそれぞれ並列処理が可能で、処理能力がさらに必要となれば、サーバ台数を増やすことにより高速処理を可能としています。

Map処理の結果出力は、（キー、バリュー）タプルのリストとなります。このリストをシャッフル処理部分が受け取り、渡されたリストのキーの値ごとに、このキーに対応するバリューを集めたリストを作成します。このリストがReduce処理に渡されると、Reduce処理では各リストの構成要素に対しReduce演算を帰納的に行い、実行結果を出力します。

図5-3-1　MapReduceの処理フロー（例）

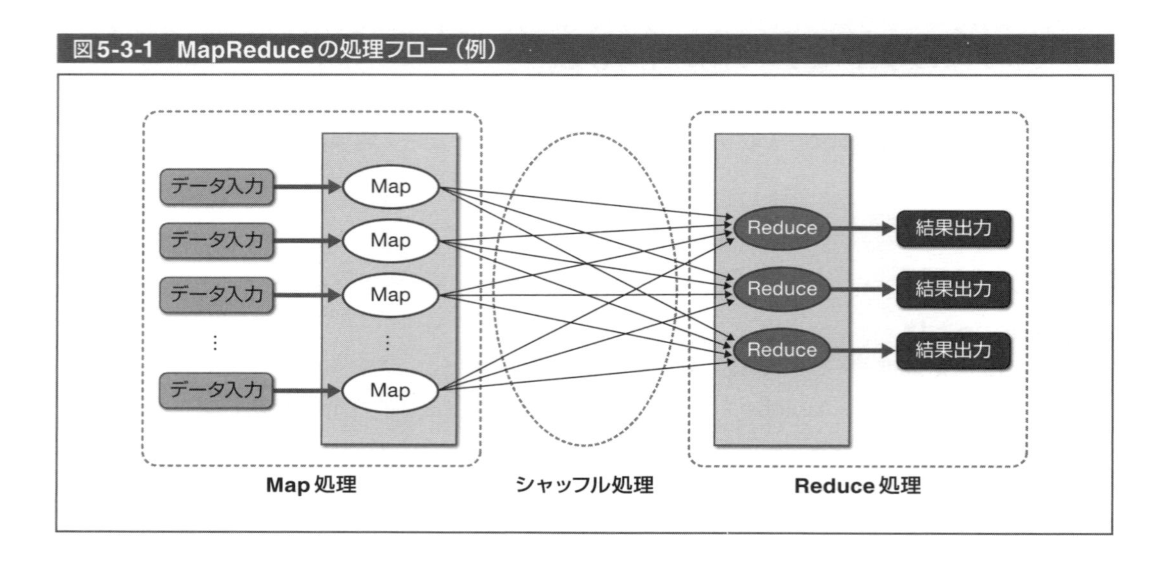

HDFSの構成例を、図5-3-2に示します。この例では、もとのデータを3分割して分散保存している場合です。HDFSはデータを格納しているノード（データノード）に対しては複製を持つため、データノードすべてが同時に故障しない限り、データは保障されます。

図5-3-2　HDFSのファイル分割配置（例）

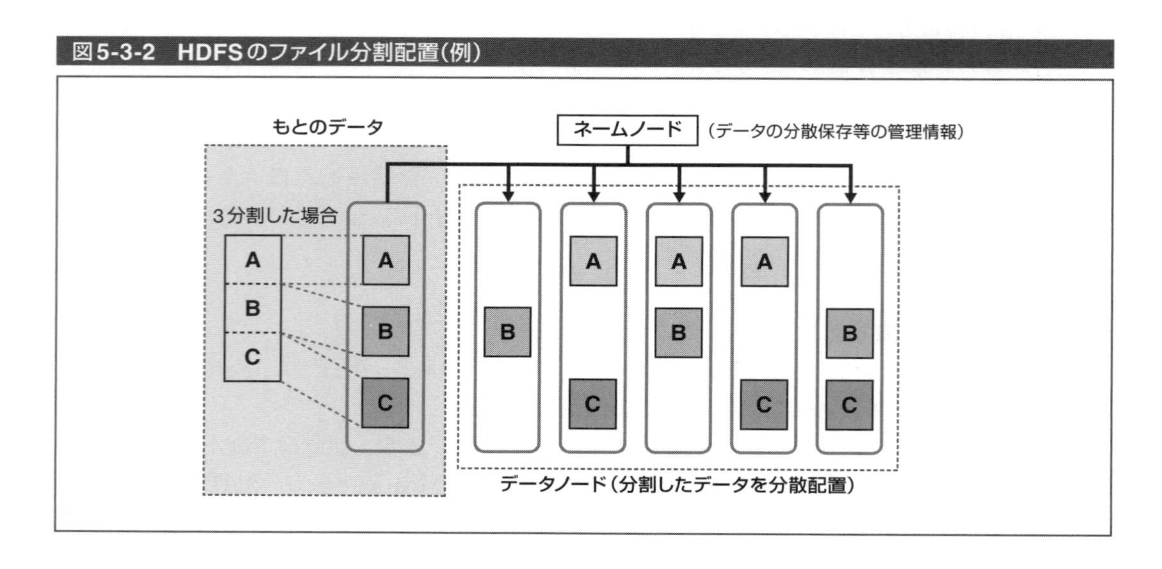

(3) Hadoop処理方式例

Hadoopフレームワークをベースとしたレコメンデーションシステムの仕組みの例を、図5-3-3に示します。レコメンデーションには、他のユーザの購買情報を参考にして商品をレコメンドする協調フィルタリングや、対象ユーザの購買履歴などの情報によりレコメンドするコンテンツベースフィルタリングなど種々の方式があります。図5-3-3は、協調フィルタリングに基づくレコメンデーション例を示しています。

図5-3-3　Hadoopによるレコメンデーション分析

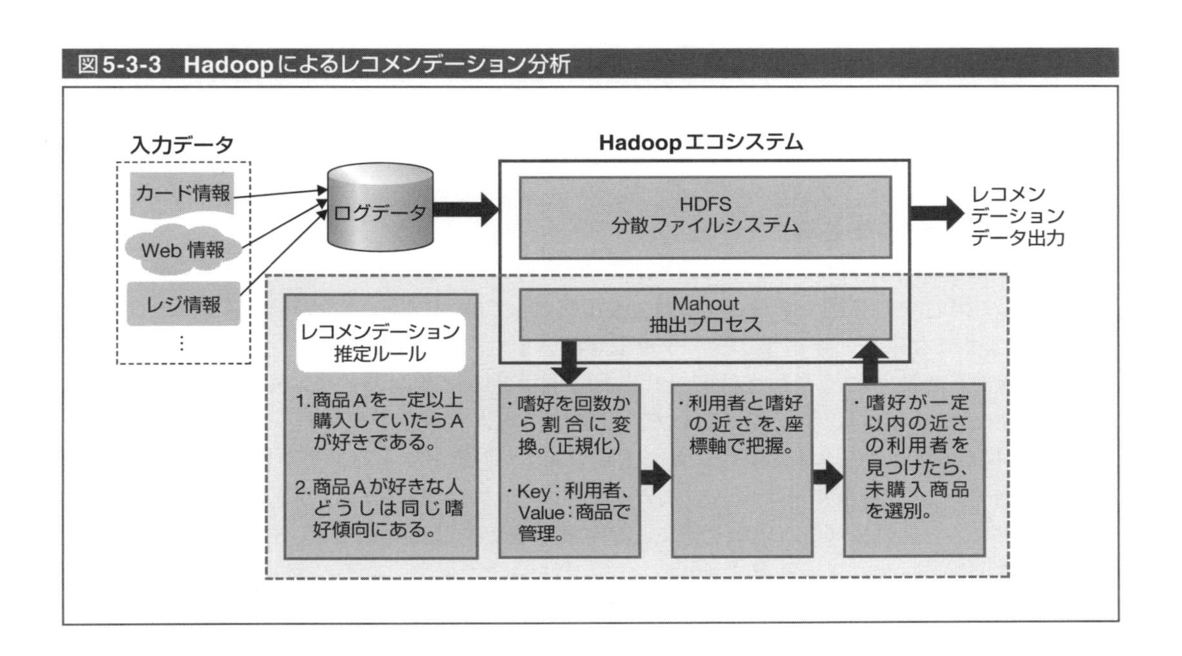

2 ストリーミング処理

(1) ストリーミング処理概要

ネットワークの高速化、コンピュータ処理能力の向上、あるいは仮想化技術の進展による分散処理環境などが整ってきたことから、大量のデータの収集、蓄積、活用が可能となりました。特に、スマートフォンからの位置情報や加速度情報、SNS上で飛び交うテキストメッセージ、監視カメラからの映像データなどが時系列で絶え間なく流入するIoTシステムでは、受信したデータをリアルタイムに分析し、即座に結果を出すことでより高い価値を生み出すことができます。

インターネットにつながった様々なモノから発信される情報をリアルタイムに処理することにより、現時点のモノの状態を把握することができ、スピードを争う企業にとってビジネスチャンス獲得や脅威の抑止、顧客のニーズに合致した情報提供等のアクションに結びつけることができます。データが発生したタイミングでデータを逐次処理し、分析結果を抽出する、いわゆる"ストリーミング処理"出現の背景として以下のような点が挙げられます。

●安心・安全面での活用

一刻を争うセキュリティ対策などの下記対策では、リアルタイムのデータ処理が非常に重要になります。

・サイバー攻撃や内部不正による機密情報の漏えい、個人情報の流出などの脅威

・製造工程における機器故障
・カードの不正利用等の脅威に対する早急な異常検知と対策処置

●リアルタイムを活かした価値の創出

タイミングが早ければ早いほど、収益に結びつけるアクションや損失を最低限に抑える対処を取りやすくなります。次のような点でストリーミング処理が効力を発揮します。

・自社商品の販売実績データやFacebookやTwitterなどのSNSデータ等のリアルタイム分析
・外食業界におけるPOSデータや天気・イベント開催などの周辺情報を組み合わせたリアルタイム分析
・株価情報、為替情報、決算情報等から銘柄や金額、タイミングをリアルタイムに分析して自動売買を行う株のアルゴリズム取引き（ビジネスチャンスの顕在化を即座に捉えて獲得するために「リアルタイム型」のデータ処理は有効な手段）

(2) CEP（複合イベント処理）

CEP（Complex Event Processing）とは、時系列に生み出されるデータをリアルタイムに処理、解析して出力する処理方式を指します。適用例としては、株価、SNSのテキスト、センサデータなど、さまざまな定型・非定型のデータを取り扱います。金融以外の業務システムでも、生産ラインから営業・物流までの全体を見渡せば、金融市場並みに多数のイベントが起きます。これらを組み合わせて処理するシステムにおいて、CEPの活用が可能となります。

CEPの構成例を、図5-3-4に示します。CEPでは、入力データをセンサや他のシステムから受け取る入力アダプタ、分析ルールに基づきデータをリアルタイム分析するCEPエンジン、分析結果をデータベースや他のシステムに出力する出力アダプタから構成されます。データ分析処理の方法は、蓄積したデータの分析結果や他のシステムのデータを参考にした分析から、ストリーミング処理するための分析ルールを事前に設定し、そのルールに基づきリアルタイム処理を行います。

図5-3-4 CEP処理フロー

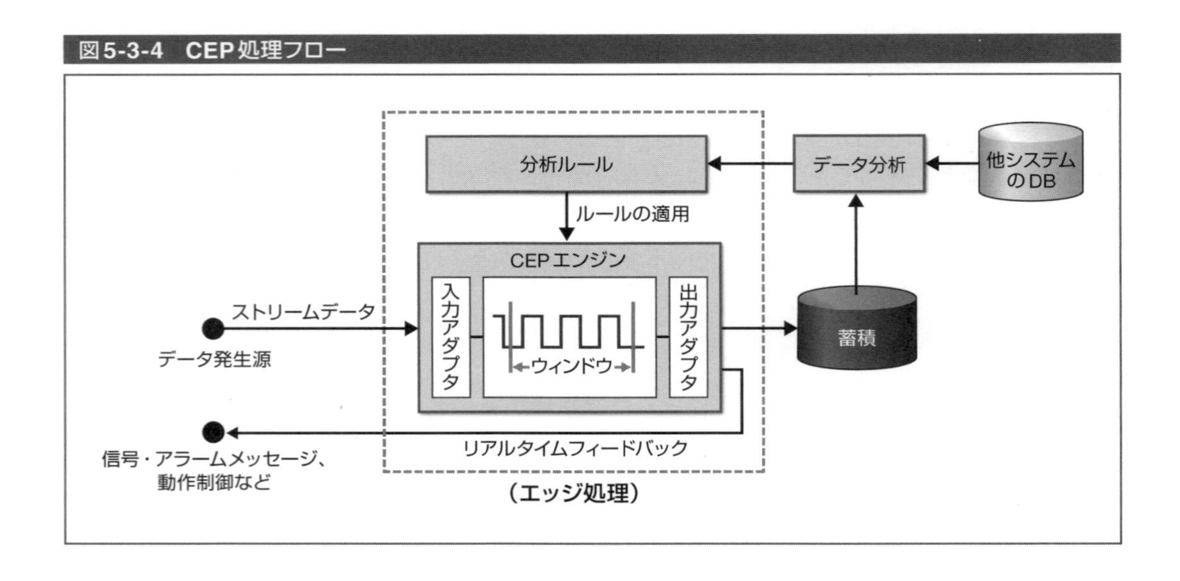

*1: ペタバイト、エクサバイト：ペタバイト（PB）は2の50乗（または約1.125兆）バイト、エクサバイト（EB）は2の60乗（または約100京）バイト

入力されたストリーミングデータは、すべてメモリ上で処理することにより高速処理を実現しています。また、一定時間以上経過したデータは、メモリ上から破棄されます。CEPエンジンが処理するデータの範囲は、直近のデータを対象としています。処理対象範囲のデータをウィンドウ内にあるデータとして捉えます。このウィンドウの範囲は、直近の時間(例えば、今から10分前までのデータ)、入力データの数(例えば、直近のデータ数100個)を対象とすることで決まります。CEPエンジンの分析結果をリアルタイムでフィードバックする処理部分(図の点線で囲んだ部分)は、データ蓄積、データ分析を行うサーバ上の部分から切り離して、エッジコンピューティング部分で外出しにすることもできます。

(3) Jubatus(ユバタス)

"Jubatus"とは、フロー型の大量データをリアルタイムに分析処理する基盤であり、オンライン機械学習のソフトウェア環境を提供します。Jubatusは、(株)プリファードインフラストラクチャー、NTT情報流通プラットフォーム研究所の2社の共同開発であり、2011年10月にオープンソースとして公開され、活用することができます。Webサイトでは、顧客クラスタリングや不正検知、ソーシャルコミュニティ分析、株価予測、ECサイトの商品お勧め、検索サイトの連動広告などがオープンソースとして公開されています。

Jubatusの特徴は、大量データ処理のために分散並列処理をサポートし、この大量データを時系列データストリームとして扱うことにより、解析・分析のリアルタイム処理を実現しています。また、データの解析、分析、予測のための各種アルゴリズムを実装しています。

第5章

3 データの保存

(1) 概論

IoTシステムで収集されるデータにはさまざまな種類のデータがあり、これらの大量のデータ、いわゆるビッグデータを分析することにより、有益な価値ある情報を作り出し、新たなサービスを生み出すことが加速しています。

ビッグデータの特徴として、ペタバイトやエクサバイト級[*1]以上の巨大なデータ量(Volume)だけでなく、その発生頻度(Velocity)及びデータの多様性(Variety)をあげることができ、従来のデータとは次の3Vで表される点において異なると言われています。

・Volume(膨大な量)
・Velocity(速度)
・Variety(多様性)

IoTにおけるデータ保存機能を考える場合にも、ビッグデータの3Vの特徴に対応できるデータベース(DB)を選定する必要があります。膨大な量のデータを処理するために、DBにはデータ量が増大した時に対応できるスケーラブルな拡張性が必要になります。また、大規模のデータを処理できる高速処理能力が求められ、さらに、多種多様なデータ構造に対応できる多様性も必要となります。一般的に、NoSQLタイプのDBにはこのような要求に対応できる特性を持つDBが多くあります。ただし、すべての要求を同時に満たすのではなく、3Vのいずれかの要求に特化したものの比率が高くなっています。

NoSQLは"Not only SQL"という意味ですが、本書では「IoTデータを効率よく扱うためには、リレーショナルデータベース(RDB)だけでなく、それ以外のタイプのDBも積極的に活用していきましょう」という意味で使用しています。NoSQLには、特化する方向性に応じて様々な種類がありますが、ここでは代表的なものを以下に挙げます。

(2) NoSQLの種類

NoSQLの特徴の一つとして、高速処理を実現するためにread／write等のシンプルな動作が基本となっています。従来のRDBがデータの整合性を重視して厳密な制御方式を採っており、その反面処理のオーバヘッドが高いことに対し、NoSQLでは速度を優先してデータの整合性の保証を緩めているものもあります。

(a) キーバリュー型

キーとバリューからなる最もシンプルなNoSQLがキーバリュー型であり、単純な問合せを高速で処理するのに向いています。キーバリュー型のデータ構造を、図5-3-5に示します。文字列やバイト配列からなるキーは、バイナリーデータより構成されるバリューに付けた識別IDの役割を果たします。また、IoTではデータ保存容量の拡張に高速かつ柔軟に対応できる必要があり、拡張手法としてスケールアウトが一般に用いられます。RDBでは一般的にスケールアウトが困難ですが、キーバリュー型ではスケールアウトが容易に行えるという特徴があり、IoTシステムに適しています。

図5-3-5　キーバリュー型NoSQL

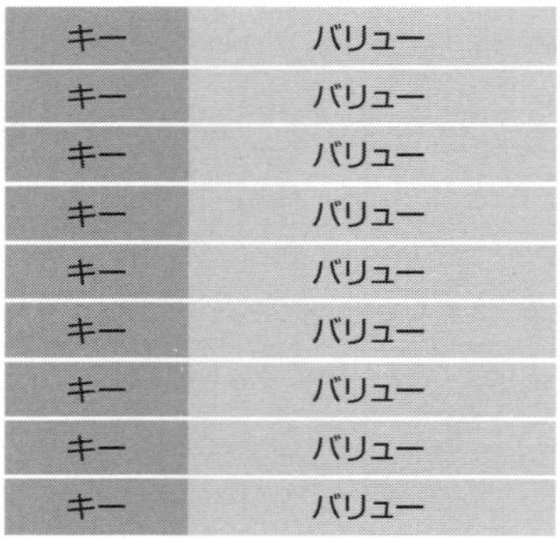

キー	バリュー
キー	バリュー
キー	バリュー
キー	バリュー
キー	バリュー
キー	バリュー
キー	バリュー
キー	バリュー
キー	バリュー

(b) ドキュメント型

ドキュメント型NoSQLは階層構造ではなくフラットな構造であり、各ドキュメントにIDを付加しています。ドキュメント型はスキーマが不要なことから、RDBと比較してスキーマレスDBとも呼ばれ、ニュースサイトやブログ等のWebアプリケーションで使用されています。ドキュメント型NoSQLのデータ構造を、図5-3-6に示します。

図5-3-6　ドキュメント型NoSQL

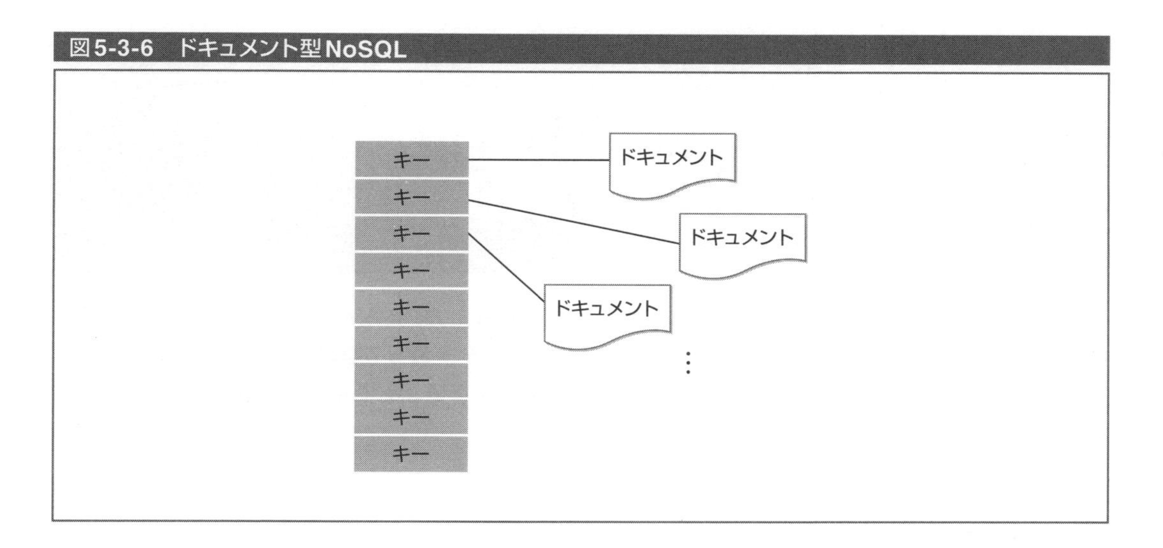

(c) グラフ型

グラフ型NoSQLはデータどうしの関連性を管理するのに適しています。グラフ型NoSQLのデータ構造を、図5-3-7に示します。関連性のあるノード間は矢印のある線で結ぶことにより示しています。

図5-3-7　グラフ型NoSQL

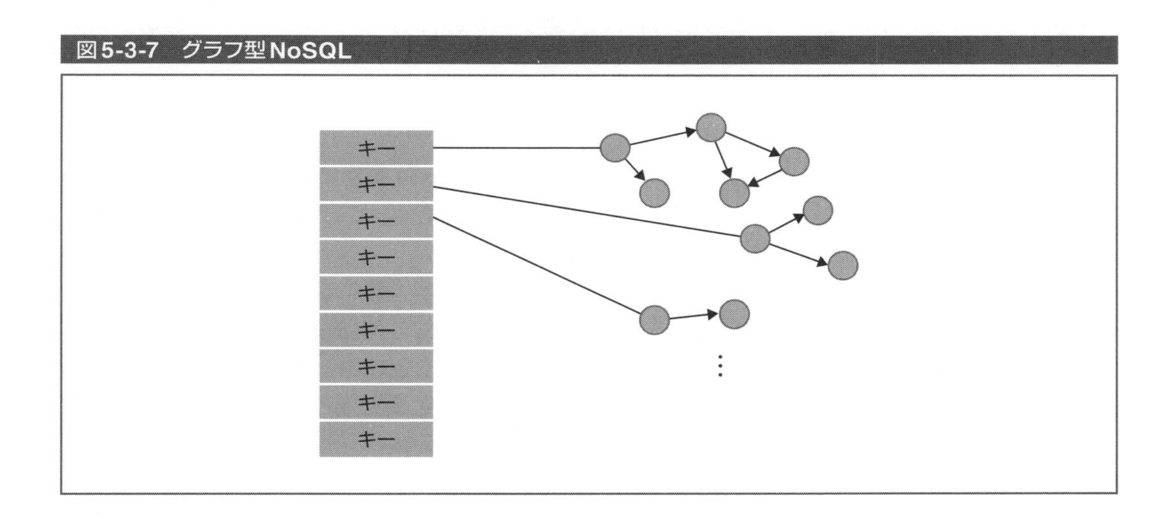

5-4 データ活用技術

本節では、データを有効活用するためのデータ処理の考え方、利用可能なツール、ライブラリ及びフレームワークについて紹介します。さらに、IoTデータを一貫して処理する上で必要になるIoTプラットフォームについて述べます。また、収集したデータを分析し「通知・制御」としてフィードバックする方法及び考慮点について説明します。

1 データ分析の目的

IoTでは、様々な種類のデータを収集し、それらのデータをもとに価値ある情報を抽出します。以下に、データ分析を行う上で留意すべき三つの点を挙げます。

第一に、何の目的でデータを収集するのか、分析によって何を知りたいのかを明確にします。

- 観測対象の状態を知るために、リアルタイムでデータの変化点や外れ値を捉える。
- 過去データを分析して相関性を見つけたり、回帰分析によって予兆、予測などを行う。
- 過去データを学習することによって、新しい入力データの性質（カテゴリなど）を適切に判断する。
- 過去データから適切な区分けを行って、分類（クラスタ）を発見する。

第二に、データの質と信頼性を明確にします。センサデータの場合は、データが測定できなかった場合などの欠損、測定時のノイズ、機器の不調、取扱いの不備による不正な値の混入など、様々な不安定要素が入り込みます。それらの不安定要素を除去するために、異常値を除去したり、欠損値を補完する手段を用意します。

第三に、データを適切にモデル化します。データの傾向を捉えながら、分析したい目的に合致したアルゴリズムを取捨選択し、試行錯誤を繰り返しながら、より適切な解法を確認していきます。相関ルール発見、回帰分析、カテゴリ分類、クラスタリングなどの様々な分析手法を利用することができます。問題領域のモデル化自体も専門的な知見が必要になりますが、さらに実際のデータに対して、さまざまなデータ処理手法を適用し、適切な分類や回帰分析、外れ値検出などの精度を上げていくことが求められます。

2 時系列データの扱い

IoTにおいて扱うデータの特徴として、時間軸方向の変化が重要であるという点があります。このようなデータを時系列データと呼び、その解析においては、以下のような手法が有効となります。

・データの傾向の確認

解析対象のデータをグラフ化するなど、可視化して全体を概観してみることでデータの傾向を把握します。横軸を時刻、縦軸を解析対象の計測値として折れ線グラフを用いることが一般的ですが、データによってはローレンツプロット[*1]などのより効果的な可視化方法が使える場合もあります。

・データのクレンジング

収集したIoTデータにはノイズや異常値が含まれている可能性があるため、有意な解析結果を得るためには、それらを除去しておく必要があります。

・ダウンサンプリング、リサンプリング

データの計測頻度が高いと、解析対象の時刻範囲に含まれるデータポイント数が必要以上に多くなり、解析にかかる負荷が大きくなります。そのため、複数のデータポイントを集約する処理（ダウンサンプリング）を行ってデータポイント数を削減します。

逆に、データの計測頻度が不規則な場合や、複数のデータを組み合わせるときに計測タイミングが異なっている場合など、必要なデータポイントが存在しない場合には、データの補間処理を行ってデータの時系列をそろえる処理（リサンプリング）を行います。データの補完には線形補間[*2]やスプライン補間[*3]などがよく利用されます。

・定常部分と非定常部分の分離

一般に、時系列データは周期的に変動する要素と、一定のトレンドで増加・減少する要素の重ね合わせとして観測される場合が多くなります。これらをうまく分離することで、より精度の高いモデル推定を行うことができる場合があります。

・スペクトル解析

データをフーリエ変換[*4]で周波数成分に分解し、周波数成分ごとの強度を解析する方法です。厳密には周期性のあるデータにしか適用できませんが、実用上はある程度長時間のデータをほぼ周期的であるとみなし、近似して用いることができます。周波数成分に分解することで、データの特徴をコンパクトに表現できる場合があります。例えば、データから時間的変化のゆるやかな部分を抽出したい場合には、高周波成分を除去する（ローパスフィルタ）などの方法が使えます。

3 基本ツール

IoTでは、近距離ネットワークや広域ネットワークを利用して、センサなどからデータを収集し、データを蓄積・集約・分析して、その結果を可視化するなど、データ処理のための多様なステップが存在します。このなかで、データの集約・分析のステップで利用可能な様々な分析手法については、5-2節で学習しました。各処理ステップで使用できるツールの概要を、図5-4-1に示します。本項では、データ処理・分析を行うにあたって利用可能なツール、ライブラリ、フレームワークなどについて整理します。

*1：**ローレンツプロット**：自律神経機能の評価指標などに用いられ、波形の極大値をとる点をストロボ的にプロットする方法

*2：**線形補間**：線形多項式を用いた回帰分析の手法

*3：**スプライン補間**：複数の制御点を通る滑らかな曲線で、隣り合う点に挟まれた各区間に対し、個別の多項式を用いる方式

*4：**フーリエ変換**：複雑な波形をした音波や電磁波などの時間領域を周波数領域に変換し、その波形に含まれる周波数成分を分析しやすくする手法。複雑な波形の波を、既知の単純な波形の波の組合せとして分析することが可能。

図5-4-1　データ処理・分析ステップと各ツールのカバー範囲

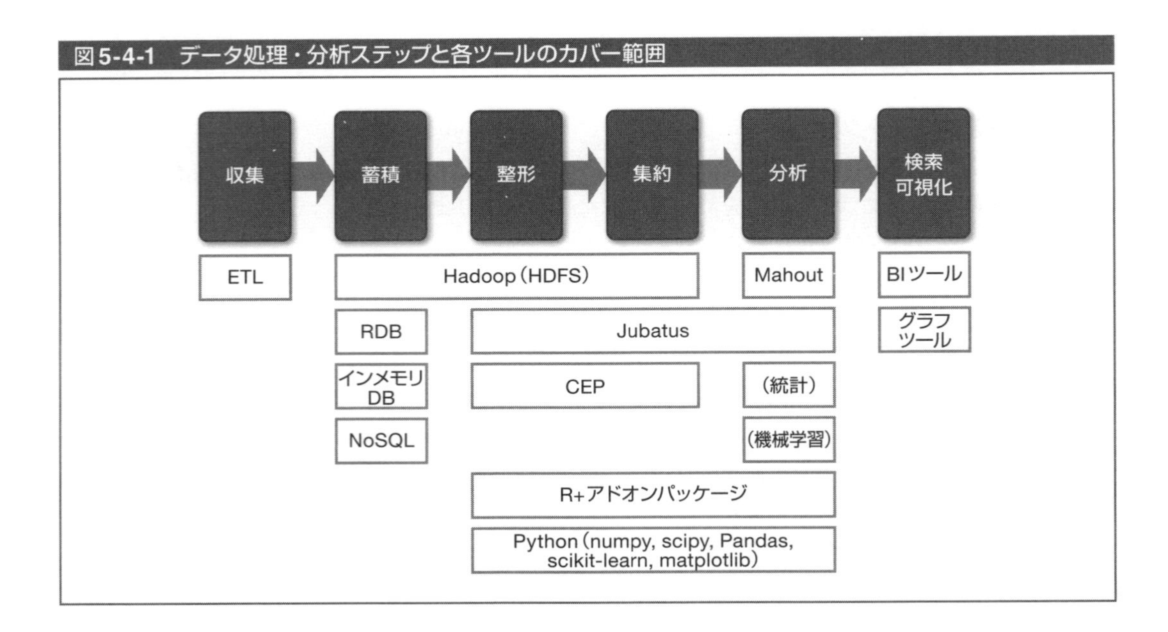

(1) プログラミング言語とライブラリ

統計解析の領域では従来、SAS（SAS Institute Japan）やSPSS（IBM）などの商用ツールが使用されてきました。一方、R言語の登場以降、PythonやJuliaなどの言語環境を中心に、多くの有用な統計解析パッケージの共有モデルが世界的に普及しています。

R（https://www.r-project.org/）はデータ分析用のプログラミング言語環境として良く知られています。典型的なオープンソースのモデルとして運営され、CRAN（The Comprehensive R Archive Network, https://cran.r-project.org/）と呼ばれるパッケージのアーカイブサイトには、世界中のRユーザが新しいパッケージを追加しており、誰でも自由に使える環境になっています。そのパッケージ数は圧倒的に多く、単なる統計分析の領域を超えて、時系列解析、機械学習、金融工学などにも広がりを見せています。

一方、Python（https://www.python.org/）は様々なライブラリセットを強化することで、データ分析用プログラミング言語環境を構築しています。Rは基本的には統計処理や科学技術計算用の言語環境ですが、Pythonは出自が汎用プログラミング言語であり、テキスト処理、パターンマッチング機能、各種の通信プロトコル実装、Webアプリケーションフレームワークなども充実しており、アプリケーション全体の構成のなかでデータ分析もこなせる、というシームレス性の高いことがPython人気の理由といえます。

また、最近、Julia（http://julialang.org/）も注目されています。Juliaは高水準高性能な汎用の動的プログラミング言語として開発され、2012年2月にオープンソースとして公開されました。数学関数ライブラリや1,000を超える多様なパッケージに加えて、LLVM[*5]ベースの高速実行系、分散並列実行などを特長としています。Juliaのパッケージ充実度はRに比べると十分とは言えませんが、今後の成長が期待されています。

R、Python、Juliaそれぞれの言語環境において提供されているデータ分析ライブラリを、表

*5：LLVM：仮想機械の中間コードへの変換と、そのコードから特定のマシン語に変換する構成により、言語およびアーキテクチャ独立から高効率実行を可能とするコンパイル及び実行環境

5-4-1に示します。それぞれ基本的な機能は揃っていますので、使いたい分析手法が提供されているのか、与えられたデータに対して分析と可視化を行えばよいのか、データ処理や他システムとの連携の一部として分析を組み込みたいのか、分析における処理性能要件はどうか、などの利用要件に応じて、適切な言語環境を選択していくことができます。

表5-4-1　R、Python、Juliaのデータ分析ライブラリ

言語環境	パッケージ	機能概要
R	基本パッケージ	R本体と一緒に配布される標準パッケージの、「基本」と「推奨」のうちの「基本」部分。 Base（R本体）、compiler（Rバイトコードコンパイラ）、datasets（データセット関係）、graphics（グラフィックス）、grDevices（グラフィックスデバイス）、grid（グリッドグラフィックス）、methods（メソッド・クラス定義）、parallel（並列実行）、splines（スプライン）、stats（基本統計関数）、stats4（S4方式統計関数）、tcltk（Tcl/Tkインタフェース）、tools（各種管理ツール）、utils（各種ユーティリティ関数）の14カテゴリ。
	推奨パッケージ	R本体と一緒に配布される標準パッケージの、「基本」と「推奨」のうちの「推奨」部分。 KernSmooth（カーネル法）、MASS（Modern Applied Statistics with S）、Matrix（行列演算）、boot（Bootstrap Methods and Their Applications）、class（分類）、cluster（クラスタリング）、codetools（コード分析）、foreign（他システム連携）、lattice（ラティスグラフィックス）、mgcv（Generalized Additive Model、一般化加法モデル他）、nlme（線形・非線形混合モデル）、nnet（ニューラルネット）、rpart（再帰分割）、spatial（空間解析）、Survival（生存解析）の15カテゴリ。
	アドオンパッケージ	標準パッケージ以外に、世界中の利用者によるコントリビューションパッケージがCRANに登録されており、その数は8000を超えている。
Python	NumPy	Pythonにおいて数値計算を行うための基本的なモジュール。 多次元配列（ベクトルや行列演算に用いる）と、配列の各要素の取得、設定、配列の部分を取り出すスライシング、配列から複数の要素を取り出すインデクシング、配列の各要素に対して一括演算を行うブロードキャスティングを基本演算として提供している。また、配列同士の連結などもサポートしている。
	SciPy	Pythonにおいて科学技術演算を行うための基本的なモジュール。 配列演算などはNumPyを前提としている。SciPyは数学および物理の各定数、クラスタリングアルゴリズム、フーリエ変換、微分・積分、スプライン補完、線形代数、N次元画像処理、直交距離回帰、疎行列演算、信号処理、その他のモジュールを提供する。
	Pandas	高速で効率的な、シリーズ（1次元）、時系列データ、データフレーム（2次元）などのデータ構造および基本的なデータ処理ルーチンを提供する。Rのデータフレームにおける操作と同様の操作がPython上で行える。 欠損値の処理、データセットの整形、データ集計、データセット同士のマージや結合、時系列データ特有の変換処理などが含まれる。PandasはNumPy上に作られており、他の科学技術演算ライブラリと連携することを意図した作りになっている。
	Scikit-learn	Pythonにおいて機械学習を行うための基本的なモジュール。 NumPyとSciPyと共存できるよう設計されている。分類（サポートベクターマシン，k-近傍法、ランダムフォレスト他）、回帰（線形回帰、ロジスティック回帰、サポートベクター回帰他）、クラスタリング（k-平均法他）、次元削減などの豊富なアルゴリズムを有している。
	matplotlib	Pythonのための2次元プロット用のライブラリで様々なグラフ表現が可能。これ自身はデータ分析ライブラリではないが、NumPy用の描画ライブラリとして、NumPy、SciPyなどと連動して、可視化の部分を担う。
Julia	JuliaStats	StatsBase（基本統計関数）、DataArrays（欠損値を扱えるデータ配列）、DataFrames（他の言語のデータフレームと同様）、Distributions（平均、分散、確率密度関数、最尤推定他）、MultivariateStats（線形回帰、次元削減他）、HypothesisTests（仮説検定）、MLBase（機械学習の共通機能、特定の機械学習実装は含めない）、Distances（ユークリッド、ジャッカード等の距離関数）、KernelDensity（カーネル法）、Clustering（k-平均法他）、GLM（一般線形モデル）、NMF（非負行列因子分解）、RegERMs（経験的リスク最小化法）、MCMC（マルコフチェイン、モンテカルロ法、ベイズ推定）、TimeSeries（時系列解析）などを含む。

(2)データマイニングツール

データマイニングのツールとしては、商用製品として SAS、SPSS（IBM）、Stata（StataCorp）、TIBCO Spotfire、Oracle Data Mining、RapidMiner、Visual Mining Studio（NTTデータ数

理システム)、無償ソフトとしてはWeka (University of Waikato)、RapidMiner コミュニティ版、OpenCV (Intel/Itseez)、Orange (University of Ljubljana) などが使われています。

これらのデータマイニングツールの選定においては、以下のような多面的な観点で検討する必要があります。

- **分析スクリプト(プログラミング)の記述性、簡便性、利用経験**

  これまでの分析スクリプトの蓄積を生かせるか、新しい分析要員の育成コストを抑えられるかなど
- **分析アルゴリズムの充実度、機能の充足度**

  必要とする分析手法が提供されているか、提供されていない場合でもネット上で入手可能か、データの前処理や可視化などを柔軟に行えるかなど
- **大規模データ処理の要否**

  分析対象であるデータの量を処理できるだけの能力を備えているか、さらに大規模なデータに対して分散処理などが可能な仕組みになっているかなど
- **処理速度**

  分析結果を得るのに日次バッチ処理で十分なのか、即時に結果を得る必要があるのか、場合に応じて高速処理が可能な仕組みが提供されているかなど
- **価格**

  無償のツールが増えているなかで、有償ツールの付加価値は何か、投資効果は妥当かなど
- **利用者および権限管理**

  ツールの利用者を管理できて、利用者毎に機能制限をかけるなど権限管理ができるかなど
- **ツールとしての安定度(バージョン互換性を含む)**

  バージョンアップ時の過去資産の互換性、あるいはコンバートのコストなど
- **トレーニング・サポート体制、ネット上の情報リソース**

  入門・応用テキストやリファレンスなどの基本教材の有無、研修コースの充実度、オンラインや電話によるサポートの有無、ネット上で利用可能な情報リソースの有無など
- **導入実績・適用事例**

  どのような業種、業務において、どのような適用事例があるか、それらの事例は利用可能かなど

商用製品は、大規模対応、処理速度、ツールとしての安定度、トレーニング・サポート体制、導入実績などで有利であり、これまで多くの企業で利用されてきました。ところが、近年は、RやPythonにおける世界規模のコミュニティの圧倒的な行動力により、新しい統計手法がまずこれらの上で実現されるという流れが強くなっており、商用製品は機能の差異化を図るだけでなく、RやPythonなどとの連携を重視するようになっています。

(3) 機械学習ソフトウェアとクラウドサービス

さまざまなデータ分析の手法が実装され実用化されていくなか、コンピューティングアーキテクチャも大きく進歩しています。ハードウェア面では、CPUのマルチコア化、大容量メモリの搭載、ネットワークの高速化やストレージの大容量化と高速化、ソフトウェア面では大規模分散並列処理技術の進化により、ビッグデータ処理を高速処理する環境が整っています。特に分散処理フレームワークHadoopと、同様の処理を分散メモリ上で高速に実行するSparkのアプロー

チは強力であり、データ分析の領域もこれら大規模分散処理を活用したものに進化しています。本項では、これらの方式と機械学習ソフトウェアの適用について述べます。

MahoutはApache Software Foundationが公開しているOSS(オープンソースソフトウェア)の機械学習アルゴリズムのライブラリセットです。Mahoutは、Hadoopの利用を前提としており、多くの機械学習のアルゴリズムが用意されています。従って、Mahoutでは、レコメンデーションやクラスタリングといったアルゴリズムが、Hadoopのスケーラビリティを十分に生かす形で利用することができます。

SparkもApache Software Foundationが公開しているOSSで、Hadoopと同じく分散処理のフレームワークです。Sparkは図5-4-2に示すようなライブラリ群を有しています(https://spark.apache.org/)。Sparkでは、分散メモリRDDと呼ばれる技術をコアとして、データの繰り返し処理を得意とするアーキテクチャを備えており、そのなかで、MLlibと呼ばれる機械学習ライブラリを用いて高速な機械学習を実現しています。

その他、クラウドサービスを含めた機械学習に利用できる主要なソフトウェアとクラウドサービスの特長を、表5-4-2に示します。

図5-4-2 Sparkのライブラリスタック

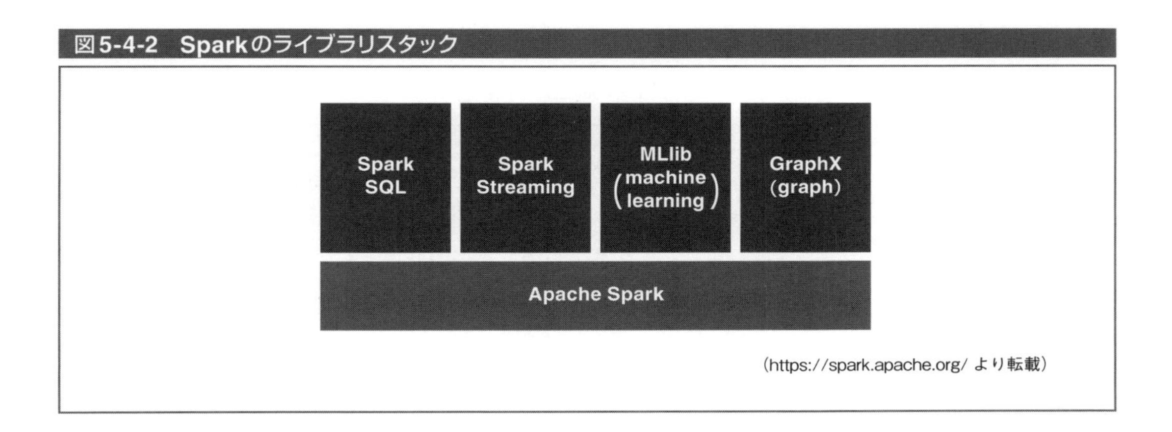

(https://spark.apache.org/ より転載)

表5-4-2 機械学習に利用できる主要なソフトウェアとクラウドサービス

種別	名称	特長
ソフトウェア	Apache Hadoop/Mahout	Hadoop上での分散処理を前提とした機械学習アルゴリズムのライブラリセット。レコメンド、クラスタリングといったアルゴリズムが、Hadoopのスケーラビリティをフルに生かす形で利用することが可能。
	Apache Spark (MLlib) http://spark.apache.org	分散処理フレームワークであるSpark上に構築された機械学習ライブラリ。Spark StreamingやSpark SQLと組み合わせて利用できるため、開発が容易。
	Apache Flink (FlinkML) https://flink.apache.org	低遅延ストリーミング処理に強く、機械学習パイプラインによる複雑な機械学習やCEPを得意とする。Sparkよりも成熟度・普及度では劣る。
クラウドサービス	Azure Machine Learning https://azure.microsoft.com/ja-jp/services/machine-learning/	Microsoft Azureが提供する機械学習サービス。ビジュアル開発ツール(ML Studio)による開発や、R言語/Pythonによる開発に対応しており機能豊富。
	Amazon Machine Learning https://aws.amazon.com/jp/machine-learning/	Amazon Web Servicesが提供する機械学習サービス。教師あり学習のみに対応する、比較的シンプルで扱いやすいサービス。
	Google Cloud Machine Learning https://cloud.google.com/products/machine-learning/	Google Cloud Platformが提供する機械学習サービス。後述するTensorFlowをコアとして深層学習に対応する先進的なサービスで、画像認識・音声認識に特化した高レベルAPIもあわせて提供されている。

(4)深層学習ライブラリ、フレームワーク

深層学習技術に関しては、いくつかのオープンソースベースの学習ツールが利用可能になっています。世界でよく使われているのは、Caffe、Theano、Torch7などであり、それぞれのコミュニティの規模も大きく活動は活発です。特にCaffeとTorch7は有名で、世界中の研究者、開発者が毎日のようにソース改良や機能追加を行っています。Chainerは日本のPreferred Networks Inc.が開発し、2015年6月にオープンソースとして発表しました。日本発信のオープンソース型学習環境で、日本人を中心にコミュニティも大きくなりつつありますが、ドキュメントは元々すべて英語で、はじめからグローバルの開発者をターゲットにしています。主要ツールを、表5-4-3に示します。

表5-4-3　深層学習ライブラリの比較

ツール名	開発元	対応言語	適用領域	対応OS	ライセンス	特長
Caffe	University of California, Berkeley	Python, Matlab, C/C++	画像	Ubuntu, RHEL/Centos, OSX	BSD	画像分類で便利に利用できるCNNを中心としたフレームワーク。大きなコミュニティを有する。
Chainer	Preferred Networks	Python	画像、音声、テキストなど	指定なし	MIT	CNN、RNNなどを幅広く実装可能。日本発。
DL4J	Skymind	Java, Scala, Closure, Python, Ruby	画像、音声、テキストなど	Windows, Linux, OSX	Apache2.0	商用サポートを特長とし、Javaベースで既存システムとの連携性に強み。
TensorFlow	Google	Python, C++	画像、音声、テキストなど	Linux, OSX	Apache2.0	2015年に公開。既にGoogleの写真検索や音声認識技術で使用。
Theano	University of Montreal	Python	画像、音声、テキストなど	Windows, Ubuntu, CentOS, OSX	BSD	ニューラルネットワークを中心とした機械学習トレーニングが可能。
Torch7	(Facebook, Twitter, Google)	Lua, C/C++	画像、音声、テキストなど	Ubuntu, OSX	BSD	大きなコミュニティを構成、世界中の研究者、開発者が貢献。

4 IoTプラットフォーム

IoTにおける基本的なデータの流れは、センシングデータを取得して、それをクラウドなどのサーバに送り、そこでデータの格納、閾(しきい)値判定、分析などを行って、その結果に応じて通知などを行うという形になります。IoTプラットフォームは、一般的には、センシングデータを受け取るサーバあるいはクラウドの部分を言いますが、ゲートウェイ以降のクラウド側の部分と後段の可視化・分析なども含めて、広義のIoTプラットフォームとして扱う場合もあります。広義のIoTプラットフォームの位置付けを図5-4-3に示します。

センシングデータから新たな価値を効率よく引き出すためには、このIoTプラットフォームにおいて、上述したような統計解析や機械学習を駆使した分析を的確、適切に行うことが重要にな

ります。

IoTプラットフォームは、前述の図5-4-1の処理ステップに対応させると、図5-4-4に示すように、ほぼ全体をカバーしています。IoTプラットフォーム上にほとんどの機能がそろっている場合もありますが、外部のツールや機能と適切に連携できる仕組みが提供されていることが重要になります。また、IoTプラットフォームでは、さまざまなデータを扱うことから、異分野、異業界をまたがったデータ、業務アプリケーション、家電、製造設備などの機器を連携するための「データおよびコントロールのハブ」としての役割も期待されます。IoTプラットフォームのハブとしての機能例を、図5-4-5に示します。

図5-4-3　IoTプラットフォームの位置付け

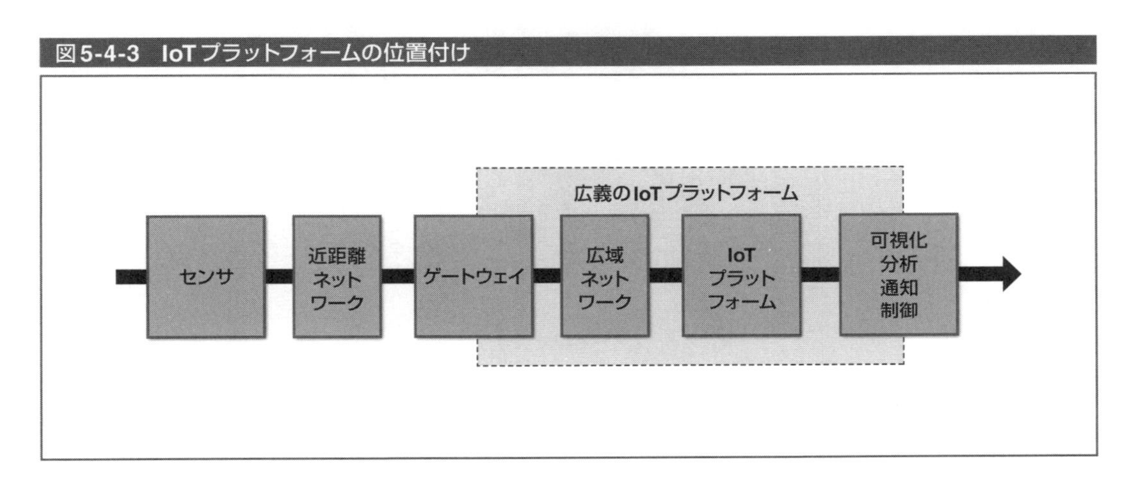

図5-4-4　IoT処理ステップとIoTプラットフォーム

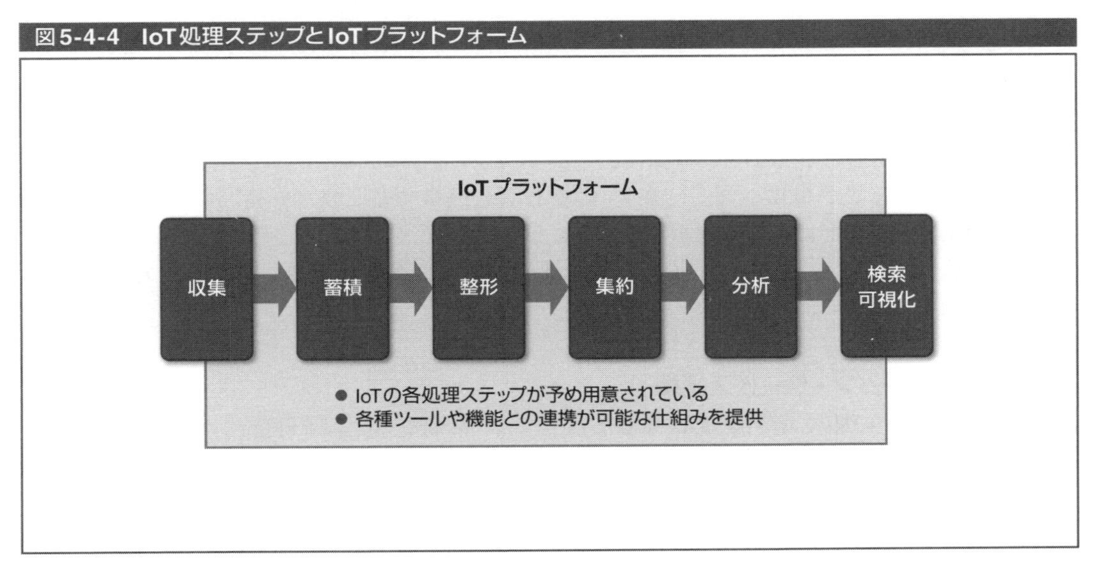

図5-4-5 IoTプラットフォームのデータハブとしての機能(例)

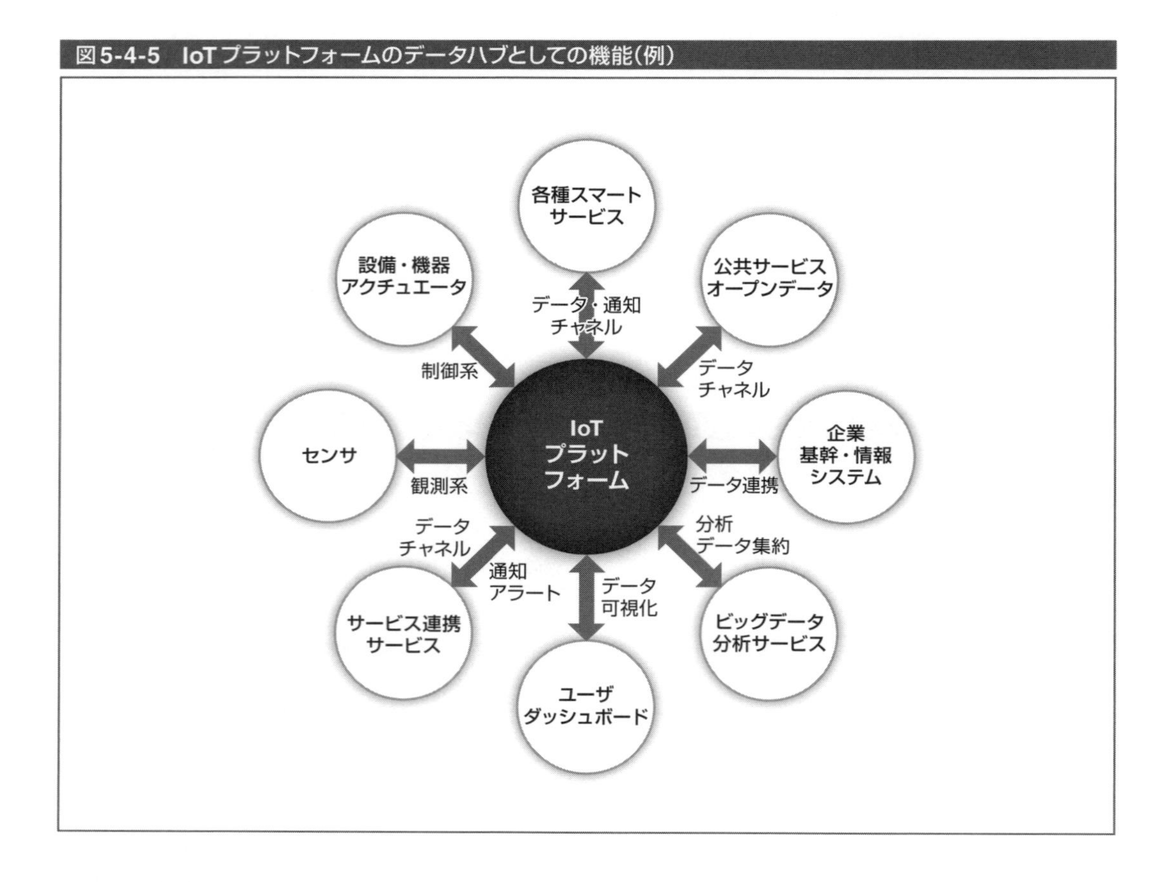

このようなIoTプラットフォームは、Amazon、Microsoft、PTCなど多くの企業により提供されています。一方、国内で利用可能なIoTプラットフォームも着実に増えており、AWS IoT(Amazon)、Azure IoT Suite(Microsoft)、ThingWorx(PTC)、Axeda(PTC)、ニフティクラウドIoT(ニフティ)、Toami(NSW)、SensorCorpus(インフォコーパス)、AllegroSmart(アレグロスマート)などが提供されています。価格体系、提供機能、カバー範囲などさまざまであり、利用目的、予算などに応じて選択することになります。

本項では、これらIoTプラットフォームが共通的に備える基本機能を、以下の5つに分類して説明します。

(1)アプリケーション・サービス連携

ユーザにデータの閲覧環境を提供するだけでなく、業務システムや外部サービスと連携する機能が求められます。複数のデータソースの連携(マッシュアップ)も含みます。既にインターネットには、各種情報サイトやSNSなど大量のデジタル情報が存在します。そこに、コネクテッドカー、スマートホーム、フィットネスなどのいわゆるIoTのデータソースと連携したサービスが提供されています。IoTプラットフォームでは、IoTで扱うデータとこれら外部システムや業務システムとの相互接続を可能にするために、標準化された、あるいは扱いやすい通信プロトコルとデータ形式を用いたデータ連携のためのAPIを提供することが求められます。

(2) デバイス管理

センサやゲートウェイなどの機器の個体管理、構成管理、ソフトウェアアップデート、デバイスモニタリングなど、機器とクラウドとの接続情報の管理が必要となります。センサから収集するデータの属性情報、例えば、デバイスの名称や型式、シリアル番号、設置場所、管理者などをIoTプラットフォームで管理します。IoTデータの分析においては時系列と同様に場所の情報が重要になることが多いため、設置場所の情報も重要となります。

これらの属性情報をクラウドで管理する利点は以下のようになります。

・センサやゲートウェイの個体管理

IoTでは多種多様なセンサがいろいろな場所で使用されます。センサの数が増えるにつれ、故障、バッテリー切れ、交換、移動等の管理が煩雑になります。多数のセンサとそれらを束ねるゲートウェイを階層的に管理することで、管理の一元化、効率化を行うことが可能となります。

・センサの属性情報管理

使用するセンサとその属性情報を予めクラウド側で一覧化して管理しておくことで、利用者はセンサを利用する際に必要最小限の情報を設定するだけで、センサを使うことができます。特に、温度や湿度といった測定種別と得られるデータの物理量の単位を組にして管理しておくことが重要です。

(3) データ管理

IoTプラットフォームが提供するデータ管理機能では、センサデータのような非定型な構造を持つ大規模データを収集・格納・管理し、配信・可視化・分析する機能を提供します。以下で、データの収集や配信における通信方式、および大規模データを効率的に蓄積・管理するデータベース管理についての留意点を示します。

通信方式に関しては、WebのプロトコルであるHTTP やREST、SSL/TLSなどのセキュリティ対策との組み合わせなどの選択肢を考えます。さらに、以下のような用途では別の選択肢も用意する必要があります。

・データを効率よく連続的に送信したい

・データの送信方向とは逆の方向に、センサ側（あるいはその付近にある機器側）にリアルタイムに情報を送達したい

これらの用途に応える技術として、WebSocketやMQTTなどの技術が利用できます。

データベース管理については、さまざまな単位の物理量を持つ非定型のデータになることが多くなります。収集するデータの属性情報を一意に決めることは難しいため、さまざまな種類の、さまざまな単位で表現されるデータの管理が行えるデータベースが必要になります。また、従来の業務システムでは、データを頻繁かつ安全に更新したり削除したりする必要があり、トランザクション処理が欠かせませんが、IoTではデータの更新よりも追記する場合が圧倒的に多く、大量のデータが時系列で時々刻々とデータベースに格納されます。IoTでは従来の業務システムとは異なる要件が求められます。

・測定の型によって異なるデータセットを柔軟に格納し検索できるスキーマとクエリ

・高速にデータを格納できて、かつ高速に取り出せるread/write性能

・大量かつ際限なく増え続けるデータ量に対応できるスケーラビリティ

(4) ユーザ管理

ユーザには、IoTプラットフォームのIoTサービスを直接利用する場合と、IoTサービスを活用して自分たちの顧客であるユーザに対して、通知したり、データをグラフ化して見せたり、サマリデータを渡す場合とが考えられます。後者の場合には、データや加工した情報を必要なユーザに安全・適切に開示するためのユーザ認証や権限管理機能は、従来のITシステム同様にIoTプラットフォームの機能に求められる要件になります。

(5) セキュリティ管理

セキュリティはシステム全体で捉える必要があります。クラウド側に関しては、ほとんどのリスクは従来のITシステムのセキュリティ対策と同等になると考えられます。一方、センサやゲートウェイ側におけるセキュリティ対策については、機器の盗難、乗っ取り、詐称、データ汚染攻撃、バッテリー浪費攻撃といったIoT特有のリスクが想定されます。

IoTプラットフォームのクラウド側のセキュリティ対策は、ITの技術を駆使した不正アクセスや情報漏えいへの対策が必要であり、センサやゲートウェイ側においては、センサやゲートウェイが正規のものかどうかの機器認証が基本になります。それ以外には、以下に示すセンサやゲートウェイの挙動に関する対策が考えられます。

① センサの識別、死活監視

クラウド側に登録されたセンサの登録情報を用いて、センサの死活監視を行ったり、センサやゲートウェイの故障や盗難の早期検知を行います。

② センサ、ゲートウェイの詐称・汚染対策

個々のセンサの自分自身の過去のデータや、近接する他のセンサデータとの相関性などから、センサやゲートウェイが正しい挙動をしているかを分析することが可能となります。

③ データの二次利用への対応

IoTデータの二次利用などに際しては、匿名化技術を用いることで個人のプライバシー情報および企業データを保護する必要があります。データの仮名化、属性の切り落とし、曖昧化等の匿名化処理を実行し、分析や再利用向けのデータの加工、生成を行います。データそのものや加工した情報を必要なユーザに安全に開示するためのユーザ管理は、従来のITシステム同様に求められる要件になります。

以上のIoTプラットフォームの5つの基本機能に加えて、各社のIoTプラットフォームでは、通信モジュールも含めた課金の仕組み、組込みシステム開発の簡便性やアプリケーションの開発容易性、他の業務系システムとの相互接続性などの特徴があります。

IoTプラットフォームの基本機能スタックの例を、図5-4-6に示します。

---

*6：総務省「情報通信（ICT政策）ICT利活用の促進 オープンデータ戦略の推進」：http://www.soumu.go.jp/menu_seisaku/ictseisaku/ictriyou/opendata/

図5-4-6 IoTプラットフォームの機能スタック(例)

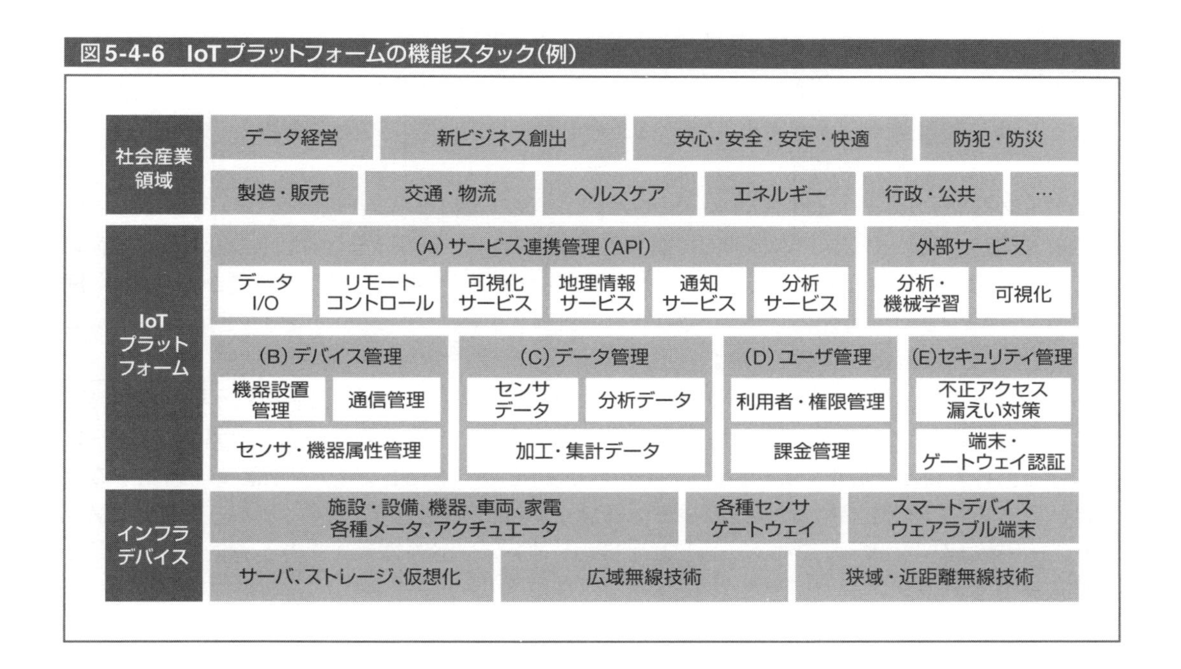

IoTデータの利活用においては、さまざまな公共データ、オープンデータとの連携、モノあるいは機器に対する制御や人への通知という観点が欠かせません。IoTプラットフォームとして、上述の基本5機能に加えて、これらを実現する以下の機能が望まれます。

(a) オープンデータの活用

データからより多くの価値を引き出すためには、収集したデータだけでなく、公開されているオープンデータをうまく組み合わせることが重要です。

オープンデータとは、無償で自由に使えて再利用もでき、かつ誰でも再配布できるようなデータのことです。日本においては、2012年に政府が「電子行政オープンデータ戦略」を発表し、オープンデータの意義・目的として、「透明性・信頼性の向上」、「国民参加・官民協働の推進」、「経済の活性化・行政の効率化」を定義しました。総務省「情報通信(ICT政策) ICT利活用の促進 オープンデータ戦略の推進」のWebサイト[*6]には、オープンデータの意義・目的等が詳細に紹介されています。

(b) リアルタイム制御と通知

IoTデータの利活用として「通知・制御」が可能になれば、人手のかかる監視や機器の運用などの省力化が期待できますが、その反面リアルタイムに近いデータ処理が必要になるため、実現の難易度は高くなります。「通知・制御」の利用例は次のようになります。

・閾値(しきい)を利用

(例)温度範囲が指定範囲を逸脱していないか

・タイムウィンドウを利用

(例)監視対象から一定時間以上データが収集できなければ異常とみなす

・データ相関(ルール)を利用

(例)モーターの消費電力と振動が一定の相関条件を満たしているか

・機械学習モデルを利用
(例)分類モデルを適用して正常・異常を分類し異常となっていないか、回帰モデルを適用して現在の計測データから未来のデータを予測ししきい値等の条件を満たしているか

リアルタイムのアクションとして、メールやメッセージの送信やパトランプ等での告知であれば「通知」となり、機器やシステムに対して動作を指示すれば「制御」を行うことになります。制御を行う場合は、制御される側に制御のためのインタフェースを準備しておく必要があります。例えばWeb APIで制御可能にしたり、MQTTで制御メッセージの通知を受けて動作するようにしておくなどの仕組みが必要になります。

一般には、通知・制御にはスピード(低レイテンシ)が求められ、特に制御を行う場合は、リアルタイム性が重要となります。これは、通知・制御の目的が、「異常や危険などの望ましくない状態に陥っていることを是正する」ことにあるからです。しかし、IoTシステムを構築・運用する上では、リアルタイム性を高めるためにシステムリソースをより多く必要とする、という機能とコストのトレードオフが生じます。そのため、どれだけのレイテンシが許容されるのかを見極めておくことが重要です。

IoTデータを収集してからバッチ処理で行う方法では期待されるレイテンシを満たすことができない場合がほとんどであり、通知・制御を高速に行うためには、リアルタイムストリーム処理を行う必要がでてきます。継続的に発生し続ける大量のデータを遅滞なく処理するためには、可用性を担保しつつデータ量の変動に対応できるようにするために、分散システムの構成をとることが必要になります。このような分散リアルタイムストリーム処理を実行するための仕組みとしては、上述したApache Sparkのような分散処理フレームワークがひとつの解になり得ます。

5-5 ロボットとIoT

IoTシステム構築を考えた場合、ロボットの利活用は、非常に重要な役割を果たす位置付けにあるといえます。本節では、ロボットを広い意味で捉え、IoTでの利活用についてみていきます。

1 IoTデバイスとしてのロボット

(1) IoTとロボット

IoTでは、センサから収集したデータをもとにした分析結果を得て、最適な制御情報等をアクチュエータにフィードバックするシステムを構築できます。この仕組みは、ロボット制御の仕組みそのものといえます。ロボットを定義すると、一般的には、通信機能を持ち、自ら外部情報を取得して自己の行動を決定し、行動する機能を有する移動体機器ということができます。特に、アクチュエータの駆動や、視覚・聴覚といったセンシングは、センサ技術が有効に使えるところであり、センサで周辺環境からデータを収集したり、そのデータをもとに移動体機器を最適に制御したりすることができます。さらに複数の移動体機器の協調作業を行うことにより、高度な機能を発揮することができると考えられます。

一方、センシング技術などの進展に伴い、ロボットだけにセンサを搭載するのではなく、空間にセンサを配置し、空間を知能化することが可能となり、空間に分散配置したセンサを用いて、空間内の様子を観察し、有用な情報を抽出して提供することができるようになりました。さらに、観測結果に応じてロボットなどの機器を適切に制御することにより、人に対して有効に作用することができます。また、既存機器とセンサ機能、通信機能を組み合わせることにより、ロボットと同等の機能を提供することもできます。例えば、病院や工場単位でのロボット化事例などがあります。

(2) ロボット機能によるサービス

ロボットがデータを収集し、情報を提供することをロボット機能と広義に考えれば、いろいろな機器がロボット機能を提供してくれます。例えば、図5-5-1は、様々なロボット機能を提供する機器群やその組合せにより提供されるサービス例を示したものです。ロボットの機能を提供するものとしては、工場内の産業用ロボットやホーム内の見守りロボットだけでなく、ドローンや自動走行車の無人移動体、建設機器にセンサや通信モジュールを搭載したものなどがあります。また、スマートフォンやタブレットなどのスマートデバイスを用いてロボット機能を実現することも可能です。

ロボット機能を有する機器群を組み合わせて用いることにより、さまざまなサービスを提供することが可能となります。代表的な例としては、独居老人などの遠隔見守り、監視、保守・点検などを挙げることができます。さらに、対象の規模を拡大し、ビル全体を効率よく運用するビルごとロボットや、スマートシティの街ごとロボットを実現することも可能となります。

図5-5-1　ロボット機能による様々なサービス例

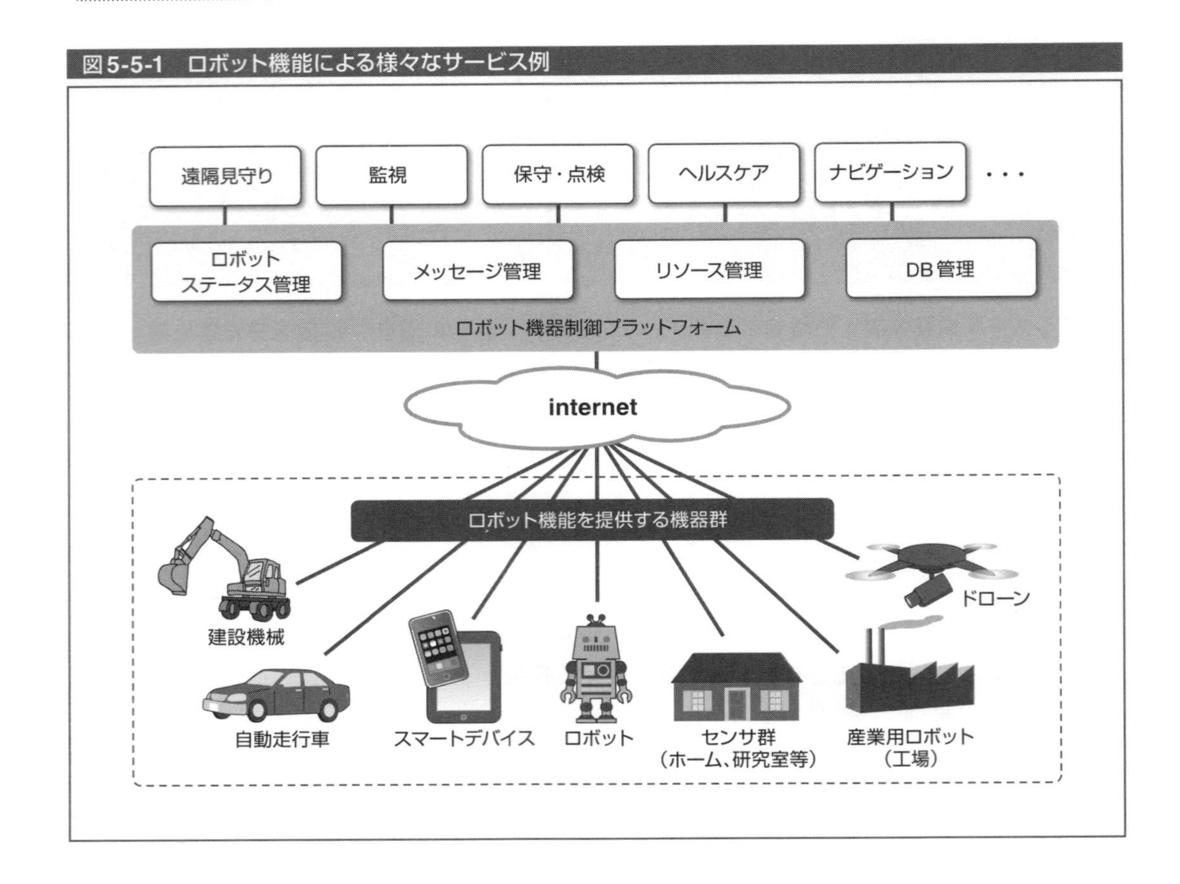

(3) ドローン

ドローンは、静止画や動画撮影のカメラ、位置情報を把握するGPS、加速度センサ、ジャイロセンサなどを搭載することにより、これまでできなかった空間のデータ化を可能とする手段を提供してくれます。空撮だけでなく、物流や橋梁の老朽化点検など幅広く活用できます。主な適用例として次の用途があります。

- ・夜間の警備や保守作業
  （決められたルートを定期的に巡回し、異常を発見、侵入者監視、不審物の検知などを行います）
- ・土木工事現場での測量
- ・農地への農薬散布や耕作地の状況データの収集
- ・災害現場の調査　など

2015年4月には首相官邸にドローンが墜落する事件が起き、その後も各地でドローンの墜落が相次いだことから、ドローンに対する法整備が進められ、2015年12月10日より改正航空法が施行されました。ドローン飛行の許可が必要となる空域を図5-5-2に示します。図のA～Cはそれぞれ、航空機の航行の安全に影響を及ぼす可能性がある空域、ドローンが落下した場合に地上の人などに危害を加える可能性が高い空域を示しています。これらの空域でドローンを飛行させるには、事前に国土交通大臣の許可を受ける必要があります。A～C以外は飛行可能な空域になりますが、ドローンの飛行方法にも制約があり、詳細は国土交通省のホームページなどで確認する必要があります。

ドローンを操縦者なしで自律飛行させることにより、ドローン活用の場をさらに拡大することができます。各種センサで周囲の状況を把握し、ドローン自身がクラウド上の分析ソフトと連携して、次の行動を判断することも可能となります。

図5-5-2 ドローンの飛行可能な空域

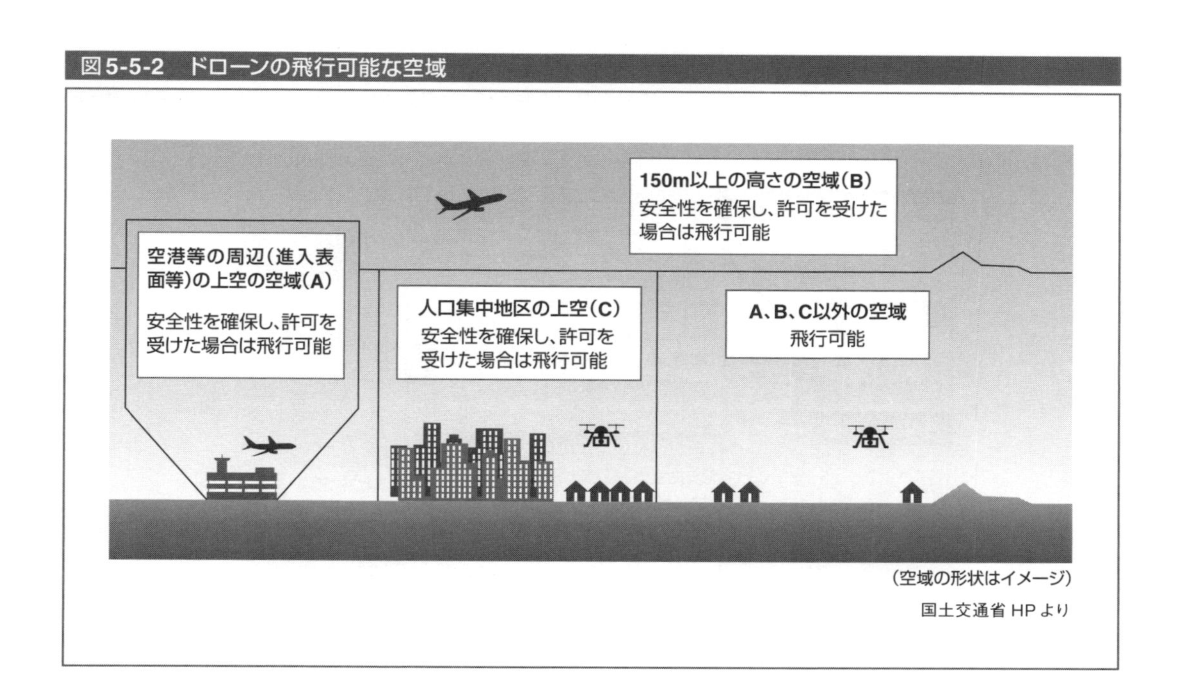

国土交通省 HP より

2 ロボットの種類

ロボット機能を提供する形態はいろいろあります。分類例を図5-5-3に示します。図では、ロボット機能を、人の日常生活を支援する機能、産業用ロボットに代表される生産環境、危機環境下での作業代行に分類しています。以下では、産業用ロボット、人型ロボットに分けて、機能の概要をみていきます。

(1)産業用ロボット

自動化された生産ラインでは、産業用ロボットが既に活躍しています。自動車、半導体、精密機器などの製造分野において、人間の代わりに作業を行う機械装置を指し、センサで状況を把握しながら適正な動作をすることを基本としています。

製造業に関するIoTの適用については、ドイツが提唱しているIndustrie4.0や、アメリカのGE社を中心としたIIC(Industrial Internet Consortium)の活動があります。Industrie4.0は、工場を中心にリアルタイム連携し、少量多品種、高付加価値製品を大規模生産することを目指しており、これをマスカスタマイゼーションと呼びます。

一方、IICは、稼働中の機械の状態等をリアルタイムに管理する仕組みにより、製造業だけでなく、エネルギー産業、サービス業などを幅広くIoTにより取り込むことを目指しています。GEは、Predixと呼ぶプラットフォームを提供しています。

Industrie4.0やIICの仕組みを可能とするためには、生産ラインなどのリアルの世界を、リアルタイムでバーチャル上の世界で再現することが必要です。このような仕組みをデジタルツインと呼びます。リアルとバーチャルの双方（ツイン）に同じ環境が存在することからこのように呼ばれ、現実の機器の可動や状態などをバーチャルな世界でリアルタイムにシミュレーションすることにより、生産ラインの変更、工場間の連携、生産予測などを可能としています。

図5-5-3　ロボット機能を提供する機器の分類例

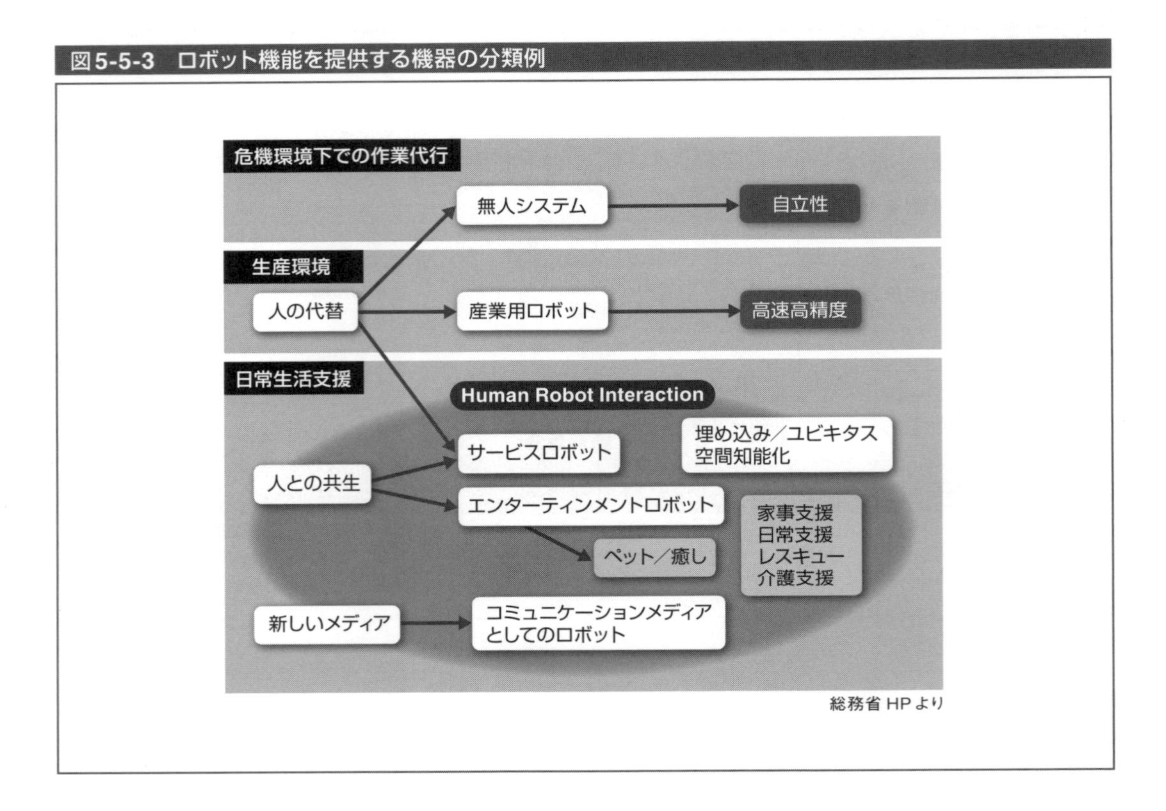

(2) 人型ロボット

ここでは、人とのコミュニケーションに着目し、人型ロボットについてみていきます。人型ロボットを適用する代表的分野としては、介護ロボットやコミュニケーションロボットがあります。

介護ロボットは、パートナーロボット活用への期待が高まっている代表的な分野の一つであり、介護分野でのロボット技術の活用は、既に試行的取組みが始まっています。介護用ロボットは、入浴、食事、移乗といった場面で介護者を助け、介護する側の負担軽減につなげたり、要介護者の健康状態をインターネット経由で介護サービス施設等に通知したりする機能を持ったロボットと定義できます。

一方、人工知能の技術進歩により、会話をしたり、ダンス・体操を一緒にしたり、クイズ・ゲームの相手をしたりするコミュニケーションロボットの開発、製品化が進んでいます。ロボットとのコミュニケーションによる脳への刺激が認知症予防につながったり、ちょっとした運動を行うことで筋肉の萎縮や衰えを予防し、寝たきり防止につながったりする効果が期待されています。

人の感情を理解するだけでなく、自らが感情を持つことを志向したロボットとして、ソフトバンクロボティクスのPepper（図5-5-4）があります。人とのコミュニケーションは、クラウドを通して会話を学んでいきます。人とのコミュニケーションだけでなく、Pepperは、搭載されている様々なセンサを活用して、頭や腕、腰などの可動部を使って、安心・安全な動きや移動を可能にしています。

また、Pepperは、一般家庭用モデルだけでなく、業務をサポートする法人向けモデルとしてPepper for Bizが提供されています。小売・接客サービスや病院・介護システム、教育機関など、様々な目的に応じてアプリケーションを活用することにより、多くの機能を実現しています。

図5-5-4 Pepper

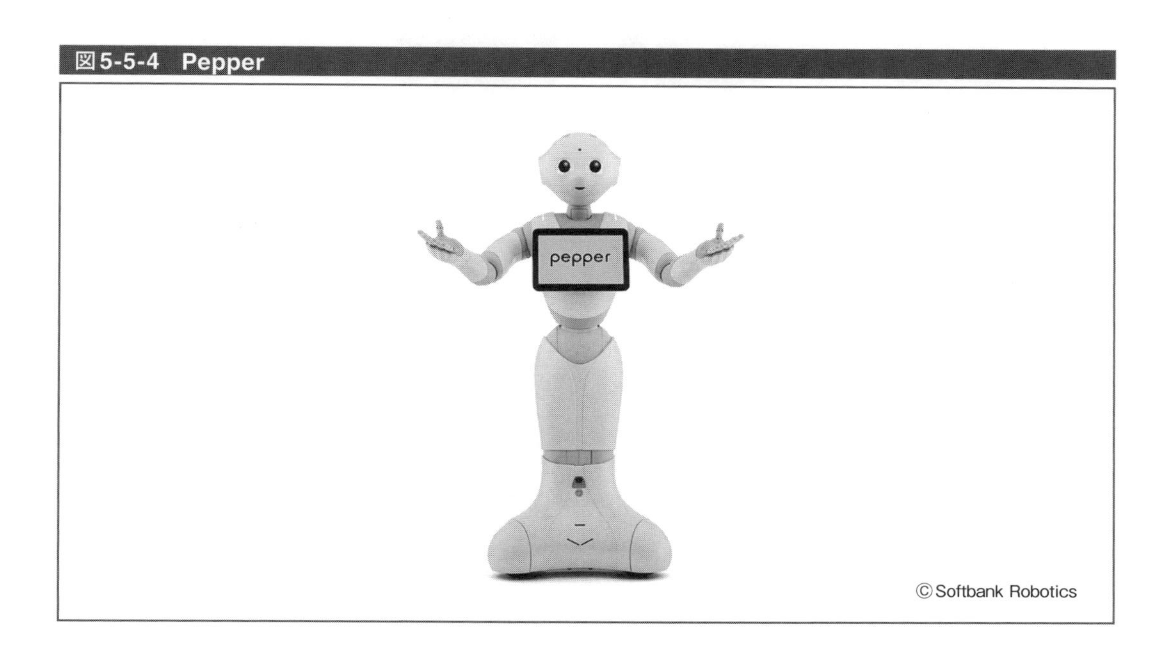

シャープは、二足歩行できるモバイル型ロボット電話「ロボホン」(図5-5-5)を商品化しています。電話やメール、カメラなど携帯電話の基本機能や専用アプリケーションで提供される各種サービスを、ロボホンと対話しながら使用できます。また、専用アプリケーションをダウンロードすることで、利用できる機能やサービスを追加することができます。さらに、ユーザの利用状況やプロフィールなどをロボホンが学習し、より自然なコミュニケーションが可能となります。

NTTドコモは、タカラトミーと次世代コミュニケーショントイ「OHaNAS(オハナス)」(図5-5-6)を共同で開発しました。OHaNASは、「しゃべってコンシェル」の技術を応用した自然対話プラットフォームを採用しています。このプラットフォームとスマートフォンが連携することで、OHaNASと自然な会話を行います。

また、このプラットフォームでは、話しかけるだけで情報を調べて教えてくれる「しゃべってコンシェル」の技術に加えて、同音異義語などの日本語の多様な表現でも、前後の文脈などから文章を読み取り、最適な会話ができる「文章正規化機能」や、ニュース・天気といった情報を取得し、話しかけた時点でリアルタイムな情報を反映した会話ができる「外部コンテンツ連携機能」などの機能を組み合わせたプラットフォームを実現しています。

図5-5-5 ロボホン

©SHARP CORPORATION

図5-5-6 OHaNAS

©TOMY

3 空間知能化システム

(1)空間知能化とは

空間知能化とは、空間を対象として、観測、情報抽出、情報をもとにした作用を行うことであり、空間全体がロボットとして機能することから、空間をロボット化することと言うことができます。住宅における空間知能化は、以下のようなプロセスで、住宅に生活する人間の快適な生活を実現し、安心・安全を守ることを目指します。

・空間に分散して配置されたセンサを用いて、空間内の様子を観測する。
・有用な情報を抽出して、必要とするものへ提供する。
・観測結果に応じてロボットなどを適切に制御し、人に対して作用をもたらす。

以上の一連のプロセスを空間知能化と呼んでいます。

住宅における空間知能化の目標の一つであるスマートホームのイメージを、図5-5-7に示します。図において空間知能化は、照明、シャッター、カーテン(ロールスクリーン)、オーディオ・ビジュアル機器、エアコン、床暖房、電子錠、セキュリティカメラなどの家庭内の電化製品をつなぎ、制御することによって、自動的に、あるいはワンタッチで、団らん、読書、ミュージック・リスニング、ホームシアターなどのシーンを切り替えることができる住まいを指します。

例えば、朝6時、朝日が昇りはじめる頃、ベッドルームには、住人のお気に入りの音楽が最初は弱く徐々に大きな音で流れます。音楽にシンクロして、照明がいったん全部灯り、やがて徐々に消えていきます。照明の動きに合わせて、ロールカーテンがゆっくりと開き、ベッドルームには朝の柔らかい光が満ちあふれ、住人は心地よい目覚めを感じる、といった演出を行います。図において、空間内の各機器の状況は空間知能化ハブに集められ、クラウド上のアプリケーションと連携をとり、空間知能化システムの機器を最適に制御することができます。

このような心地よい光景を生み出すのが空間知能化ですが、空間知能化は、快適なライフスタイルを実現するだけでなく、いまの社会的な課題である省エネ・節電も結果的に実現します。家庭内の電化製品をつなぎ、制御することによって、家庭の消費電力のモニタリングにとどまらず、エネルギーの最適化、すなわち、エネルギーのマネジメントが可能となります。例えば、住宅の一日の消費電力の最大値を決めておき、その最大値の90%を超えると、警告音が響き、照明が緩やかに調光されるというようなことが実現できます。

図5-5-7　空間知能化システムの構成例

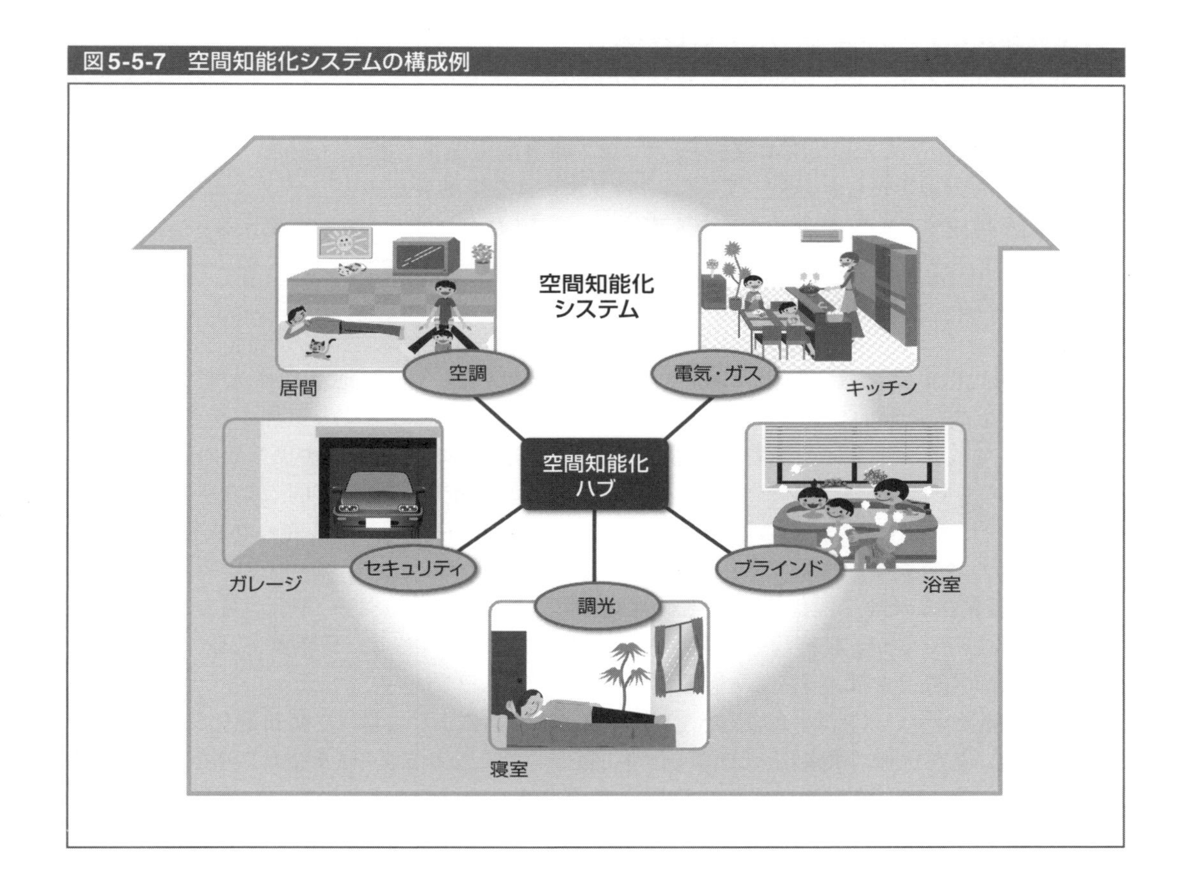

(2)見守り機能と生活支援機能

住宅における空間知能化の目標として、高齢者の見守りと生活支援があります。空間知能化は、インフラ系のハードウェア設計やネットワーク設計だけでなく、システムの実運用において人間の振舞いや快適性を考慮したアプリケーションが重要になってきます。例えば、高齢者の遠隔見守りシステムにおいては、遠隔生体モニター機能と高齢者の自立を促す情報支援機能が必要になります。遠隔生体モニターの必須条件として、以下の点が指摘されています。

・利用者の身体変化が周囲から観察されにくい時間帯でも、生体情報が安定してモニタリングできること。
・利用者にとってストレスを感じない非拘束性で、監視を意識しない見守りシステムであること。
・操作が簡単であること。
・経済的負担が軽いシステムであること。

上記の要件は、最大効率を追求するシステム構築とは趣が異なるものであり、空間知能化システムが目指す目標でもあります。高齢者が自立した生活を行うためには、ロボットの支援が必要になる場合があります。例えば、デイサービスに行く時間を教えたり、薬の飲み忘れを注意したりすることで、高齢者が自立した生活を行うことができるようになります。この場合には、コミュニケーションロボットや空間知能化システムに埋め込まれたマイク、スピーカーと、音声による会話が必要になります。

(3)空間知能化システム構築のための技術要件

空間知能化モデルでは、空間全体をロボットと考え、各種センサからのデータだけでなく人間の行動を入力信号と捉え、アクチュエータ等を介して収集したデータをもとにサービスを提供します。空間知能化システムの基本機能として、以下の機能を提供します。

・空間内のセンサからデータを収集し、アクチェータを駆動する。
・空間を構成する家電や設備などの要素を低消費電力かつ安全、安心に使える。
・空間内の人とのコミュニケーションインタフェースを持つ。
・収集したデータの分析などはサーバで処理する。

空間知能化の構築には多数のセンサを使用するため、センサの電池交換や充電の作業負荷が増大し、また、長期間使用する住居等ではセンサ増設、新規センサの追加が発生するため、稼働においてはセンサ全体の消費電力も増大します。センサの電池交換やセンサの追加等を考えると、省エネを目ざすエナジーハーベスティングに基づく空間知能化を図ることも重要と考えられます。エナジーハーベスティング技術は、周りの環境から微小なエネルギーを収穫(ハーベスト)して、電力に変換する技術であり、環境発電技術とも呼ばれています。一方、エナジーハーベスティング技術は、充電・電池交換・燃料補給なしで長期間エネルギー供給が可能な電源として活用する技術ですが、収穫したエネルギーの消費を極小化するセンサ駆動方式や、間欠型の省エネ通信方式などを採用することも必要です。

また、遠隔見守りシステムや人の動きを監視するシステムにおいては、空間知能化システム内での人の移動、現在位置の把握を効率よく行うことが重要となります。様々なセンサを用いて人の位置を把握しますが、障害物で正確に位置が把握できなかったりする場合に、位置を推定する必要があり、隠れマルコフモデル[*1]やビタビアルゴリズム[*2]を用いることにより、位置の把握の精度向上を図ります。

---

*1: **隠れマルコフモデル**：遷移した状態が外部から直接観測されず、事象のみが観測されるモデル
*2: **ビタビアルゴリズム**：動的計画法の一種で、観測結果について一つの最も尤もらしい説明を与えるアルゴリズム

IoTシステムのプロトタイピング開発

IoTシステム構築には、状態を把握するためのセンサ技術と、それを制御するマイコン技術、センサデータをインターネットに送信するためのワイヤレス通信技術、さらにクラウド上のサーバと接続するためのインターネット技術やWebサービス技術といった様々な要素技術が関係します。
IoTシステムを構築する上で、これらの技術を使って、堅牢で、保守性がよく、想定した過酷な環境下でも稼働できるようにするには、プロトタイピング開発(試作)は欠かせません。IoTシステムのプロトタイピング開発では、簡単なものでもデバイス試作を行い、複雑になればインターネット上のサーバやWebサービスの構築といったものが必要となってきます。そこには多くの課題・対策の検討対象が存在し、有効な情報・知識の活用が重要となります。
本章では、IoTシステムのプロトタイピング開発に関するデバイスやノード、ゲートウェイ、モジュールといったハードウェアのモノの開発、及びこれらを機能的に動かすソフトウェア開発について解説します。

6-1 IoTプロトタイピング開発検討概要

まず、本節では、IoTシステムのプロトタイピング開発における関連事項をまとめ、プロトタイピング開発で考慮すべき検討事項、そのプロトタイピング開発のプロセス、早期開発環境の留意点、アイデア実現のための環境構築、プロトタイピング開発でのネット活用術などを紹介します。

プロトタイピング開発とは、一般に実働するモデルを早期に試作する手法とそのプロセスのことを意味し、製品開発の設計段階での事前検討として位置づけられます。その目的・効果として、モデルの作成と検証、設計方法の妥当性の検証、一部機能の先行検証、後工程での手戻り削減、開発工数の削減などが挙げられています。

そこには、目的とするシステムが実働するまでに、作りながら考え、考えながら作るといったフィードバックのプロセスが発生したり、トライアンドエラーを繰り返す場面も出てきたりします。いったん完成したものを評価し、課題を見つけ、さらに改善し、新たな環境下で動かしたりしながら、実運用を想定したモノづくりに近づけていきます。

IoTシステムの開発においても、このプロトタイピング開発は、必須のものとして考えられています。IoTシステムの製品開発に関係するハードウェアとソフトウェアの情報・知識は幅広く高度で、場合によっては最先端の技術まで必要となることから、一部の先行(パイロット)開発やその検証が必要となってきています。

1 メイカームーブメントによるモノづくり時代

ここ数年で3Dプリンタが広く利用されるようになり、プロトタイピングのスピードは、驚異的に速くなってきました。デザイン性を考慮した筐(きょう)体(ケース)づくりから、動きの仕組みを考えた歯車などを含む機構品なども短時間で試作することが可能となりました。これらのことをラピッド・プロトタイピング(迅速な試作)と呼び、IoTシステム開発でも取り入れて利用するケースも増えてきました。

また、ここ数年で世界的に普及しはじめた「メイカームーブメント」の影響もあり、誰もが簡単に、安価で、短時間で「モノづくり」できる環境が整ってきました。さらに、オープンソースハードウェアのマイコンボードArduino(アルドゥイーノ)[*1]や、安価で高機能なOSを持ったコンピュータボードのRaspberry Pi(ラズベリーパイ)[*2]などの出現も、IoTシステムのプロトタイピング開発を後押しする要因になっています。

最近のIoTシステムのプロトタイピング開発は、このような背景があって、安価で、短時間に、しかも簡単に試作していくことが可能となってきました。できるだけ既存の安価なツールやキット、それにアプリケーションを組み合わせ構築していくことがポイントとなります。目的とする通信モジュールを搭載したIoTデバイス(IoTゲートウェイやIoTノードを組み合わせたもの)やIoT

ガジェット(便利な携帯機器など)の試作において、一部既存製品を利用したり、完成品を利用したりし、さらにそれらのソフトウェアの開発では、多くの既存情報・知識を活用することが有効かつ効率的となってきています。またスマートフォンやタブレット端末(以下、タブレット)などのインターネット機器はスマートデバイスと呼ばれ、IoTシステムでの活用デバイスのひとつとしても考えられています。

できるだけ安価で、迅速にプロトタイピング開発を行うのであれば、これら既存のハードウェアとソフトウェアに関する情報を検索、調査・比較し、さらにSNS(ソーシャルネットワーク)を通じた人的リソースも有効利用し、目的とするIoTシステムにどうつなげていくかが重要となってきます。

IoTシステムのプロトタイピング開発に関して、様々な視点からの事前検討や課題などを調査し、計画段階や具体的にモノづくりする段階で注意すべき点があります。以下、これらの検討すべきことや留意すべきことについて紹介します。

2 事前検討・調査段階での留意点

(1)プロトタイプ開発の目的の明確化

IoTシステムのプロトタイピング開発では、まずその目的が何であるかを明確にしておく必要があります。例えば、技術的な検証が必要なのか、性能や品質の確認なのか、あるいは現場環境の検証なのか、サービスの検証なのか、それとも消費電力や電波強度の調査なのか、それによって選択・利用するハードウェアやソフトウェアが異なり、開発プロセスも異なってきます。

またプロジェクトとして捉えることでは、限られた期間やコスト、品質、人材(リソース)の範囲内で、リスクを配慮し、最低限のマネジメントをしていく必要性がでてきます。

「モノづくり」環境はすぐにでも揃うものですが、その前に熟慮した検討は、その後のプロセスでの無駄を削減することにもなります。

(2)ネット上での事前調査

具体的なモノづくりを行う場合、目的とするプロトタイピング開発で利用できる有効な技術や情報を、効率的に調べる必要があります。すでに世界中のネット上には、オープン化された技術や情報が膨大に掲載されており、IoTシステムのプロトタイピング開発の事例紹介も、具体的で詳細に、しかもソースコード付きで見つけ出すことができます。さらにセンサ類やアクチュエータ類、マイコンボードやコンピュータボード、それにワイヤレス通信機器といったものを揃える上でも、ネットではより短時間にしかも安価で購入できるようになってきました。ただしネット上には、信頼できない情報も含まれているため、そのことを踏まえた上での取捨選択も重要となります。

---

*1: **Arduino**(アルドゥイーノ): Massimo Banziらによって、電気・電子分野専攻の学生らが簡単に手に取って学べる安価なマイコンボード教材として開発されたもの。オープンソースハードウェアとして、ハードウェア設計情報を無償で公開。

*2: **Raspberry Pi**(ラズベリーパイ): Raspberry Pi財団によって開発された小型のコンピュータ。Arduino同様、教育用を意図して開発され、ボード上にはARMプロセッサを搭載。

(3)ゲートウェイの検討

プロトタイピング開発を行うIoTデバイス、IoTツール、IoTガジェットなどが、ウェアラブルかそうでないか、さらには移動体利用か固定設置利用かによって、ゲートウェイの選択が変わってきます。利用状況に対応するゲートウェイの選択を、表6-1-1に示します。

ウェアラブルとしてIoTデバイスを開発する場合、一般にインターネット接続のゲートウェイは、多くがスマートデバイス（スマートフォンやタブレットなど）を選択します。そうでない場合には、移動するモノとなる乗り物や動物といった利用で、PHS、3G、LTE、WiMAXなどへの対応機器となります。また、固定設置場所で利用する場合は、屋外設置か屋内設置かでも、インターネット接続のゲートウェイが変わってきます。特に屋内だとLAN接続やWi-Fi環境を利用する場合があります。

表6-1-1　IoTにおけるゲートウェイの選択

利用状況	利用者・設置位置	利用目的	ゲートウェイ
ウェアラブル	人、動物(ペットなど)	ヘルスケア、見守り、追跡	スマートデバイスなど
移動体	乗り物(自動車、バイク、船など)	追跡、観測	PHS、3G、LTE、WiMAX
	動物(牛、馬、猪、鹿、野鳥など)	状況把握、追跡、調査	PHS、3G、LTE、WiMAX
固定設置	屋外(山間部、田畑地、海上など)	農業、漁業用モニタリング、環境、CEMS	PHS、3G、LTE、WiMAX
	屋内(工場、オフィス、住宅内など)	FEMS、BEMS、HEMS※、ペット、観葉植物管理など	主にLAN、Wi-Fi接続、その他PHS、3G、LTE、WiMAX

※FEMS (Factory Energy Management System)：工場内エネルギー管理システム
※BEMS (Building Energy Management System)：ビル内エネルギー管理システム
※HEMS (Home Energy Management System)：家庭内エネルギー管理システム

(4)ハードウェアの選定検討

IoTデバイスを構成するハードウェアは、単純なものから複雑なものまで様々です。単にセンサ値の取得だけが目的であれば、センサとマイコン機能を持ったワイヤレス通信機器だけのシンプルな構成で構築できます。しかし、センサ値を取得し、その値をトリガーとしてアクチュエータ類のモータ制御などを行う場合は、複雑な機器構成となります。

ハードウェア選定にあたっての主な検討対象を、図6-1-1に示します。図中のノードは、ワイヤレス通信機能とセンサ類などを持つ中継器、端末のことと定義して扱います。例えば、親機(テストノード)、子機(ターミナルのノード)といった使い方をします。

ゲートウェイの部分は、広域通信網（WAN）のモバイル通信により、IoTサーバなどが提供する各種サービスとの連携を行うもので、モバイル通信網のPHS、3G、LTE、WiMAXのほか、固定通信網と接続されたLANなども入ります。その他、スマートデバイス（スマートフォンやタブレットなど）の利用も検討対象になります。

図6-1-1　ハードウェア選定の検討対象となるIoTシステム構成

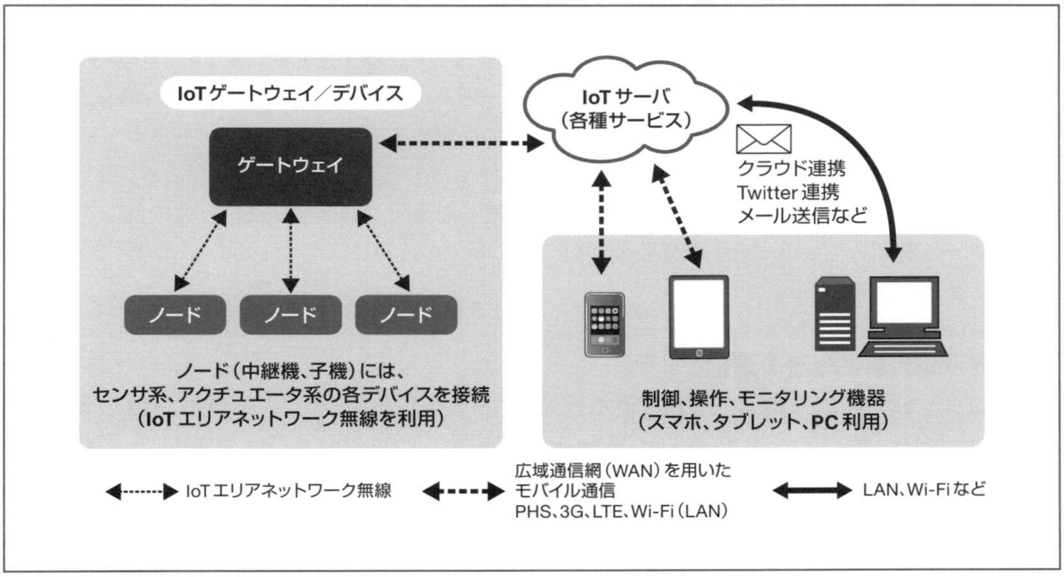

(5) ソフトウェア開発環境の検討

IoTシステムのソフトウェア開発環境は、利用するマイコンボードやコンピュータボード、さらにスマートフォンやタブレットなどを使用するか否かによってそれぞれ異なります。開発するデバイスが多岐に渡る場合には、利用するハードごとに開発環境が異なる場合も生じます。開発の効率性、情報の入手・共有のしやすさなどの各観点から、一般に、開発環境は統一されることが望ましいとされていますが、それぞれのハードやツール、キットによって、入手可能な技術情報の多さや便利さに違いがあり、やむを得ず多種の開発環境を作り上げる必要も出てきます。これらを踏まえて、事前に調査の上、既存の技術情報が有効に利用できることも考慮して、機器を選択することもポイントのひとつとなります。

3 計画・モノづくり段階での留意点

(1) プロトタイピング開発環境の整備

アイデアを具体化・具現化するには、身近にその環境を構築しているかどうかで、大きなスピードアップの違いがでてきます。具体的に「モノづくり」を行って、アイデアを実現していくには、利用する電子部品やツール、キットなどが揃っているかどうかで、歴然とそのスピードは違ってきます。また普段から身の周りにこれらの環境があるだけで、自分の頭脳を触発してくれ、アイデアを促進させてくれる場合もあります。

IoTシステムのプロトタイピング開発を実施する上では、使えそうな電子部品やツール、キットを先に複数購入したり、何種類ものアプリケーション開発環境を整備したりすることが、プロセス（手順）の効率化に有効です。

(2) ワイヤレス通信のトポロジ構成の検討

IoTデバイスやIoTノードなどをインターネットと接続する場合、3-1節でも説明したように、PtoP（ピアツーピア）型、スター型、ツリー型、メッシュ型と、様々なトポロジ（ネットワーク構成）が考えられます。ゲートウェイに直接センサやアクチュエータを接続する単独のものもあれば、親子関係や中継機を入れたワイヤレスネットワークの構成も考えられます。ゲートウェイのみのデバイスだけでなく、LANとの組合せで、点から面へと広げたセンサワイヤレスネットワークにすることもできます。特にIoTエリアネットワークを使ったIoTシステムでは、複数のIoTデバイスやIoTノードを組み合わせた構築が必要となりますので、目的に応じたトポロジ構成（3-1節、図3-1-3参照）が必要となります。

(3) ワイヤレス通信機器の選択

これまで、日本国内で自由に利用できる技適[*3]を取得したワイヤレス通信機器は数多く出てきました。5GHz帯や2.4GHz帯、2.1GHz～1.9GHz帯、それに900MHz/800MHz/700MHz帯などで幅広く利用できるようになり、通信できる距離や通信速度なども多彩なものが出てきました。IoTシステムのプロトタイピング開発でも、自由に選択し、目的にあった組合せで利用できるようになりました。しかし、その機器の特性によって、利用するワイヤレス通信機器を正しく選択する必要があります。広域通信網（WAN）に接続されるPHS、3G、LTE、WiMAXなどを用いる通信機器を使用する場合は、月々の通信費用が必要となるので、通信エリアや範囲を調べ、ゲートウェイとしての利用も含めて検討が必要です。またIoTエリアネットワークで使用する通信機器は、特に通信量、通信速度、通信距離、消費電力、単体価格、電波強度などを調査した上で、現場にあったものを選択する必要があります。

ただし、日本国内で利用するワイヤレス通信機器は、総務省による技適マークが表示されているものに限られます。

(4) データフォーマットの検討

センサデータをIoTサーバにアップするとき検討すべき項目のひとつに、データフォーマットがあげられます。CSVやXML、さらにJSONのいずれかが多く使われるようになってきています。これらのメリット・デメリットを表6-1-2にまとめます。

表6-1-2　IoTサーバで取り扱うセンサデータの主要フォーマット

データ形式	メリット	デメリット
CSV	・データがコンパクト ・処理時間が速い	・構造化データに弱い
XML	・構造化データに対応、長期保存可能 ・トランザクション処理向き	・処理時間がかかる ・レコードサイズが大きい
JSON	・構造化データに対応、長期保存可能 ・エスケープ処理に対応	・やや処理時間がかかる ・CSVに比べレコードサイズが大きい

例えば、構造の単純なセンサ値のみを一定時間で取得しIoTサーバにアップするだけであれば、CSVのようなシンプルな形式で充分です。しかし、データ単独での利活用を考えた場合には、XMLやJSONなどがデータ活用を目的とする情報処理に適した構造化データとして活用で

きるため、データ保管の手段としても有効になります。フリーのクラウドサービスなどでは、これら三つのフォーマットを受け付けるものが増えています。

(5) IoTサーバとの通信プロトコルの検討

これまでインターネット接続では、HTTPを使ったGETやPOST[*4]などが簡単ということで多く利用されてきました。しかしIoTシステムでのセンサネットワーク利用としては、個々のセンサデータが少ないにもかかわらず、その他の付加データ量が多すぎることから、最近ではCoAPやMQTT[*5]などの新しいプロトコルが使われるようになってきました。特にMQTTは、IoTシステム開発向けのIoTサーバとの連携仕様で、今後のインターネット接続に使われるケースが増えてくるものと考えられています。

(6) クラウド連携やアプリ連携の活用

IoTシステムのプロトタイピング開発では、インターネットを介した接続先として、既存のもので、かつフリーのものを活用する事例が多くあります。なかでも、クラウド(Google、Amazon、Microsoft、Parse、Xivelyなどによるサービス)連携やアプリ連携(MyThings[*6]、IFTTT[*7]など)は、センサデータのサーバアップ処理が簡単にプログラミングでき、短時間での試作が可能となっています。これらの情報もすでに多くのネット上で公開されています。

(7) SNS(ソーシャルネットワーク)などの活用

『Makers』[*8]では、最近の「モノづくり」の世界に、「メイカームーブメント」が起きていると述べられています。その背景として、オープン化された膨大な技術情報(オープンソース)と、安価で高機能なマイコンボードやコンピュータボードの出現、それにSNSによる人的ネットワークの活用などが挙げられています。IoTシステムでのプロトタイピング開発でも、多くの技術情報が必要となりますが、ひとりやグループ内でモノづくりをするのではなく、できるだけ世界中のオープンな技術情報を活用し、さらにその知恵者の頭脳を借りるのも時代の流れとなってきています。具体的にはFacebookやTwitterなどによるグループ内の情報活用も大きな時間節約となります。

その他、最近では企業や団体が主体となって、ハッカソンやメイカソン、アイデアソン[*9]といった競技イベントを開催するケースも増えてきています。これらに参加することで、個々人やグルー

---

*3: 技適：技術基準適合証明の略語。携帯電話端末、PHS端末などの小規模な無線局に使用するための無線設備(特定無線設備)について、電波法に定める技術基準に適合していると認められるものである場合、その旨を無線設備1台ごとに証明または無線設備のタイプごとに認証する制度。技適マーク(右図)は、技術基準に適合している無線機であることを証明するマークで、個々の無線機に付けられています。

*4: **GET、POST**：3-4 2参照

*5: **CoAP、MQTT**：3-4 2参照

*6: IoT向け、スマートフォンアプリ

*7: 複数のwebサービス間で連携を可能にする機能を持つアプリ

*8: クリス・アンダーソンによる著書(2012年発刊)

*9: ハッカソン(**hackathon**)、メイカソン(**Make-a-thon**)、アイデアソン(**Ideathon**)：いずれも共創型の催しで、参加者が一定期間集中的にプログラムや作品、アイデア、サービスなどを協力して作りあげ、その出来栄えを競うイベント。

プによる技術のスキルアップや、参加者間での触発による新たなアイデア発掘にも繋がると言われています。

4 プロトタイピング開発全般で留意すべき点

(1) オープンなモノづくり環境施設やネット上の資金調達の活用

近年、3Dプリンタが安価になり、多くの施設（企業や公共機関など）でも、安価にこれを利用できる環境が提供されるようになってきました。なかでもFabLab（ファブラボ）[*10]は、マサチューセッツ工科大学のメディアラボで出てきた発想で、今では日本国内の多くのところで、3Dプリンタやレーザカッターなどが利用できる環境となっています。これらの施設を利用することでハンダ付けや筐体（きょうたい）（ケース）の試作なども簡単に行え、まさにラピッドプロトタイピング[*11]の実現を後押ししてくれる状況となっています。

そのほか、試作品案などをベースに開発費を調達するクラウドファンディング[*12]も盛んになってきました。特に最近では、様々なIoTデバイスの開発において、このクラウドファンディングを使って個人やグループが起業するケースも、世界中で増えてきています。

このような施設や情報を有効に活用し、「モノづくり」を推進していくことも重要です。

(2) セキュリティ対策について

プロトタイピング開発でも、目的に応じてセキュリティ対策に配慮する必要があります。IoTデバイス間の通信やゲートウェイを通じてのIoTサーバとの連携など、互いに繋がるところでは、通信の暗号化やパスワード化などが必要となります。既に専用のセキュリティ対応機器も提供されており、これらを活用した場合は、それほど時間を取られることなくセキュアな対策も可能となります。

(3) 特許ならびに権利関係について

プロトタイピング開発では、多くのオープンな事例や技術情報を使って、プロトタイプを構築していくことがポイントであることを述べてきました。アイデアそのものは、一部特許に抵触するものもありますが、オープンなソースや技術情報として公開されたものは、原則として自由に使用することが可能です。しかしながら、オープンソースハードウェア（設計図が公開されたハードウェア）には、「暗黙のルール」があり、公開された情報と同じもので利益を得ることはルール違反だとされています。このことはSNSが発達した今日においては、強い影響力を持ち始めていています。IoTデバイスの閉ざされたプロトタイピング開発での範囲では、これらの権利については軽視されがちですが、量産化や製品化を行う際には、入念な調査と対策が必要となってきます。

---

*10：**FabLab（Fabrication Laboratory：ファブラボ）**：3Dプリンタやカッティングマシンなどの先進的な工作機械を備えた実験的な市民工房のネットワーク。Fabは、「Fabrication（ものづくり）」と「Fabulous（すばらしい）」という二つの意味が込められた造語

*11：**ラピッドプロトタイピング（rapid prototyping）**：文字通り高速に試作することを目指した製品開発における手法のひとつ

*12：**クラウドファンディング（CrowdFunding）**：インターネットを通じて不特定多数の投資家から資金を集める仕組み

(4)プロトタイピング開発の役割と用途

従来、日本のモノづくりは、高品質、多機能、高性能という点において、世界に誇れる水準にあるとみなされています。一方、プロトタイピング開発における国際的潮流では、これらをあまり重視せず、アイデアの実現化に重きを置く側面が多く見受けられます。

また、比較的規模の小さいビジネスの実運用では、試作したものをそのまま利用していくこともあります。低コスト、短時間で開発したプロトタイプでは、試作品を改良し、品質改善を目指すよりも、再試作を行うことが全体的にみてメリットが出てくる場合もあります。

一方、製品の小型化やデザイン性向上を目的としたプロジェクトでは、プロトタイピング開発時点で検討されることが多く、プロトタイピング開発が製品化に向けた重要なステップのひとつとなっています。

6-2 IoTプロトタイピング・ハードウェア環境

本節では、IoTシステムのプロトタイピング向けマイコンボードやOSを持つコンピュータ、通信機器などのハードウェア関連について紹介していきます。これらは、IoTデバイスとして、センサやアクチュエータなどを制御し、クラウドと連携する部分にあたります。通信機器においては、センサノードなどに使われるIoTエリアネットワークのワイヤレス通信機器と、インターネットとのゲートウェイとして利用されるWANのモバイル機器について、互いの特性をまとめて紹介します。

1 オープンソースハードウェア

IoTシステム・プロトタイピング開発で利用できるハードウェアは、オープンソースハードウェアの概念の普及によって増加しています。オープンソースハードウェアとは、回路図を公開したハードウェア（マイコンボードなど）のことで、他者に無償の統合開発環境を提供し、広く普及展開していくことを目指しています。IoTシステムのプロトタイピング開発でも、この概念が広く取り入れられるようになっています。そのデファクトスタンダードともいえるものが、2005年イタリアのマッシモ・バンジ（Massimo Banzi）らによって開発・販売されてきたマイコンボードのArduino（アルドゥイーノ）です。これまでのPICマイコンやH8マイコンよりも簡単にセンサやアクチュエータなどが接続でき、電気・電子専門外の人たちでも手軽に利用でき、今では世界中で広く使われるようになりました。

また、一方では、英国のRaspberry Pi財団が、2012年から開発販売してきたのがOSを持ったコンピュータボードのRaspberry Pi（ラズベリーパイ）です。値段も35ドルほどと安価で、別途モニタディスプレイやキーボードを揃え、それにLAN接続することで、コンピュータの廉価版として利用できます。また、センサ類やアクチュエータ類もRaspberry Piに簡単に接続でき、IoTシステムのプロトタイピング開発や少量の量産化で利用されるケースが増えてきました。

その他、2013年秋、Intel社がマイコンボードGalileoを発表し、その翌年の2014年秋には、マイコンボードEdisonを発表しました。いずれもArduino互換機ボードも同時販売したことで、多くのメイカーファン（モノづくりを趣味とする人たち）が使いはじめ、さらにモノづくりに取り組む企業にも大きな影響を与えました。Arduinoだからこそ誰もが簡単にセンサ類やアクチュエータ類を使いこなすことができ、高機能なアプリケーションがこれらIntel製品でできるようになりました。このことでIoTデバイスのプロトタイピング開発環境が急速に潤沢になり、ハード・ソフトのツールキットや拡張キットなども豊富にそろうようになってきました。

これから、IoTシステムにおけるハードウェアを構成する機器について紹介し、それらがどう連携しあうか、またIoTデバイスやノードに関するハードウェアなどについて紹介します。

2 IoTデバイス、ノードを構成するハードウェア

IoTシステムに関するハードウェア構成として、センサ類やアクチュエータ類、それを制御するマイコンボードやコンピュータボード、さらにインターネット接続通信機器類を取りあげ、それぞれの連携について紹介します。また、各ハードウェアと連携するワイヤレス通信機器は、通信基地局を持つ広域通信網（WAN）のワイヤレス通信機器と、通信基地局を利用しないIoTエリアネットワークのワイヤレス通信機器とに分類して紹介します。

表6-2-1 IoTゲートウェイ／デバイス、ノードを構成するハードウェア

IoT関連ハードウェア	製品群	備考
入力系機器（センサ類）	温度・湿度・光・二酸化炭素・気圧センサ、GPS、カメラなど	アナログ／デジタル・シリアル通信で制御可能※1
出力系機器（アクチュエータ類）	モータ、スピーカ、LCDなど	アナログ／デジタル・シリアル通信で制御可能※1
制御コンピュータ・マイコンボード	Arduino、Raspberry Pi、ほか	OSを持たないマイコンボードと、OSを持つコンピュータボードが存在
イーサネット（有線）通信機器*2	リピータ、ブリッジ、ハブ、スイッチングなど	オフィス内・家庭内・工場内LANなどに利用
IoTエリアネットワーク無線通信機器	Wi-Fi、Wi-SUN、EnOcean、ZigBee、Bluetooth(BLE)など	マイコンを搭載した通信機器も登場。通信費は無料。
広域通信網通信機器（WANの一つ）	3G・LTE・WiMAXデバイス、スマートフォン、タブレットなど(一部Wi-Fi含む)	通信費は有料(ただしビジネスモデルによっては無償にしているケースあり)*3

※1：この他入出力系としてSDメモリなども利用可能
※2：本章では、IoTデバイスの利用として、イーサネット通信機器は除いています。
※3：PHS、3G、LTE、WiMAXなど

これらハードウェア群の様々な組合せによる接続・連携の手段は、有線によるものがGPIO[*1]、PWMアナログ入力[*2]やシリアルポート（UART、I2C、SPIなど）による通信となり、無線（ワイヤレス）によるものがIoTエリアネットワークの無線通信と広域通信網（WAN）のモバイル通信のいずれかとなります（表6-2-1）。

3 IoTシステムのハードウェア構成

IoTシステムのハードウェアを構成するIoTデバイスやノードは、前述のハードウェア群を組み合わせて構築されます。また、デバイスやノード相互の接続・連携は、有線（ケーブル）もしくは無線（ワイヤレス）のいずれかを使用する通信機器によって行います。これらハードウェアの組合せと互いに通信し合う連携についての概要を、図6-2-1を用いて説明します。

*1：**GPIO（General Purpose Input/Output）**：汎用入出力とも呼ばれる主にデジタル信号用のポート
*2：**PWM（Pulse Width Modulation）アナログ入力**：ここではPWM（パルス幅変調）制御信号のやり取りを行うアナログポートを指します。

図6-2-1 IoTシステムのハードウェア連携

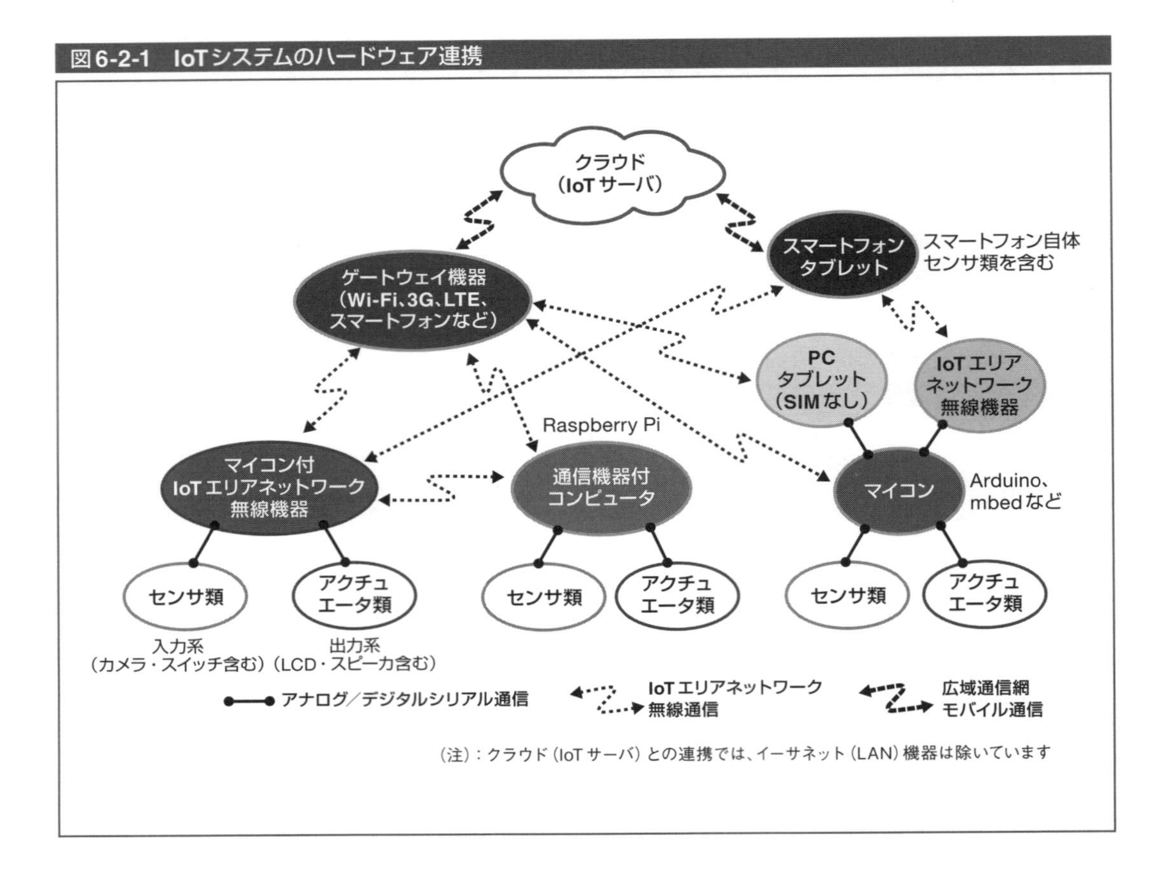

図6-2-1の主なポイントとしては、以下の点が挙げられます。

① IoTデバイスやノードには、CPUを内蔵したマイコンやコンピュータボード、マイコンボードがあり、GPIO(アナログ/デジタル)やシリアル通信(UART、I2C、SPIなど)によってセンサ類やアクチュエータ類と通信する

② IoTデバイスやノードは、無線(WANのモバイル通信またはIoTエリアネットワークの無線通信)や有線(GPIOまたはシリアル通信)によって、他のデバイスやノードと連携し合う

③ IoTデバイスやノードは、WANとの通信機能を持つゲートウェイやスマートデバイス(スマートフォン、タブレット)によってインターネットに接続し、IoTサーバに繋がる

4 IoTデバイス、ノードの基本構成

IoTデバイスやノードの基本構成図を、図6-2-2に示します。

この図は、IoTデバイス(IoTゲートウェイを含む)の基本構成を簡略化したものとなりますが、部分的に入力部や出力部がなかったり、通信部と処理部が分離されたりするものもあります。ここで、これらの各部(モジュール)について、概要を説明します。

① **入力部**:多くのセンサ類を含むもので、センサ類のほかにスイッチ類、GPS、カメラなども含まれ、処理部のプログラミングによって入力として制御される。

② **出力部**:モータなどのアクチュエータ類を含むもので、LCD(液晶ディスプレイ)、LED、スピーカなども含まれ、処理部のプログラミングによって出力として制御される。

(例外として、SDメモリなどの外部記憶メモリは、入力部、出力部双方に含まれる)

③ **処理部**:CPUを内蔵したマイコンボードやコンピュータボード、その他PC、タブレット、スマートフォンなどがこの処理部となり、プログラムを組み込むことで入力部と出力部の制御、ならびに通信部の制御が可能となる。

④ **通信部**:ワイヤレス通信によって他の通信機器やIoTサーバ、インターネットと接続する部分で、処理部のプログラムで制御する仕組みとなる。IoTエリアネットワークまたはWANのいずれかとワイヤレス通信を行う(通信プロトコルなどのファームウェアは、通信部に組み込まれている)。

⑤ **データ通信部**:入力部と処理部、それに処理部と出力部との間では、データ通信がやりとりされるハードウェアの接続が存在する。一般にGPIO(一般のアナログ/デジタル入出力)やシリアル通信(UART、I2C、SPIなど)が使われる。

⑥ **ワイヤレス通信部**:各種通信規約による通信部分で、IoTエリアネットワーク(Wi-Fi、Bluetooth、ZigBee、EnOcean、Wi-SUNなど)は同じ機器間で利用でき、WAN(PHS、3G、LTE、WiMAXなど)は、ゲートウェイとしてインターネットとの連携で利用できる。

図6-2-2 IoTデバイス・ノード基本構成図

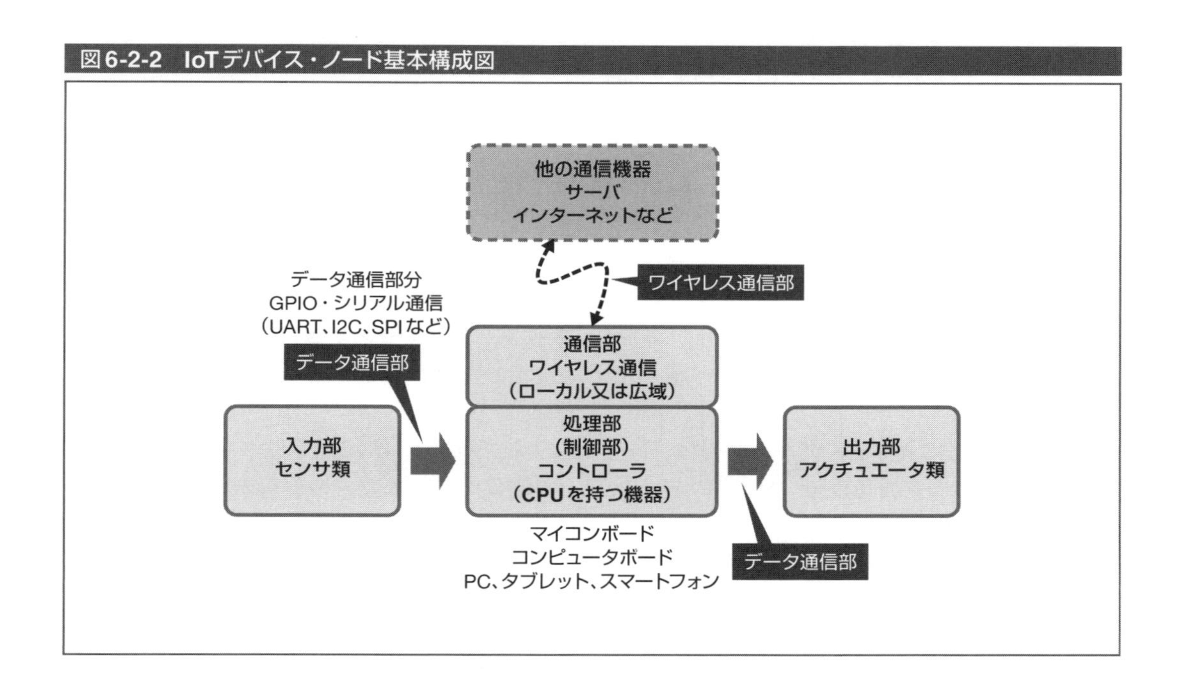

5 入力部(センサ類)、出力部(アクチュエータ類)

既に第4章でも、センサ類及びアクチュエータ類の機能や特性について紹介していますので、ここでは、これらを利用・活用する方法について説明します。まず、入力部(センサ類)と出力部(アクチュエータ類)を、処理部(制御部)であるマイコンボードやコンピュータと接続する方法を表6-2-2に示します。汎用入出力としてGPIOを用い、アナログ信号を入出力する場合は、多くのマイコンボードやコンピュータが、これに対応してA/D変換やD/A変換を行う機能を持ち合わせています。このため、多くのセンサ類やアクチュエータ類は、比較的容易に接続が可能です。

また、シリアル通信は、主にUART、I2C、SPIの三つの接続方法があります。UARTは送受信を行う2本の信号線で、I2Cは3本の信号線、SPIは、4本の信号線で互いに通信するものです。

表6-2-2　入力部・出力部の接続方法

処理部との入出力方法		電子部品群
GPIO、PWM＋アナログ入力	入力	センサ群、スイッチなど
	出力	LCD、スピーカなど
シリアル通信（UART、I2C、SPIなど）	入力	センサ類、GPS、カメラなど
	出力	LCD、モータなど

※SDメモリカードは、シリアル通信での入力・出力部となる

以下、IoTシステムにおけるプロトタイピング開発に用いる電子部品について、それぞれ利用、活用の方法を紹介します。

(1)入力部の電子部品

入力部となるセンサ類（カメラやスイッチなど含む）は、処理部（制御部）によってデータを読み込むモジュールとなります。入力部の電子部品に電源供給することで、センサ値やその他のデータを取り出すことができます。データの取出しは、GPIOやアナログ入力、またはシリアル通信によってマイコンボードやコンピュータに取り込むことができます。

これら入力部の電子部品の多くは、まわりの環境や状況を把握したり、変化を捉えたりするもので、自動制御や遠隔操作、遠隔モニタリングのデバイスとして、IoTシステムに利用されます。この場合、GPIOのデジタル通信による値・データの取得は、HIGH（＝1）またはLOW（＝0）といった値で取り出せ、スイッチやタッチセンサ、人感センサなどに多く用いられます。またアナログ入力の場合には、許容電圧までの値が得られ、変換式によってセンサ値に変換します。アナログ入力は、圧力センサ、音センサ、その他一部の温度計、光センサの部品などに多く用いられています。

シリアル通信による値・データ取得は、送受信によるプログラム制御を行って値を取り出します。温湿度センサや加速度センサ[*3]のデータ、カメラ画像のデータなどの取得ができます。

(2)出力部の電子部品

出力部の電子部品は、処理部・制御部からの処理手続きによって、LEDを光らせたり、スピーカの音を出したり、またLCD（液晶ディスプレイ）での文字表示を行います。これらのプログラム制御も、GPIOやPWM、シリアル通信によって行います。これらの電子部品は、基本的には音を発したり、光を出したり、文字などを表示したりするもので、使う目的は、人などに対して知らせる、分からせる、気づかせる、見せるといったことを行うものとなります。

その他に、アクチュエータやリレースイッチなども出力部の電子部品となります。これらは、コンピュータやマイコンボードを用いてワイヤレス通信を行うことで、遠隔にある装置、例えば扇風

*3：アナログ加速度センサも存在します。

機のファンを回したり、窓の開閉を行ったり、ボイラーやヒートポンプの制御などができるようになります。

6 処理部（マイコンボード、コンピュータ）

IoTデバイスやノードには、センサ類やアクチュエータ類を制御する処理部のCPUが必要となります。この処理部は、マイコンボードやコンピュータが利用され、特にIoTシステムでのプロトタイピング開発としても世界的に広く利用されているのが、マイコンボードのArduino（互換品も含む）と、コンピュータボードのRaspberry Piの2製品となります（図6-2-3）。

ここでは、これらマイコンボードやコンピュータを分類し、その特徴や開発環境などについて紹介します。

表6-2-3　処理部のマイコンボードとコンピュータの仕様比較

	マイコンボード	コンピュータ
具体的な製品群	Arduino、Arduino互換品、mged、PICマイコン、H80コンピュータなど	Raspberry Pi、スマートデバイス（タブレットやスマートフォン）、PCなど
特徴	オープンソースハードウェアArduinoがデファクトスタンダード、またその互換機（EDISONのArduino互換機）その他PICマイコンやH80マイコンなども含まれる。	クローズされた設計だが、Raspberry Pi、Android、iOS関連でのアプリケーション開発情報は豊富に公開中。特にRaspberry Piは、安価でマイコンと同様なセンサ類やアクチュエータ類が利用可能。
OS・開発言語	OSはなしで、独自のC言語やJavaなどの開発環境	LinuxなどのOSを持ち、PythonやJavaなどの開発環境
インタフェース	Arduinoは、GPIO・シリアル通信が簡単に利用可能	Raspberry Piは、GPIO・シリアル通信が利用可能
開発者レベル	入門者を含むメイカーレベル	LinuxなどのOSが使える情報技術者レベル
IoTシステム開発環境	センサ類やアクチュエータ類の接続は容易に行えるが、インターネット接続などは別モジュール（拡張キットなど）が必要	センサ類やアクチュエータ類の接続は、マイコンボードほど簡単ではないが、インターネット接続は容易な環境が存在。

図6-2-3　代表的なマイコンボードとコンピュータの例

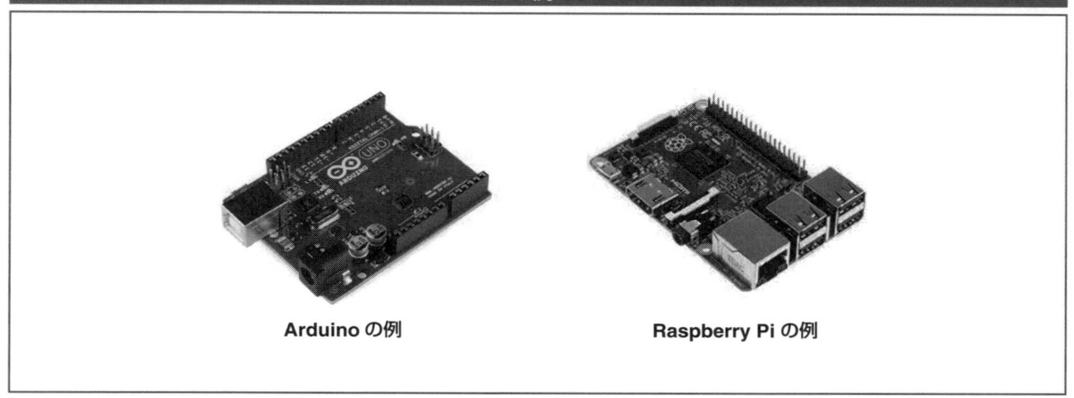
Arduino の例　　Raspberry Pi の例

7 通信部(IoTエリアネットワークとWANの無線通信)

無線(ワイヤレス)通信については、既に第3章で説明していますので、ここではIoTシステムのプロトタイプ開発で使う通信機器の利用について紹介します。

IoTデバイスにワイヤレス通信機器を付ける場合は、デバイスをケーブルなしで使う、動体(動くモノ)を扱うといった目的があります。IoTシステムでは、様々なモノをインターネットと接続する必要があり、ワイヤレス通信機器による接続が極めて重要となってきます。

(1)ワイヤレス通信機器を使う上でのポイント

(a)電源供給について

ほとんどのワイヤレス通信機器は、センサやアクチュエータを利用するにあたり、電源(バッテリ)供給への配慮が必要となります。プロトタイピング開発においても、何年間、または何カ月間使えるか、あらかじめ通信状態やセンサ値取得状態時での消費電力を考慮した上で、電源供給能力(電源電力：wh)を計算することが必要です。また、実際にその能力を確認することなども必要となってきます。また電源となる電池には、ボタン電池やリチウムイオン電池、乾電池、鉛蓄電池などがあり、利用するデバイスの消費電力を考慮した計算によって選択することとなります。そのほか、充電式バッテリ(蓄電池)を利用する場合には、不安定な発電量(太陽光発電での連続曇り日数によるリスク)なども考慮し、検討する必要があります。

(b)電波強度について

電波強度には、アンテナの種類や接続時の向き(指向性)、互いの機器間の遮蔽物や障害物などが関係してきます。アンテナ特性などについては、事前にわかることもありますが、利用する現場によって電波強度が異なってくるため、遮蔽物、障害物は、できるだけあらかじめ調査しておく必要があります。特に、ワイヤレス通信においては、電波強度は水分によって減衰することから、秋や冬には電波がよく通っていたとしても、春や夏など樹木が生い茂る季節になると、なかなか電波が届かないといったこともあります。

ワイヤレス通信機器には、RSSI(Received Signal Strength Indication：受信信号強度)値を出すことができるものもありますが、実運用設置場所において、アンテナの向きを変えたりして調査することも必要となります。

(c)通信距離について

IoTエリアネットワーク用の通信機器は、同じプロトコルの通信機器どうしで繋がります。最近では、Wi-Fiをはじめ、Bluetooth、ZigBee、EnOcean、Wi-SUN、Z-Wave、Dustと様々の規格やプロトコルに準拠した機器が存在します。これらの通信距離は、機器の種類によっても異なりますが、近距離(10m以内)から、中距離(100m以内)、それに遠距離(1kmまで)と通信距離に応じた仕様のものがあり、それぞれ使い分けて利用することが必要となります。

これらの仕様とそれぞれに適した通信距離については、3-1節の各表を参照してください。

(d)通信頻度と通信エラーについて

ワイヤレス通信で送受されるデータの内容は、単にスイッチのOn/Offを制御するものもあれば、センサ値、さらにはカメラ画像などの大量データに至るものなど様々です。少量データの送受信だと、さほど通信エラー処理は問題ありませんが、大量なデータであれば、エラー処理も複雑になってきます。

(e) トポロジについて

IoTエリアネットワークのワイヤレス通信では、すでに第3章で述べていますが、通信機器間のトポロジ構成(3-1節図3-1-3参照)が重要となってきます。IoTシステムでは、このトポロジを検討する目的でプロトタイピング開発を行う場合も少なくありません。トポロジを考える場合には、現場の利用環境や機器設置場所、機器間の親子関係、中継機の配慮、通信距離、消費電力などが関係し、最適化をめざす必要があります。

利用するワイヤレス通信機器も、その特性を充分把握した上での選択が必要となります。

(2) 広域通信網(WAN)を使う上でのポイント

(a) WAN上の通信について

WAN上の通信には、PHSや3G、LTE、4G、WiMAXといったものがあります。基本的には、これらは月々の使用料を通信事業者に支払うことで利用でき、契約によって毎月引き落としにしたり、プリペイドで先に一括支払ったりします。

IoTデバイスとしては、できるだけ出費を抑えるためにWAN用の通信機器を利用することは避けたいところですが、屋外や山間部、田畑地、近海、それに動体物(車や動物など)などに利用する場合は、ほとんどWANの使用が必須となってきます。

また、一部屋内でも利用するケースとして、社内LANとの接続を断ち切るためのセキュリティ対策や、電源ケーブルやLANケーブルの配線工事をなくす対策などを目的とした使用があります。

その他、WANのサービスは、通信機器が基地局との接続によってつながることが前提ですが、基地局が周りにない山間部など、一部サービスが受けられない場所もあることに留意しておく必要があります。

(b) WANの利用目的について

WANは、IoTエリアネットワーク無線と異なり、インターネットと直接つながることが優位点となります。IoTエリアネットワークのワイヤレス機器のみでは、インターネットと直接つなぐことはできず、LAN通信機器(LANに接続されたWi-Fiルータなどを含む)やWAN上での通信(3G、LTE回線と接続されたWi-Fiルータなど含む)機能を持つゲートウェイを使うこととなります。したがって、WAN用の通信機器は、単独で使う場合もあれば、IoTエリアネットワークの無線機器とトポロジを構成し、ゲートウェイの親機として利用する場合もあります。

もちろんWANを使う必要のないIoTデバイスも多く存在します。HEMSやBEMS用の機器などは、社内LANや家庭内LANに接続することで充分な場合もあります。ただ、上述したように、セキュリティ対策への配慮からすれば、IoTシステムのプロトタイピング段階では、WANには十分な利用価値があります。

(c) WAN上のモバイル機器について

IoTシステムのプロトタイピング開発で使えるWANのモバイル機器は、安価なSIMカードを利用する3G通信の利用が主流となっています。将来においては、LTE通信関連のSIMカードも安価になれば、LTE通信の利用へと移行していくものと考えられます。

現在、この3G通信モジュールを使ったプロトタイピング機器としては、Arduinoやその互換機で使える3Gシールド、3GIM、Raspberry Pi上で使える3GPIといったものがあります。これらは、互いのコネクタピンに直接挿し込んで使えるようにしたもので、特別な配線やジャンパケーブルなどを使う必要がありません。3Gシールドは、ArduinoやArduino互換機などからインターネット接続できる関数群を用意していて、通信の初心者でもHTTP/GETやHTTP/POST、さらにはTCP/IP関連関数群を利用することで、簡単にインターネットに接続することができます。一方、3GPIは、Raspberry Piに接続することで、インターネット接続ができるもので、センサ類やアクチュエータ類などと接続する部分だけの開発で、IoTデバイス構築が容易となります。

その他にも、専用の3G通信機器を使ってIoTゲートウェイとなるデバイス開発ができます。これらも今後ますますオープン化が進み、誰もが簡単に使えるWAN通信機器として増えていくものと考えられます。

図6-2-4　3G通信モジュールを使ったプロトタイピング機器の例

3Gシールド
（Arduino拡張ボード）

3GPI
（Raspberry Pi拡張ボード）

3GIM
（汎用3G通信モジュール）

6-3 IoTプロトタイピング・プログラミング事例

本節では、IoTデバイスのプロトタイピング開発でのプログラミング事例を紹介します。IoTデバイスとして取り扱うセンサ類やアクチュエータ類、それにLCD、LEDなどをArduino上のGPIO(汎用入出力)やシリアル通信を使った事例と、ワイヤレス通信を使った事例を紹介します。

電子工作によるモノづくりでは、ソフトウェアのオープン化と同様にハードウェアのオープン化も進み、誰もが、簡単に、安価でハードウェアを作れる環境となってきました。IoTシステムのプロトタイピング開発においても同様で、ハードウェアの接続とソフトウェアによるデータのやりとりが、それぞれ互いの入出力が共通化された分かりやすい方法で連携できる環境になりつつあります。

以下、これらの連携の仕組みについて、紹介していきます。ここでは、先にマイコンボード及びコンピュータボード上のGPIOやシリアル通信を使い、センサやアクチュエータ、カメラなどを動かすことを紹介します。

またワイヤレス通信を行うプログラミング事例としては、互いの機器がUARTを使ったシリアル通信で簡単に送受信できることを学んでいきます。

1 センサ類及びアクチュエータ類のマイコン制御

すでに第2章、第4章でもセンサ類及びアクチュエータ類についての機能や特性については説明していますので、ここでは、どのようにセンサ類やアクチュエータ類を利用するかについて紹介します。

(1) 人感センサ(GPIO)

人感センサにはいくつかのタイプがありますが、ここでは焦電型赤外線センサ(Passive Infraredセンサ：HC-SR501)を紹介します。

このタイプのセンサは、生体(温度が周囲よりも高く、動くもの)が焦電センサの視野内で動くと赤外線エネルギー量の分布が変化することを利用し、この変化の検出により生体(通常は人間)を検知するというものです。廉価(数百円程度)で販売されており、入手も容易です。

利用方法は非常にシンプルで、生体を検知するとデジタル出力信号がHIGH(1)になります。従って、センサへ電源を供給しておき、センサの出力をGPIO(入力)で読み取るだけで、生体の有無を検出できます。通常は、センサの感度を調整して(半固定抵抗などを回すことで調整)、期待する検出距離内に生体が入ったときに検知できるようにします。

図6-3-1　Arduino UNOと人感センサ(HC-SR501)の接続例

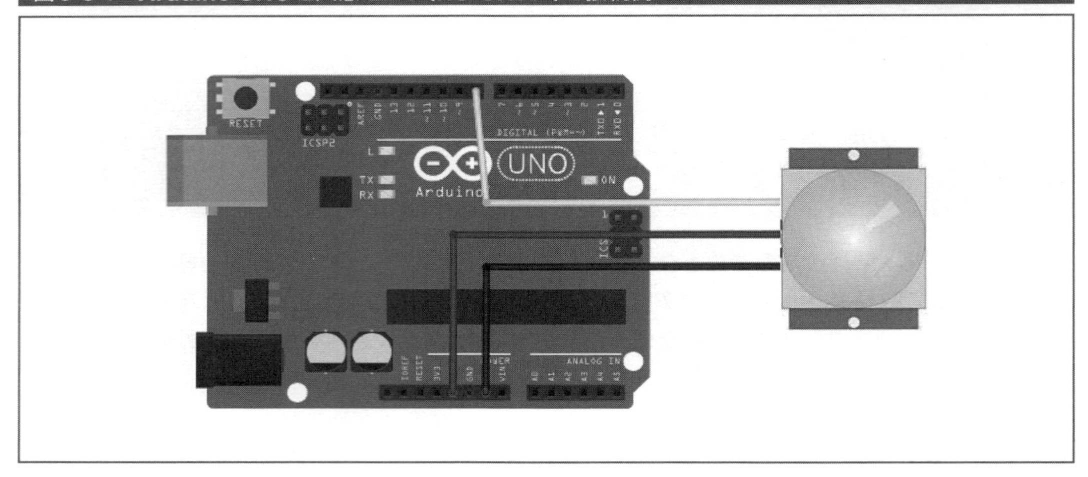

参考 サンプル6-3-1　人感センサの制御プログラム例(Arduinoの場合)

```
// 人感センサ(HC-SR501)の利用例
// 生体を検知しているときArduino UNO ボード上のLED が点灯
const int ledPin = 13;  // LED のピン番号(D13)
const int pirPin = 8;   // PIR センサの出力信号とつなぐピン番号(D8)
void setup() {    // 初期化関数(一度だけ呼ばれる関数)
    pinMode(ledPin, OUTPUT);   // ledPin の入出力モードを出力(OUTPUT) に設定
    pinMode(pirPin, INPUT);    // pirPin の入出力モードを入力(INPUT) に設定、省略可能
}
void loop () {     // ループ関数(何度も繰り返し呼ばれる関数)
    int value = digitalRead(pirPin);  // PIR センサの出力(生体あり：1、なし：0)を読み取る
    digitalWrite(ledPin, value);      // 読み取った値をledPinに書き込む(点灯：1、消灯：0)
}
```

(2)温度センサ(アナログ入力)

温度センサには、形状、測定温度範囲、精度、インタフェースなどにより多種多様なものがあります。ここでは、扱いが簡単で安価なアナログ温度センサ(National Semiconductor社の高精度IC温度センサ：LM61BIZ)を紹介します。

このセンサは、温度に比例した電圧を出力するセンサで、出力された電圧をマイコンのADC(A/Dコンバータ)で読み取ることで、温度を取得することができます。LM61BIZの場合、出力電圧V_o[mV]と摂氏温度t[℃]の関係(変換)は、下記の式で表されます：

$$t = (V_o - 600) / 10 \quad (℃：摂氏)$$

この温度センサLM61BIZ の仕様書によると、計測範囲が-25～+85℃で、最大±3℃、25℃付近では最大2℃の温度誤差があります。また、消費電流は、25℃の温度条件下で最大125μAとなっており、長時間の電池駆動で利用する場合には、消費電流の配慮が必要となります。

図6-3-2　Arduino UNOと温度センサ(LM61BIZ)の接続例

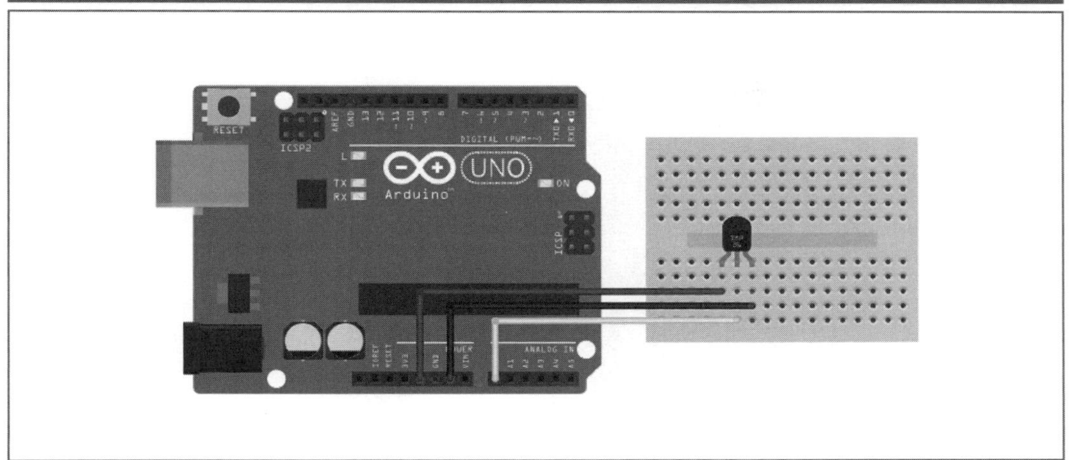

参考 サンプル6-3-2　温度センサLM61BIZの制御プログラム例(Arduinoの場合)

```
// 温度センサ(LM61BIZ)の例(1秒おきに温度をセンサから取得してシリアルモニタへ出力する)
const int tempPin = 0;  // 温度センサの出力信号とつなぐピン番号(A0)
void setup() {   // 初期化関数
   Serial.begin(9600);      // シリアルモニタを9600bpsの通信速度で使用可能にする
}
void loop () {     // ループ関数
   int mV = analogRead(tempPin) * 4.89;    // tempPinの電圧[mV単位]を読み取る
   float temperature = (mV - 600) / 10;    // 電圧[mV]から温度[℃]へ変換する(変換式)
   Serial.println(temperature);          // 温度temperatureをシリアルモニタへ出力して改行
する
   delay(1000);      // 1000mS(=1秒)だけ待つ
}
```

(3) 温湿度センサ(I2C：シリアル通信)

温湿度センサも温度センサと同様に、多種多様なセンサが販売されています。ここでは、農業モニタリングなどで必要となる高精度で温度と湿度が計測できる温湿度センサ(Sensirion社のSHT-21)を紹介します。

このセンサは、多数のセンサを接続することができるI2Cインタフェースにより温度・湿度を読み取ることができるデジタルセンサです。この仕様書によると、測定温度は0〜+65℃の範囲で最大±0.5℃の誤差、湿度は20〜80%の範囲で最大±3%の誤差があります。また、消費電流はスタンバイ時で最大0.15μAとなっていて、適切な計測間隔を設けることで長期間(ボタン電池で数ヶ月〜数年間)の電池駆動が可能です。

図6-3-3　Arduino UNOと温湿度センサ(SHT-21)の接続例

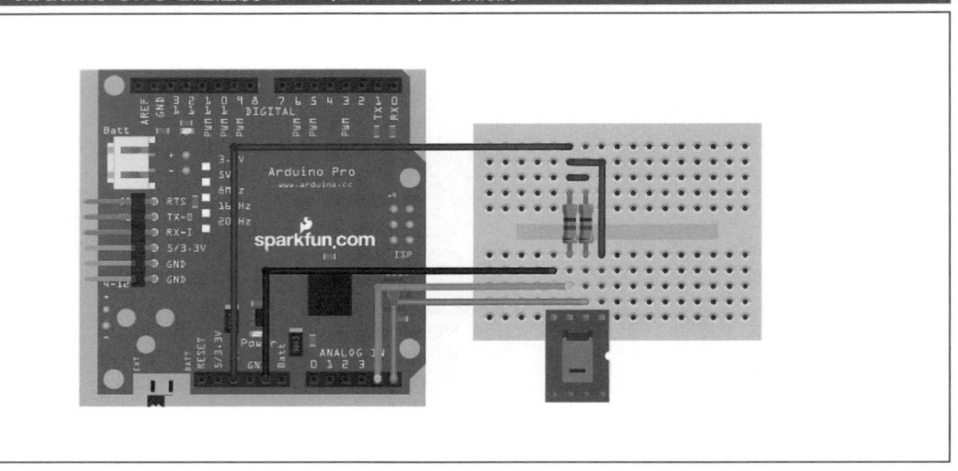

参考 サンプル6-3-3　温湿度センサSHT-21の制御プログラム例(Arduinoの場合)

```
// 温湿度センサ(SHT-21)の例(1秒おきに温度・湿度をセンサから取得してシリアルモニタへ出力する)
#include <Wire.h>    // I2C ライブラリ(標準ライブラリ)
#include <SHT2x.h>  // SHT2x ライブラリ(https://github.com/misenso/SHT2x-Arduino-Library)
void setup() {    // 初期化関数
    Wire.begin();      // I2C ライブラリの使用を開始する
    Serial.begin(9600);
}
void loop () {     // ループ関数
    Serial.print(", Temperature(C): ");
    Serial.print(SHT2x.GetTemperature()); // 温度を取得してシリアルモニタへ出力する
    Serial.print("Humidity(%): ");
    Serial.println(SHT2x.GetHumidity());  // 湿度を取得して改行と共にシリアルモニタへ出力する
    delay(1000);
}
```

一般に、センサには5Vで駆動可能なものと、3.3Vで駆動可能なものがあります。近年は低消費電力化のために後者のセンサが増えてきています。一方、Arduino UNOは入出電圧が5V系のマイコンであるため、3.3V系のセンサを直接接続することはできず、電圧レベルの変換回路が必要となります。本例で使用したSHT-21は3.3V系のセンサであり、UNOとは直接接続できないため、回路例では3.3V系のマイコンであるArduino Pro(3.3V/8MHz)を使用しています。

(4) 画像(カメラ)センサ(UART：シリアル通信)

近年、様々な情報をセンシングする手段としてカメラ(画像センサ)が注目されています。ただし、カメラの情報量は、上記で紹介したセンサよりは膨大となり、一般には、OSのないマイコンではなく、高速なMCUとファイルシステムを持つLinux搭載のコンピュータボードで利用する方が、利用方法としては簡便です。

ここでは、Raspberry Piと専用カメラを使用した例を説明します（専用カメラよりも画質は落ちますが、一般的なUSB接続のWebカメラを利用することも可能です）。Raspberry Pi専用カメラは、Raspberry Pi基板上にある専用インタフェースに接続するカラーカメラで、最大2500×1200ピクセル（300万画素）の静止画像、最大1200×1000ピクセルの動画を撮影できる高性能なカメラです。

Raspberry Piに接続したカメラで静止画を撮影するには、下記のコマンドを利用します。

```
$ raspistill -n -w 1920 -h 1020 -t 0 -o sample.jpg
```

このようなコマンドは、解像度や撮影までの待ち時間、ファイル名などを指定することができます（ミリ秒単位の指定した間隔で、コマ撮りを行うことも可能です）。一般には、カメラの制御方法は極めて複雑で、きれいな色合いの静止画を撮影するには難易度が高くなります。これに比べてRaspberry Piでは、専用カメラを利用することで、容易に静止画像を撮影することができます。

撮影した画像ファイルは、Linuxのシェル上でftpやscp等のコマンドを使って、簡単にクラウド上のサーバへ転送することができます。また、rsyncなどのファイル同期コマンドを使って、同期という形でファイルをサーバへ送ることも可能です。いずれの方法にしても、プログラミングが不要で、設定のみで大量のファイルをサーバへ送ることができるのは、Linuxの利点となっています。

応用例としては、後述するサーボモータと組み合わせることで、パン・チルト（首振り）が可能なカメラを作ることができます。また、OpenCV[*1]をRaspberry Pi上で利用することにより、画像認識なども比較的簡単に実装することができます。

(5)LED：発光ダイオード(GPIO)

出力系の電子部品として、最もシンプルなLEDを使用します。LEDには、輝度、波長、形状などにより様々な種類のものが市販されていますが、ここでは一般的な青色LEDを使用します。

LEDをマイコンに接続するには、出力用のGPIOピンに電流制限用の適当な抵抗値（3.3Vの場合は330Ω程度、5Vの場合は1kΩ程度）を持つ抵抗を直列に挿入したLEDを、GNDまたはV_{CC}との間に接続します。なお、抵抗を回路に挿入しないと、過電流が流れてLEDが破損する場合があるので、注意が必要です。

LEDの一端（カソード側）をGNDに接続している場合は、出力用GPIOピンをHIGHにすることでLEDを点灯できます。またLEDの一端（アノード側）をV_{CC}に接続している場合は、LOWにすることでLEDを点灯できます。なおこの例では、マイコンボード上にあらかじめ配置されているLEDを使用します。

*1：**OpenCV**：Open Source Computer Vision Libraryの略。コンピューター上で画像や動画の処理を行うのに必要な各種機能が実装されているオープンソースのライブラリー群。

図6-3-4 mbed[*2]とLEDの接続図(LED1はボード上に配置済み)

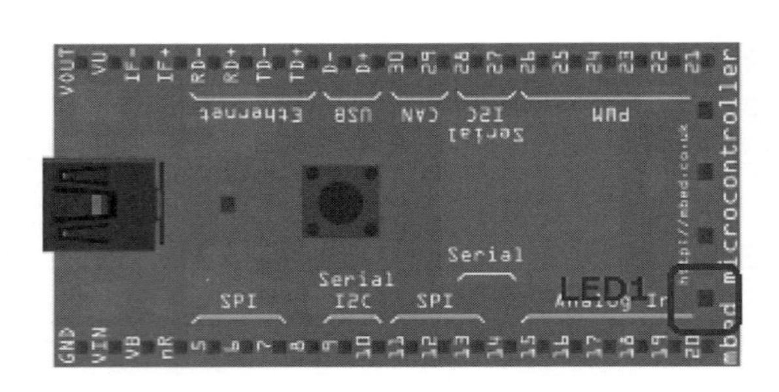

参考 サンプル6-3-4 LEDの制御プログラム例(mbedの場合)

```
// LEDの利用例(mbedボード上のLED1を1秒周期で点滅させる)
#include "mbed.h"
DigitalOut myLed(LED1);     // LED1ピンをデジタル出力ピンmyLedとする
int main() {
    while (1) {
        myLed = 1;    // myLedに1を書き込み、LED1を点灯させる
        wait(0.5);     // 0.5秒待つ
        myLed = 0;    // myLedに0を書き込み、LED1を消灯させる
        wait(0.5);
    }
}
```

LEDは、単に点灯／消灯だけではなく、一定間隔の点灯／消灯を繰り返すことで、点滅をさせることができます。さらに、PWMを使って、明るさを調整することもできます。

(6)サーボモータ(アナログ出力：PWM)

アクチュエータ類としてサーボモータを紹介します。このサーボモータは、回転軸を指定した角度で回転させることができます。もともとはラジコンの分野で多く利用されていましたが、近年ではロボットの制御でも利用されています。サーボモータの動作原理の詳細は他の文献などに譲りますが、通常はPWMで制御します。

アクチュエータでもセンサでも、動作原理を理解して自分で制御処理をコーディングするやり方もありますが、機構や動作原理が複雑になってくると簡単には理解することができません。また、センサやアクチュエータの制御そのものは、プロトタイピングの本来の目的ではないため、ここに多くの時間を割くのは非効率といえます。そのため通常は、他の先駆者たちが作成したオープンソースのライブラリ等をうまく利用して、短時間で使えるようになることがプロトタイピングでは重要となります。

ArduinoやRaspberry Piのように広く利用されているマイコンの場合は、センサやアクチュ

*2：**mbed**：ARM社のマイクロコントローラを用いたプロトタイプ開発用のボード

エータの名前・型番とマイコン名を組み合わせてWebで検索することで、公開されているライブラリを見つけ出して利用することが可能です。

サーボモータの制御ライブラリは、Arduinoの場合は標準ライブラリとして、開発環境IDEの中であらかじめ提供されています。特段の理由がなければ、このライブラリをそのまま利用するのが簡単です。

図6-3-5　Arduinoとサーボの接続図

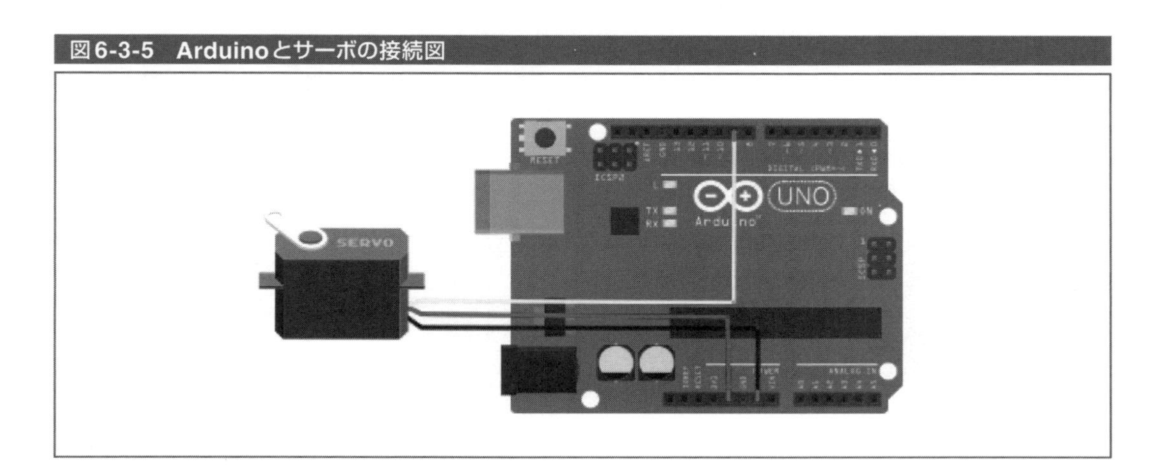

第6章

参考 サンプル6-3-5　サーボモータの制御プログラム例（Arduinoの場合）

```
// サーボモータの利用例（サーボモータを左右にゆっくりスィープさせる）
#include <Servo.h>    // Servoライブラリ（標準ライブラリ）
const int servoPin = 9;    // サーボモータの制御信号を接続するピン番号(D9)
Servo myservo;   // Servoオブジェクトを定義する
int position = 0;           // サーボの現在の回転ポジション[-180〜+180度]
void setup() {
    myservo.attach(servoPin);  // サーボmyservoの制御信号をservoPinとして初期化する
}
void loop() {
    for (position = 0; position <= 180; position += 1) {  // 1度ずつ右回転させる
        myservo.write(position);
        delay(15);
    }
    for (position = 180; position >= 0; position -= 1) {   // 1度ずつ左回転させる
        myservo.write(position);
        delay(15);
    }
}
```

(7)LCD：液晶ディスプレイ（I2C：シリアル通信）

マイコンを単体で利用する場合、センサで読み取った値やプログラムの実行状況などを表示するために、LCD（Liquid Crystal Display：液晶ディスプレィ）モジュールがよく利用されます。

表示文字数/行数、カラー/モノクロ、インタフェースなどの種類により様々なLCDが販売されていますが、ここではI2Cインタフェースのモノクロキャラクタディスプレイ(市販価格は数百円)を使用します。

I2CインタフェースのLCDは、電源とGNDを含めた4本の信号線を接続するだけで、マイコンボードと接続して利用できます(ただし、I2C信号線のSCLとSDAの2本を、抵抗でV_{CC}にプルアップ[*3]する必要があります)。取扱いが非常に簡単で、プロトタイピング向きと言えます。

図6-3-6　Arduino UNOとLCD(液晶ディスプレイ)の接続図

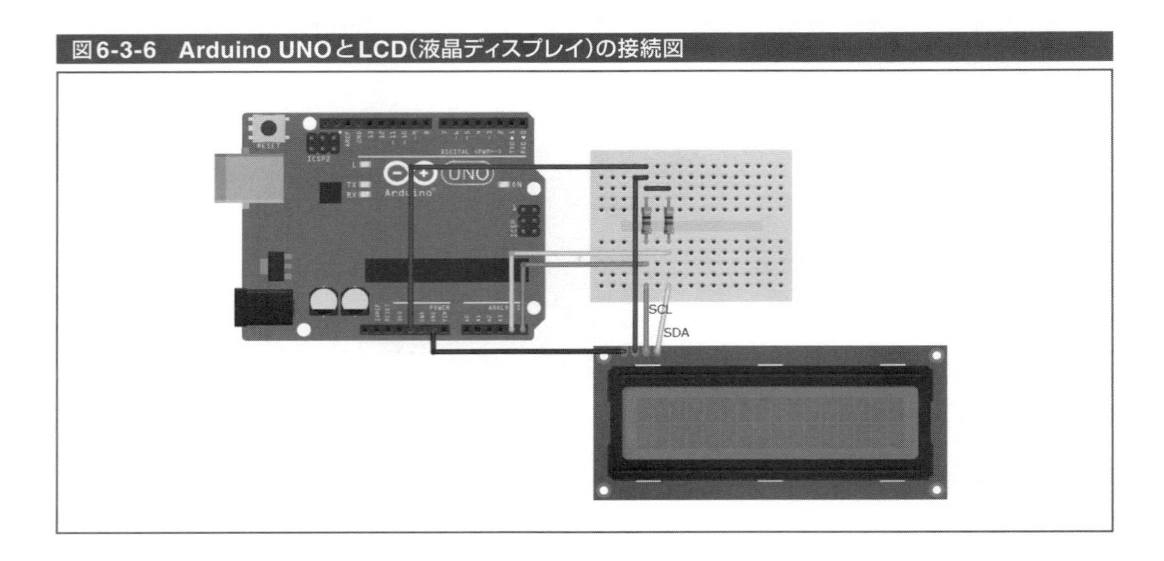

参考 サンプル6-3-6　LCDの制御プログラム例(Arduinoの場合)

```
// I2C LCDの利用例(LCDの1行目に"Hello, world!"、2行目に1秒おきのカウントアップを表示する)
#include <Wire.h>                    // I2C ライブラリ
#include <I2CLiquidCrystal.h>        // LCD ライブラリ(http://n.mtng.org/ele/arduino/i2c.html)
I2CLiquidCrystal lcd(20, true);        // lcd オブジェクトを定義
void setup() {
    lcd.begin(16, 2);                // 16 文字2 行のレイアウトでlcd を初期化する
    lcd.print("Hello, world!");      // メッセージを表示する

}
void loop() {
    lcd.setCursor(0, 1);             // 1 行目の0 桁目(つまり2 行目の先頭位置)にカーソルを移動する
    lcd.print(millis() / 1000);      // 秒を表示する(millis() は起動時からの通算ミリ秒を返す標準関数)
}
```

応用としては、例えば(3)で述べた温湿度センサと組み合わせることで、温湿度計を作成することができます。

2 ワイヤレス通信制御プログラミングの事例

ワイヤレス通信は、これまで多くがATコマンド[*4]を使って行われてきていますが、それぞれの無線機器によっては、扱えるATコマンドも豊富で高度なことが行える反面、難易度が高く、上級の技術者でも理解して使いこなすのが難しい場合があるのが現状です。

最近では、オープンソースハードウェア上で利用できるように、通信プロトコルを簡易にしたファームウェアが広がってきています。このことで、入門者でもワイヤレス通信ができるようになり、IoTデバイスやノードと、IoTサーバ(クラウドサーバ)との連携やTwitter連携、さらにWebアプリとの連携も簡単に行えるようになりました。

これらの通信機器は、多くがUART[*5]経由でCPUから制御でき、ファームウェアによるコマンド群と返ってくる応答によって通信を行います。

ここではIoTエリアネットワーク無線による機器間の通信及びWi-Fiを用いたインターネットとの接続において、簡単に接続できるファームウェアの事例について紹介します。

(1)IoTエリアネットワーク無線通信1(TWE-Liteの事例)

モノワイヤレス社(日本)から販売されているTWE-Lite(トワイライト:2.4GHzの超小型無線モジュール、TWE-LITEとも表記されます)は、IoTプロトタイピングで利用しやすいようにCPUを持ったワイヤレス通信機器として広く使われるようになった製品です。

この製品は、購入時に「超簡単!TWEアプリ」と呼ばれるファームウェアが組み込まれていて、GPIO(アナログI/O及びデジタルI/Oを4ピンずつ計16ピン)やシリアル通信(UART/I2C)による電子部品との連携ができ、互いのTWE-Lite間ではPtoPやスター型、ツリー型と言ったワイヤレスネットワーク形態(トポロジ)が構築できます(他のファームウェアが組み込めたり、自由に書き替えたりが可能)。

またTWE-Lite個体の設定においては、親機、中継機、子機の設定や、グルーピング設定、通信速度の設定、通信間隔の設定などができるようになっています。

購入時に設定されている「超簡単!TWEアプリ」を使って、TWE-Liteのピンコネクタの配線を変更するだけでもIoTエリアセンサネットワークが構築でき、プログラム作成なしでも使えるのが魅力となっています。

図6-3-7は、子機二つのTWE-Liteに温度・光センサを取り付け、親機で受信した結果をPCのシリアルモニタ画面で表示させたものです。このように簡単にIoTエリアセンサネットワークが構築できる例として紹介しましたが、IoTシステムのプロトタイピング開発としては、この後ゲートウェイに接続し、IoTサーバにデータを送ることが必要となります。

ゲートウェイに接続するプログラミング事例は、TWE-Liteから送られてきた一連のデータを処理して、センサ値を取り出し、ゲートウェイで送るのみとなります。

*3: **プルアップ**:入力がない場合の回路の入力レベル(電位)をHi状態となるようにし、回路動作の安定を図ること。

*4: **ATコマンド**:通信機器の制御や設定を行うための簡易な言語の一つ。アナログモデムなどの機器を制御するための命令(コマンド)により、発信や着信応答、設定などの制御が可能

*5: **UART**:Universal Asynchronous Receiver Transmitter の略でシリアル通信装置の一種。UARTは、組込み系のほとんどのマイコンに搭載されている通信デバイスで、マイコン間のデータ交換や変換ICを介してのUSB規格の通信や、PC、FA機器とデータ授受が可能

図6-3-7　TWE-Liteを使った温度・光センサ子機からの親機受信データ表示

COM126:115200baud - Tera Term VT
ファイル(F) 編集(E) 設定(S) コントロール(O) ウィンドウ(W) ヘルプ(H)
:7C8115017581008EFE788079000AE21800002E24FFFFFBAB
:7C8115017281008EFE78807B000AE51800002E1FFFFFFEAB
:7C8115018481008EFE78807D000AE21800002E1CFFFFFF9C
:7C811501 7E81008EFE78807F000AE21700002E22FFFFFF9B
:7C8115018481008EFE788081000AE21800002E2AFFFFF792
:7C8115015481008EFE788083000AE21700002E34FFFFF3BB
:7C8115018481008EFE788085000AE21700002E34FFFFF389
:7C8115018481008EFE788087000AE21700002E34FFFFF288
:7C8115017581008EFE788089000AE21800002E34FFFFF393
:7C8115017281008EFE78808B000AE21700002E34FFFFF395
:7C8115016F81008EFE78808D000AE51700002E34FFFFF294
:7C8115017B81008EFE78808F000AE21800002E34FFFFF288
:7C8115017881008EFE788091000AE21700002E33FFFFFF7E
:7C8115017881008EFE788093000AE21700002E33FFFFFE7D
:7C8115017881008EFE788095000AE21700002E33FFFFFE7B
:7C8115017581008EFE788097000AE51800002E33FFFFFE78
:7C8115017B81008EFE788099000AE51700002E33FFFFFE71
:7C8115017E81008EFE78809B000AE21800002E33FFFFFA72
:7C8115017881008EFE78809D000AE21800002E33FFFFFA76
:7C8115017281008EFE78809F000AE21700002E33FFFFFA7B
:7C8115017581008EFE7880A1000AE21700002E33FFFFF67A
:7C8115015D81008EFE7880A3000AE21700002E33FFFFF294
:7C8115015481008EFE7880A5000AE21700002E32FFFFFE90

以下のプログラミング事例は、親機のTWE-Liteで子機のセンサ値を受信し、3G通信モジュールで、IoTサーバ(クラウド)にアップする部分のプログラミングとなります。サンプルのプログラムのように、主にUARTで取得したデータは文字列となっていて、その中身を分解して数値化する必要が、このようなIoTエリアネットワークのワイヤレス通信では多く出てきます。

参考 サンプル6-3-7　TWE-Lite子機から送られてくるデータの解釈部分

```
// TWE-Lite 子機からの光及び温度センサのデータ読み取り
    String str=Serial.readStringUntil('\n');
    if(str.length()>47) {
      String sval = str.substring(37,47);    // アナログセンサ値の文字列取得
      sval.toCharArray(pr,10);   // 配列文字データ変換
      // 以下アナログデータの変換式
      int val1 = (pr[2] - ((pr[2]>'9')?('A'-10):'0'))*16 + pr[3] - ((pr[3]>'9')?
('A'-10):'0');
      int val2 = (pr[9] - (pr[9]<'A')?'0':'A'-10);
      int lgt= val1*4 + (val2/4);                //光センサ値読み取り
      ・・・・・
    }
```

(2) IoTエリアネットワーク無線通信2(XBeeの事例)

XBeeは、デジインターナショナル(Digi International)社が販売しているZigBee通信モジュールで、2.4GHz帯の近距離無線モジュールとなります。標準的に利用されているXBeeのSeries2と呼ばれるZBモジュール製品は、日本の技適を取得していて、比較的安価で、GPIO(デジタル11ピン、アナログIN4ピン)を持ち、最大屋内通信距離が40m、屋外では120m、また通信の送受信での消費電力が低い特性を持っています。その他、一定時間のスリープ機能や、定期的なサンプリング機能などを持ち、トポロジ構成はPtoP型とメッシュ型、スター型が構築で

きます。

利用においては、個々の製品固有のシリアル番号や、ネットワーク構成のためのアドレス、それにノード識別子の設定などによるアドレス管理が必要となります。通信におけるインタフェース種別は2通りあり、ホストからデータを無線リンクにそのまま伝送し、相手先のシリアルへ出力するAT（透過／コマンド）モードと、ホストーXBee間でのデータ操作をAPIコマンドで実行するAPIモードとがあります。ただし、センサネットワークで利用する場合には、APIモードを使って送受信を行っていきます。

ここでも、IoTエリアネットワークの事例として、子機側のXBeeに光センサを付けたIoTノードの機能を持たせ、親機にArduino＋XBee＋シリアルLCDを持たせたIoTデバイスを構築した内容を紹介します。

XBeeでもプログラムなしに子機側のセンサ設定ができるようになりますが、事前に親機、子機間では、ツールを使って上述したAPIモードの設定が必要となります。

図6-3-8　親機側（Arduino+XBee＋LCD）と子機（XBee＋光センサ）の連携

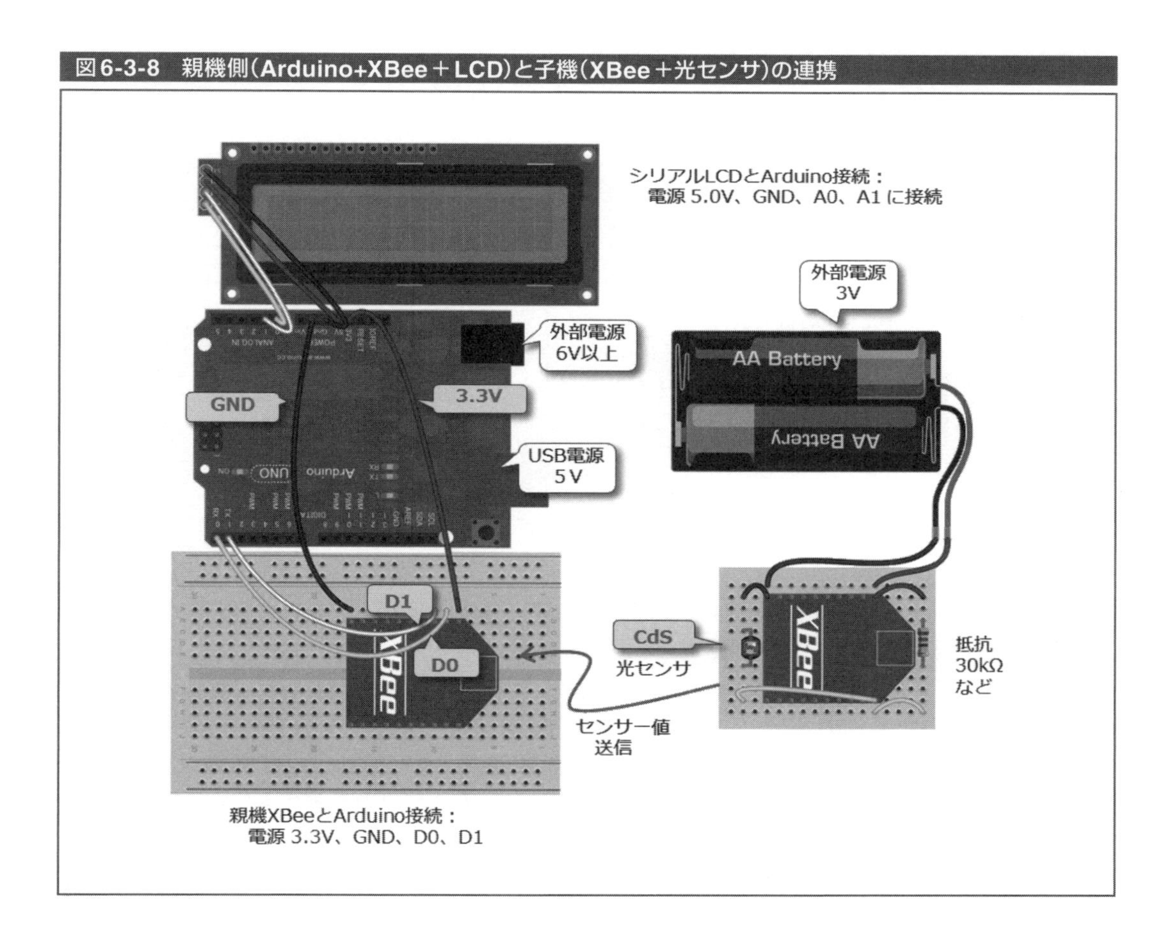

ここでのサンプルのプログラムでは、子機側の光センサ値を親機で受信し、親機に接続されたLCDに数値を表示させる内容となります。

参考 サンプル6-3-8　人感センサの制御プログラム例(Arduinoの場合)

```
// 子機で取得した光センサを親機のLCDに表示させるプログラム
#include <SerialLCD.h>          // LCD (液晶ディスプレイ)ライブラリ
#include <SoftwareSerial.h>   //ソフトウェアシリアル通信ライブラリ
SerialLCD slcd (14,15);
unsigned long analogData;
void setup () {  //初期設定
  slcd.begin ();
  slcd.print ("Ready");
  Serial.begin (9800);
}
void loop ()
{
  if (Serial.available () > 21 ) {
    if (Serial.read () == 0x7E) {
      slcd.clear ();                    //LCD画面クリア
      slcd.home ();                      //LCDカーソル位置先頭設定
      slcd.print ("Connect OK");        //設定完了宣言
      delay (10);
      for (int i=0; i< 18; i++ ) {
        byte discard = Serial.read ();  //先頭文字の読み飛ばし
      }
      int analogHigh = Serial.read ();
      int analogLow  = Serial.read ();
      analogData = analogLow+ (analogHigh * 256);  // アナログデータ設定
      slcd.setCursor (0,1);        // CLD画面のカーソル位置2行目先頭
      slcd.print (analogData,10);  // アナログデータの表示
    }
  }
}
```

ここでの特徴は、TWE-Liteと同様に、子機から送られて受信したものを文字列として受け取り、それを処理する内容となっています。

(3)Wi-Fiを用いた通信の事例

Wi-Fiは、本来居室内のIoTエリアネットワーク無線(無線LAN)通信として利用されていたものですが、最近では屋外でも街中の店舗内、駅構内、それに空港内などでも広く利用できるようになってきました。特にWi-Fi端末機がフリーでインターネット接続できる点は、安価なゲートウェイ機能を持たせたIoTデバイス構築にも役立ちます。

Wi-Fiの特徴は、機器単体の利用はフリーで、他のIoTエリアネットワーク無線機器より高速通信ができ、通信距離は数十mほどと制限があります。また消費電力が大きく、継続して数日に渡って使うにはバッテリのみでは厳しい状況ですので、長期に渡って利用する場合には、電源確保が必要となります。

最近では、Wi-Fiモジュールを搭載した多くのボードが販売されるようになり、マイコンボード

にも搭載したものも安価で販売されるようになってきました。

ここではArduino上にWi-Fiシールドを搭載し、温度センサ(LB61Z)の値を2分ごとにツイート(Twitterに投稿)する事例を紹介しましょう。

Arduinoを使ってツイートするには、あらかじめ以下のサイトから、トークンと呼ばれるキーを取得しておく必要があります。このトークンは、以下のプログラム内に組み込んで利用してください。

図6-3-9 Arduino UNO+Wi-Fiシールド+温度センサ

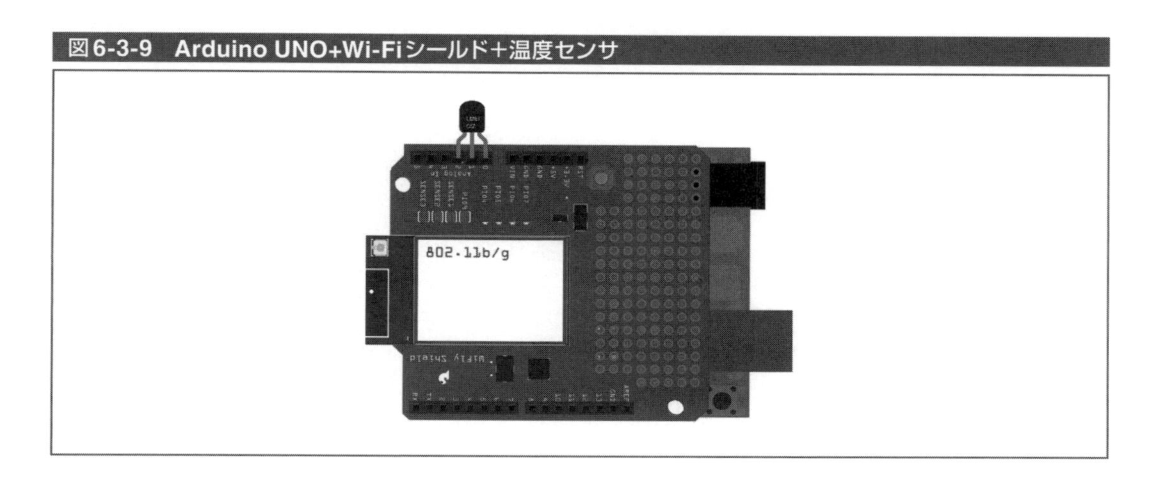

参考 サンプル6-3-9 温度センサの値をツイートするプログラム例(Arduinoの場合)

```
#include <Adafruit_CC3000.h> // Ardfruit社製のWiFi シールドライブラリ
#include <SPI.h>              // SPI (シリアル通信) ライブラリ

Adafruit_CC3000 cc3000 = Adafruit_CC3000(10, 3, 5, SPI_CLOCK_DIVIDER); // SPI接続ピン設定

#define WLAN_SSID       "WiFi-SSID"
#define WLAN_PASS       "WiFi-PW"

#define WLAN_SECURITY   WLAN_SEC_WPA2

#define tempPin 0;

char  *server = "arduino-tweet.appspot.com";
String token = "Your-Token"; // your token get from http://arduino-tweet.appspot.com/

uint32_t ip;

void setup(void)
{
   Serial.begin(115200); Serial.println("Start...");
   if (!cc3000.begin() || !cc3000.connectToAP(WLAN_SSID, WLAN_PASS, WLAN_SECURITY))
   { Serial.println(F("Connect Failed!")); while (1); } // STOP
```

```
  Serial.println(F("Connected!"));
  while (!cc3000.checkDHCP()) { delay(100); } // ToDo: Insert a DHCP timeout!
  while (ip == 0) {
    if (! cc3000.getHostByName(server, &ip)) {
      Serial.println(F("Couldn't resolve!"));
    }
    delay(500);
  }
  Serial.print("ipadress="); cc3000.printIPdotsRev(ip);
}

void loop(void)
{
  Serial.println("¥n-------- Ready --------");
  unsigned long tim = millis();
  float temp = analogRead(1)*0.489 - 60.0;// temp sensor
  String stweet = "GET /update?token=" + token + "&status=%20temp=%20" + String
(temp) + "%20C";

  char tweet[100];
  stweet.toCharArray(tweet, stweet.length());
  Serial.println("temp = " + String(temp) + " C");
  Adafruit_CC3000_Client www = cc3000.connectTCP(ip, 80);
  www.fastrprint(tweet);
  www.fastrprint(F(" HTTP/1.1¥r¥n"));
  www.fastrprint(F("Host: ")); www.fastrprint(server); www.fastrprint(F("¥r¥n"));
  www.fastrprint(F("¥r¥n"));
  www.println();
  //----------------------------------
  unsigned long tm=millis();
  String str;
  do{
    while (www.available()){
      Serial.write(www.read()); tm=millis();
    }
    if(millis()-tm>3000) break;
  } while(true);
  while ((millis() - tim) < 30000);
}
```

(4)広域通信網(WAN)通信(3G通信モジュール)の事例

スマートフォンの出現によって、3G通信網からLTE通信網へと通信機器の交換の加速化が進んでいますが、IoTシステムでは、センサデータの取扱い量が少ないことや、安価なSIMカードのニーズがあり、まだまだ3G通信網の活用状況が継続しています。特にプロトタイピング開発においては、WAN通信の機器としては、3G通信モジュールが主流となって使われています。

IoTシステムでの3G通信モジュールを使った部分は、主にインターネット上のIoTサーバとの連携を行うゲートウェイとして位置づけられます。3G通信モジュールを使うメリットは、日本国内の携帯通信事業者のサービスエリアでサービスが受けられることから、ほとんどどこの場所に移動してもインターネットと接続できることが魅力となります。

IoTシステムのプロトタイピング開発でも、3G通信モジュールが利用できる環境も整ってきました。特に「3Gシールド」や「3GIM」、それに「3GPI」は、マイコンボードArduinoやコンピュータボードRaspberry Piで、センサ群やアクチュエータ群と一緒に利用でき、そのプログラミングではATコマンドだけではなく、独自のファームウェアでインターネットと接続するものも出始め、簡単にHttp/GETやHttp/POSTでインターネット接続ができるようにもなりました。

ここでは、3G通信モジュール（3GIM＋3GIMシールド）とArduino Megaを使って無償のクラウドM2Xに光センサデータをアップする事例を紹介します。この場合、光センサ（CdS）と抵抗をハンダ付けしたものを、直接Arduino MegaのIOポートに挿しこんでセンサ値を読み取るようにしていますので、配線はとてもシンプルとなっています。

図6-3-10　3G通信モジュールとArduino Megaを使った光センサ値をクラウドにアップするハードウェア（右）と開発環境（左）

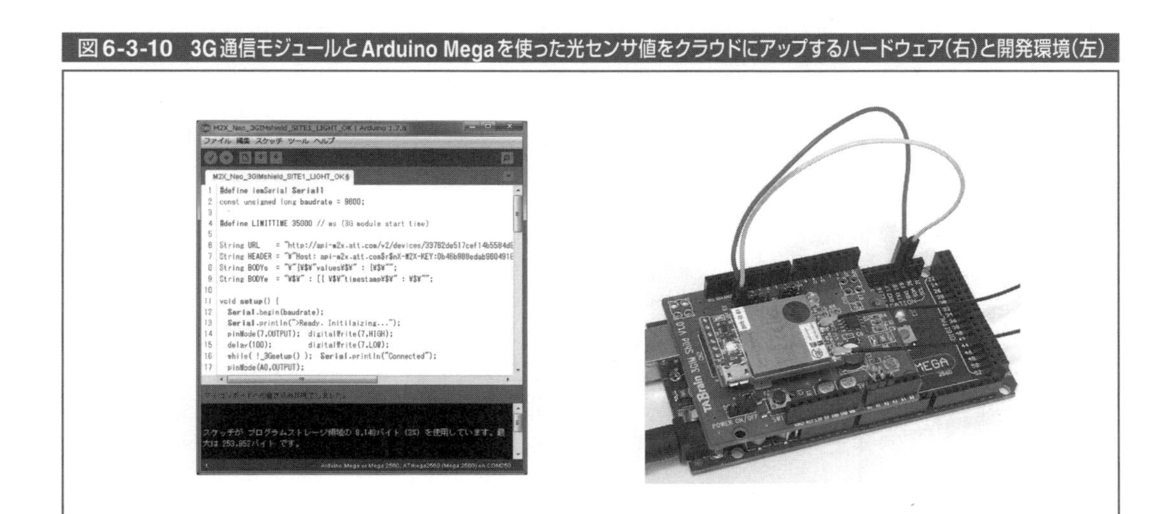

図6-3-11　M2Xに光センサ値を継続的にアップし、グラフ化して表示させた事例

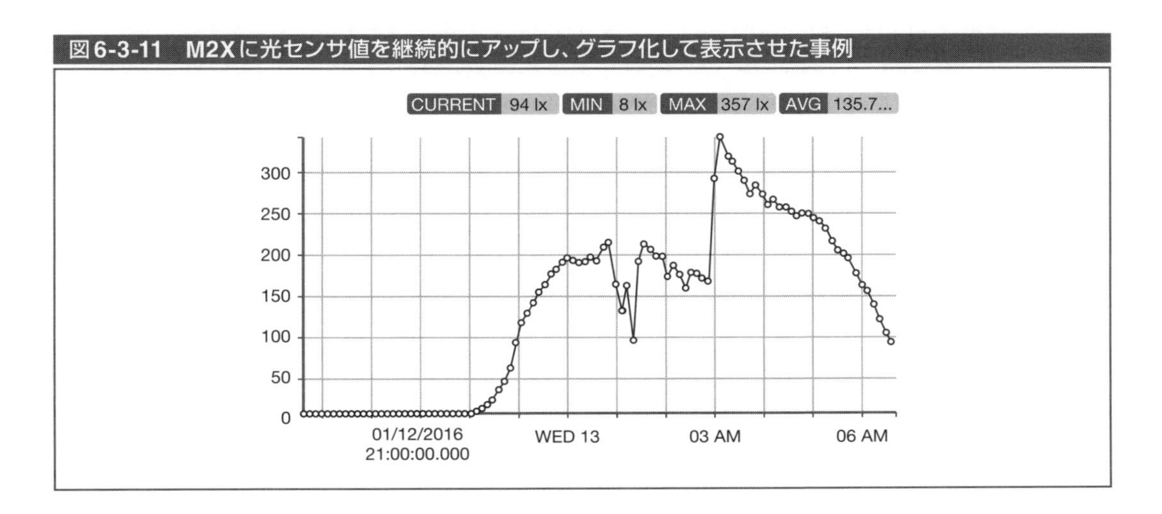

また、Arduino上のプログラミングもシンプルで、以下のようにわかりやすいものとなっています。

参考 サンプル6-3-10　3G通信モジュールによるセンサ値をM2Xにアップするプログラム

```
// 3G通信モジュール＋ArduinoMegaによるM2Xへのセンサ値アップ・プログラム
#define iemSerial Serial1
const unsigned long baudrate = 9600;
#define LIMITTIME 35000 // ms (3G module start time)
// インターネット接続でのURL、ヘッダー部、ボディ部の設定
String URL    = "http://api-m2x.att.com/v2/devices/<デバイスキー>/updates/ ";
String HEADER = "¥"Host: api-m2x.att.com$r$nX-M2X-KEY: <M2Xキー> $r$nContent-
Type:application/json$r$n¥"";
String BODYs  = "¥"{¥$¥"values¥$¥" : {¥$¥"";
String BODYe  = "¥$¥" : [{ ¥$¥"timestamp¥$¥" : ¥$¥"";

void setup() {
  Serial.begin(baudrate);
  Serial.println(">Ready. Initilaizing...");
  pinMode(7,OUTPUT);  digitalWrite(7,HIGH);
  delay(100);         digitalWrite(7,LOW);               //3GIMシールドの電源ON
  while( !_3Gsetup() );  Serial.println("Connected"); //3GIM初期接続
  pinMode(A0,OUTPUT);
  pinMode(A2,OUTPUT); digitalWrite(A2,HIGH);
}

void loop () {
  String dtime = datetime();            //時間取得
  unsigned long tim = millis();         //時間の設定
  int   light = analogRead(A1);                   // TABshield light sensor
  Serial.println("Light = " + String(light));   //光センサ値をシリアル画面に表示

//--------------- LIGHT Sensor M2X  UP（M2Xにデータアップ）-----------------
  if(_3G_WP("$WP " + URL + BODYs + "LIGHT" + BODYe + dtime + "¥$¥" , ¥$¥"value
      ¥$¥" : ¥$¥"" + String(light) +"¥$¥"}]}}¥" " + HEADER))
  { Serial.println("Data Update complete:" + iemSerial.readStringUntil('¥n')); }   //デー
タアップ成功の場合の表示
  else Serial.println("Data Update false...");              //データアップ失敗の場合の表示
  while(millis()-tim<60000); // 1分間の待機
}
```

6-4 IoTプロトタイピング・ソフトウェア環境

本節では、IoTシステムのプロトタイプ開発で関係してくるIoTデバイス開発環境やインターネット接続関連、それにWebサービスとして利用できるWebアプリを紹介していきます。

IoTシステム構築のプログラミングは、ハードウェア関連での組込み系ソフトウェアやIoTサーバとの連携ソフトウェアの開発、さらにはスマートフォンやタブレットなどのスマートデバイスのWebアプリ開発などが関係してきます。ここでは、これらIoTデバイス側やクラウド側でのソフトウェア開発環境、IoTデバイスとインターネットとの通信に関わる開発環境、さらに最近利用しやすくなったIoT向けWebアプリなどを紹介します。

1 IoTシステム構築における開発環境

IoTシステムの構築には、主として三つの開発環境が必要となってきます。

① IoTデバイス・サイドの組込みソフトウェア開発環境

② IoTサーバ(クラウドサービス)・サイドのソフトウェア開発環境

③ スマートデバイス・サイドのソフトウェア開発環境

ここでは、①と②について、説明していきます。③に関しては、AndroidやiOS上のプログラミングの書籍が多く出版されていますので、そちらを参照ください。なお、多くの既存のIoTシステム向けWebサービスを利用する場合には、③の開発環境を構築していく必要はありません。

(1)IoTデバイス・サイドの組込みソフトウェア開発環境

ここでは、IoTデバイスとして、センサ類やアクチュエータ類を制御するマイコンボードやコンピュータボードなどのCPUボードの開発環境について紹介します。

IoTデバイスとして利用できるCPUボードは、数多く出現しています。以下に、世界的に広く利用されているマイコンボードやコンピュータボードとその開発環境を一覧表で提示します。これらのCPUボードのアプリケーション開発は、クロス開発の形態となるため、IoTシステムのプロトタイピング開発を行う場合、開発言語への慣れが特に開発効率に大きく影響します。開発言語は大別して、C/C++言語系とスクリプト言語系があり、得意・不得意によりいずれかを選択するのが良いと考えられます。例えば、Web系のプログラマには、一般にスクリプト言語系の開発が適しています。

表6-4-1　デバイス・サイドの主な開発環境と開発言語

CPUボード	概要・特徴	開発環境・言語	補足
Arduino	・前提知識がなくても簡単に利用できるマイコン。拡張ボード(シールドと呼ばれる)も豊富で、解説書籍やWeb上の情報・ライブラリが最も充実している。 ・使いたいセンサやアクチュエータを簡単に使うのに最適 ・PC (Windows/Mac/Linux)上でのクロス開発が基本	C/C++(Arduino言語) Arduino IDE Processing S4A(Scratch For Arduino)	・Arduinoマイコンファミリーの中で代表的なUNOは、3千円程度で市販されている。 ・オープンソースハードウェアとなっており、様々なバリエーションの互換機が市販されており、最適なものを選択できる。
Raspberry Pi	・利用に当たっては、最低限のLinuxの知識が必要となる。 ・Arduinoと同様に、解説書籍やWeb上の情報・ライブラリが充実している。 ・マイコン自身でディスプレイとのインタフェース(HDMI)やUSBコネクタを持ち、単独で利用できる。	Python JavaScript Shell C/C++ など (一般的なLinuxで利用できる言語の多くが利用可能)	・最も廉価なRaspberry Pi A++は、3千円程度で市販されている。 ・最もスペックの高いRaspberry Pi 2では、Android OSなども利用できる。
mbed	・上記二つの中間に位置するスペックのマイコン(ARM Cortex-Mがベース) ・C++に慣れているのであれば、非常に簡単に利用できる。 ・PC上に開発環境を置かなくても、Webサイト上でエディット・ビルドができる。	C++ mbed(Webサイト) (ただし、μVisionやCoIDEといったオフラインの開発環境もある)	・様々なmbed互換製品が市販されている。2千円以下で購入できるものもある。コミュニティの活動が活発で、様々なセンサやアクチュエータの制御ライブラリも多く公開されている。
Intel Edison	・x86アーキテクチャのCPUを持つ超小型のLinuxマイコン ・マイコンボード単体で、WLAN/Bluetooth機能を持つ。	Python JavaScript (Intel XDK Iot Edition) Shell C/C++ など (一般的なLinuxで利用できる言語の多くが利用可能)	・Intelが開発したIoT向けプラットフォームの一つ。 ・Intelが様々な技術情報を提供している。Raspberry Piと異なり、ディスプレイ出力は持たず、シリアルコンソールやネットワーク経由でのssh上で開発を行う。

Arduino及びmbedは、いずれもOSを持たず開発環境の設定が簡易なこともあり、デバッグ機能(ステップ実行やブレークポイント、変数や式のウォッチ機能など)は提供されていません。デバッグは、モニタ表示出力関数などでデバッグプリントを行うことで代替します。一方、Raspberry PiやIntel Edisonは通常のLinuxとほぼ同等な環境で、デバッガを含む様々なLinux上の開発ツールを利用することができます。これらの違いも踏まえた上で、選択したCPUボード上の開発環境を選択する必要があります。

(2) IoTサーバ(クラウドサービス)・サイドのソフトウェア開発環境

6.3節でも紹介したように、すでにIoTシステムのプロトタイピング構築において無償で利用できるクラウドサービスが数多く出てきました。ここでは、ニーズに合ったクラウドサービスを活用し、自前で開発する場合のソフトウェア開発環境について紹介します。

環境は、技術革新も早く、既存モジュールや関数群などを利用し、短時間でプロトタイピングしていく環境構築が重要となります。IoTサーバ(クラウドサービス)・サイドの主な開発環境を表に示します。利点と欠点は、プロトタイピング向けとしてこれから開発言語を覚える場合を想定した内容となっています。いずれの言語もオープンソース化されており、開発環境やライブラリが様々なコミュニティから数多く提供されています。

表6-4-2 サーバ(クラウドサービス)・サイドの主な開発環境と開発言語

開発言語	概要・特徴	利点	欠点
PHP	・最も広く利用されているWebサービスの開発言語で、解説書籍やWeb上の情報が豊富 ・LAMP(Linux+Apache+MySQL+PHP)と呼ばれるオープンソースソフトウェアの組み合わせが定番の構成となっている。	・多くのPaaSタイプのクラウド・サービス(あるいはホスティングサービス)で標準でPHPが提供されているため、簡単に始められる。 ・Web UIのフレームワークが数多く提供されており、見栄えの良いWeb画面を作りやすい。	・ブラウザサイドの処理は、JavaScriptで記述する必要があり、PHP言語だけで完結しない。
JavaScript	・近年、サーバサイドのJavaScriptの実行環境としてnode.jsが広く利用されてきており、解説書籍やWeb上の情報が豊富 ・1台のサーバで数多くのクライアントと同時に通信できるといったIoT向きの特長を持つ。	・ブラウザサイドの処理を含めて、すべてJavaScriptだけで開発できる。 ・JavaScriptと相性の良いnosqlデータベースであるmongodbを簡単に利用することができる。	・基本的にすべてのコードをイベント駆動型のコールバック関数として記述する必要があり、コーディングに慣れが必要である。 ・基本は関数型言語であり、クラスの概念がなく、大規模な開発を行う場合は、他言語に比べてコーディングルールを厳密に規定し、順守する必要がある。
Ruby	・日本で開発されたプログラミング言語であり。純粋なオブジェクト指向言語である。	・非常に短く、可読性の高いコードを記述することができる。	・上記二つの言語に比べてユーザが少なく、Web上などで得られる情報がやや少ない。

2 デバイス・ゲートウェイ・サーバ間の通信技術

IoTシステムでは、収集したデータのIoTサーバ(クラウドサービス)への送信、IoTサーバからの制御指示の受信などが必要となります。通信の経路や形態は様々な方式が考えられますが、通常は下記のいずれかのケースに分類できます:

① IoTデバイス ⇔ IoTゲートウェイ ⇔ IoTサーバ(クラウドサービス)
② IoTデバイス ⇔ IoTサーバ(クラウドサービス)

上記の①のケースでは、IoTデバイス−IoTゲートウェイ間はIoTエリアネットワーク無線通信(ZigBee、BLE、Wi-SUN、特小無線など)でつなぎ、IoTゲートウェイ−IoTサーバ(クラウドサービス)間はWAN(3G、LTE、PHS、Wi-FiやLANと接続された事業者の通信回線など)でつなぐ方式が一般的です。通信の手段や通信デバイスに関しては6-2で解説していますので、ここでは通信でやり取りするデータの形式や方式に関して概説します。

(1) IoTデバイス− IoTゲートウェイ間

一般に、これらの間はワイヤレスセンサネットワークで接続されているため、いかに短い時間で通信ロスを少なくデータを送受信するかが重要となります。そのため、やり取りするデータは、独自形式のメッセージを定義して利用するケースが一般的です。例えばZigBeeの場合、プロトコルで規定されている1パケットに格納できるデータのサイズは最大100バイト程度に制限されるため、このサイズ内に収まるようにデータを固定長として定義します。図6-4-1に、環境データの電文フォーマットの例を示します。

図6-4-1　IoTデバイス－IoTゲートウェイ間の電文フォーマットの例

デバイスID（8バイト）	センサ種別（1バイト）	温度［℃単位］［999.9形式］（5バイト固定）	湿度［%単位］［999.9形式］（5バイト固定）	照度［lux単位］［9999形式］（4バイト固定）	電池電圧［mV］［9999形式］（4バイト固定）

(2) IoTデバイス－IoTサーバ（クラウドサービス）間

ダイレクトにIoTデバイスからIoTサーバ（クラウドサービス）へデータをやり取りする場合は、通常、標準的な規格（HTTP、MQTTなど）のフォーマットに従います。標準的な規格に準じることにより、IoTサーバサイドの開発でオープンソースの活用が可能となり、またサービスの運用なども容易となります。

最も簡単な開発方法の一つに、HTTPを使う方法があります。クラウドサービスでは、Webサービスを開発することにより、IoTデバイスからデータを受け取ることができます。HTTPを使うことで、Apache[*1]のような広く普及しているオープンソースのWebサーバやその各種資産を利用することができ、プロトタイピングを素早く行うことが可能となります。ただし、HTTP方式自体は、通信データ中に無駄な部分（データそのもの以外の形式的な部分）を多く含んでおり、従量課金方式の通信手段を使う場合は注意が必要です。HTTPによるデータの送信例（6-3節で紹介したM2Xサービスを使ってJSON形式でデータを送る例）を下記に示します。例に示す通り、時刻（2015-12-31 23:59:59）と温度（23.1）だけを送るために、334バイトのデータを送っています。

参考　温度データをアップロードするための電文例（M2Xを利用する場合）

```
POST /v2/devices/02bec79d73f6408a07321ede93349999/updates/ POST/1.1
Host: api-m2x.att.com
X-M2X-KEY: 1ea7f8099a8d5a15b9fc668d73556999
Content-Type: application/json
Connection: close
Content-Length: 121

{"values" : { "temperature" : [ {"timestamp" : "2016-03-21 23/59/59+09 " , "value"
: "23.1"} ] }}
```

一方、IoTに適した軽量のプロトコルとして注目されている通信プロトコルが、MQTTです。もともとIBM社により開発されたものですが、現在ではオープンソース化され、標準化団体OASISにより国際標準化が進められています。MQTTでは、パブリッシュ/サブスクライブ型

*1：**Apache**：Apache HTTP Server：世界中に普及しているWebサーバソフトウェア。オープンソフトウェアとして、Apacheソフトウェア財団のライセンスの下でソースコードが公開・配布されています。

のモデル（図6-4-2）が採用されており、双方向で1対nの通信が可能です。QoS（メッセージの到達保証レベル）やwil（遺言：クライアントが死んだ時にサーバからサブスクライバーへ送信されるメッセージ）などを指定することができます。HTTPと異なり、常にコネクションを張っておくことでヘッダなどの余分な部分を送る必要がなく、さらにデータそのものだけをやり取りするのでデータの通信量を劇的に減らすことができます（従量課金の通信手段では、通信コストを大きく低減できます）。

図6-4-2　MQTTのサービスイメージ

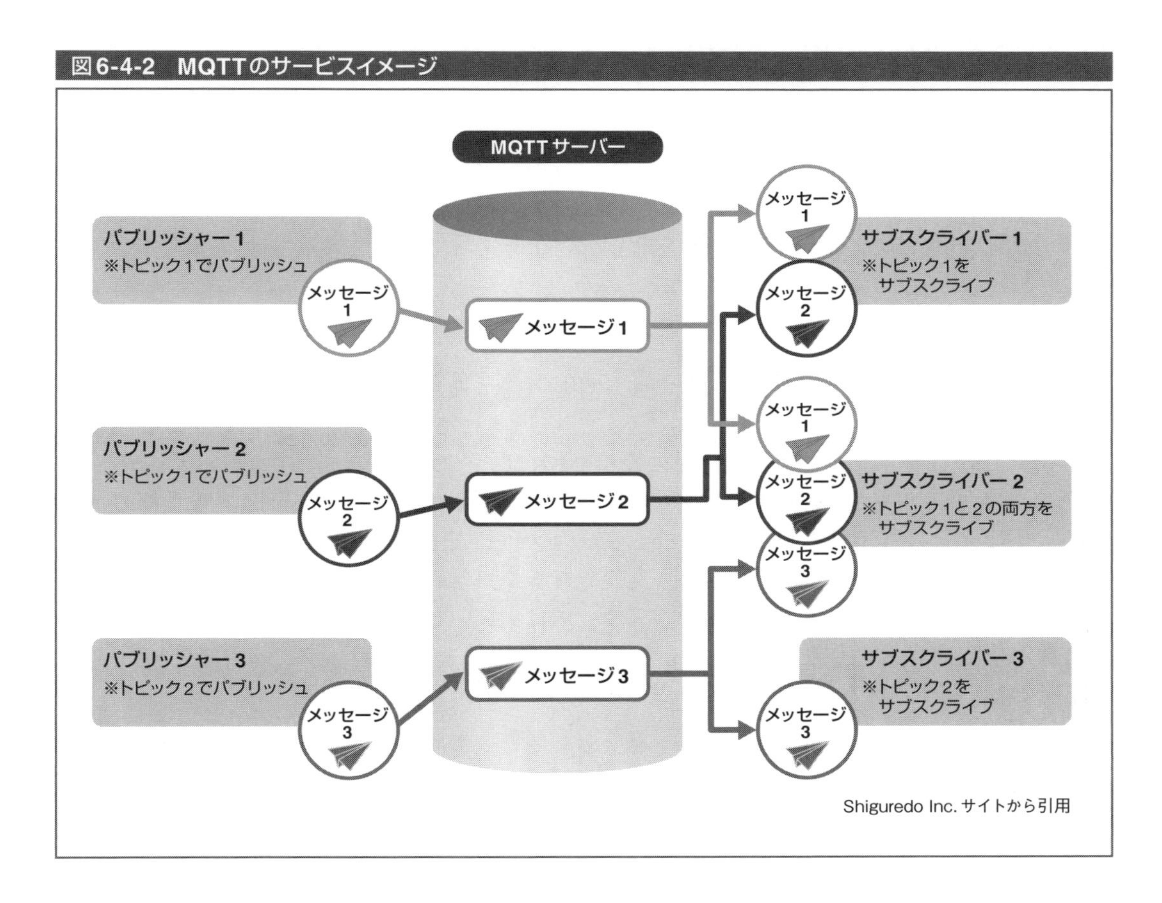

近年では、MQTT（3-4節参照）を提供する国産のクラウドサービスやオープンソースも出てきており、プロトタイピングで簡単に利用できるようになっています。

HTTP/MQTTのいずれの場合でも、データを秘匿したい場合には、TLS（Transport Layer Security；7-3節参照）を使って暗号化するのが一般的です。HTTPにTLSを組み合わせる通信方式はHTTPSと呼ばれます。

3 スマートデバイス向けIoTアプリ（Webサービス）

最近では、スマートデバイスで利用できるIoTアプリも増えてきました。モノとモノがつながり始めたとき、それを簡単に自分に知らせてくれるデバイスがスマートフォンやタブレットといったスマートデバイスとなり、そこには多くのアプリ(Webサービス)が登場し始めました。

ホーム内の家電機器との連携や、ペットや観葉植物、防犯機器、天気予報や地震情報、最新ニュースなどの情報との連携には、スマートデバイスが主体となってきます。ホーム内に様々なIoTガジェット[*2]を作り、様々なIoTエリアネットワーク無線機器と連携し、その状況と状態を把握したり、IoTサーバにデータをいったん蓄えたり、そのデータに何か変化が起きた時だけトリガーで知らせたりすることも、アイデア次第で比較的容易に実現できるようになりました。これらをIoTデバイスとして支援するアプリ群(Webサービス)として、以下に示すようなIFTTTやmyThingsなどが広く知られています。

(1)IFTTT

IFTTT(イフト)は、多くのWebサービスとの連携を取りながら、様々な情報や変化を捉えて、アクションを起こす便利なツールです(図6-4-3)。ここで利用できるWebサービスには、FacebookやTwitter、YouTubeやEvernote、その他メールなど数多くのアプリが対象となっています。

例えば、Webニュースの中に「最新技術情報」が含まれているとメールで知らせたり、今朝の東京の温度が0度以下になるとツイートして知らせたりすることができます。また自分で開発したIoTガジェット(IoTデバイスやノード)との連携もでき、取り付けられたセンサ値が閾(しきい)値を超えたりしたら、スマートフォンに知らせることもできるようになります。場合によっては、IFTTTによって、状況変化をツイート(Twitterに投稿)すれば、そのツイートをIoTガジェットで監視していて、アクチュエータを動かすこともできるようになります。例えば、あるエリアで小雨の情報が入ってきたら、IFTTTによってツイートし、そのツイートを読み取ったIoTガジェットがセットされた洗濯物にカバーを覆うようなものも実現できるようになります。

まだ、IoTシステムにIFTTTを利用するケースは少ないと思われますが、様々なデバイスとの連携が比較的容易に行えることから、今後アイデア次第では、IoTシステムのプロトタイピング開発で多く利用されることが予想されます。

図6-4-3 IFTTTサイトのトップ画面

(2) myThings

myThingsは、ヤフーのサービスで、IFTTTと類似のサービスであり、状況変化に応じて、連携しあうようにするサービスとなります。案内画面例を図6-4-4に示します。各サービスを組み合わせてタイミング良く情報を取得したり、自動リマインドしたり、株価や天気の変化を受信したりすることができます。

また、IoTガジェット（デバイスやノード）との連携も可能です。

図6-4-4 myThingsの案内例

*2：**ガジェット**：真新しさや珍しさを備えた小物、道具類を指す用語。画面上で動作する小規模なアクセサリーソフトや、携帯用の電子機器などもガジェットの一種。

6-5 IoTシステムのプロトタイピング開発における課題・対策

本節では、IoTシステムのプロトタイピング開発における課題とその対策について紹介します。IoTデバイスと関連するセンサ類を含む電子機器の課題や、バッテリ関連のトラブル、利用するハードウェアのトラブル、さらにワイヤレス通信関係やIoTサーバ間のトラブルといった内容を紹介し、その対策などを紹介します。

IoTシステムのプロトタイピング開発では、試作段階で関係するテスト環境と、実際の設置利用の現場環境とで、それぞれ多くの留意点が出てきます。事前に検討すべき課題と問題点、特にプロトタイピング開発での課題分類と実運用に向けた課題解決について紹介します。

表6-5-1　IoTシステムのプロトタイピング開発における課題

課題項目	関連事項
センサ関連	・センサ精度、誤差、誤動作 ・キャリブレーション(初期調整)の必要性 ・センサ値取得間隔、待機、タイミング ・消費電力不足 ・インタフェース(GPIO、シリアル通信など) ・スリープ/ウェイクアップ機能 など
消費電力とバッテリ	・利用環境下での電源供給能力(バッテリ) ・自然エネルギー下での発電能力
利用環境	・湿度100%での利用(機器の性能仕様に関係) ・低温時や高温時での利用 ・自然環境下(直射日光下、雨ざらしなど) ・振動環境下 など
CPU(マイコン・コンピュータ)ボード開発	・利用メモリの制限 ・消費電力、電源供給能力 ・開発環境 ・センサ取得タイミング
ワイヤレス通信	・アンテナ指向性や電波強度 ・通信エリア、利用エリアの把握(山間部、近海部など) ・IoTエリアネットワーク利用トポロジ ・ノイズ対応
IoTデバイス	・CPUトラブル(ハングアップ)対応 ・電源供給不足 ・故障、配線などの劣化、断線
IoTサーバ(クラウド)	・センサ値アップ頻度 ・クラウドサービスの制限

1 センサ関連のトラブル対策

センサ、アクチュエータ類の電子部品は、それぞれ仕様書に基づく利用が前提となります。特にセンサ類の扱いでは、仕様について明確に把握した上で利用する必要があります。表6-5-2に、代表的なセンサ類についている仕様項目についてまとめています。

表6-5-2 代表的センサ類の仕様項目

電子部品	仕 様	備 考
温度センサ・温湿度センサ・気圧・地磁気センサなど	インタフェース(GPIO、シリアル通信)、電源電圧、利用範囲、利用湿度、消費電流 など	アナログの場合には、電源電圧で値が変化することに留意のこと
人感(PIR)センサ	インタフェース(GPIO)、電源電圧、検出確度、利用湿度、消費電流、感度調整 など	センサの感度や反応時間の設定が可変抵抗によって調整可能
音センサ	インタフェース(GPIO、シリアル通信)、電源電圧、消費電流 など	正確な騒音測定などのデシベル値を出すには高価なセンサ機器を利用
光・照度センサ	インタフェース(GPIO、シリアル通信)、動作温度、利用範囲	単に光の強さ弱さを測定する場合と、照度(単位:ルクス)を測定する場合のいずれかで電子部品の選択
加速度センサ・ジャイロセンサ	インタフェース(GPIO、シリアル通信)、電源電圧、測定範囲、分解能、重さ、精度、寸法、消費電流、出力間隔、測定最大値 など	ジャイロセンサの場合には、利用時間が長くなるとドリフト誤差が出てくる製品もある
距離センサ	インタフェース(GPIO)、電源電圧、待機電流、信号出力、センサ角度、測定可能距離、誤差、分解能 など	赤外線や超音波によるものが存在
GPS	インタフェース(シリアル通信)、電源電圧(消費電力)	世界標準時間、緯度、経度、捕捉衛星数、高度などを取得

特にセンサ電子部品を利用する場合は、以下に挙げる各事項に十分な注意を払う必要があります。

(1) センサ値の精度、誤差、誤動作

取得したセンサ値には、正確な値との間に誤差が生じます。例えば、温度センサの値では、センサ部品の個体差や供給する電源電力の誤差、センサの配線ケーブルの長さ、取得時間間隔などによって差異が出てくることがあります。また、光センサの値は、太陽光の環境下で捉えるものと、屋内照明機器の環境下で捉えるものとで、誤差の幅も大きく異なってきます。

一方、消費電力の大きいセンサでは、他の処理とのタイミングによっては、値が取得できない状態、つまり誤動作といったものも出てきます。そのような場合に備えて、前後のデータ値と比較判断を行う処理や、数回取得して平均値化する処理、最大値と最小値を除いた平均値を取るといった、処理のアルゴリズムも検討していく必要があります。

(2) センサ値取得の電源供給

センサの利用時は、供給電源に配慮してセンサ値を取得することがあります。特に消費電力が大きいセンサ機器では、正しいセンサ値が取得できるまで起動に充分な供給電力が必要となります。他の電源消費が大きい電子部品と併用すると、正しいセンサ値が取得できないこともあり、トラブルに陥りやすくなります。そのため、センサ値取得では、他の電子部品への電源供給などに配慮が必要となる場合があります。例えば、二酸化炭素センサやGPSなどは、電源消費

が大きいため、他のセンサとの併用を避け、スリープ機能を使って測定したいときだけ電源を供給し、センサ値を取得するなどの処理が必要となる場合があります。

(3) センサ値取得の間隔とタイミング

温度や湿度などのセンサ値は、数十秒や数分に1回で計測したり、人感センサや加速度センサなどは、数秒に1回か、1秒間に数回といった頻度で計測したりします。センサ値の取得間隔は、IoTデバイスの目的に応じた内容で対応していく必要があります。また、センサ値を常時取得したい場合もあり得ますが、変化がそれほどなければセンサ値を捨てることも必要です。つまり変化が起きたときだけセンサ値を取り出し、クラウドやサーバ、またはゲートウェイに知らせる仕組みも必要となります。

(4) センサ値取得時刻

多くのIoTデバイスでは、センサ値を取得した時刻と、IoTサーバなどにデータをアップした時刻が異なる場合があります。数分程度のズレなどを気にしない場合は問題ありませんが、正確なセンサ値取得時刻を必要とする場合は、IoTデバイスに正確な時刻が取得できる機能を持たせ、IoTサーバにこれらをアップするだけでなく、IoTデバイス自体にローカルなメモリ機能（SDメモリなど）も持たせておく必要がでてきます。またセンサ値を取得できるまでに時間がかかるものもあり、その場合は、時刻を取得してセンサ値を取得するのではなく、センサ値を取得できた段階で時刻を取得する順番で取得時刻を記録するといった配慮も必要となります。

(5) センサのキャリブレーション

センサの種類によっては初期設定（キャリブレーション）が必要となる場合があります。中でもジャイロセンサや二酸化炭素センサなどは、このキャリブレーションが必要なセンサとなります。キャリブレーションを行わないままでいると、誤差が発生し、正確なセンサ値を取得できなくなっていきます。特にこれらのセンサは、1〜2年といった長期間での利用は難しいため、電源を入れた時のキャリブレーションや、常時運用時での定期的なキャリブレーションを設定し、利用する必要があります。

キャリブレーションは、特定のベースとなる環境下で設定を行います。一部のセンサ電子部品には、専用の機器を使って行うものもあれば、独自のソフトウェアによるキャリブレーション機能を組み込むものもあります。具体的にどのようにキャリブレーションするかは、センサの仕様を確認して設定することが必要となります。

2 消費電力とバッテリに関する注意点

IoTデバイスで利用するセンサ類やアクチュエータ類、CPUボード類、ワイヤレス通信機器類は、すべて電力を消費します。一般に、電源供給が安定した環境下でIoTデバイスを利用した場合、電源トラブルは起きにくいものですが、電源供給が難しい田畑地や、山間部、近海部、それにウェアラブルといった環境下で利用するものでは、常に消費電力とバッテリを配慮したモノづくりが必要となります。

デバイスに取り付けたセンサ類などの全部品について、これらの最大消費電力がどの程度なのかをあらかじめ測定したり、計算したりしておく必要があります。また、これらに供給できる電源容量（バッテリ）や太陽光などの発電量などにも配慮しておく必要があります。特に太陽光発電の場合は、地域ごとの最長曇り日数などに配慮した太陽光発電パネルが有用です。

そのほか、IoTデバイスそのものに供給される電源の容量がある程度下がってきた場合には、プログラム制御などによって消費電力が大きい機器の利用や通信を控えたりし、内部メモリにセンサ値を蓄えておくといったテクニックも必要となってきます。

3 利用環境に関する注意点

IoTデバイスが利用される環境は様々です。屋内で利用される場合は、常温であったり、湿度も快適な範囲である場合が多いのに対し、悪条件下の工場や実験室、または屋外で利用する場合もあります。例えば、農業で使うビニールハウス内では、太陽光の直射日光は何万ルクスといった照度があり、湿度も100%近かったり、温度は50度を超えたりすることもあります。その他、屋外では埃にまみれたり、雨ざらしであったり、振動が大きい機械や道路の近くであったりする場合があり、それぞれの悪条件下を前提としたIoTデバイスの機器づくりが必要となります。これらの場合については、それぞれの悪条件環境下でテストも充分に行い、その上で実運用に入る配慮が必要となります。

その他、温度センサや湿度センサ、二酸化炭素センサなどは、より正しい環境下のセンサ値を取得するために、ある程度風が流れる（推奨風速5m/秒）ところでの設置や、計測位置などに対する配慮も必要となります。

4 利用するCPUボードのトラブルについて

IoTデバイスで利用するCPUボードのマイコンやコンピュータボードは、目的によって使い分けをします。センサ値などの取得だけだとマイコンボードで充分となりますが、高度な制御などを行う上では、OSを持ったコンピュータボードが有利となってきます。また場合によっては、マイコンボードとコンピュータボードとの併用も考えられます。例えば、インターネット接続のゲートウェイとなる親機をコンピュータボードで開発し、子機をマイコンボードで開発することなどが考えられます。

CPUボードで起こるトラブルとしては、ボード自体の品質や供給電圧、CPUクロック数、メモリ容量、開発環境、ボードのバージョン、その他悪条件下の利用環境といったことが存在します。

最近では、これらCPUボードに関するトラブル対策について、ほとんどの場合がインターネット上にあるコミュニティで取り扱われており、これらを活用することが得策です。自己解決で時間を取られるより、ネット上から類似の問題、トラブルとその解決を検索して探し当てたり、コミュニティに参加し、自分のトラブル対策を尋ねたりすることも有効な方法のひとつです。

5 ワイヤレス通信のトラブルについて

IoTデバイスでワイヤレス通信を行う場合、通信状態が見えない環境での開発はとても不安なものがあります。この対策として、基地局や他の機器との電波強度やバッテリ供給電圧などを数値出力するワイヤレス通信機器を利用する方法があります。IoTデバイスを継続運用する場合、この電波強度や供給電源（電圧）などを、プログラミング内の情報として、処理項目の一つとすることを考慮する必要性もでてきます。

特に電波強度は、アンテナの指向性や遮蔽物の有無と大きく関わりがあり、現場対応での測定にも大きく役立ちます。IoTデバイスの設置時や移動時に測定を行い、より良いアンテナやその向きなどを導きだしておくことが大事になることもあります。

また、供給電圧値が送信される場合は、バッテリの消費状況がわかり、閾値を下回った場合には、IoTサーバ側で感知し、電池交換などを促すメールを自動送信する仕組みなどが便利となります。

その他、通信機器制御においてもプログラミングでの待機・タイミングの配慮はとても厄介で時間のかかる問題となります。入力部と出力部との通信速度の違いで待機・タイミングの時間は異なり、応答が返って来なかったり、文字化けしたりする問題が起きたりします。これらは待機時間を調整することで解決しますが、様々な環境下（ノイズの多い場所とか、展示会場など多くのトラフィック通信が発生している場所、周りに通信を阻害する遮蔽物がある場所など）も影響しますので、実際の環境下での充分なテストも必要となってきます。

6 IoTデバイスに関する注意点

IoTデバイスには多くの電子部品が組み込まれているため、個々の電子部品、外部電源、バッテリ関連などの故障や誤動作によって、正しく動いていたものもいつかは正しく機能しなくなることもあります。IoTデバイスの設置場所が設置者の近くであれば、それほど問題なく対応できる場合が多いのに比べ、遠隔地にある場合は、点検や対応に要する時間、コストなど、いろいろな面で不都合が生じやすいこととなります。これらの不都合を避け、その都度現場まで行くことがないよう、特に信頼性の高いモノづくりが必要となります。

その一例として、IoTデバイスが正しく機能していない状態での対策として、CPUボードの機能として組み込まれているリセット機能を使ったり、外部電源のOn/Off機能を考慮したり、場合によってはIoTサーバからメールやTwitterでトラブルを知らせたりする工夫などが挙げられます。

IoTシステムそのものに組み込むリセット機能としては、ソフトウェア・リセット機能によるものと、自動で電源Off/Onするハードウェア・リセット機能といったものを利用することも考えられます。また、遠隔からプログラムを書き換える機能なども、場合によっては非常に有効です。

7 IoTサーバに関する注意点

IoTサーバに関しては、すでに第5章で取り上げていますが、ここではプロトタイピング開発で広く使われているIoTシステムでのサーバ利用を意識した注意点を説明します。

IoTシステムのプロトタイピング開発では、多くがビジネス向けを導入したり開発したりするよりも、すでにある無償のクラウドサービスを借りて利用することが多くなります。しかし、これらのクラウドサービスは、デバイス数の制限やデータアップ総数の制限のほか連続した場合の間隔の制限などがあるため、仕様を事前に調べておく必要があります。Twitterにおいても、連続して同じ内容のものを送るとエラーとなってしまいます。そのほか、クラウドではデータのグラフ化においても細かな設定ができないため、自動化されたグラフ表示を他のセンサ値と比べるときには、最大値などに配慮して比較することがポイントとなります。ただし、蓄積されたデータをまとめて出力できるため、ダウンロードしたデータをEXCELなどに取り込み、比較検討することは可能です。

第7章

IoT 情報セキュリティ

本章ではIoTシステムを安全・安心に構築・運用するための情報セキュリティを取り上げます。まず、IoT時代に高まる情報セキュリティの重要性や満たすべき要件について述べます。次に、具体的なサイバー攻撃の手法とIoTにおける脆弱性の事例、さらにセキュリティを確保するための要素技術を説明します。最後に、情報セキュリティの標準と法制度、IoTにおける情報セキュリティの留意点を解説します。

7-1 IoTにおける情報セキュリティ

1 情報セキュリティの重要性

本格的なIoT時代の到来に伴い、家電やオフィス機器、自動車、工業用制御システム等、あらゆるモノがインターネットに繋がるようになりました。IoTには、それらの機器から得た情報の利活用により業務効率化や新規ビジネス創造の可能性がある一方、セキュリティ面での懸念が増しています。IoTデバイスは2020年に世界で数百億個に達するといわれているように、セキュリティを考慮する対象範囲が大幅に広がります。ある市場調査では、IoTデバイスのうち90%が何らかの個人情報を保有しており、また70%が非暗号化ネットワークを利用している、という結果も出ています(図7-1-1)。

図7-1-1　IoTにおけるセキュリティリスク

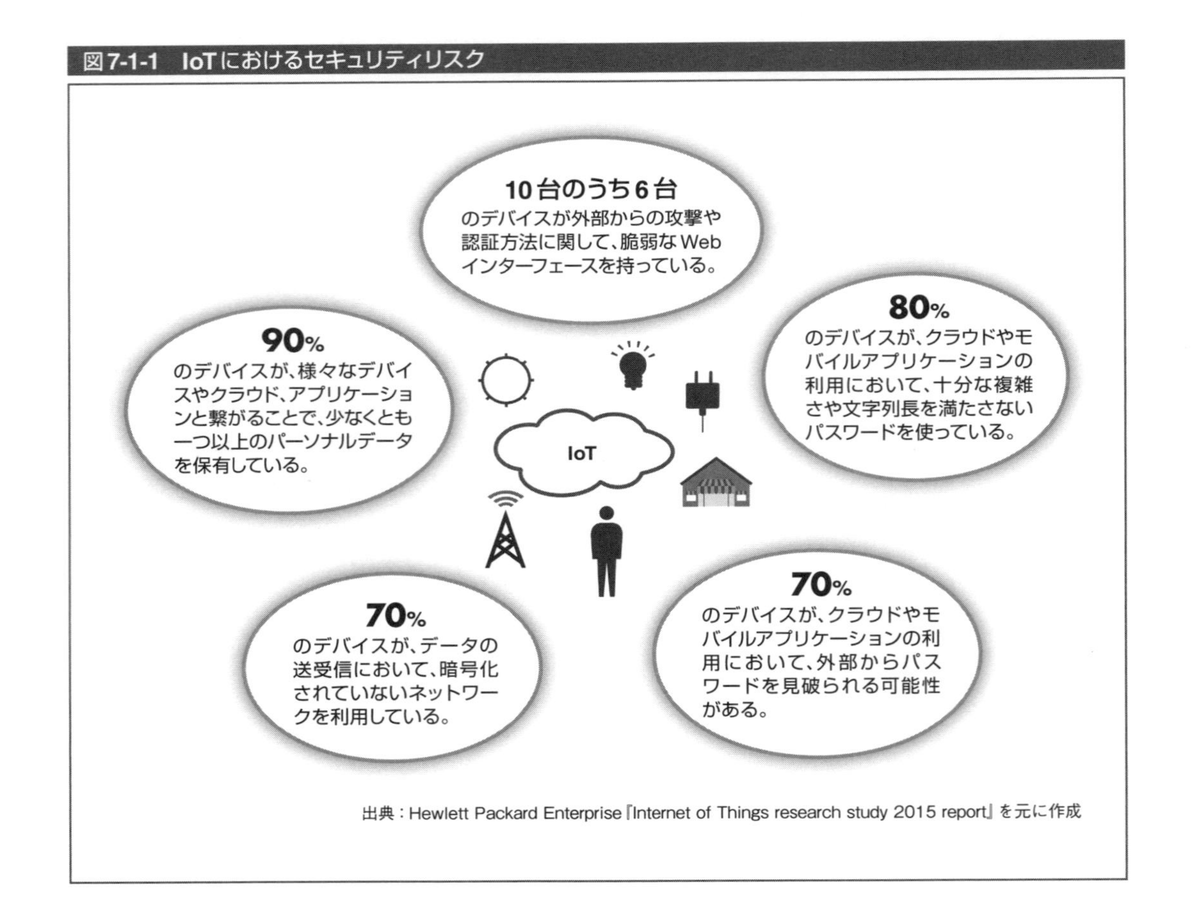

出典：Hewlett Packard Enterprise『Internet of Things research study 2015 report』を元に作成

IoTで取扱う情報は、例えばスマートメータの検針データや監視カメラの映像、車のプローブデータなど個人の生活習慣を類推できるものが多数含まれるため、セキュリティ対策は必須といえます。なぜなら、サービス提供者が情報漏洩やプライバシーの侵害に当たる事件を起こしてしまうと、サービスの中断だけでなく企業の信用失墜という大打撃を受けることになるからです。また、IoTデバイスには、センサのようにデータを収集するモノの他、アクチュエータのように機器の電源ON/OFF等の動作を制御するモノも含まれます。ネットワークを介して遠隔から不正に機器を操作される恐れ（脅威）も想定されるため、セキュリティの重要性は言うまでもありません。

様々な分野で活用されるIoTシステムについて情報セキュリティを考えるとき、一般的な情報セキュリティの体系を適用できるものの、IoT特有の事象を押さえておく必要があります。本章では、一般的な情報セキュリティを基本として、IoTにおける適用例も併せて解説します。

2 セーフティとセキュリティ

従来より、組込み機器には、誤動作や事故により人や環境に「被害」を与えないよう、安全性を高める配慮がなされています。このような設計の考え方をセーフティ設計、または機能安全設計といいます。自動車の設計を例に挙げると、交通事故による衝突の際、エアバッグを作動させてドライバーの怪我（被害）を軽減する配慮がなされています。

これに対して、セキュリティにおける被害は、機器やシステムへの不正アクセス、データ改ざん等により、誤動作や予期しない停止が想定されます。2015年、米国自動車メーカのある車載システムでは、ハッキングによりこれを遠隔操作できることが指摘され、100万台以上のリコールに繋がりました。この例のように、IoTではサイバー攻撃によるセキュリティの脅威が、機器やシステムのセーフティを脅かす可能性があります。

セーフティとセキュリティ、それぞれで守るべき対象をまとめたものを、図7-1-2に示します。安全なIoTシステムを構築するためには、両分野における技術者の協力関係が必要となります。

図7-1-2　セーフティとセキュリティの範囲

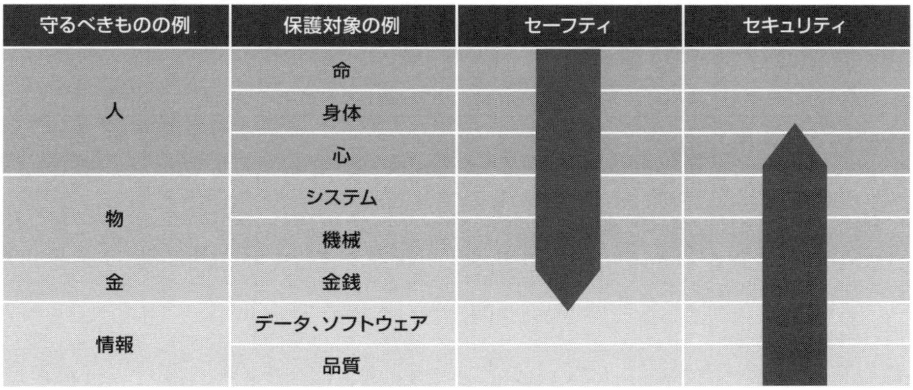

守るべきものの例	保護対象の例	セーフティ	セキュリティ
人	命		
	身体		
	心		
物	システム		
	機械		
金	金銭		
情報	データ、ソフトウェア		
	品質		

出典：情報処理推進機構「つながる世界のセーフティ＆セキュリティ設計入門」を元に作成

3 情報セキュリティの分類

一般に情報セキュリティは、物理セキュリティと論理セキュリティに分類されます(図7-1-3)。物理セキュリティは、建物や設備の防災や防犯、データの保存、安定した電源供給や通信環境などを対象とします。例えば、モバイル通信でネットワークに接続するIoTデバイスの場合、SIMカードが盗難されて他のデバイスで悪用されるケースが挙げられます。もし電話番号の認証のみで接続できるシステムであれば、盗難者がサーバ内の機密情報に不正アクセスできてしまう恐れがあります。

論理セキュリティは、さらに二つに分類され、システムセキュリティと人的セキュリティがあります。システムセキュリティは、ITシステムを対象にしており、暗号技術、認証技術、アクセス制御等で構成されます。一方、人的セキュリティとは、組織的にセキュリティ確保に取組む体制作りのことで、セキュリティポリシーの策定や人材の教育・訓練等をさします。

図7-1-3　情報セキュリティの分類

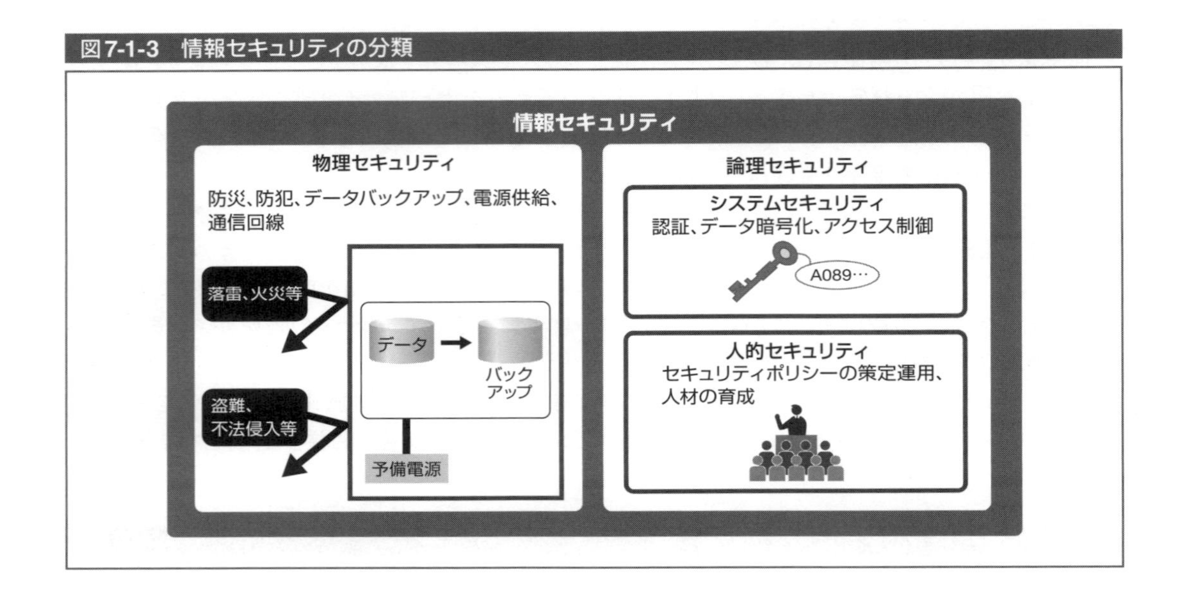

4 情報セキュリティの要件

情報セキュリティを満たすための3大要件として、「機密性」、「完全性」、「可用性」があります。

・機密性(Confidentiality)

情報資産に対して許可された者が権限の範囲内でアクセスできることです。例えば、センサで得た情報がネットワーク上で盗聴されずにサーバへ送信され、サーバへのアクセスも事前に許可された管理者やデバイス以外は拒否される状態をさします。技術的には暗号化や認証、アクセス制御が活用されています。

・完全性(Integrity)

情報資産が破壊・改ざんされていないことです。例えば、センサで得た情報が正しい値でサーバへ送信され、サーバに蓄積されたデータも漏れなく正しい値を保持している状態をさします。技術的には、ハッシュ関数やデジタル署名による改ざん検知が活用されています。

・可用性(Availability)

情報資産やITシステムに対して、必要なときに中断することなくアクセスできることです。例えば、センサからサーバへのデータ送信が停止・遅延しないことをさします。技術的には、機器やネットワークの二重化が活用されています。

企業で利用される情報システムは一般に機密性が重視されますが、IoTシステムでは利用用途によって可用性が最優先されることがあります。電力・ガス等のエネルギー、鉄鋼・化学等のプラント、鉄道・航空等のインフラ、工場の生産ラインといった「制御システム」が代表例です。なぜなら、これら制御システムの稼働率低下は生産性やサービスレベルの悪化に直結し、企業の収益や利用者の人命に影響するリスクがあるからです。3大要件の頭文字を取って、一般的な情報システムの優先順位は「CIA」とされ、制御システムの「AIC」と対比されます。

5 リスクへの対処

情報セキュリティにおけるリスクとは、サイバー攻撃などの不正行為によって情報資産や情報システムに生じる「被害の不確実性」のことを指します。ここでいう被害は、コンピュータの破壊など直接的な資産損失の他に、業務中断による収益減や賠償責任、復旧に要する費用、再発防止策に必要な費用などが含まれます。

(1)リスク対処の考え方

システムのリスクに対する対処方法として、「発生のしやすさ」と「被害の深刻さ」を尺度に挙げることができます。例えば、入退室管理の厳重なデータセンターに悪意を持った第三者が侵入して、設置されている機器に結線する行為は、目撃される可能性が高いため、発生は多くありません。また、温度センサの測定データを盗聴する攻撃と自動車を不正に遠隔操作する攻撃とでは、被害の深刻さが異なります。これら二つの尺度をもとに、次の①〜④の対処方法があります(図7-1-4)。

図7-1-4 リスク対処方法の目安

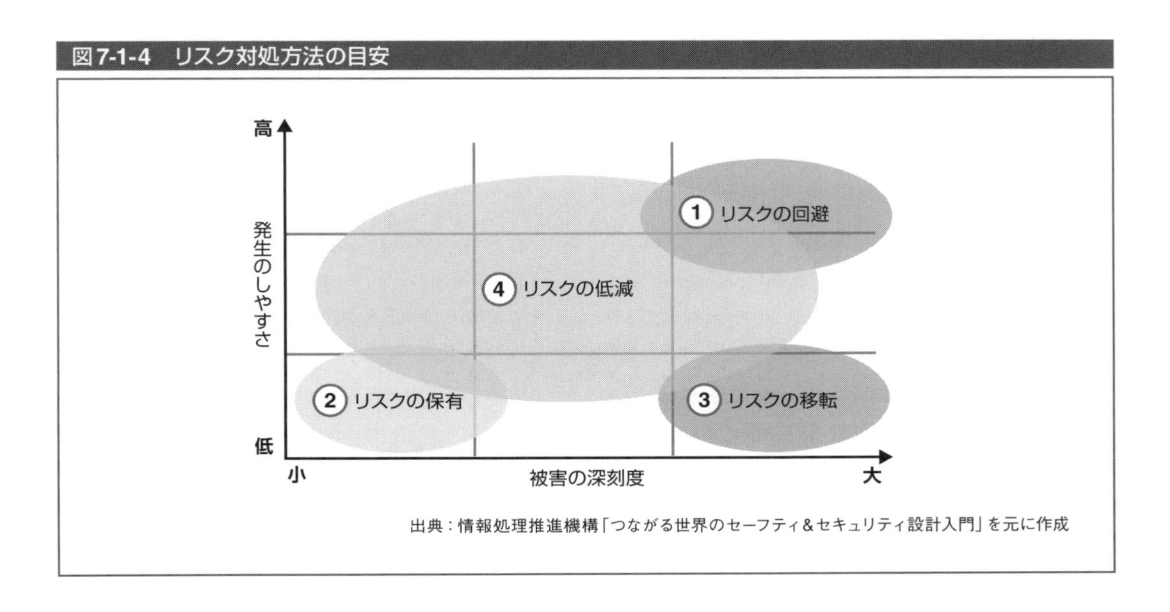

出典：情報処理推進機構「つながる世界のセーフティ&セキュリティ設計入門」を元に作成

① **リスクの回避**：リスクのある機能を削除する（開発取止め等）ことにより、リスクの発生を無くす。
② **リスクの保有**：リスクが十分小さい（被害の深刻度が小さく、発生確率が低い）場合、許容範囲として受け入れる。
③ **リスクの移転**：リスクのある機能を他社の製品、システムに置き換えることにより、リスクを他社へ移す。
④ **リスクの低減**：発生のしやすさ、または被害の深刻度を低減させるように対策を講じる。

(2) リスク低減の例

IoTデバイスにおけるリスク低減の対策として、フールプルーフ[*1]やフォールトトレランス[*2]といった考え方を適用できます。フールプルーフの例としては、ユーザが機器をセキュアに管理できないという前提のもと、ユーザ権限を最小限に抑える設計が挙げられます。身近な生活機器もIoT対象に含まれるため、セキュリティに対するユーザの意識不足を配慮すべきです。また、フォールトトレランスの例としては、外部からの不正アクセスを検知したとき、システムの運用に影響が出ないように、機能を縮小してでも継続稼働する設計が挙げられます。

*1：**フールプルーフ**：システム設計の考え方の一つで、システムに対する知識や経験が不足していても、誤操作をしたときに事故に至らないようにすること

*2：**フォールトトレランス**：システム設計の考え方の一つで、システムの一部に障害が発生しても、システム全体を停止することなく継続運用すること

7-2 脅威と脆弱性

十分なセキュリティ機能を持ったシステムを維持するためには、情報資産を脅かす「脅威」とシステム設計上の欠陥である「脆弱性」を認識する必要があります。ここでは、システムセキュリティの脅威であるサイバー攻撃の手法と脆弱性の事例について解説します。本書では、多岐に渡るサイバー攻撃のうち一部のみ取り上げますが、網羅的に学習するときは情報セキュリティの専門書を参照してください。

1 ネットワークスキャンとパスワードクラック

(1) ネットワークスキャン概要

サイバー攻撃に際し、攻撃者は、まず攻撃対象にする組織のネットワーク情報を収集することから始めます。ホストやネットワーク機器の製品名・バージョン、IPアドレス、稼働中のサービス等を特定することをネットワークスキャンといいます。中でも、攻撃対象のホストに対して、通信可能なポートを探索し、アプリケーションの種類やバージョンを確認する攻撃を、ポートスキャンといいます。イントラネット等の閉じたネットワークで使用するプロトコルが、インターネットに開放されている場合、簡単に攻撃を受けやすくなりがちです。また、市販のソフトウェアにおいても、セキュリティパッチを当てていないと、ホストのバナー情報[*1]からセキュリティホールを見破られる恐れがあります。

警察庁のサイバーフォースセンターの報告書では、機器の遠隔保守などに利用されるTelnet(ポート番号23/TCP)について注意喚起されています。このポートに対する不正アクセスは近年増加しており、多くはインターネットに接続したルータやネットワークカメラ、デジタルビデオレコーダ等のLinuxを組み込んだ機器が標的になっています。ネットワークスキャンを実装するツールは多数公開されており、代表的なものにnmapという無償のソフトウェアがあります。

ネットワークスキャンの対策としては、ファイアウォールのフィルタリングルールにより、特定のサービスのみ接続を許可することなどが挙げられます。

(2) パスワードクラック概要

攻撃者がネットワークスキャンにより攻撃対象のホストを特定すると、次はOSやアプリケーションのパスワードを奪い、ホストへ侵入することが想定されます。このパスワードを奪う行為をパスワードクラックと呼びます。

代表的な手法であるブルートフォース攻撃は、IDまたはパスワードのいずれかを固定して、特

*1: **バナー情報**：サーバサービスへの接続時に、サーバサービス自身がアプリケーションの種類やバージョンなどを外部へ知らせるメッセージです。

定の文字長や文字の種類の中で全ての組合せを試す方法です。特に、文字長が短く文字の種類が少ない場合に狙われやすいといえます。ブルートフォース攻撃の他に、ユーザID等の利用者情報からパスワードを推測する手法や、情報システムで一般的によく使われそうなパスワードを試していく手法（辞書攻撃）もあります。パスワードクラックは、いずれの手法も固定式のパスワードで認証するシステムで有効なため、対策としてはアカウントロック機能の設定、ワンタイムパスワードや生体認証の導入が挙げられます。

独立行政法人 情報処理推進機構（IPA）の「情報セキュリティ10大脅威 2016」では、ID／パスワードを使い回すという「人の脆弱性」について注意喚起されています。複数のWebサービスで同一のID／パスワードを使い回し、特定のWebサービスからそれらの情報が漏れた結果、他のサービスに不正アクセスされてしまうという事例です。今後IoTがますます浸透すると、管理対象となるデバイスはパソコンやスマートフォンだけでなく、膨大な数の生活機器に広がっていきます。サービス利用者はID／パスワードを使い回さず、適切に管理・運用していくことが重要です。一方、サービス提供者は利用者の認証情報が漏洩したときに備え、パスワードが解読されないように暗号化して保管することが求められます。

（3）脆弱性の事例

最近の複合機は、プリンタやスキャナ、FAX機能に加え、ネットワーク対応することで保守業者による遠隔管理（トナー交換、故障対応等）など利便性が向上しています。容易に管理作業を行えるよう多くの複合機にはWebサービスが搭載されていますが、通常使用する80番ポートをファイアウォールで開放している事例があります。このような状態で適切な認証もせず放置しておくと、悪意ある第三者から重要な書類データを盗まれる危険性があります（図7-2-1）。

図7-2-1　複合機の対策イメージ

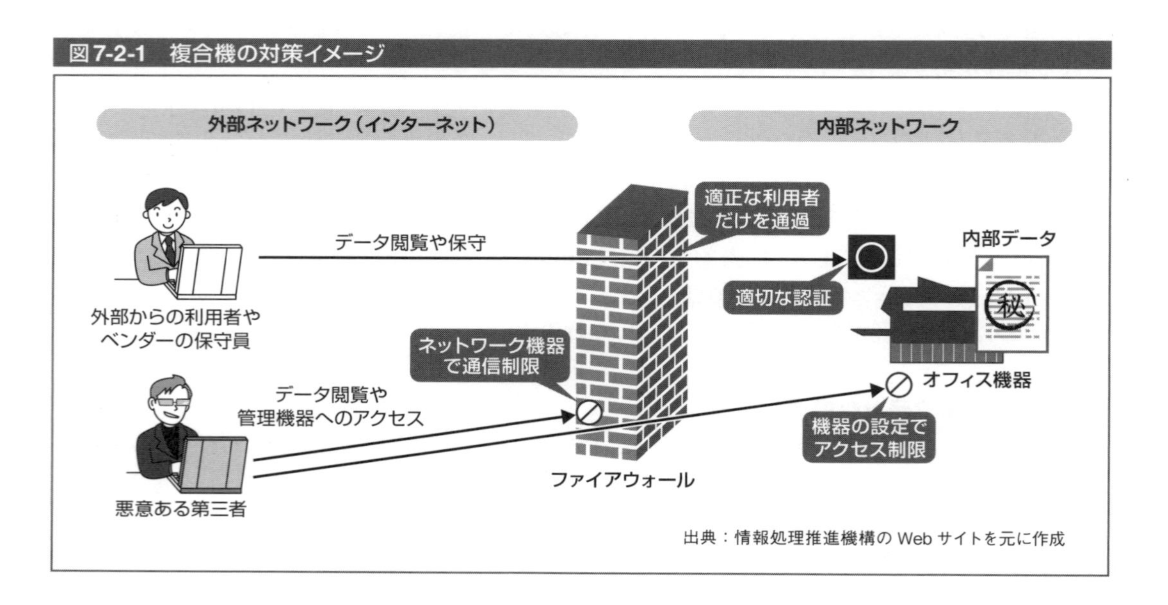

もう一つの脆弱性の事例として、インターネット環境の高速・大容量化に伴い、ネットワークに対応した監視カメラが挙げられます。家電量販店で安価な機種が多数販売されており、業務利用だけでなく一般家庭でも身近なものになりました。その反面、利用者の設定方法に関するセ

キュリティ意識が低く、デフォルトのパスワードのまま使ったり、推測されやすいパスワードを利用しているために、インターネット経由で第三者から覗かれてしまうケースがあります。さらに、カメラ映像だけでなく、グローバルIPアドレスから撮影場所まで暴かれる危険性もあります。

2009年に、世界中でインターネットに接続しているサーバやオフィス機器、ネット家電等を検索できるWebサービスとして、「SHODAN」が登場しました。SHODANは、インターネット上をネットワークスキャンして機器からの応答メッセージを受け取ることで、情報を抽出しデータベース化しています。このサービスにより、企業のネットワーク管理者は自社の機器設定に脆弱性がないかどうか、外部から確認することができます。一方で、掲載されている情報にはIPアドレスやポート番号、位置情報(国名、都市名、緯度経度)、ID、パスワード情報も含まれるため、サイバー攻撃者の情報収集に悪用されることが懸念されています。

2 バッファオーバーフロー

組込みソフトウェアの開発に際しては、例えばRubyのように、プログラミング初心者でも比較的習得しやすいプログラミング言語が使えるようになってきています。一方、C言語は汎用性が高く対応するハードウェアが豊富で、高速かつコンパクトなプログラムが実装できる、といった理由から、組込みソフトウェア開発で最も採用されてきました。ただし、メモリを直接操作できるなど、コーディングの自由度の高さから、技術者のスキル差が出やすいため、品質を維持することが課題となっています。

CやC++はプログラムの実行中、データを保存するためのまとまった領域をメモリ上に確保します。この保存領域をバッファと呼び、バッファサイズを超えたデータが入力されると、バッファオーバーフロー(BOF)という事象が生じます。プログラムの脆弱性であるBOFは古くからサイバー攻撃の標的にもされ、遠隔からの管理者権限奪取やマルウェアのダウンロード等、重大なセキュリティ事故を引き起こしてきました。特に組込み機器向けのOSでは、汎用パソコンのようなメモリ保護機能を十分持ち合わせず、BOFにより機器が突然フリーズしてしまう恐れがあります。利用するコンパイラによっては、不適切な記述があったとしてもコンパイルエラーとみなさず、開発者が気付かないケースもあるため大変危険なバグです。

BOFを狙った攻撃への対策として、サービス利用者・運用者は、ベンダから提供されるセキュリティパッチを適用することが重要です。一方、開発者は、プログラミング工程において、BOFを引き起こす恐れのある関数(gets, strcpy[*2]等)を使用しない、あるいは配列や入力データの長さをチェックする等の注意が必要です。Java言語によるプログラミングであれば、ガーベジコレクション機能[*3]によりメモリ管理の負担が減るため、BOFの懸念も少なくなります。開発の試験工程では、ファジングという手法が活用されています。ファジングとは、問題を引き起こす恐れのある文字列を片っ端から機器に送り込み、製品出荷前にBOF等の脆弱性を力ずくで発見するテストです。商用のファジングツールを用いれば、容易に実施できます。

---

*2: **gets, strcpy関数**:gets関数はキーボードから1行の文字列を入力する関数、strcpy関数は文字列をコピーする関数です。どちらの関数も格納先のバッファサイズをチェックしないため、BOFを招く恐れがあります。これらの他にもsprintfやscanf、strcat等の関数では、BOFの注意が必要です。

*3: **ガーベジコレクション**:不要になったメモリ領域をシステム側(Java仮想マシン)が自動的に開放する機能

3 マルウェア

(1) マルウェア概要

マルウェアとは、コンピュータウィルス[*4]やワーム[*5]、トロイの木馬[*6]、ボット[*7]、スパイウェア[*8]を総称した呼び方です。コンピュータがマルウェアに感染すると、利用者の意図に反した動作が実行され、データの破壊や改ざん、他のコンピュータへの感染、外部からの遠隔操作といった攻撃により、深刻な被害を受けることになります。対策としては、ファイアウォールで不要なポートを遮断すること、ウィルス対策ソフトを導入し最新のウィルス定義ファイルを適用すること、OSやソフトウェアのセキュリティパッチを当てることが挙げられます。

IPAの「情報セキュリティ 10大脅威2016」では、標的型攻撃による情報流出を第2位としています。特徴は「人」の脆弱性を狙って侵入し、ターゲットとする企業にカスタマイズしたマルウェアを用いる点です。例えば、取引先を装ったメールを送りつけてURLから不正なサイトに誘導する、または不正な添付ファイルを開かせるといった手口があります。「不審なメールは開かない」という社員教育だけでは排除できないため、万一マルウェアに感染してしまったことを想定した多層防御対策が重要です。

図7-2-2　標的型メール攻撃の流れ

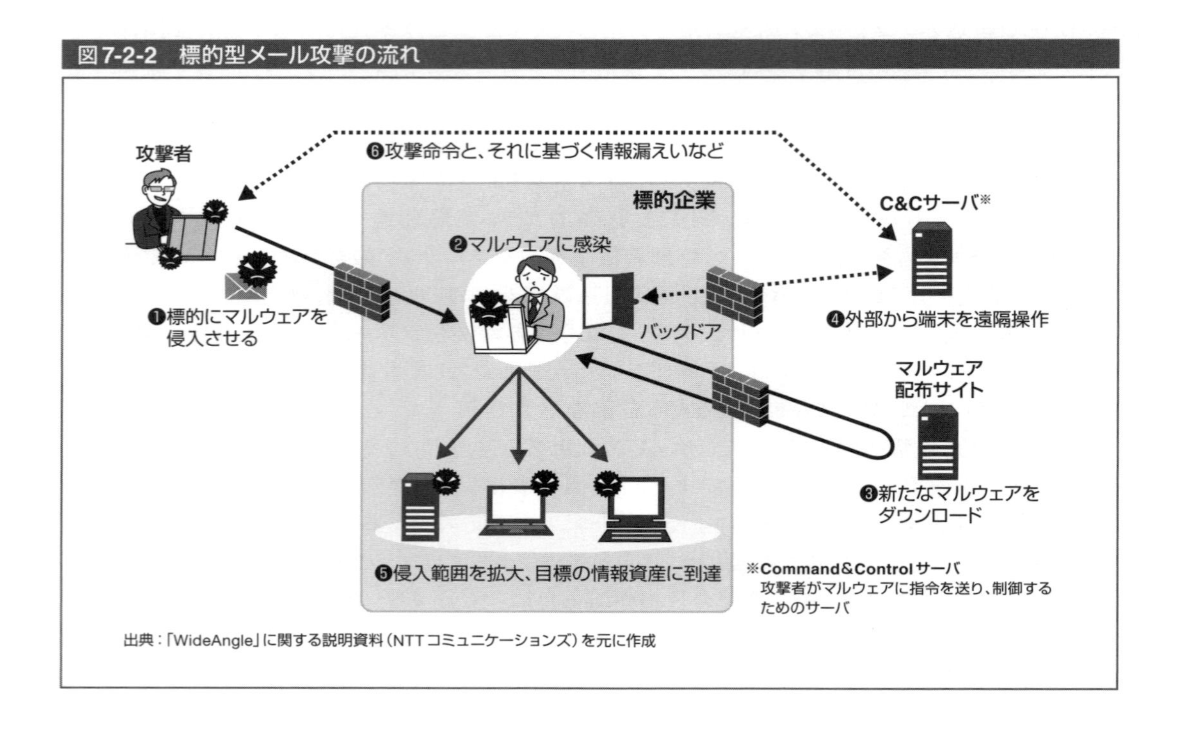

*4：**コンピュータウィルス**：自己伝染機能、潜伏機能、発病機能のいずれか一つ以上を持ち、他のファイルに感染することで増殖する特徴を持ちます。

*5：**ワーム**：コンピュータウィルスの一種であるものの、他のファイルに感染せず、単体で増殖する特徴を持ちます。

*6：**トロイの木馬**：一見正常なプログラムに見えながら、密かにユーザの意図しない動作をする特徴を持ちます。

*7：**ボット**：感染した機器に対して、ネットワークを介し遠隔地から操作できるようにする特徴を持ちます。

*8：**スパイウェア**：ユーザの知らない間に趣味や嗜好、個人情報を収集・送信等を行う特徴を持ちます。

(2)被害の事例

2010年、イランの核燃料施設を稼働不能に陥れたStuxnet(スタックスネット)という恐ろしいマルウェアがあります。Stuxnetは、独シーメンス社製のSCADAを攻撃目標とし、「人」の脆弱性を突いてUSBメモリ経由で感染、さらにWindowsの脆弱性を利用してラインの制御プログラムを書き換えることで不正操作を実行しました。近年、制御システムは汎用OS化しIP対応する反面、システムの可用性が優先されるためにセキュリティパッチが当たっていない、また内部に閉じたネットワーク環境のためセキュリティへの意識が低い、といった問題があります。

このような事件をきっかけに、制御システムに対するサイバーセキュリティが世界的に注目され、経済産業省は2011年に制御システムセキュリティ検討タスクフォースを発足しました。その中の標準化WGでは、日本においても国際標準IEC 62443-2-1(7-4節)の普及を推進する方針が報告されています。

7-3 セキュリティ対策技術

IoTでは、一つのシステムに多様で膨大な数のデバイスが接続するため、特定の機器に脆弱性があるだけで、システム全体の障害を招く恐れがあります。さらに、前述の標的型攻撃のように、昨今のサイバー攻撃が巧妙化していることを踏まえると、企業の取るべき対策は外部からの侵入を防ぐだけでなく、侵入後に被害を最小限に抑えることも重要です。侵入を防ぐ入口対策や、データを持ち出される前に食い止める出口対策、そして万一持ち出されたときに備えたデータ保護など、何重もの対策を築くことを「多層防御」といいます。セキュリティ対策に用いる技術を以下に示します。

表7-3-1　セキュリティ対策技術と適用例

技術	適用例
認証	不正なユーザや機器からシステムに接続されないよう、なりすまし行為を防ぐ。
暗号化	機器に保存されるデータや機器間の送受信データを第三者が解読できないようにする。
デジタル署名	不正なソフトウェア更新ファイルを検知する等、送られたデータの真正性を確認する。
耐タンパー性	機器に格納されたデータやソフトウェアを解析されないよう、物理的にこじ開けられたら自動的にメモリを消去するなど、耐性を高める。
アクセス制御	システムの管理者やユーザ毎に与えられた権限の範囲内で、システムの利用を許可する。
侵入検知	外部からの不正なアクセスをリアルタイムに検知して、通信を遮断する。
ログ・監視	不正アクセスの記録を蓄積・分析することで、原因を特定し対策を行う。

ただし、企業としては、上記のような機能を持つセキュリティ製品を導入するだけでは、十分でありません。インシデント（セキュリティを脅かす事象）発生時に情報を集約して適切な対応を指示し、ユーザや経営幹部、関連企業等のステークホルダへ報告する運用体制も必要です。それを実施する専門組織をCSIRT[*1]と呼び、近年設置する企業が増えています。

1 認証

認証とは、あらかじめ決めておいた人あるいはモノが、情報やその他リソースへアクセスすることを許可する行為です。

(1)パスワード認証

IDとパスワードによる認証は実装が容易なため、多くのITシステムで採用されています。第三者からパスワードを盗まれないように「単純なパスワードは登録できない」、「定期的なパスワード更新を強制する」、「過去に使用したパスワードは再利用できない」といった仕組みが多く用いられます。ただし、IoTではID／パスワードによる認証が使えない場合があります。このような場合は、デジタル署名による認証が活用されています。

(2)ICチップ認証

ICチップ認証は、人が物理的なデバイスを携行して認証する方式です。ICチップの中にデータを保管できる領域があるため、前述の人が記憶するパスワードよりも強固なパスワードを保持できます。その反面、デバイスの紛失・盗難の危険性を伴うため、紛失・盗難発生時のユーザの問合せ窓口や認証機能の無効化手続きなど、運用体制を築く必要があります。ICチップを搭載したICカードには接触型と非接触型があり、接触型としては携帯電話用のSIMカード等、非接触型としては交通機関の乗車カードや社員証などに使われるFeliCa規格等があります。

(3)生体認証

生体認証とは、身体的な特徴を利用した認証方式です。古くから指紋が使われていますが、最近では顔や声紋、虹彩、静脈パターンを用いる方法もあり、偽造が難しく、忘れたり、なくしたりすることもないという特長があります。特に虹彩は年齢を重ねても変化が無いという点がメリットです。ただし、他人を誤って本人と認識してしまう「他人受入れ」、または本人を拒否してしまう「本人拒否」という問題が発生する恐れもあります。

国際的な非営利団体「FIDO[*2] Alliance（ファイドアライアンス）」では、後述の公開鍵暗号化方式と生体認証を組み合わせて、パスワードレスなオンライン認証の標準を策定しました。FIDO仕様を用いることで、ユーザはデバイスに生体情報を登録し、オンラインサービスにそのデバイスを登録しておけば、サービスログイン時にデバイス上で生体認証するだけで済ませられます。また、FIDO仕様は汎用性の高いオープンな認証方式のため、デバイスメーカや生体情報を読み取る端末に依存せず、同一のシステムで認証を行うことが可能です。今後、様々なサービスやデバイスにFIDO仕様が採用され、パスワードのいらない運用が普及することが期待されます。

2 暗号化

(1)共通鍵と公開鍵

暗号化とは、データを意味のある情報として読めないように変換することです。暗号化される前のデータを「平文(ひらぶん)」と呼び、暗号文から平文へ戻すことを「復号」といいます。

共通鍵暗号化方式は、暗号化鍵と復号鍵が同一で、データを送信する側と受信する側との間で鍵を共有する方法です（図7-3-1）。2者間で事前に一つの鍵を共有しておけば、両者で暗号化・復号を行うことができます。ただし、一般にn者間で共有するときは$n(n-1)/2$個の鍵が必要で管理が大変です。インターネットのような不特定多数のユーザがいる場合、安全に鍵を配布する方法が課題といえます。

かつてはDES（Data Encryption Standard）という標準が使われていましたが、現在は、これよりも安全性の高い方式であるAES（Advanced Encryption Standard）を利用することが推奨されています。

*1：**CSIRT**：Computer Security Incident Response Team

*2：**FIDO**：Fast IDentity Online。「FIDO」はFIDO Allianceの商標です。

第7章

図7-3-1　共通鍵暗号化方式

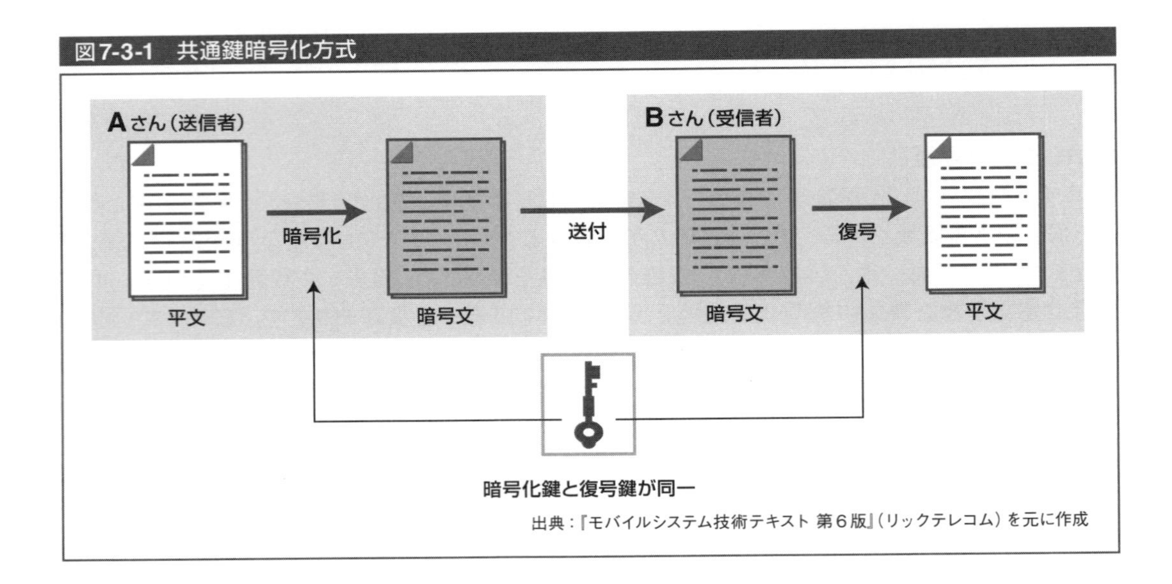

出典：『モバイルシステム技術テキスト 第6版』（リックテレコム）を元に作成

一方、公開鍵暗号化方式では、異なる暗号化鍵と復号鍵のペアを作り、暗号化鍵を広く公開し、復号鍵は自身で保管します。ここで、公開しておく鍵を公開鍵、復号に用いる鍵を秘密鍵と呼びます。公開鍵を用いて暗号化された暗号文は、秘密鍵を持つ者だけが復号できる、という仕組みです（図7-3-2）。このとき、公開鍵から秘密鍵を推測することは非常に困難とされています。公開鍵暗号化方式の代表的な実装手法に、RSA[*3]があります。

図7-3-2　公開鍵暗号化方式

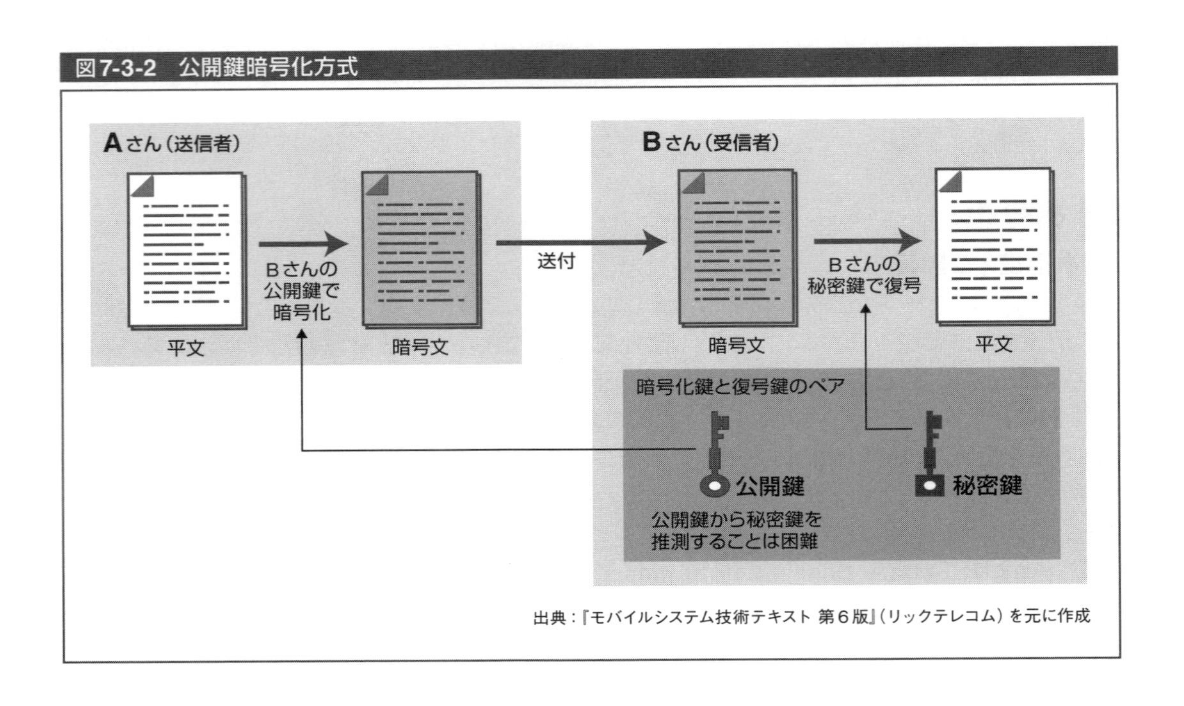

出典：『モバイルシステム技術テキスト 第6版』（リックテレコム）を元に作成

*3：**RSA**：Rivest, Shamir, Adleman

ただし、公開鍵暗号化方式は共通鍵暗号化方式に比べ、演算が複雑で処理に時間がかかる、という問題があります。そこで、データの本文そのものには処理時間の短い共通鍵暗号化方式を利用し、共通鍵の配布には公開鍵暗号化方式を利用する方法が出てきました。これをハイブリッド方式と呼び、SSLなどのセキュリティプロトコル等インターネット上で広く用いられています。

(2) デジタル署名

デジタル署名は、送受信するデータの改ざん検知に利用される技術で、ハッシュ関数と公開鍵暗号化方式を用います。ここで、ハッシュ関数とは、任意の長さの入力データから固定長のデータを出力する関数で、以下のような性質を持ちます。

- **一方向性**：ハッシュ値から入力値を求めることは困難
- **第2原像計算困難性**：ある入力値とハッシュ値から、同じハッシュ値を出力する別の入力値を求めることは困難
- **衝突困難性**：同じハッシュ値を生成する異なる二つの入力値を求めることは困難

改ざん検知の流れを説明します。まず、送信者は平文のデータからハッシュ値を求め、秘密鍵によりデジタル署名を生成し、元の平文データとセットで送信します。次に受信者側では、平文データからハッシュ値を求めると同時に、送信者から事前に開示された公開鍵によりデジタル署名を復号します。ここで、平文データのハッシュ値とデジタル署名の復号値を照合して一致すれば、受信データは改ざんされることなく、送信者から送られたものと判断できます（図7-3-3）。

図7-3-3　デジタル署名による改ざん検知

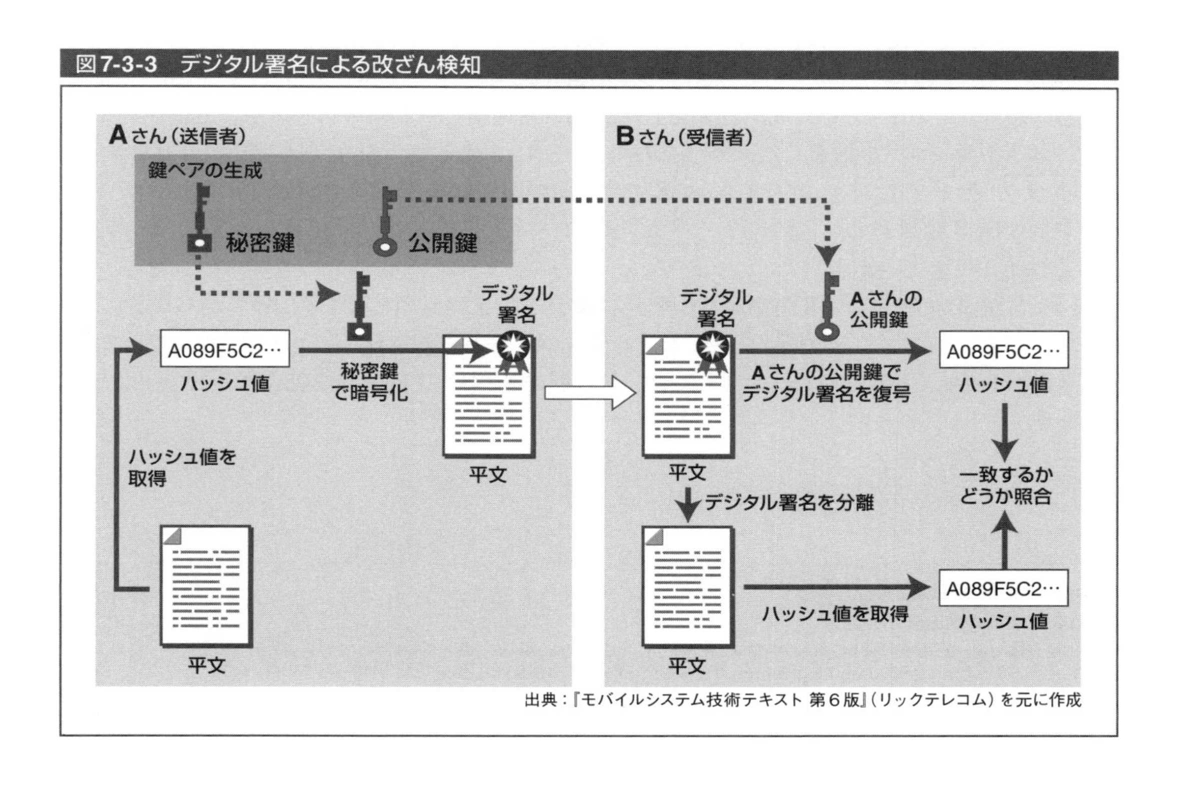

出典：『モバイルシステム技術テキスト 第6版』（リックテレコム）を元に作成

デジタル署名はこのような改ざん検知の他に、認証としても使われます。サーバからデバイスへその場限りの乱数を払い出し、デバイス側は秘密鍵を用いてデジタル署名します。サーバ側では公開鍵を用いてデジタル署名の検証に成功すれば、正しいデバイスであると認証する仕組みです（図7-3-4）。IoTデバイスは、ID／パスワードの入力による認証を使えない場合もあるため、このようなデジタル署名が活用されています。

図7-3-4 デジタル署名を用いた認証方法

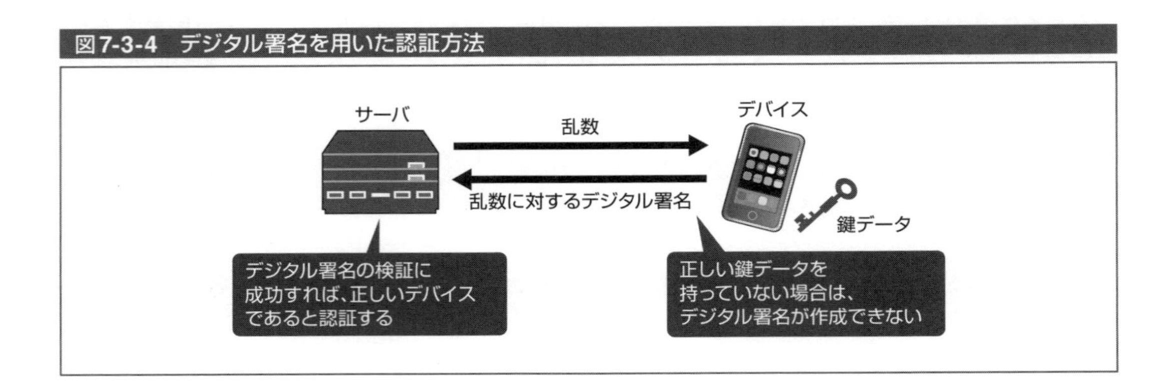

(3) セキュリティプロトコル

データの送受信を行うとき、データそのものを暗号化すれば通信のセキュリティが確保される、ということには必ずしもなりません。例えば、通信先が正規の相手かどうか分からないため、誰かになりすまして暗号文を送りつけたり、あるいはデータを盗み取って意味は解釈できないまでも、改ざんして平文の意味を損なわせたりすることができます。代表的なセキュリティプロトコルであるSSL[*4]は、WebサーバとWebブラウザ間におけるHTTPS(HTTP over SSL)通信として広く知られています。その汎用性からIoTにおける通信でも利用されますが、処理能力の低いローエンドマイコンを搭載したデバイスの場合、SSLによる暗号化処理が難しくなります。最近のクラウドサービスでは、デバイスからクラウドまで閉域網で平文通信(HTTP等)を行い、クラウド側で暗号化処理後、目的のサーバまでインターネット経由で暗号化通信（HTTPS等）を行う方法も出てきています。

現在、SSLはバージョン3が最新で、それに改良を加えたものとしてTLS[*5]があります。一般に、これら二つのプロトコルは、同じ文脈でSSL/TLSと表記されることが多くなっています。SSL以外のセキュリティプロトコルとしては、拠点間の通信路の安全性を確保するIPsecなどがあります。

---

*4：**SSL**：Secure Socket Layer

*5：**TLS**：Transport Layer Security

*6：**HSM（Hardware Security Module）の動向**：米国IntelやIBM、Microsoft社など主要ITベンダから成るコンソーシアム「Trusted Computing Group」が、TPM（Trusted Platform Module）というセキュリティICチップの仕様を策定しています。ソフトウェアからの不正を受けないよう、耐タンパー領域をチップとして埋め込むことにより高いセキュリティレベルを確保します。現在、パソコンやサーバ、携帯電話には搭載されるようになりましたが、IoTデバイスへの普及も期待されています。

*7：**UEFI**：Unified Extensible Firmware Interface

3 IoTシステムのセキュリティ対策例

IoTシステム構成として、図7-3-5を例に必要なセキュリティ対策を解説します。

図7-3-5　IoTシステム構成例

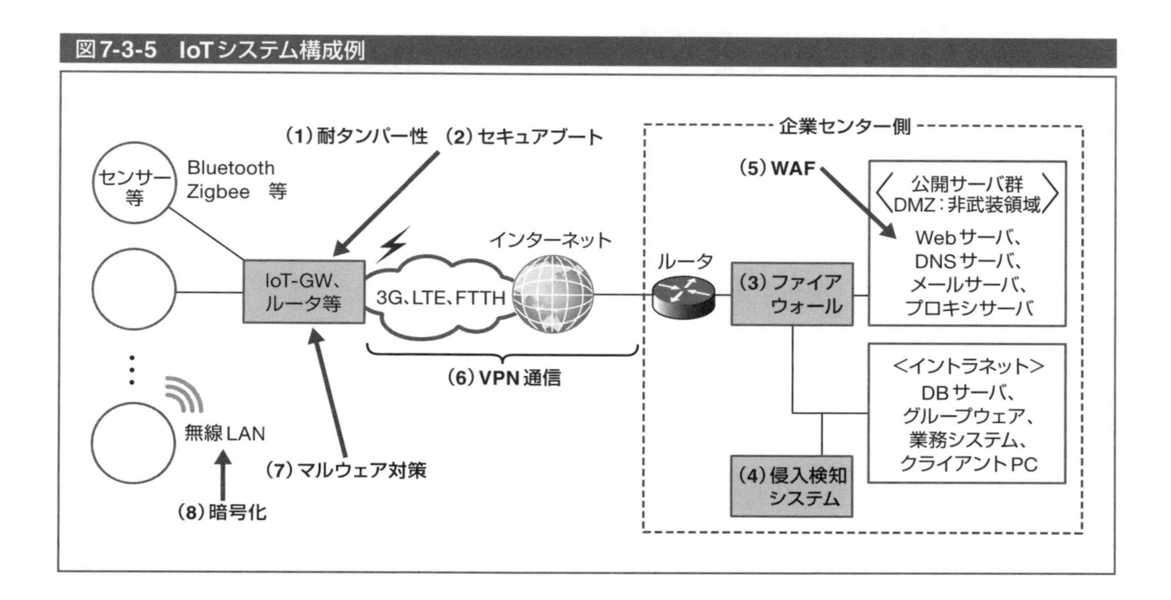

(1) 耐タンパー性

耐タンパー性とは、物理的にデバイスを盗まれたときや不正なアクセスを受けたときに、内部データやソフトウェアに対する解析の困難さをいいます。具体的には、外部から回路パターンを解析されないように筐体内を樹脂で充填したり、基板をコーティングすることで防御されます。また、外部から想定外の信号を検知すると、不正な読み出しと判断し、メモリ内のデータを自動で消去します。このような機構は情報保護のためだけでなく、コピー製品が作られることを防ぐ目的もあります。

さらに、デバイス内のデータと暗号鍵を両方盗まれると内容が展開されてしまう恐れを防ぐ方法として、アプリケーションとは切り離して、暗号鍵生成、保管、暗号化・復号処理を行う専用のハードウェア(HSM[*6])を用いる方法も有効とされています。

(2) セキュアブート

セキュアブートとは、デバイスの電源投入時に、デバイス内のソフトウェアが正規品であるかどうかを検証し、問題無ければ起動を許可し、あらかじめデジタル署名を保持したソフトウェアのみ実行できるようにする仕組みです。もともとセキュアブートという技術は、パソコンを高速で安全に起動・シャットダウンするUEFI[*7]の一機能です。BIOSに代わる標準として設計されたもので、Microsoft社など140社超の企業が参加するUEFIコンソーシアムにより策定されました。

(3) ファイアウォール

ファイアウォール(FW)とは、インターネット側からの不正なアクセスを防御するネットワーク機器です。FWは、外部との境界であるゲートウェイ機器(ルータ等)の手前に設置され、フィルタリングルールに基づいたパケットの通過、拒否、破棄を行います。IPパケットの宛先と送信元のIPアドレス、TCPまたはUDP、サービスのポート番号を用いて、フィルタリングルールを設定します。

(4)侵入検知システム、侵入防御システム

侵入検知システムは、多数の攻撃パターンをデータベースとして持ち、通信路を監視して攻撃をリアルタイムに検知するシステムです。IDS（Intrusion Detection System）と呼び、主にネットワーク上のパケットを監視するNIDS[*8]とWebサーバやDBサーバ等のホストに直接インストールされるHIDS[*9]があります。図7-3-5はNIDSの例です。また、NIDSの持つ侵入検知機能に加え、検知したパケットをリアルタイムに遮断するシステムを侵入防御システム（IPS[*10]）と呼びます。

(5)WAF(Web Application Firewall)

前述のFWやIDS/IPSだけでは、アプリケーションの脆弱性を狙った攻撃、例えばクロスサイトスクリプティング[*11]やSQLインジェクション[*12]等に対処することができません。WAFは、Webアプリケーションにおいて HTTP通信等を分析し、攻撃を検知・防御します。本来は、アプリケーションの開発時に脆弱性が無いよう実装すべきですが、昨今のITサービスは早期に市場へ投入する傾向が強いため、開発期間が短く完璧なものを作ることは困難です。WAFは、開発時におけるセキュリティ対策が不十分であったとしても、それを補完する役割を担うともいえます。

(6)VPN(Virtual Private Network)

VPNとはインターネット等の公衆網において、暗号化処理などを行い仮想的なプライベートネットワークを実現する技術です。インターネット上で安価に構築するVPNをインターネットVPN、通信事業者が自前のIPネットワーク上で提供するVPNサービスをIP-VPNと呼び、区別されます。

インターネットVPNには、IPsec-VPNとSSL-VPNがあります。IPsecとは、IP security protocolという名前の通りIPパケットを暗号化するため、OSI参照モデルのネットワーク層より上位のプロトコルには依存せず、セキュアな通信を確保します。IoTデバイスを設置する遠隔地等と企業センター間を接続する際、IPsec-VPN機能を搭載した小型・軽量なモバイルルータがよく使用されています（図7-3-6）。

---

*8：**NIDS**：Network-based Intrusion Detection System

*9：**HIDS**：Host-based Intrusion Detection System

*10：**IPS**：Intrusion Prevention System

*11：**クロスサイトスクリプティング**：標的となるWebサイトとは別の外部のWebサイトから攻撃用のスクリプトを混入させ、その訪問者のWebブラウザ上で実行させること、またはこれを可能とする脆弱性。

*12：**SQLインジェクション**：ウェブサイトを攻撃する手法で、SQL文に不正な文字列を含めることで、データベースを不正操作すること、またはこれを可能とする脆弱性。

*13：**WEP**：Wired Equivalent Privacy

図7-3-6 IoT向け高機能モバイルルータの例

L2X Assist 写真提供：iND

一方、SSL-VPNはSSL/TLSを用いたVPNであり、IP-secとは異なり上位層で暗号化します。そのため、使用するアプリケーションがSSL/TLSに対応したWebベース（HTTPS）であれば、簡単に導入することができます。

(7) マルウェア対策

マルウェアに一度感染すると、情報漏洩やデータの改ざん、システムの破壊など甚大な被害を受ける恐れがあり、その対策も多岐に渡ります。代表的な対策を以下に示します。

・OSやアプリケーションのバージョンを最新化し、セキュリティパッチを適用する。
・コンピュータウィルス対策ソフトを導入し、パターンファイルを最新の状態にする。
・万が一に備え、定期的にデータをバックアップする。

一般的なコンピュータウィルス対策ソフトは、パターンマッチングと呼ばれる手法を採用しています。パターンマッチングは、マルウェアの特徴をデータベース化（パターンファイル化）し、同一または類似しているファイルをマルウェアとして検出します。ただし、脆弱性情報として発見される前、もしくは最新のパターンファイルを適用する前に攻撃されてしまうと、対処することができない問題が残ります。このような空白の時間帯に攻撃することを、ゼロディ攻撃といいます。

IoTデバイスでは、実行されるアプリケーションが限定的な場合、パターンマッチングのようなブラックリスト方式ではなくホワイトリスト方式が適しています。実行するアプリケーションのみをホワイトリストに登録しておけば、未報告のマルウェア含め未登録のプログラムが実行されることはありません。さらに、各デバイスに対するパターンファイルの適用やウィルススキャン作業も不要になります。

(8) 無線LANの暗号化技術

第3章で述べた通り、無線LANのセキュリティ対策は、SSIDの隠ぺいやMACアドレスフィルタリングがありますが、ここではデータの暗号化技術WEP、WPA、WPA2を取り上げます。

WEP[*13]は、従来から無線LANに実装されている技術で、共通鍵暗号化方式の一つであるRC4を用いています。ただし、WEPは脆弱性があると指摘されており、使用を控えるよう言われています。

その後、Wi-Fi Allianceが2002年に発表したWPA[*14]では、一定時間毎、または一定量の通信毎に暗号鍵を更新していくTKIP[*15]やメッセージの完全性をチェックするMIC[*16]を採用するなど、安全性が高められています。それでも暗号化アルゴリズムにはRC4を用いているため、暗号強度はWEPと大差ありません。Wi-Fi Alliance は2004年に、より強固な暗号アルゴリズムであるAESを採用したWPA2を発表しました。現在ではWPA2の使用が推奨されています。

*14: **WPA**：Wi-Fi Protected Access
*15: **TKIP**：Temporal Key Integrity Protocol
*16: **MIC**：Message Integrity Code

7-4 国際標準と法制度

世界的にサイバー攻撃が多発・巧妙化しリスクが深刻化していることを受け、情報セキュリティに関する国際標準や法制度が整備されています。ここでは、IoTに関連の深い国際標準と適合性評価制度、及び国内の各種法律について解説します。

1 国際標準・ガイドライン

IoTの適用分野は、家電や自動車、制御システム等幅広い分野に及んでおり、これらの分野では、セーフティ(機能安全)に関する国際標準がそれぞれ制定され整備が進んでいます。一方、セキュリティの標準については、ISMSに関する国際規格ISO/IEC 27000ファミリーやセキュリティ評価基準に関する国際規格ISO/IEC 15408が制定されているものの、分野別の整備は進んでいない、または制定に向けて議論中という段階です(表7-4-1)。以下では、情報セキュリティに関する代表的な国際標準やIoTに関連の深いガイドラインを取り上げます。

表7-4-1　セーフティとセキュリティの分野別国際規格

	セーフティ		セキュリティ	
分野	基本安全規格	分野別	マネジメントシステム規格	分野別
原子力	IEC 61508(電気・電子・プログラマブル電子)	IEC 61513	ISO/IEC 27001(情報セキュリティマネジメントシステム)	IEC 62443(制御システム)
プロセス産業		IEC 61511		
自動車		ISO 26262		策定中、または未策定
医療機器		IEC 60601		
家庭用電気機器		IEC 60335		
産業機械		IEC 62061		

出典：重要生活機器連携セキュリティ協議会の資料を元に作成

(1) 情報セキュリティマネジメントシステム

情報セキュリティマネジメントシステム(ISMS)とは、組織のマネジメントとして必要なセキュリティレベルを決め、プランを持ち、資源を配分してシステムを運用することです。ISMSの要求事項を規定した英国規格BS 7799をベースに、2005年に国際規格ISO/IEC 27001が発行されました。翌年2006年には、日本工業規格JIS Q 27001も発行されています。ISOは5年に一度見直しがあり、現在はISO/IEC 27001:2013及びJIS Q 27001:2014が最新版です。

ISO/IEC 27001は、序文、10章の本文(表7-4-2)と付属書から構成されています。全般的な要求事項として、ISMSを確立、実施、評価して、継続的に改善すること、すなわちPDCAサイクルを回すことが規定されています(図7-4-1)。

表7-4-2　ISO/IEC 27001の構成

第1章　適用範囲 **第2章　引用企画** **第3章　用語及び定義** **第4章　組織の状況** 4.1　組織及びその状況の理解 4.2　利害関係者のニーズ及び期待の理解 4.3　情報セキュリティマネジメントシステムの適用範囲の決定 4.4　情報セキュリティマネジメントシステム **第5章　リーダーシップ** 5.1　リーダーシップ及びコミットメント 5.2　方針 5.3　組織の役割、責任及び権限 **第6章　計画** 6.1　リスク及び機会への取組み 6.2　情報セキュリティ目的及びそれを達成するための計画策定	**第7章　支援** 7.1　資源 7.2　力量 7.3　認識 7.4　コミュニケーション 7.5　文書化した情報 **第8章　運用** 8.1　運用の計画及び管理 **第9章　パフォーマンス評価** 9.1　監視、測定、分析及び評価 9.2　内部監査 9.3　マネジメントレビュー **第10章　改善** 10.1　不適合及び是正処置 10.2　継続的改善

図7-4-1　ISMSのPDCAサイクル

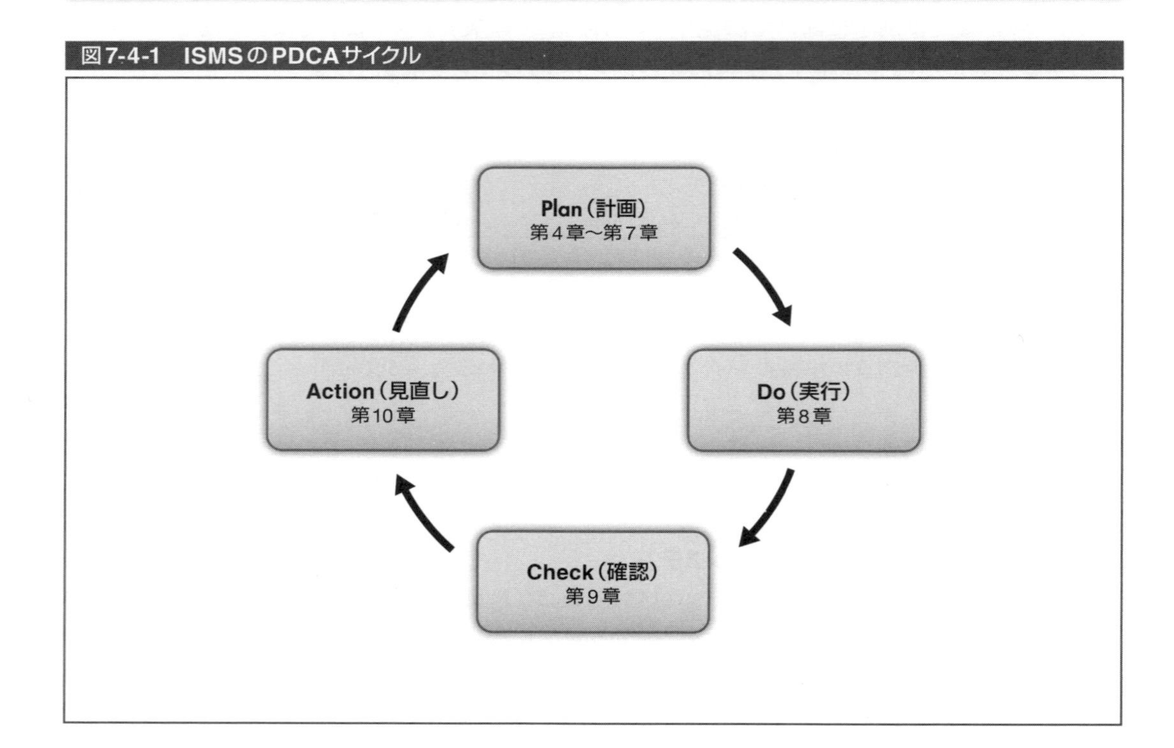

*1：**産業用オートメーション及び制御システム**：電力・ガス等のエネルギー分野、石油・化学・鉄鋼等のプラント、鉄道等の交通インフラ、機械・食品等の生産加工ライン、ビル管理システムなどを含みます。

ISMSの認証を取得するメリットは、組織の情報セキュリティ体制を確立できることに加え、他社との差別化やステークホルダからの信頼にも繋がります。また、継続的にPDCAサイクルを回すことにより、社員の情報セキュリティに対する意識を醸成することもできます。日本におけるISMS適合性評価制度の認証を取得するためには、一般財団法人 日本情報経済社会推進協会(JIPDEC)、または公益財団法人 日本適合性認定協会(JAB)に認定された機関より、審査を受ける必要があります。

(2) クラウドサービス向けセキュリティ標準

昨今多くのITベンダが、IoTシステム構築をターゲットにしたクラウドサービスを提供するようになりました。一般に、ITシステムの一部または全部をクラウドサービス上に乗せることで、堅牢なデータセンターの下、セキュリティのプロによる運用保守を受けられるため、安全・安心な環境を享受できます。

国内外のクラウドサービスの提供者、及び利用者を対象に規定した標準として、ISO/IEC 27017:2015が発行されました。JIPDECからの案内では、このクラウドセキュリティ認証を受けるためにはISMS(ISO/IEC 27001)の認証を前提とすることが示されています。このように、ISMS認証を前提に特定分野の規格を認証する仕組みを、JIPDECではアドオン認証と呼んでいます。

(3) 産業用オートメーション及び制御システム向けセキュリティ標準

7-2節で述べたStuxnet(マルウェア)の事例のように、社会インフラや産業を支える制御システムがサイバー攻撃の標的とされる時代になりました。その背景として、下記が挙げられます。

・従来の制御システムは、内部のクローズドなネットワークで稼働することを前提としていたため、外部からの攻撃に対するセキュリティ対策が不十分な状態である。
・制御システムのOS汎用化(Windows等)が進む一方、それらの脆弱性がマルウェアに狙われる。
・OSのセキュリティパッチ適用、外部からの遠隔保守サポート、インターネット利用を前提とした端末(タブレット等)からの操作など、インターネットに接続する環境に制御システムが置かれている。

産業用オートメーション及び制御システム[*1]を対象にしたセキュリティマネジメントシステムに、CSMS(Cyber Security Management System)があります。CSMSの適合性評価制度は、国際規格IEC 62443-2-1:2010を基準に、2014年7月より日本が世界に先駆けて開始しました。この認証を取得するためには、JIPDECから認定された機関より審査を受ける必要があります。認証取得のメリットとしては、ISMSと同様に、組織のセキュリティ体制の確立や社会的な信頼の向上が挙げられます。

CSMSは、マネジメントシステムとしてPDCAサイクルを回すという点で、ISMSと共通の項目が多数ありますが、詳細には制御システム向けのエッセンスが盛り込まれています。7-1節で述べた情報セキュリティの3大要件「機密性(C)」、「完全性(I)」、「可用性(A)」という観点で、ISMSの優先順位は「C－I－A」とするケースが多く見られます。一方、CSMSではサービス中断の回避を最優先と考える、「A－I－C」という順番になります。さらに、健康(Health)、安全(Safety)、環境(Environment)という観点も特徴的です。例えば、生産現場においては、騒音や粉塵による「健康悪化」、機械の誤動作による「怪我」、有害ガス排出や工業用排水による「環境汚染」が挙げられます。これらHealth、Safety、Environmentの頭文字をとって、「HSE」という用語が用いられます。

(4)組込みソフトウェア向けプログラミングガイドライン

プログラミング言語Cは、現在でも組込みソフトウェアにおいて広く利用されていますが、コーディングの自由度の高さから、技術者のスキル差が出やすいと言われています。1998年、英国The Motor Industry Software Reliability Association (MISRA)はISO/IEC 9899をベースにして、自動車分野に適合するC言語プログラミングガイドラインを策定しました。これを「MISRA-C」と呼び、自動車メーカや部品メーカ、車載器メーカの多くがソフトウェアの品質を高めるために、採用しています。いまでは2012年版が最新で、自動車の他にも航空・宇宙や船舶、鉄道、プラント、医療機器、金融といった安全性・高信頼性が求められる業界で広く採用されています。

一般にソフトウェア開発では、品質を保つために守るべきコーディングルールを整備し、開発担当者(プログラマ)への教育を実施します。MISRA-Cのようなガイドラインに準拠したコーディングルールを用いることにより、プログラマによる品質のばらつきや誤ったソースコードの早期発見といった効果が期待されます。

(5)oneM2Mセキュリティ規格

サービス層におけるIoTプラットフォームの標準化を推進するoneM2Mにおいては、セキュリティは、共通サービスプラットフォームを構成するミドルウェアである共通サービスエンティティ(CSE)の一つの機能として提供されます。セキュリティ機能には、Identification & Authentication(ID確認と認証)、Authorization(認可)、Identity Management(ID管理)、Security Association(セキュリティ・アソシエーション)、Sensitive Data Handling(機微データ処理)、Security Administration(セキュリティ管理)の6つが規定されています。

IoTサービスの利用やIoTデータへのアクセスについては、前述の認証機能において認証されたアプリケーションやCSEに対して、プロビジョニングにより予め決められたアクセス制御方針(Access Control Policy)や割り当てられた役割に従って、認可を与える手法が用いられます。ここで、アクセス制御方針とは、どのアプリケーションやCSEが対象となるデータ等のリソースにアクセスを許すかを規定した条件の集合と定義されます。oneM2Mでは、プライバシー(個人情報)管理においても、同様にアクセス制御方針に従った手法が利用されます。

2 個人情報保護法

インターネットの普及に伴ってプライバシー保護が重視されるようになり、2003年5月に「個人情報の保護に関する法律」が成立しました。IoTでは、利用者が意識しなくとも周辺の生活機器から情報が収集・利活用されるので、プライバシー保護を十分に考慮する必要があります。スマートメータを例に考えると、電気、水道、ガスの使用量や時間帯から在宅中か外出中、入浴中など生活パターンが推測できるため、メータ情報の漏洩はプライバシーの侵害に繋がるといえます。プライバシーを尊重し、侵害されないよう保護するシステム設計を、概念的に「プライバシー・バイ・デザイン」といいます。

最近では、個人に関わる情報量の増加と照合技術の発展により、思わぬ情報の突合せで個人を特定し得るケースが出てきました。このようなビッグデータ時代の到来に伴い、内閣IT戦略本部ではパーソナルデータ[*2]を安全に利活用することなどを目的に、「パーソナルデータに関する検討会」を発足しました。2015年9月には個人情報保護法が一部法改正されています。主な規定を下記に示します。

① **個人情報の定義の明確化**：従来の個人情報に、指紋認識データや顔認識データ等の身体的特徴、及び旅券番号や免許証番号等の符号的情報を追加
② **要配慮個人情報の新設**：人種や信条、病歴など機微情報の取得について、本人同意を原則義務化
③ **第三者提供データの加工方法の規定**：個人情報の復元や個人の特定に繋がる情報付加を禁止する条件で、本人の同意無しに第三者提供が可能[*3]
④ **第三者機関の新設**：事業者の個人情報の取扱いに関して、監視監督する「個人情報保護委員会」を内閣府の外局に設置
⑤ **グローバル化への対応**：外国事業者への第三者提供など、国家間で個人情報を取扱う場合の規定を整備

3 サイバーセキュリティ基本法

2014年度、政府機関への脅威件数は約399万件といわれており、約8秒に1回発生した計算になります。今後のIoT普及による攻撃対象の拡大、及び国家関与の可能性のあるサイバー攻撃の発生といった背景から、政府としても情報セキュリティへの取組みを強化しています。2014年11月、サイバーセキュリティ基本法（表7-4-3）が制定され、我が国のサイバーセキュリティを推進する取組み方針が打ち出されました。

ここでは基本的な計画として、
① サイバーセキュリティに関する施策の基本的な方針
② 国の行政機関等におけるサイバーセキュリティの確保
③ 重要インフラ事業者等におけるサイバーセキュリティの確保の促進
が規定されています。また、内閣にはサイバーセキュリティ戦略本部を設置し、内閣官房には事務処理を適切に行う内閣サイバーセキュリティセンター（NISC[*4]）を設置しました。

その後、2015年9月にサイバーセキュリティ戦略が閣議決定されました。施策の一つである「安全なIoTシステムの創出」では、エネルギーと自動車、医療等の分野において、IoTのセキュリティガイドラインを整備することが掲げられています。それを踏まえ、2016年7月、総務省及び経済産業省が共同で開催する「IoT推進コンソーシアム IoTセキュリティワーキンググループ」では、「IoTセキュリティガイドライン Ver1.0」を策定しました。

*2：**パーソナルデータ**：個人に関わるあらゆる情報を指します。一方、「個人情報」とは個人情報保護法にて、生存する個人に関する情報であって、当該情報に含まれる氏名、生年月日、その他の記述等により、特定の個人を識別できるものと定義されています。

*3：③で規定される加工データを匿名加工情報と呼びます。

*4：**NISC**：National center of Incident readiness and Strategy for Cybersecurity。2015年1月に発足しました。

表7-4-3　サイバーセキュリティ基本法の概要

第Ⅰ章．総則

■目的（第1条）

■定義（第2条）
⇒「サイバーセキュリティ」について定義

■基本理念（第3条）
⇒ サイバーセキュリティに関する施策の推進にあたっての基本理念について次を規定
① 情報の自由な流通の確保を基本として、官民の連携により積極的に対応
② 国民1人1人の認識を深め、自発的な対応の促進等、強靭な体制の構築
③ 高度情報通信ネットワークの整備及びITの活用による活力ある経済社会の構築
④ 国際的な秩序の形成等のために先導的な役割を担い、国際的協調の下に実施
⑤ IT基本法の基本理念に配慮して実施
⑥ 国民の権利を不当に侵害しないよう留意

■関係者の責務等（第4条〜第9条）
⇒ 国、地方公共団体、重要社会基盤事業者（重要インフラ事業者）、サイバー関連事業者、教育研究機関等の責務等について規定

■法制上の措置等（第10条）

■行政組織の整備等（第11条）

第Ⅱ章．サイバーセキュリティ戦略

■サイバーセキュリティ戦略（第12条）
⇒ 次の事項を規定
① サイバーセキュリティに関する施策の基本的な方針
② 国の行政機関等におけるサイバーセキュリティの確保
③ 重要インフラ事業者等におけるサイバーセキュリティの確保の促進
④ その他、必要な事項
⇒ その他、総理は、本戦略の案につき閣議決定を求めなければならないこと等を規定

第Ⅲ章．基本的施策

■国の行政機関等におけるサイバーセキュリティの確保（第13条）

■重要インフラ事業者等におけるサイバーセキュリティの確保の促進（第14条）

■民間事業者及び教育研究機関等の自発的な取組の促進（第15条）

■多様な主体の連携等（第16条）

■犯罪の取締り及び被害の拡大の防止（第17条）

■我が国の安全に重大な影響を及ぼすおそれのある事象への対応（第18条）

■産業の振興及び国際競争力の強化（第19条）

■研究開発の推進等（第20条）

■人材の確保等（第21条）

■教育及び学習の振興、普及啓発等（第22条）

■国際協力の推進等（第23条）

第Ⅳ章．サイバーセキュリティ戦略本部

■設置等（第24条〜第35条）
⇒ 内閣に、サイバーセキュリティ戦略本部を置くこと等について規定

附則

■施行期日（第1条）
⇒ 公布の日から施行（ただし、第Ⅱ章及び第Ⅳ章は公布日から起算して1年を超えない範囲で政令で定める日）する旨を規定

■本部に関する事務の処理を適切に内閣官房に行わせるために必要な法制の整備等（第2条）
⇒ 情報セキュリティセンター（NISC）の法制化、任期付任用、国の行政機関の情報システムに対する不正な活動の監視・分析、国内外の関係機関との連絡調整に必要な法制上・財政上の措置等の検討等を規定

■検討（第3条）
⇒ 緊急事態に相当するサイバーセキュリティ事象等から重要インフラ等を防御する能力の一層の強化を図るための施策の検討を規定

■IT基本法の一部改正（第4条）
⇒ IT戦略本部の事務からサイバーセキュリティに関する重要施策の実施推進を除く旨規定

2015：NISC発表資料より

4 IoTにおける情報セキュリティの留意点

IoTシステムの構築において情報セキュリティを考えるとき、システムの一部を局所的に対策するのではなく、必要なセキュリティレベルをエンドツーエンドで検討することが重要です。例えば、単価数百円のセンサひとつひとつに暗号化等の機構を持たせるのは、コストの面で現実的でありません。システムの企画・設計段階で、デバイス・ネットワーク・アプリケーションなど全体を見渡し、バランスよくセキュリティ対策を行うべきです。

このように、設計・構築・運用に際して、事前にセキュリティ対策を検討する考え方を「セキュリティ・バイ・デザイン」と呼びます。特に、異業種のシステムや既存システムとの連携がある場合、それぞれのシステムで確保すべきセキュリティ要件は異なってきます。後付けのセキュリティ対策では、本質的な対処にならず費用も増大するため、関係者間でセキュリティレベルをしっか

り認識合わせし、適切なセキュリティ設計を行うことが重要です。

さらにIoT特有の留意点として、デバイスのライフサイクルが5〜10年と長期間になり得ることが挙げられます。開発時は最新のセキュリティ対策を導入していても、新たな脆弱性の発見や攻撃手法の進化により、セキュリティレベルは陳腐化してしまいます。パソコンやスマートフォンと同様に、ネットワーク経由でのソフトウェア更新を正しく行うなど、継続的なセキュリティ対策が必要です。このとき、偽の更新ファイルのダウンロードやマルウェアの感染など、ソフトウェア更新作業を狙った攻撃が考えられます。正規の更新ファイルであることの検証や、ソフトウェアの異常を検知したときのバックデートといった仕組みも考慮する必要があります。

5 IPAによる「つながる世界の開発指針」

2016年3月、IPAは分野横断的に活用できるIoT製品の開発指針「つながる世界の開発指針」を発表しました。本指針はIoT製品の開発において、企業としての方針策定、リスク分析とそれに基づいた設計方法、製品導入後の保守・運用方法を17のポイントにまとめたものです（表7-4-4）。製品のライフサイクル全体を見通したガイドラインであるため、企業の経営層や製品の開発者、製品を調達する利用者など、IoTに携わる多くのプレーヤが参照できる指針といえます。詳細はIPAのホームページに掲載されているので、参考にしてください。

表7-4-4　IPAによる開発指針一覧

大項目		指　針
方針	4.1　つながる世界の安全安心に企業として取り組む	指針1　安全安心の基本方針を策定する
		指針2　安全安心のための体制・人材を見直す
		指針3　内部不正やミスに備える
分析	4.2　つながる世界のリスクを認識する	指針4　守るべきものを特定する
		指針5　つながることによるリスクを想定する
		指針6　つながりで波及するリスクを想定する
		指針7　物理的なリスクを認識する
設計	4.3　守るべきものを守る設計を考える	指針8　個々でも全体でも守れる設計をする
		指針9　つながる相手に迷惑をかけない設計をする
		指針10　安全安心を実現する設計の整合性をとる
		指針11　不特定の相手とつなげられても安全安心を確保できる設計をする
		指針12　安全安心を実現する設計の検証・評価を行う
保守	4.4　市場に出た後も守る設計を考える	指針13　自身がどのような状態かを把握し、記録する機能を設ける
		指針14　時間が経っても安全安心を維持する機能を設ける
運用	4.5　関係者と一緒に守る	指針15　出荷後もIoTリスクを把握し、情報発信する
		指針16　出荷後の関係事業者に守ってもらいたいことを伝える
		指針17　つながることによるリスクを一般利用者に知ってもらう

6 IoT推進コンソーシアムによる「IoTセキュリティガイドライン」……

2016年7月、IoT推進コンソーシアム（総務省、経済産業省）は、IoT機器やシステム、サービスの提供にあたってのライフサイクル（方針、分析、設計、構築・接続、運用・保守）における5つの指針を定めるとともに、一般利用者のためのルールを定めた「IoTセキュリティガイドラインVer1.0」を発表しました。本ガイドラインは、各指針における具体的な対策を要点としてまとめています（表7-4-5）。詳細は、総務省のホームページに掲載されているので、前項のIPAによる「つながる世界の開発指針」と共に参考にしてください。

表7-4-5　IoT推進コンソーシアムによるセキュリティガイドライン

指針		主な要点
方針	IoTの性質を考慮した基本方針を定める	・経営者がIoTセキュリティにコミットする ・内部不正やミスに備える
分析	IoTのリスクを認識する	・守るべきものを特定する ・つながることによるリスクを想定する
設計	守るべきものを守る設計を考える	・つながる相手に迷惑をかけない設計をする ・不特定の相手とつなげられても安全安心を確保できる設計をする ・安全安心を実現する設計の評価・検証を行う
構築・接続	ネットワーク上での対策を考える	・機能及び用途に応じて適切にネットワーク接続する ・初期設定に留意する ・認証機能を導入する
運用・保守	安全安心な状態を維持し、情報発信・共有を行う	・出荷・リリース後も安全安心な状態を維持する ・出荷・リリース後もIoTリスクを把握し、関係者に守ってもらいたいことを伝える ・IoTシステム・サービスにおける関係者の役割を認識する ・脆弱な機器を把握し、適切に注意喚起を行う
一般利用者のためのルール		・問合せ窓口やサポートがない機器やサービスの購入・利用を控える ・初期設定に気をつける ・使用しなくなった機器については電源を切る ・機器を手放す時はデータを消す

IoTシステムに関する保守・運用上の注意点

第８章では、IoTサービスの提供に必要な保守・運用、IoTビジネスの成立に重要な役割を果たす契約形態、IoTで得られる大量のデータの利活用で期待される匿名加工化、重大な災害・事故が起こったときにどのように事業を続けていくかをまとめたBCP(Business Continuity Plan)、IoT時代の著作権の意思表示方法であるCCライセンスについて学習します。

8-1 保守と運用

1 IoTシステムにおける保守と運用

IoTシステムは、IoTデバイス、IoTゲートウェイのほか、IoTサーバなどのシステム構成機器やネットワークなど、幅広い構成要素から成り立っています。また、IoTシステムについては、クラウド上のアプリケーションなども含めて、保守・運用を考慮する必要があります。

保守と運用の区分には、いろいろな分類の仕方があります。ある分類方法では、保守のことをシステムの変更を伴う業務、及びシステムの変更がなくても通常業務ではないシステムへの対応(障害対応など)とし、また、運用については、でき上がったシステムを変更することなく、システムやサービスを稼働させるために必要な運転管理・監視、システム操作、運用サポート業務など日々の業務としています。また、システムの構築やソフトウェアの機能追加、ハードウェアの性能向上といった機能改修も保守に含めることがありますが、ここでは表8-1-1に示した範囲を、それぞれ保守、運用とします。

表8-1-1　IoTシステムの保守と運用

区分	確認項目
IoTシステムの保守	IoTデバイス、ゲートウェイの組込みソフトウェアの保守
	IoTデバイス、ゲートウェイの障害の検出、回復、交換
	IoTデバイス、ゲートウェイのバッテリー交換、点検、清掃
	データの品質確認、異常・不整合の検出、修正
	保守用機器、保守部品の管理
IoTシステムの運用	システムの起動・停止、性能、稼働状況の監視
	IoTデバイスの設置場所の管理
	ソフトウェアのバージョン管理
	ログ、トラフィックデータの収集、管理
	バックアップデータの管理
	システムの設定変更、修正プログラムの適用
	ヘルプデスク、コールセンタなど運用サポート
	ユーザ管理

一般的なコンピュータシステムにも言えることですが、「保守」や「運用」の定義は厳密に決まっているものではありません。特にIoTシステムの場合、現場の業務は、一般の家庭から、オフィス、学校、工場、また農場、鉱山など千差万別な環境により異なってきます。単に温度センサといっても、家庭内に設置されるセンサと農場に設置されるセンサでは条件が変わってきます。

それぞれの環境に設置されるIoTデバイス、ゲートウェイ等を保守するには、それぞれの環境に応じた保守マニュアルが必要になります。

2 IoTの保守・運用のリスク

IoTデバイスやゲートウェイなどの保守・運用に関わるIoTサービスは、通常のネットワークやコンピュータ関連のサービスとは違うリスクがあります。ネットワーク機器やコンピュータが、比較的管理された環境でトレーニングを受けた人に操作されるのに対し、IoTデバイスは、工場や商店、家庭内、あるいは装置の中など様々な環境で使用されます。そのためIoTデバイスやゲートウェイが予期せぬ動作をする可能性があり、早急に対処しなければならない場合も出てきます。

例えば、IoTデバイスのセンサから出力が来ない、あるいは異常値が出力される、ゲートウェイからインターネットに接続できないなど、予想外の事態が発生する可能性があり、これらをあらかじめ想定し、対応手段を考えておくことが求められます。以下に、保守運用における主なリスク点を挙げます。

(1)電源供給断

電源供給断には、電力会社からの電力供給の停止と電池切れの場合が考えられます。

IoTデバイスでは、AC電源に接続される場合は電池交換の必要はありませんが、単体で設置される場合は、一次電池(乾電池のような化学電池)または二次電池(充電式電池)の確保、エナジーハーベスティング等の手段が必要になります。一次電池は定期的に交換する必要があります。二次電池では、例えば太陽光発電を利用して蓄電することが考えられますが、この場合は、太陽光パネルに光が当たるように保たなければなりません。このためにIoTデバイスの設置場所にも注意が必要です。

一方、AC電源を利用する時は、停電が発生すると、回復時にタイマなどをリセットする必要が生じる場合があります。タイマの利用としては、高齢者の見守りサービスの例があり、トイレのドアが一定時間以内に開閉するかどうかで安否確認を行う方法です。この場合、外出がなく、一定時間内にトイレのドアの開閉がない場合、異常通報を発信する仕組みになっています。この一定時間を決めるために、タイマが用いられています。

(2)行方不明

IoTデバイスが行方不明になることも、リスクのひとつです。高価なIoTデバイスでは、GPS機能によってデバイスの居所がわかる場合がありますが、安価なデバイスでは、GPS機能を搭載できないため、デバイスの居所を突き止めることは困難です。

デバイスが手の届くところに設置されているときは、興味本位等で人が持ち去る可能性もリスクとなります。一方、ウェアラブル・デバイスの場合は、紛失にも注意が必要です。

このほか、デバイスの設置担当者と保守担当者が異なる場合、「ある場所に設置した」はずなのに、「その場所にはデバイスがない」と言うことが起こり得ます。設置したデバイスを利用者の都合で移動した場合など、設置と保守の両担当者がよく連携することが必要です。

このほか、天災の被害による紛失が挙げられます。農業用IoTデバイス、公共の公園・グラウンドなどに設置されるIoTデバイスでは、大雨による流失等のリスクも考える必要があります。

(3)故障

IoTデバイスそのものの故障にも対策が必要です。その場合、持ち帰って修理するのか、故障したIoTデバイスを処分して交換するのかを決めておく必要があります。デバイスの価格と修理費用の兼ね合いで基準を定めておくことが、迅速な対応に効果的です。

(4)外乱

外乱によるセンサの感度低下の例として、センサ部分への塵埃（じんあい）の付着や、光学センサの受光部への虫の付着などがあります。また、磁気を用いたセンサであれば、スピーカなど強力な磁界が外乱となります。家庭内に設置されるIoTデバイスでは、風呂場などは温度・湿度の影響を受けやすい場所となります。また直射日光が当たる場所で光学センサを用いる場合も、注意が必要です。

IoTエリアネットワークに関しては、IoTデバイスからIoTゲートウェイまでの通信で、規格通りに動作しないという問題が発生します。特に同じ周波数帯域で多くの電波が使われている場合、干渉が発生して電波の到達距離が短くなることが起こり得ます。設置後の環境変化により、動作が変わる場合も同様です。

(5)保守不良

保守作業の不良にも注意を払う必要があります。保守対象となるIoTデバイスが多数ある場合には、センサ部分の清掃不良、清掃漏れなどが起こりがちです。センサの移動や追加設置の際、センサの感度設定が必要な場合があり、これを誤ると誤検出につながります。センサの閾値(しきい)設定も難しい課題です。ある閾値を超した場合に異常、閾値以下の場合正常とするセンサで、閾値を上げすぎると異常を検出できなくなり、閾値を下げすぎると正常な場合でも異常と判定してしまいます。

デバイスの不適切な設置の例としては、高所に取り付けた機器が落下した事例や、壁や天井に近いところに取り付けたため充分に通信ができないという事例があります。

3 IoT保守・運用の注意点

IoTデバイス、ゲートウェイなどを保守するうえで、前項で述べたことのほかにも、注意すべき点が多くあります。

(1)IoTデバイスの設置箇所

人の手が届くところに設置されていれば、保守員による電池交換・清掃作業が容易になりますが、その反対に盗難やいたずらをされるリスクも高まります。そのため、室内では天井、屋外では高所に、IoTデバイスは設置されがちです。天井、高所に設置された場合には、保守作業に梯子が必要になったり、屋外であれば高所作業用の車両が必要になる場合も考えられます。

(2)作業管理

IoTデバイスの増設・新規設置に関しては、B2B[*1]でのサービス形態の場合、比較的きちんとした仕様書に従って増設・設置が行われますが、B2C[*2]のサービス形態の場合は、利用者とサービス担当者の間で適宜デバイスの増設・新設が行われることがあり得ます。いつ、どこで、どのようなデバイスを設置したのか、デバイスの変更管理、保守記録管理をきちんと残し、それを引き継いでおくことも重要な注意点です。

(3) IoT保守員・運用管理者が持つべきスキル

IoTデバイスには、センサやアクチュエータのほかゲートウェイとの通信機能、組込みソフトウェア、さらに電源が搭載されています。IoTデバイスからゲートウェイまでの修理・復旧の作業には、センサやアクチュエータの動作原理、電源技術、モバイル通信技術など幅広い知識・スキルが必要となります。

また、ネットワークについては、SDN[*3]やネットワーク機器の機能を、アプリケーションソフトとして実装し、仮想サーバ上で実行することにより、ネットワーク機器の機能を代替するNFV[*4]という考えが取り入れられるようになってきています。SDNは、ネットワークの構成変更やリソースの追加を、ハードウェアの個別設定や機器に依存することなくソフトウェアで実現する技術です。これらにより、保守・運用の効率化を図ることができるようになりましたが、保守・運用の担当者にとっては、従来のハードウェア、ソフトウェアのスキルに加え、より深い保守・運用のスキルを身に付ける必要が出てきています。

*1：**B2B**：Business-to-Business：企業間取引
*2：**B2C**：business to consumer：企業が一般消費者を対象に行う取引
*3：**SDN**：Software Defined Network
*4：**NFV**：Network Function Virtualization

8-2 IoTの契約形態

1 IoT時代の契約形態

IoTシステムの形態によって、サービス利用者に新しい価値をもたらす一方で、システムの契約形態が利用者には大きな負担になる可能性があります。

IoTデバイス自体は、単体では小さな機器ですが、それが集積され、時間の経過とともに膨大なデータを生み出します。これらを扱うサービス事業者には、膨大なデータを蓄積し分析できる処理能力を持つことが必要となります。

このため、IoTデバイスのバックエンドで、サーバ、ストレージ、ネットワーク等を用意し、さらにデータを収集・加工・出力する「データ統合」のためのシステム、統合したデータを分析・可視化する「データ分析」のためのシステムなどを稼働させ、出力結果を利用者に提供します。これらが新しい価値の創造となり、利用者(顧客)に提供するサービスとなります。

事業者にとっては、新しい価値を創造し、顧客に提供することが顧客の獲得・継続に重要ですが、そのためには、新しい価値をどのように提供し、どのような契約を締結するか、どのようなサービス形態にすれば顧客が提供するサービスに価値を認めるかについて、十分な検討が必要となります。

2 契約形態の種類

(1)定額契約

ひとつのサービスに対し、ひとつの価格を設定する方式で、単純で明快というメリットがあります。インターネット接続サービスなどで採用されています。

(2)従量契約

顧客の利用度合いに応じて、料金が決まる契約です。電話料金などで採用され、通信業界では古くから行われてきました。また電気・ガス・水道なども従量契約であるため、一般のユーザからも認知されています。

(3)サブスクリプション(subscription)

サブスクリプション方式は、使用する期間を切って料金を決定する契約です。1ヶ月使って○○円、あるいは 1年間で△△円という契約になり、IoTシステムのレンタル契約になります。もし、そのIoTシステムが不要になった場合、契約を解除すればそれ以上の費用はかかりません。そのため、あるIoTシステムを業務に合うか合わないか試してみたい場合、あるいは最初から必要な期間が決まっている場合には、便利な方式です。

(4)レベニューシェア(Revenue share)

あらかじめ定めた目標をクリアすることで、その利益の一部を徴収する契約です。「システムの導入によって効果があった分の一部をお支払いください」というモデルと言えます。顧客には、システムの導入によってどれだけ効果が上がるのか、当初わからない場合があります。そのような場合に有効な方法です。

例を挙げると、今まで監視員がやっていた業務を、IoTのセンサに置き換えることを想定します。従来の監視員の人件費、雇用に係る付帯費用と、IoTの導入・運用費用との差額をとり、その差分の一部を、ユーザ企業からIoTサービスの提供事業者に支払うというスキームです。

(5)フリーミアム(Freemium)

フリーミアムとは、基本的なサービスや製品は無料で提供し、さらに高度な機能や特別な機能について料金がかかるという契約です。フリーミアムはフリー(無料)とプレミアム(割増)から作られた造語です。フリーミアムはソフトウェアの販売でよく見られます。あるソフトウェアの基本機能を無料で提供し、より高度な機能を使いたいユーザには、利用料を支払ってもらうビジネスモデルです。IoTサービスでは、提供するセンサ情報の内容、情報提供の頻度などで、無料の基本機能と有償機能を分けることが考えられます。

例えば、オフィスや教室の環境管理において、温・湿度情報を基本機能として無償で提供し、有償機能としてCO_2濃度情報[*1]を提供する形態などがあります。また、無償の基本機能では1回/30分の情報提供であるのに対し、有償機能では1回/5分の情報提供を行う、などのやりかたも考えられます。

*1: **CO_2濃度情報**:CO_2の濃度があがると人間の集中力が低下すると言われています。

8-3 匿名化

1 個人情報の利活用

7.4節では、「個人情報保護法」について、情報セキュリティ、プライバシー保護の観点からこの法律を取り扱いました。個人情報保護法では、個人情報をうまく使って新たな産業を創出したり、活力ある経済社会及び豊かな生活を実現するということも定められています。本節では、このような個人情報の利活用に重要な匿名加工情報について述べます。

2 匿名加工情報とは

「個人情報保護法」では、2015年9月に改正法が公布され[*1]、ビッグデータの有効活用を狙いとして、新たに「匿名加工情報」に関する規定が取り入れられました。「匿名加工情報」とは、第2条第9項で「特定の個人を識別することができないように個人情報を加工して得られる個人に関する情報であって、当該個人情報を復元することができないようにしたものをいう」と規定しています。またその加工方法を定めるとともに、事業者による公表などその取扱いについては下記の規律を設けています。

第36条：匿名加工情報の作成に際しては個人情報保護委員会規則で定める基準に従うこと、当該情報の漏洩を防止するための安全管理措置を講ずること
第37条：匿名加工情報を提供するときは、あらかじめ匿名加工情報に含まれる個人に関する情報の項目等を公表すること
第38条：匿名加工情報を他の情報と照合してはならないこと
第39条：匿名加工情報取扱事業者は安全管理措置を講じ、それを公表すること

3 匿名化技術

匿名化技術とは、データの利用価値を損なうことなくプライバシーを確保する技術であり、データの利用目的や、データの種類・特性に応じて、匿名化に適用する技術を選択します。データの匿名性を評価するパラメータとして、k-匿名性があります。同じ属性を持つデータがk個以上存在するようにデータの変換や属性値の抽象化などを行い、個人が特定される確率を低減す

*1：この改正については、2015年9月9日に公布されていますが、施行は公布の日から起算して2年を超えない範囲内とされています（2016年8月時点では、まだ施行されていません）。

ることを、「k-匿名性を満たす」と呼びます。kの値が大きいほど個人を特定できる確率は低くなります。k-匿名化の処理方法として、種々のアルゴリズムが提案されています。また、個人の特定をより困難にするために、データ属性をl（エル）種類以上用いたり（l（エル）-多様性）、データ分布の偏りを小さくする方法（t-近接（近似）性）なども提案されています。

4 匿名化の注意点

「特定の個人を識別できないよう加工し、かつ個人情報を復元できない」匿名加工情報（データ）を作成するには、十分な注意が必要です。

例えば、あるカード会社にあるデータの場合、カードの使用者、使用者の年齢、性別、住所、電話番号とカード利用日時、使途、金額などのデータがあります。このうち、年齢や性別、住所などは同じ属性の人が必ず何人かいるようにすることが必要であり、また利用履歴データのうち平均から乖離した特異値は外すなどの配慮が必要となります。

また、「匿名加工情報を他の情報と照合してはならない」という点にも注意が必要です。

「匿名加工情報」は、第3者に提供されることを前提として、その利用法が定められています。カード会社の例では、カード会社が持っているデータを別のスーパーマーケットに売り、スーパーマーケットはそのマーケティングに活かす、といった利用が想定されています。スーパーマーケットでは、カード会社から得た「匿名加工情報」を元に人を選別し、選別した人にダイレクトメールを発送する、という利用法が考えられますが、ダイレクトメール発送時に名前と住所を再照合しないといけないため、「匿名加工」された個人が識別されてしまいます。従って、ある個人の購買性向を知るのではなく、あるカテゴリー（例えば地域、年齢、収入など）に属する集団の購買性向を「匿名加工情報」から収集し、マーケティングに役立てる、というやり方をしなければなりません。

5 IoTでの匿名加工情報の利活用

「匿名加工情報」の利活用によって、IoTの世界が広がる可能性があります。IoTデバイスが自動的に集めたデータを匿名加工情報にすれば、他社に売ることができることになるためです。その場合、本人の同意は必要ありません。IoTシステムでは、利用者が気づかないうちに自動的に個人情報をセンサで収集する場合があります。従来の法律に従えば、データを利活用するためには本人の同意が必要でしたが、本人もデータ収集に気がついていないため、それは困難でした。2015年の改正「個人情報保護法」が施行されれば、法的な問題はクリアになり、膨大なデータを「匿名加工情報」にすれば、この情報を活用できるようになります。

8-4 BCP

1 BCPとは

BCPは、Business Continuity Planの略で「事業継続計画」と訳されます。これは、災害や事故、疫病の流行、社会的な混乱、自社内の事故などにより、通常の業務ができなくなるような状態になったときに、事業継続のため、業務の復旧を短い期間で実施する計画をあらかじめ策定しておくことを意味します。

BCPは、IoTサービスの利用者（ユーザ）にとって重要であるだけでなく、IoTサービスを提供している事業者にとっても、事業の縮小や事業からの撤退を避ける上で非常に重要なこととなります。なお、BCPは「事業継続」のための計画であり、防災計画ではないことに注意が必要です。

2 想定される災害・事故

会社の事業を中断させる可能性のある大災害や事故には、次のものが想定されます。大災害としては地震や豪雨による洪水、事故には大規模停電や大規模火災の発生があります。他にもサイバー攻撃を含めたテロ、インフルエンザなど感染症の流行も考えておかなければなりません。また自社内の事故としては、大規模な個人情報の漏洩などが考えられます。

3 IoTビジネスにおけるBCPの特徴

IoTの対象分野は、施設、エネルギー、家庭・個人、ヘルスケア・生命科学、産業、運輸・物流、小売り、セキュリティ・公衆安全、IT・ネットワークと広範にわたっています。例えば、ヘルスケアの分野では、患者や高齢者のバイタル管理など生命に直結するデータを扱うこともあります。またエネルギー分野や運輸・物流分野では、社会インフラの維持に関わるデータが扱われます。これらさまざまな業務に適切に優先度を付け、早期の業務復旧を行うには日常の準備が不可欠となります。

IoTでは、不測の事態に対し、データのバックアップ、システムの二重化などを行い、すぐに復旧できるようにデータを保持する体制が必要です。

また、従来の通信機器やコンピュータ端末などを扱う事業に比べ、IoTで使われるセンサやデバイスの数は膨大なものになり、さらに農林業や鉱業へIoTを導入した場合は、その所在は広範囲に及びます。これらが障害を起こした際の復旧方法については、従来のICT産業などにおけるBCPとは違った視点が必要になります。

8-5 CCライセンス

1 IoTに関わる著作権

IoTをシステムに導入するようになると、モノから送られてきた膨大なデータの中から、なんらかの意味のある事象を解析し、最適な制御を行うことが重要になります。その対象であるデータは、単に数値データだけでなく映像、画像、音声、音楽、文書など多岐に渡っています。その際、避けて通れないのが著作権です。

例えば、自動運転による自動車事故を防ぐ運転・制御を開発するには、動画投稿サイトに上げられた動画も含めて、ドライブレコーダーに記録された事故の映像を多数解析・学習することが必要不可欠です。また、監視カメラの映像を解析・学習し、防災・防犯に役立てることも、IoTの活用として考えられます。これらの動画・画像には、その所有者に著作権が設定されており、これを使う場合には著作権者の許可を得る必要があります。

2 権利の範囲

日本の著作権法では、著作者が著作物を創作した時点で自動的に権利が発生します。著作権とは,「著作物を独占的に利用することができる権利」であり、著作権表示に見られる"All rights reserved"は、「すべての権利を主張する」という意味です。著作権が制限されるのは、私的使用のための複製、図書館などにおける営利目的でない複製、公正な慣行に合致した引用などに限られます。

著作物の利用を促すためには、著作権について「すべての権利を主張」か「すべての権利を放棄または消滅」の二者択一ではなく、元の著作物の複製、改変を許すか、禁じるか、営利目的の使用を許すか、禁じるか、など色々な基準が必要になり、それを公に知らせる方法が必要になります。

3 CCライセンスとは

著作権の扱いについて、一定のルールを設けたものが、クリエイティブ・コモンズ・ライセンス(Creative Commons license ： CCライセンス)です。

CCライセンスは、インターネット時代の新しい著作権ルールとして、あらかじめ著作者が著作物に利用許諾に関する意思を表示しておくことで、利用者が利用の都度、著作者の了解を得ることなく利用できる仕組みです。CCライセンスを利用することで、著作者は著作権を保持したまま作品を自由に流通させることができ、利用者はライセンス条件の範囲内で著作物を複製したり、再配布をすることができます(表8-5-1、表8-5-2)。

4 CCライセンスの種類と表示

CCライセンスで著作物を利用するための条件には、次の4種類があります。

① 表示（BY）　　：原作者のクレジット（氏名、著作物のタイトルなど）を表示する
② 非営利（NC）：営利目的での利用をしない
③ 改変禁止（ND）：元の作品を改変しない
④ 継承（SA）　　：改変した場合、元の作品と同じライセンスで公開する

著作者は、自分の著作物をどのように流通させたいかを決め、必要に応じて適切な組合せのライセンスを決定します。

表8-5-1　CCライセンス組合せの種類

	組み合わせ	解説
1	表示	原作者のクレジットを表示すれば、改変及び営利目的での利用が許可される。
2	表示ー継承	原作者のクレジットを表示し、改変した場合には元の作品と同じCCライセンスで公開すれば、営利目的での利用が許可される。
3	表示ー改変禁止	原作者のクレジットを表示し、かつ元の作品を改変しないことを主な条件に、営利目的での利用が許可される。
4	表示ー非営利	原作者のクレジットを表示し、かつ非営利目的であれば、改変したり再配布したりすることが許可される。
5	表示ー非営利ー継承	原作者のクレジットを表示し、かつ非営利目的であり、また改変を行った際には元の作品と同じ組合せのCCライセンスで公開することを主な条件に、改変したり再配布したりすることが許可される。
6	表示ー非営利ー改変禁止	原作者のクレジットを表示し、かつ非営利目的であり、かつ元の作品を改変しなければ、作品を自由に再配布できる。

表8-5-2　CCライセンスの表示例

		作品の商用利用を許可するか	
		許可する	許可しない
作品の改変を許可するか	許可する	表示（CC BY）	表示ー非営利（CC BY-NC）
	許可するが ライセンスの条件は継承（SA）	表示ー継承（CC BY-SA）	表示ー非営利ー継承（CC BY-NC-SA）
	許可しない（ND）	表示ー改変禁止（CC BY-ND）	表示ー非営利ー改変禁止（CC BY-NC-ND）

出典：creative commons JAPANホームページ（https://creativecommons.jp/licenses/）

5 CCライセンスの現状

CCライセンスは、2002年に、米国の法学者ローレンス・レッシグを中心とするメンバーによって発表されたオープンライセンスです。

2006年頃にはCCライセンスを採用する作品の数が約5,000万でしたが、2014年には8億8,200万にまで増加しました。その中では、動画サイトのYouTubeでは1,000万、フリー百科事典サイトのWikipediaでは3,400万、そして写真サイトのFlickrでは3億700万の作品にCCライセンスが付けられています。

日本では、文化庁が権利の意思表示システム（ライセンスシステム）を検討していましたが、現在、CCライセンスの普及推進などの支援を行う立場を取っています。

参考文献

参考文献

第1章

- 電気学会第2次M2M技術調査専門委員会編集 『M2M/IoTシステム入門』 森北出版 2016.3.30
- 中村昌弘著 『シミュレーション統合生産の衝撃』 日経BP社 2015.9.7
- 桑津浩太郎著 『2030年のIoT』 東洋経済新報社 2015.12.24

第2章

- 高速電力線通信推進協議会Webサイト http://www.plc-j.org/
- Panasonic 『PLC通信の特性について』 http://panasonic.biz/netsys/plc/jyuyou/kounyu.html
- 総務省電波利用ホームページ http://www.tele.soumu.go.jp/index.htm
- oneM2M Webサイト http://www.onem2m.org/
- 東日本電信電話 『PSTNのマイグレーションについて ～概括的展望～』（東日本電信電話・西日本電信電話 2010年11月2日） http://www.ntt-east.co.jp/release/detail/20101102_01.html

第3章

- 電波法(昭和二十五年五月二日法律第百三十一号)最終改正：平成二七年五月二二日法律第二六号
- 総務省 電波利用ホームページ http://www.tele.soumu.go.jp/index.htmより、『周波数割当計画』、『微弱無線局の規定』、『特定小電力無線局』、『特定無線設備 特別特定無線設備一覧』(平成26年4月1日)
- 総務省『無線局免許制度の概要』 http://www.soumu.go.jp/soutsu/hokuriku/img/resarch/seitai/houkoku/12.pdf
- 高速電力線通信推進協議会 Webサイト http://www.plc-j.org/
- Panasonic 『PLC通信の特性について』 http://panasonic.biz/netsys/plc/jyuyou/kounyu.html
- Bluetooth SIG Webサイト https://www.bluetooth.org/
- 瀧本往人著 『基礎からわかる「Bluetooth」』 工学社 2015.5
- 稲田修一監修、富田二三彦・山崎徳和・MCPC M2M/IoT委員会編集 『M2M／IoT教科書』 インプレス 2015.5
- 原田博司・児島史秀 『国際無線通信規格「Wi-SUN」が次世代電力量計「スマートメーター」に無線標準規格として採用」（NICT NEWS 2014.2） http://www.nict.go.jp/publication/NICT-News/1402/01.html
- 電子情報通信学会 『知識ベース 4群（モバイル・無線）-5編（モバイル IP, アドホックネットワーク）2章 アドホックネットワーク』（執筆者：阪田史郎） http://www.ieice-hbkb.org/portal/doc_485.html
- 総務省 『電波有効利用の促進に関する検討会－参考資料集－』 平成24年11月16日
- 株式会社デンソーウェーブ 『自動認識機RFIDとは』 https://www.denso-wave.com/ja/adcd/fundamental/rfid/
- 一般財団法人流通システム開発センター 『電子タグとは』 http://www.dsri.jp/standard/epc/rfid.html
- TransferJetコンソーシアム Webサイト https://www.transferjet.org/ja/index.html
- IoT Next 『IoT/M2Mを支える最新ワイヤレス技術[第2回]スマートホーム市場に最適なサブ1GHz無線規格「Z-Wave」』 http://itpro.nikkeibp.co.jp/atcl/column/15/093000232/093000002/

- IoT Next 『IoT/M2Mを支える最新ワイヤレス技術［第5回］マイクロ環境発電で動作する超低消費電力無線技術「EnOcean」』 http://itpro.nikkeibp.co.jp/atcl/column/15/093000232/093000005/
- LINER Technologies 『Dust Networks』 http://www.linear-tech.co.jp/products/wireless_sensor_networks_-_dust_networks
- ダスト・コンソーシアム 『ダスト・コンソーシアム設立発表会資料』（2014年10月14日） http://www.dust-consortium.jp/activity/pdf/141022_01.pdf
- oneM2M Webサイト http://www.onem2m.org/
- MQTT Webサイト http://mqtt.org/
- IETF Webサイト https://www.ietf.org/
- OASIS Webサイト https://www.oasis-open.org/jp/
- ZigBeeアライアンス、WiSUNアライアンス、EnOceanアライアンス、Z-Waveアライアンス：各webサイト

第4章

- 室英夫ほか著 『マイクロセンサ工学(現場の即戦力)』 技術評論社 2009
- 藍光郎監修 『次世代センサハンドブック』 培風館 2008
- 山崎弘郎著 『センサ工学の基礎(第2版)』 オーム社 2014

第5章

- 中村昌弘著 『シミュレーション統合生産の衝撃』 日経BP社 2015.9.7
- NTTデータ著 『絵で見てわかるIoT／センサの仕組みと活用』 翔泳社 2015.3
- 速水悟著 『事例＋演習で学ぶ機械学習』 森北出版 2016.4.26
- 谷口忠大著 『イラストで学ぶ人工知能概論』 講談社 2014.9.25
- 脇森浩志・杉山雅和・羽生貴史著 『クラウドではじめる機械学習』 リックテレコム 2015.6.23
- 荒木雅弘著 『フリーソフトではじめる機械学習』 森北出版 2014.3
- 岡谷貴之著 『深層学習』 講談社 2015.4
- 松尾豊著 『人口知能は人間を超えるか』 角川EPUB選書 2015.3
- 小林雅一著 『AIの衝撃 人口知能は人類の敵か』 講談社現代新書 2015.3
- 稲田修一著 『知識ゼロからのビッグデータ入門』 幻冬舎 2016.1.25
- 本橋信也ほか著 『NoSQLの基礎知識』 リックテレコム 2012.5
- 鷲田祐一著 『イノベーションの誤解』 日本経済新聞出版社 2015.3
- クリストファー・スタイナー著 『アルゴリズムが世界を支配する』 角川EPUB選書 2013.10

第6章

- 金丸隆志著 『Raspberry Piで学ぶ電子工作』 講談社ブルーバックス 2016.7.20
- 高本孝頼著 『みんなのArduino』 リックテレコム 2014.2.17
- 小池星多著 『おしゃべりロボット「マグボット」―ラズパイとArduinoで電子工作―』 リックテレコム 2016.5.11
- Massimo Banziほか著 『Arduinoをはじめよう(第3版)』 オライリージャパン 2015.11

第7章

- Hewlett Packard Enterprise 『Internet of Things research study 2015 report』 http://www8.hp.com/h20195/V2/GetPDF.aspx/4AA5-4759ENW.pdf
- IPA著・編集 『つながる世界のセーフティ&セキュリティ設計入門』 IPA 2015/10/7
- 齋藤孝道著 『マスタリングTCP/IP 情報セキュリティ編』 オーム社 2013.9.1
- 福田敏博著 『工場・プラントのサイバー攻撃への対策と課題がよ～くわかる本』 秀和システム 2015.8.27
- 上原孝之著 『情報セキュリティスペシャリスト 2016年版』 翔泳社 2015.9.15
- 警視庁 『IoT機器を標的とした攻撃の観測について』 http://www.npa.go.jp/cyberpolice/topics/?seq=17323
- IPA 『情報セキュリティ10大脅威 2016』
- 中村行宏・横田翔著 『事例から学ぶ情報セキュリティ―基礎と対策と脅威のしくみ』 技術評論社 2015.1.14
- IPA 『プレス発表 複合機等のオフィス機器をインターネットに接続する際の注意点』 http://www.ipa.go.jp/about/press/20131108.html
- IPA 『増加するインターネット接続機器の不適切な情報公開とその対策』 http://www.ipa.go.jp/about/technicalwatch/20140227.html
- ユークエスト 『メモリを壊してみましょう』 http://www.uquest.co.jp/embedded/learning/lecture08.html
- NTTドコモ 『「FIDO Alliance」に加入―生体情報を使った新しいオンライン認証を提供開始―』 (2015.5.26) http://www.nttdocomo.co.jp/info/news_release/2015/05/26_00.html
- 日本規格協会 『耐タンパー性調査研究委員会報告書』
- 組込みシステム技術協会 『組込みシステムにおける情報セキュリティ対策および機能安全に関する調査研究』
- Intel 『「モノのインターネット」におけるセキュリティ』
- iND 『FOMAユビキタスモジュール内蔵高速モバイルルータ HSP-Assist』 http://www.i-netd.co.jp/products/mod_router/hsp_assist/
- マカフィー 『組込み制御システムのマルウェア脅威と保護対策』
- 重要生活機器連携セキュリティ研究会 『つながるIT社会の安心・安全の確保に向けて』 https://www.ccds.or.jp/public/document/constitution/CCDSSG_2014Report_full.pdf
- 打川和男著 『ISO27001:2013の仕組みがよ～くわかる本』 秀和システム 2013.11.29
- JIPDEC 『ISMS適合性評価制度 ISO/IEC 27017に基づくクラウドセキュリティ認証開始のお知らせ』 http://www.isms.jipdec.or.jp/topics/ISO27017_CLS.html
- JIPDEC 『CSMS適合性評価制度の概要』
- IPA 『組込みソフトウェア開発向けコーディング作法ガイド』
- NISC 『「サイバーセキュリティ基本法」制定と我が国のサイバーセキュリティ政策について』 https://www.ipa.go.jp/files/000045964.pdf
- IPA 『「つながる世界の開発指針」を公開』 http://www.ipa.go.jp/sec/reports/20160324.html
- IoT推進コンソーシアム 『IoTセキュリティWG IoTセキュリティガイドライン ver1.0』 http://www.iotac.jp/wg/security/

第8章

- 総務省 『平成28年版 情報通信白書』 (2016.7) http://www.soumu.go.jp/johotsusintokei/whitepaper/ja/h28/pdf/index.html
- 内閣官房情報通信技術(IT)総合戦略室/総務省行政管理局 『政府情報システムの整備及び管理に関する標準ガイドライン実務手引書(第3編第9章 運用及び保守)』 (2015.3) http://www.soumu.go.jp/main_sosiki/gyoukan/kanri/infosystem-guide.html
- クリス・アンダーソン著、小林弘人監修・解説、高橋則明訳 『フリー~〈無料〉からお金を生みだす新戦略』 NHK出版 2009年
- 個人情報保護委員会 『個人情報の利活用と保護に関するハンドブック』 (2016.2) www.ppc.go.jp/files/pdf/personal_280229sympo_pamph.pdf
- 日立製作所 『k-匿名化技術ー良質の「あいまいさ」を生み出すためにー』 (原田邦彦、2015年6月) http://www.hitachi.co.jp/rd/portal/contents/story/k-anonymization/
- 中小企業庁 『中小企業BCP策定運用指針(第2版)』(2012.4) http://www.chusho.meti.go.jp/bcp/index.html
- CCライセンス 『クリエイティブ・コモンズ・ライセンスとは』 CCライセンスジャパンWebページ https://creativecommons.jp/licenses/
- 文部科学省 『平成26年度文部科学白書(第9章 文化芸術立国の実現、Column No.15 意思表示システム)』 http://www.mext.go.jp/b_menu/hakusho/html/hpab201501/detail/1362005.htm

索　引

索　引

数　字

アルファベット

■A■

■B■

■C■

■D■

■E■

■F■

■G■

■H■

■I■

■か行■

■さ行■

■た行■

■や行■

■ら行■

監修・執筆者一覧

モバイルコンピューティング推進コンソーシアム(MCPC)
IoTシステム技術検定委員会　テキスト作成ワーキンググループ

石井 大介　(株式会社日立製作所)
入鹿山 剛堂　(株式会社入鹿山未来創造研究所)
大熊 顕至　(株式会社モルフォ)
岡崎 正一　(MCPC)
緒方 祐次　(株式会社日立製作所)
奥　裕哉　(株式会社NTTドコモ)
北山 眞二　(早稲田大学)
栗山 敏秀　(マロン技研)
郡浦 宏明　(株式会社日立製作所)
佐治 信之　(株式会社インフォコーパス)
品川 正彦　(株式会社日立インフォメーションアカデミー)
志村 隆則　(株式会社日立製作所)
関口 慎吾　(一般社団法人次世代センサ協議会)
高田 和典　(KDDI株式会社)
高田 敬輔　(一般社団法人次世代センサ協議会)
高本 孝頼　(株式会社タブレイン)
田島 正興　(MCPC)
辻　秀一　(NPO法人M2M研究会)
土谷 宜弘　(株式会社リックテレコム)
翅　力　(株式会社リックテレコム)
長野　聡　(株式会社日立製作所)
畑口 昌洋　(MCPC)
濵田 晋太郎　(株式会社NTTドコモ)
原田　充　(アレグロスマート株式会社)
三原 孝士　(一般財団法人マイクロマシンセンター)
室　英夫　(千葉工業大学)
山﨑 徳和　(KDDI株式会社)
渡部　隆　(株式会社NTTドコモ)

IoT技術テキスト
—— MCPC IoTシステム技術検定 対応 ——

2016年10月28日　第1版第1刷発行
2017年　5月10日　第1版第2刷発行

監　修　モバイルコンピューティング
　　　　推進コンソーシアム

発行人　新関卓哉
編集担当　翅　力
発行所　株式会社リックテレコム
〒113-0034 東京都文京区湯島3-7-7
振替　00160-0-133646
電話　03(3834)8380(営業)
　　　03(3834)8427(編集)
URL　http://www.ric.co.jp/

カバーデザイン　トップスタジオ デザイン室
　　　　　　　　(阿保裕美)
本文組版　㈱リッククリエイト
印刷・製本　シナノ印刷㈱

● 本書に関するお問合わせは下記まで御願い致します。なお、ご質問の回答に万全を期すため、電話によるお問合せはご容赦ください。
FAX　03(3834)8043／E-Mail　book-q@ric.co.jp

● 本書に記載されている内容には万全を期していますが、記載ミスや情報に変更のある場合がございます。その場合、当社ホームページ(http://www.ric.co.jp/book/seigo_list.html)に掲示致しますので、ご確認ください。

● 乱丁・落丁本はお取り替え致します。

ISBN978-4-86594-061-9